L'Enfant Qui Joue
Avec Le Temps

L'Enfant Qui Joue Avec Le Temps

Sylvana Caridi & Thierry Babot

Gravity Pro Consulting, LLC

Publié, édité et distribué par
Gravity Pro Consulting, LLC
États-Unis

Numéro de contrôle de la Bibliothèque du Congrès : en cours de demande.

Première édition : 2025
ISBN : 978-1-970408-00-3

Imprimé par divers partenaires d'édition et d'impression

Ce livre est dédié à chaque lecteur,

Puissiez-vous y ressentir un souffle nouveau, une inspiration — peut-être même un espoir — face aux défis de notre temps, et contribuer, chacun à votre manière, à ce saut d'évolution que notre époque appelle.

Love and Truth

Table des Matières

PARTIE I

CHAPITRE 1

CHAPITRE 2

CHAPITRE 3

PARTIE II

CHAPITRE 4

CHAPITRE 5

CHAPITRE 6

PARTIE III

CHAPITRE 7

PARTIE IV

CHAPITRE 8

CHAPITRE 9

CHAPITRE 10

CHAPITRE 11

CHAPITRE 12

CHAPITRE 13

PARTIE V

CHAPITRE 14

CHAPITRE 15

CHAPITRE 16

CHAPITRE 17

PARTIE VI

CHAPITRE 18

CHAPITRE 19

CHAPITRE 20

CHAPITRE 21

PARTIE VII

CHAPITRE 22

Remerciements

Faire exister une pensée nouvelle n'est jamais chose aisée.

Elle demande du courage, de la patience, et surtout, la confiance de celles et ceux qui savent reconnaître, derrière l'inconnu, la promesse d'un possible.

Beaucoup ont accueilli cette approche avec bienveillance et un véritable enthousiasme, y percevant une cohérence inattendue et un potentiel fécond pour la science et la conscience réunies.

Mais le formalisme des institutions — conçu pour valider le savoir acquis — laisse encore peu d'espace à la refondation de la science fondamentale.

C'est pourquoi nous tenons à exprimer notre profonde gratitude envers celles et ceux qui, malgré tout, ont cru en cette recherche.

Aux scientifiques, chercheurs, ingénieurs, philosophes et amis qui ont soutenu, conseillé ou simplement encouragé Thierry tout au long de ce parcours : votre confiance a été un appui essentiel.

Vous avez offert ce que toute découverte requiert d'abord — non des moyens, mais une écoute sincère et un regard ouvert.

Nous exprimons également notre reconnaissance à celles et ceux qui, avant nous, ont ouvert les grandes voies de la pensée scientifique et philosophique.

De Bohr à Einstein, de Schrödinger à Heisenberg, de de Broglie à Lemaître et de bien d'autres encore — chacun d'eux a osé penser au-delà du cadre, entre intuition et rigueur, entre raison et émerveillement.

Leurs travaux ont façonné le monde tel que nous le comprenons aujourd'hui, et continuent d'inspirer tous ceux qui cherchent à unir la vérité et le sens, la logique et la vie.

Une reconnaissance toute particulière va à Charleen Coche, dont le travail d'édition et de traduction en anglais a été bien plus qu'une tâche technique : une œuvre de compréhension et de justesse. Par sa précision, sa patience et sa profonde sensibilité au texte, elle a su en affiner la clarté, la cohérence et la musicalité — en français comme en anglais.

Nos remerciements vont aussi à Gabriel Uribe, befuse.com, dont la sensibilité artistique et la rigueur ont donné forme à l'univers visuel du projet. De la couverture du livre à la conception du site gravitypro.com, il a su capter l'esprit du propos, révélant par l'image ce que les mots suggéraient : une unité entre science, art et conscience. Son regard en résonance avec notre vision a permis d'en exprimer toute la profondeur.

Enfin, notre gratitude s'adresse à celles et ceux qui nous rejoignent dans cette aventure : lecteurs, chercheurs, étudiants, rêveurs et bâtisseurs du futur.

Votre curiosité et votre ouverture donnent vie à cette démarche.

Puissiez-vous y trouver non des certitudes, mais des chemins — non des réponses closes, mais des élans d'intelligence et de confiance envers le réel.

Que ce livre soit, pour vous comme pour nous, un pont vivant entre la connaissance et la conscience, une invitation à penser, ressentir et co-créer le monde autrement.

Car la science n'a de sens que si elle éclaire, relie et élève.

Prologue

Thierry

Il arrive un moment où la curiosité cesse d'être un simple jeu de l'intellect pour devenir une exigence du cœur.

C'est là, à cette frontière intime, que naît la véritable science : non plus comme un exercice d'analyse, mais comme un acte d'amour envers le réel — le point de rencontre entre le désir de comprendre et le besoin d'aimer ce que l'on comprend.

Depuis l'enfance, je n'ai jamais pu accepter l'idée d'un monde fragmenté, sans lien ni profondeur.

Tout, dans la texture du réel — du battement d'une cellule à la course des galaxies — laissait pressentir une cohérence silencieuse : un ordre vivant, sous-jacent, intelligent, tissé d'une mémoire que la science n'avait pas encore nommée.

Très tôt, j'ai senti que la clé de cette cohérence résidait dans le Temps.

Non pas le temps des horloges, mais le Temps vivant, ce flux profond qui ne se contente pas d'accompagner les phénomènes, mais les engendre, les ordonne et les relie.

Il ne mesure pas le changement : il le crée. Il ne suit pas la matière : il la précède, la structure et la guide.

Pendant des années, j'ai cherché, dans les fondements de la science classique, les traces de ce Temps fondateur.

Mais plus j'explorais les modèles établis, plus je percevais une fracture silencieuse : la physique décrivait l'espace, la matière, l'énergie — mais elle réduisait le Temps à un simple paramètre, un axe passif où les événements se succèdent, sans reconnaître son rôle créateur.

C'est en observant cette absence que s'est ouverte une évidence : l'Univers n'est pas une mécanique figée, mais une dynamique de Temps vivant.

Le Temps n'y est pas un décor, mais la substance même du réel — le souffle qui engendre l'énergie, organise la matière, tisse la mémoire et rend possible la conscience.

Chaque particule, chaque être, chaque pensée est une modulation du Temps : une onde d'existence au sein d'un champ unique qui se transforme, se souvient et se réinvente sans cesse.

Autrement dit, il n'existe qu'une seule Réalité : le Vivant universel du Temps, qui se déploie, se réfléchit et se découvre à travers nous.

Nous n'en sommes pas les observateurs, mais les expressions locales, les instruments sensibles de son propre devenir.

C'est de cette compréhension qu'est née la Relativité Absolue — une tentative d'unification entre la physique et la conscience, entre le visible et l'invisible, entre l'humain et le Cosmos.

Non pour confondre la science et la spiritualité, mais pour retrouver leur source commune : la cohérence du réel, cette intelligence silencieuse qui relie tout à tout, et dont le Temps est le langage primordial.

Sylvana

À travers cette vision, GravityPro a trouvé un nouvel élan.

Déjà engagée dans les systèmes informationnels et l'architecture de structures complexes, la société a naturellement étendu son champ de recherche vers les fondements de l'information elle-même — jusqu'à sa dimension quantique, là où les processus physiques, énergétiques et cognitifs convergent en une seule dynamique : celle du Temps vivant.

Car comprendre, pour nous, ne signifie plus accumuler des données ou construire des modèles ; cela signifie entrer en résonance avec le réel, l'écouter, le traduire, le faire circuler.

La compréhension véritable est un acte vivant : elle se partage, s'incarne et se transmet comme une onde de cohérence à travers la société humaine.

Nous vivons à une époque où tout change très vite — parfois plus vite que notre capacité à donner du sens.

Les disciplines se fragmentent, les découvertes se succèdent, les innovations s'enchaînent, mais le fil directeur s'efface : le savoir se multiplie, mais la sagesse se raréfie.

C'est face à cette dispersion que GravityPro a choisi une autre voie : retrouver les principes d'organisation du réel, ces lois unificatrices qui relient la matière, l'énergie, l'espace et la conscience, afin de les appliquer dans les domaines où se joue l'avenir de l'humanité :

La manière dont nous produisons l'énergie, explorons le Cosmos, échangeons l'information et comprenons la vie.

Notre objectif est clair : bâtir une nouvelle manière de co-créer avec l'Univers, fondée sur la compréhension du Temps et des lois qui relient la matière, l'information et le vivant.

Cette approche ne cherche pas à dominer la nature, mais à dialoguer avec elle — à s'harmoniser avec la logique du Cosmos pour en déployer la puissance créatrice sous des formes durables et conscientes.

Nous souhaitons partager la philosophie de cette science, non par des équations fermées ou des abstractions techniques, mais à travers le cheminement intérieur qui l'a rendue possible : les intuitions, les expériences de pensée et les moments de révélation qui ont conduit à cette vision du monde.

C'est dans cet esprit que nous avons conçu ce livre.

Le choix du dialogue s'est imposé comme une évidence : il permet de suivre pas à pas la genèse d'une idée, d'en dévoiler les liens, les hésitations et les découvertes, tout en rendant la réflexion accessible.

Au fil des échanges, nous avons revisité les fondements de la science actuelle — ses réussites, ses paradoxes et ses frontières — pour montrer comment la Relativité Absolue s'inscrit comme une extension cohérente de la connaissance scientifique : une voie pour dépasser ses limites sans trahir sa rigueur.

Ce livre ne cherche pas à convaincre, mais à faire sentir une cohérence — celle qui relie le Temps, la matière et la conscience au sein d'un même tissu vivant.

Il invite à un autre regard : une manière de penser le réel où comprendre devient un acte de participation consciente, une façon de prendre part à la création du monde, non plus comme spectateur, mais comme partenaire du Vivant universel.

Partie I

Aux Fondations d'un Nouveau Paradigme

~

Le Temps, le Sens, le Soi

Chapitre 1

L'Éveil d'une Conscience

~

Du Chaos à l'Appel du Cosmos

1. L'Appel des Étoiles — Le Commencement d'un Voyage vers l'Infini

Sylvana

Avant qu'on commence à explorer ta théorie, j'aimerais qu'on prenne un moment pour remonter un peu plus loin. Non pas vers l'origine de l'Univers… mais vers l'origine de ton regard sur le monde.

Parce que tu vois, en t'écoutant, on comprend vite que rien de ce que tu proposes ne vient d'une spéculation abstraite. Tout est né de toi. D'un vécu. D'une expérience intime. D'un rapport très particulier au réel.

Et c'est justement pour ça que j'ai envie qu'on commence par là. Je crois que ce que tu as traversé dans ton enfance — ta solitude, ta douleur, mais aussi ta sensibilité extraordinaire au vivant — ça n'a pas juste forgé ta manière de percevoir. Ça a orienté tout ton destin.

C'est dans ce silence-là, dans ce débordement de sensations, que tu as commencé à chercher une cohérence. Pas pour faire de la science. Mais pour tenir debout. Pour survivre, même, dans un monde qui ne te faisait pas de place. Et au fond, c'est cette quête de sens, viscérale, qui t'a poussé à t'interroger sur la réalité jusqu'à ses fondations les plus profondes.

Et ce que j'admire, c'est que cette recherche n'est pas restée intérieure. Tu n'es pas resté dans l'observation ou le rêve. Tu as agi, tu as construit, tu as expérimenté.

Ton lien à la nature, ta passion pour le Cosmos, ton besoin de comprendre, de structurer toute chose, d'aller jusqu'au bout des choses… tout ça, c'est la racine vivante de ta science.

Aujourd'hui, tu développes des technologies pour explorer l'espace — pas comme une fuite, mais comme une voie d'exploration et d'émancipation. Et quand on sait ça… on sent que chacun de tes souvenirs d'enfance portait déjà, en filigrane, une part de ce que tu aimerais transmettre un jour.

C'est pour ça que, si je devais choisir un point de départ, ce serait celui-là. Parce que c'est ici qu'on commence vraiment à sentir ce qui t'anime — ce qui t'a poussé à chercher. Ce qui, peut-être, nous touche déjà.

Alors, si tu veux bien… raconte-moi.

D'où es-tu originaire ?

Comment tout a-t-il commencé, pour toi ?

Thierry
Je suis né à Strasbourg en 1969, en France, d'une mère allemande et d'un père martiniquais. Très jeune, ma vie a été marquée par des difficultés à m'adapter à mon environnement à cause de mon autisme, mais aussi par des pertes profondes.

Mes parents étaient séparés à ma naissance. Ma mère avait du mal à s'occuper de moi, car elle avait des problèmes de santé. Mon père, quant à lui, avait beaucoup de déplacements pour son travail, et m'a finalement envoyé vivre avec ses parents en Martinique.

Sylvana
C'est bouleversant… tu venais à peine d'arriver dans ce monde, et déjà, tout changeait autour de toi.

Thierry
Oui. Ma mère est finalement décédée lorsque j'avais quatre ans et, malheureusement, mon père est décédé à son tour, deux ans plus tard.

C'est ainsi que je suis resté en Martinique, où ce sont mes grands-parents paternels qui m'ont élevé.

Sylvana
Tu étais si petit… Je suppose que tu n'as aucun souvenir d'eux ?

Thierry
Non, je n'ai aucun souvenir de mes parents — ni de leur visage, ni de leur voix. J'ai toujours considéré mes grands-parents comme mes parents.

Sylvana
Ils ont été là pour toi, alors… vraiment présents ?

Thierry
Mes grands-parents ont été extraordinaires. Ils m'ont offert un foyer stable et rempli d'amour. Leur affection, bien que discrète, m'a enveloppé et m'a permis de grandir dans un environnement rassurant.

Leur maison était simple, modeste — mais elle était entourée par une nature incroyable, vibrante, vivante. Très vite, la nature est devenue mon refuge. Puis mon échappatoire. Et, avec le temps, mon tout premier professeur.

Sylvana
Ton tout premier professeur… c'est beau, dit comme ça.

Mais comment peut-on apprendre d'un arbre, d'un vent, d'un insecte ? Qu'est-ce que tu saisissais, toi, dans cette nature autour de toi ?

Thierry
La nature me fascinait par son harmonie, son ordre silencieux et sa beauté brute. C'est là que, au fil des années, j'ai commencé à observer, à réfléchir, et à chercher des réponses.

Ces premières années de ma vie ont forgé ma manière unique de percevoir le monde, et elles ont été les premières pierres de ma quête pour comprendre l'Univers — et ma place en son sein.

Sylvana
Peux-tu m'emmener un peu avec toi — me décrire à quoi ressemblait ton monde en Martinique quand tu étais petit ?

Et surtout… à quel moment ta différence a-t-elle été, d'une certaine façon, reconnue ou mise en mots ?

Thierry
Il faut se rappeler que, lorsque je suis arrivé sur l'île, tout y était encore très simple, presque brut. La Martinique, une île française située dans les Caraïbes, vivait alors à un rythme paisible, loin de l'agitation des grandes villes du monde. La modernité n'avait pas encore atteint tous les recoins.

Dans les campagnes où je vivais, on éclairait encore nos nuits avec des lampes à pétrole. On puisait l'eau, ou on la collectait quand il pleuvait. Les routes étaient étroites, parfois impraticables, et tout semblait fonctionner à un rythme beaucoup plus lent que ce que l'on peut imaginer aujourd'hui. Dans ce contexte, la nature occupait une place centrale.

Mon autisme a été diagnostiqué très tard, vers l'âge de neuf ans, lorsque mon grand-père, conscient de mes difficultés, a pris la ferme résolution de m'aider. Il a trouvé une spécialiste américaine installée en Martinique. Elle était médecinpsychothérapeute, spécialisée dans le traitement de l'autisme — un trouble du développement neurologique qui était mieux compris dans son pays.

Chaque mercredi, j'allais dans une salle aménagée pour les enfants en difficulté, au sein d'un dispensaire médical. Elle s'appelait Ruth, et m'a pris en charge intégralement, car mon cas était très spécifique et rare, selon elle.

Elle s'est occupée de moi jusqu'à l'âge de treize ans, avec une patience et une dévotion extraordinaires. Je souhaite la bénir à travers cet exercice de mémoire.

. Ruth et l'Apprivoisement du Monde — Quand une Rencontre Change une Vie

Sylvana
Ton grand-père a dû sentir très tôt que tu avais un rapport au monde… très particulier.

Mais qu'est-ce qui, d'après toi, l'a mis sur la voie ? Qu'est-ce qui l'a poussé à chercher une aide extérieure à ce moment-là ?

Thierry
Il faut dire que je n'ai pu prononcer mon premier mot avant l'âge de sept ans. Je m'exprimais à travers des dessins que ma bien-aimée grand-mère avait eu la patience et la sagesse d'interpréter pour soulager mes inquiétudes. Je ne pouvais littéralement pas communiquer avec les autres.

À l'école, dès mon plus jeune âge, à cause de ma différence, il a été convenu qu'il était plus approprié d'essayer de faire mon éducation à la maison.

Jusqu'à l'âge de neuf ans, je vivais donc dans un monde très fermé, principalement centré sur moi-même. Mon autisme me rendait extrêmement sensible à ce qui se passait autour de moi, mais je n'avais pas les outils pour le comprendre ou l'expliquer.

Mon univers était très intérieur, où chaque sensation était amplifiée. Je percevais la nature et ses rouages, mais je ne pouvais pas saisir la totalité de son fonctionnement — ce qui m'angoissait profondément. Je voyais des éléments, des interactions, mais il manquait toujours un fil conducteur, une logique — et cela me perturbait.

Sylvana
Ruth a vraiment su t'atteindre.

Qu'est-ce qu'elle a su faire, qu'est-ce qu'elle a compris… que personne n'avait su toucher avant elle ?

Thierry
Mes séances avec Ruth m'ont beaucoup apporté — au point qu'elles ont marqué un tournant décisif dans ma vie. Elles m'ont permis de mettre de l'ordre dans le chaos de mes pensées, de relier les objets entre eux et d'associer des mots aux choses. Elle était manifestement très douée : elle a réussi à projeter mon monde intérieur dans la réalité extérieure à moi.

Elle m'avait préparé tout un univers dans cette salle d'hôpital — au sol, avec des figurines d'humains, d'animaux, de maisons, de clôtures, etc. Elle me conviait à m'amuser avec tous ces jouets, elle observait mes pratiques, essayait de comprendre mes raisonnements. Elle voulait percer ma logique intérieure, afin de toujours mieux me guider dans mon autoapprentissage.

Elle savait que j'avais la faculté naturelle d'apprendre par moi-même. « Il est un autodidacte né », disait-elle à mes grands-parents. Elle était émerveillée, stupéfaite de voir ma capacité à tout réorganiser logiquement, à vouloir tout optimiser, avec une intelligence hors norme pour mon jeune âge. « Il a la fibre de l'inventeur », conclura-t-elle.

Tous ces exercices m'ont donné les outils nécessaires pour mieux comprendre et appréhender le monde qui m'entourait.

Elle avait très vite compris une chose essentielle : mon seul véritable organe de perception — capable d'apprentissage — était mes yeux. C'est pourquoi elle me représentait la réalité du monde sous forme de maquette miniature, afin que je puisse en saisir la vision globale.

C'était elle, le génie de l'histoire. Une femme d'exception. Celle qui m'a sauvé d'un destin plus que limité.

Sylvana
Quand tu dis que tes yeux étaient ton seul vrai organe d'apprentissage… tu veux dire que tout devait passer par l'image ? Par la vision globale ? J'essaie d'imaginer ce que ça représente, au quotidien… Comment faisais-tu pour comprendre ce qui t'entourait ?

Thierry

Oui, c'est une bonne question… et pour te répondre, il faut que je t'explique comment je vivais les choses — sensoriellement.

Je dois dire que mon rapport avec mes stimulations sensorielles était très compliqué. J'avais une telle sensibilité qu'une simple caresse sur la joue provoquait une réaction de répulsion. C'était la même chose lorsque je touchais un objet par accident, ou à cause de la sensation désagréable des vêtements — mais je m'y accommodais, car je détestais être nu.

Dans un autre registre, quand on me montrait des chiffres, des lettres ou qu'on me disait des mots, je ne comprenais rien, et cela avait tendance à créer en moi une puissante colère. Je ne voyais que des formes intangibles, sans correspondance avec la réalité extérieure — une aberration, tout court.

Alors, ma fée, Ruth, m'a fait travailler, des années durant, avec méthode et délicatesse, pour structurer mes pensées et créer des liens entre ce que je voyais et ce que cela signifiait. Elle avait conçu des exercices adaptés à ma manière de percevoir le monde.

Sans cette rencontre, ma vie aurait été totalement différente. Elle a été une lumière dans les ténèbres de ma vie intérieure, et c'est grâce à elle que j'ai pu commencer à bâtir des ponts entre mon monde intérieur et la réalité extérieure — lumineuse, pleine de richesse et de sens.

Sylvana

Et après ces années d'apprentissage avec Ruth… est-ce que tu as retenté l'école ? Je me dis que peut-être, avec tout ce que tu avais intégré, quelqu'un aurait pu t'accompagner différemment ?

Thierry

Oui. Après avoir terminé mes sessions avec Ruth, vers l'âge de quatorze ans, mon grand-père m'a inscrit de nouveau à l'école. C'était un lycée professionnel, en électricité industrielle. Au niveau pratique, j'étais exceptionnel. Tout ce qui exigeait de construire, de manipuler des objets, de les observer — je le faisais avec une grande aisance.

Mais au niveau théorique… c'était encore la même chose. Je ne comprenais pas ce qu'on m'enseignait et, comme je ne pouvais pas suivre les cours de manière classique, j'ai fini par décrocher. Au bout de quelques mois, c'était un nouvel échec, et j'ai dû arrêter.

Sylvana

Donc, même après ce parcours remarquable avec Ruth, même après avoir appris à relier ton monde intérieur à la réalité extérieure… l'école est restée une impasse.

Mais est-ce que, malgré tout, ça a changé ta façon de regarder la nature ? Est-ce que cette passerelle que tu avais construite avec elle t'a permis de voir autrement ce qui t'entourait ?

Thierry
Oui. C'est dans ce contexte que mes questions ont évolué. J'avais toujours été fasciné par la nature, mais à travers ces exercices, j'ai commencé à relier mes perceptions à des concepts concrets. Cela m'a permis d'entrer dans une phase de réflexion plus structurée, où je pouvais enfin mettre des mots et des formes sur ce que je ressentais et observais.

Cependant, cette quête de compréhension demeurait difficile. Même avec cette aide, il me manquait toujours une partie de la logique du monde — de cet ordre parfait que je cherchais tant.

Sylvana
C'est émouvant… On sent que tu commençais à te frayer un chemin, pas à pas, entre le chaos des sensations et cette envie de comprendre le monde.

Tu étais déjà en train de t'outiller de l'intérieur, avec cette rigueur si particulière qui te caractérise… et pendant ce temps-là, ta vie suivait son propre rythme, loin de l'école classique. Tu avais ton propre monde…

Mais au final, à quoi ressemblaient tes journées ?

Thierry
Jusqu'à mes seize ans, mes journées étaient rythmées par une routine extérieure qui se répétait inlassablement — jour après jour. Mais, intérieurement, je vivais mille et une expériences.

De six heures du matin à seize heures, j'évoluais dans une forme d'euphorie. Parce que même si je ne comprenais pas encore tout — même si l'ordre du monde m'échappait encore par moments — je percevais quelque chose. Une cohérence cachée, une logique en filigrane.

Je n'avais pas encore tous les outils pour la saisir, et ça me frustrait profondément. Parfois même, ça me mettait en colère. Ce sentiment d'être au seuil de quelque chose, sans pouvoir encore le nommer, me brûlait de l'intérieur.

Mais malgré tout, le plus souvent, cette colère s'effaçait devant une joie plus grande : celle de sentir que l'ordre existait — quelque part. Et que j'allais peut-être finir par le comprendre. Comme si chaque détail du réel portait en lui une magie discrète, un mystère que j'étais appelé à percer.

Chaque matin, je me réveillais, et la première personne que je voyais était ma grand-mère — une femme incroyablement résiliente, qui trouvait toujours une tâche pour m'occuper. Par exemple, elle fabriquait des balais qu'elle vendait au marché, et c'était souvent mon rôle d'aller chercher les feuilles de palmier séchées nécessaires à leur fabrication.

Mais ne t'imagine pas une grande expédition dans la forêt ! Non — je me contentais de transporter les feuilles d'une pile à une autre. Ces petites tâches, bien que simples, me donnaient le sentiment d'être utile — comme si ma contribution était essentielle.

Tout était une source de fascination pour moi. Chaque objet devenait une énigme à résoudre. Je les portais tout près de mes yeux pour en examiner les moindres détails : les textures, les couleurs, les formes, et surtout le mouvement. L'aspect dynamique des choses me captivait particulièrement ; je pouvais rester des heures à observer des insectes, des animaux, petits et grands.

Même lors des repas, cette obsession était omniprésente. Dans mon assiette, chaque aliment devait être séparé et organisé avec soin, sous peine de provoquer en moi une immense frustration. Avant de commencer à manger, je passais un long moment à structurer mon assiette.

La première bouchée de chaque aliment était une véritable exploration : je scrutais, j'observais, et je prenais tout mon temps pour en comprendre les textures et les saveurs. Ce n'est qu'une fois pleinement satisfait de mes observations que je me mettais à manger — et là, je dévorais tout avec un appétit insatiable, car j'adorais ça.

Ça faisait bien rire ma grand-mère — qui aimait tant me préparer tous ces petits plats.

Sylvana
Et je parie que, te connaissant… même ramasser des fruits devenait une opération de haute précision ! Chaque feuille inspectée, chaque geste millimétré… tu n'as jamais fait les choses à moitié — même suspendu comme un explorateur dans ton cocotier !

Thierry
Tu me connais… Évidemment que ce n'était pas juste grimper à un arbre pour cueillir un fruit. Chaque branche était une trajectoire à optimiser, chaque fruit une mission calibrée. Et puis, au-delà de la stratégie… j'adorais ça. Grimper aux arbres pour cueillir et savourer les fruits de saison. En Martinique, j'étais particulièrement gâté : la nature regorgeait de délices, et chaque saison offrait

son lot de trésors sucrés.

Mais cette perception de l'ordre et de l'harmonie n'était pas toujours facile à vivre au quotidien. J'étais complètement obsédé par l'ordre. Je me souviens que, si deux fleurs étaient côte à côte et que l'une d'elles penchait légèrement, je ne pouvais pas le supporter. Je m'empressais de fixer la fleur à un bâton pour la redresser — mais le bâton devenait à son tour un élément discordant. Alors je devais en chercher un autre pour la seconde fleur, qui n'en avait pas besoin, mais c'était plus harmonieux, plus symétrique à mes yeux.

Dans mon univers, je me voyais comme le gardien de l'ordre naturel, celui qui devait veiller à ce que tout reste parfaitement organisé, harmonieux, à sa juste place. Pour moi, c'était essentiel, viscéral, presque vital.

Imagine l'enfer dans ma tête : je repérais des irrégularités en permanence, à chacun de mes pas.

Sylvana

Je t'imagine vraiment… un petit explorateur minutieux, un genre de Sherlock Holmes de la nature. Sauf que ta loupe, c'était ton regard. Rien ne t'échappait, et on sent déjà que tu étais en mission — une mission secrète pour comprendre le monde.

Mais en t'écoutant, je me dis que ça devait être aussi épuisant. Parce qu'à force de tout voir, tout ressentir, tout vouloir rééquilibrer… tu ne pouvais jamais vraiment te reposer, non ?

Thierry

C'est vrai — tout devait avoir du sens et une place bien définie. Et tu me connais… ça n'a pas vraiment changé !

Quand je n'étais pas absorbé par cette quête d'ordre, j'adorais dessiner pendant des heures, totalement plongé dans le monde que je créais sur le papier.

Ma grand-mère, toujours attentive à nourrir ma curiosité, avait acheté des encyclopédies, des dictionnaires, et même une Bible illustrée. Bien que je ne puisse pas encore lire ces livres, je passais des heures à contempler et reproduire les dessins qu'ils contenaient — uniquement ceux qui me fascinaient.

Par exemple, j'avais une véritable fascination pour les objets mécaniques et les machines — plus elles étaient complexes, mieux c'était. Je reproduisais leurs images statiques, puis je me mettais à imaginer comment elles pouvaient fonctionner. Et tiens-toi bien… le plus souvent, je comprenais parfaitement leur utilité, ce qui a, à plusieurs reprises, surpris et stupéfait un ami de la famille — instituteur de métier.

Ma grand-mère me raconta plus tard comment cet ami leur expliquait que, pour mon âge, ce que je faisais était normalement impossible. Ce qui le frappait le plus, ce n'était pas seulement la finesse de mes dessins, mais aussi leur pertinence mécanique. Chaque pièce, chaque étape que je représentais avait un sens.

Mes créations, bien qu'imaginaires, respectaient des principes logiques et techniques, comme si je comprenais intuitivement la mécanique des objets que je n'avais pourtant jamais vus en vrai. Pour moi, dessiner, c'était bien plus qu'un simple passe-temps. C'était une manière d'explorer et de structurer mon monde intérieur, de donner vie à des idées, et de comprendre, à ma manière, le fonctionnement des choses.

Ma curiosité ne s'arrêtait pas au dessin ni au déchiffrage d'images sur le papier ; insatiable, elle me poussait à aller plus loin — examiner, explorer, expérimenter le réel, comme je le fais encore aujourd'hui. Cela aurait dû m'être fatal à plusieurs reprises — mais le destin, mystérieusement, en a voulu autrement.

Sylvana
Attends… qu'entends-tu par fatal ?

Thierry
Eh bien, pour faire simple, je passais des heures à m'approcher des animaux sauvages, à les observer de près, parfois même à les toucher lorsque je m'aventurais dans la forêt qui entourait notre maison.

Les serpents, en particulier, me fascinaient. J'éprouvais une sorte de compassion pour eux à cause de leur façon de ramper : c'était comme s'ils étaient infirmes — privés de bras et de jambes, contraints de se tordre à droite et à gauche pour avancer… et pourtant, ils glissaient avec une efficacité impressionnante.

Sylvana
Alors là, Thierry… je crois que tu bats des records ! Ressentir de la compassion pour un serpent — qui ferait ça ? Moi, je t'avoue que je n'avais jamais imaginé ce que ça pouvait faire de ramper sans bras ni jambes.

Et toi, au lieu d'avoir peur, tu les regardais glisser avec fascination. Il n'y a que toi pour voir ça comme une prouesse — presque une danse. C'est dingue — là où tout le monde voit un danger, toi, tu vois un chef-d'œuvre de mécanique naturelle…

Mais dis-moi… tu n'avais jamais peur ?

Thierry

Je ne mesurais pas du tout le danger qu'ils représentaient. Pour moi, c'était un animal comme les autres, une créature de la nature, ni plus ni moins, avec ses propres caractéristiques.

Mais je me sentais en sécurité avec tous les animaux, ce qui, paradoxalement, n'était pas le cas avec beaucoup d'humains que je côtoyais.

Je ressentais une telle communion avec la nature tant mon désir de la comprendre et de la servir était puissant.

Pour en revenir aux serpents, j'aimais caresser le dessus de leur tête.

Sylvana

Attends, attends… tu les touchais vraiment ? Tu caressais des serpents comme si c'était la chose la plus naturelle au monde ? Rien que d'y penser, j'ai des frissons…

Et toi — tout calme — tu étais en communion profonde avec eux. Non, vraiment, tu devais déjà être branché sur une autre fréquence !

Thierry

Je comprends que ça puisse surprendre. Mais pour moi, c'était parfaitement naturel. Ces animaux ne représentaient aucun danger, tant que je respectais leur rythme et leur espace. Je passais des heures à les observer, à comprendre leurs mouvements, leurs réactions.

J'avais remarqué que certains signes, comme une posture en S ou des sifflements, indiquaient qu'ils se sentaient menacés. Alors, je faisais en sorte de ne jamais les provoquer : je m'approchais lentement, sans geste brusque, en évitant de les fixer directement. C'était une sorte de dialogue silencieux, où je devais être à l'écoute de leurs signaux. Ce n'était pas de l'inconscience, mais une forme de respect mutuel.

Je me souviens même d'un serpent auquel je donnais du lait à boire, car j'adorais en apporter aux animaux sauvages — ils en raffolaient. Ce n'est que bien plus tard que j'ai appris que donner du lait à un serpent rendait son venin encore plus puissant.

J'avais aussi l'habitude d'assister à des combats violents entre les animaux, notamment entre les serpents et les mangoustes — et je détestais ça.

Alors, j'inventais des stratégies pour rétablir le calme et la sérénité, et j'y parvenais souvent. L'une des plus efficaces, qui va sûrement te faire rire, c'était de leur jouer de l'accordéon que mon grand-père m'avait offert quand j'étais un peu plus grand. Tu n'imagines pas comme ça peut perturber des animaux en pleine tension de survie !

Bien entendu, mes grands-parents, qui étaient absorbés par leur travail quotidien en tant qu'exploitants agricoles, ignoraient complètement mes activités de juge de paix et de bienfaiteur entre les serpents, les mangoustes, les chats, les chiens, les singes, etc.

Sylvana

Après t'être proclamé gardien de l'ordre naturel — voilà que tu jouais aussi les diplomates entre les espèces ! Franchement, c'est fou… à cet âge-là, beaucoup auraient couru se cacher en voyant une mangouste ou un serpent. Toi — tu observais, tu négociais presque des traités de non-agression. Tu m'étonneras toujours !

Thierry

Oui, j'avais créé tout un monde et j'étais fier d'y occuper une place importante, au cœur de la nature et parmi les animaux.

Mais un jour, vers l'âge de onze ans, j'ai appris le décès d'un voisin, tué par la morsure d'un serpent. Ce fut un choc immense pour moi, à double titre : d'abord par la perte d'un voisin gentil, et ensuite par la prise de conscience qu'un serpent pouvait tuer un homme.

Je réalisai soudain que j'avais risqué ma vie des dizaines de fois sans même m'en rendre compte. J'aurais pu mourir — et cette prise de conscience m'a bouleversé.

Après cela, j'ai arrêté d'approcher les serpents et d'autres animaux venimeux, comme les tarentules, pendant un certain temps. Pourtant, je n'ai jamais vraiment abandonné cette curiosité profonde qui me poussait à examiner tout ce qui m'entourait — parfois au mépris du danger.

Mais au fond de moi, j'avais cette assurance indestructible que nous étions tous de la même nature et que je ne risquais rien. J'avais beaucoup d'amour pour la nature et les animaux, et ils le ressentaient.

Sylvana

Tu as arrêté… mais seulement pour un temps ? Tu veux dire que, malgré ce choc, et en étant conscient du danger, tu es retourné toucher les serpents, après ça ?

Thierry

Oui… je sais que ça peut paraître étrange, mais je ne suis pas resté éloigné bien longtemps.

Ma fascination pour les serpents a fini par attirer l'attention d'un cousin de mon père, qui était chasseur de serpents. Il avait remarqué ma faculté à interagir avec eux, et plutôt que de m'en dissuader, il a décidé de m'apprendre son métier. Il m'a montré comment capturer des serpents vivants avec précaution et les lui rapporter. Leur venin était collecté pour fabriquer des antivenins, puis ils étaient relâchés.

Chaque serpent me rapportait l'équivalent de deux dollars — et, avec cet argent, je courais m'acheter plein de friandises et surtout des chewing-gums Malabars, que j'adorais.

Bien entendu, mes grands-parents ignoraient tout de cet accord et ne l'auraient certainement pas permis. Bien plus tard, lorsqu'ils l'ont appris, ils m'ont réprimandé avec force.

Sylvana
Tu sais, en t'écoutant, je pense à ce petit garçon que les autres voyaient sûrement comme « à part », comme s'il n'avait pas grand-chose à offrir… alors qu'en réalité, il vivait un monde d'une richesse silencieuse, profonde, que les autres ne pouvaient pas percevoir. Un monde structuré, plein d'observation, de sens, d'aventures, de risques — un monde qu'il protégeait à sa manière.

Thierry
Ce que tu dis me touche… Mon autisme ne se voit plus vraiment, mais, dans les situations sociales, il reste là — discret, mais bien présent. Tout va si vite. Les échanges s'enchaînent, les mots fusent.

Moi, j'ai souvent besoin d'un peu plus de temps… pas parce que je ne comprends pas, mais parce que je veux trouver les mots justes. Il me faut ce temps pour formuler une réponse qui est vraiment fidèle à ce que je ressens ou pense.

Et parfois, ce léger décalage suffit à me faire disparaître. On suppose que je n'ai rien à dire. Pourtant, à l'intérieur, tout est vivant. Ça pense, ça vibre.

Ce n'est pas un monde vide, au contraire : c'est un monde en excès, en densité, en intensité.

Sylvana
Donc, en fait… ce n'était pas l'absence — c'était trop de tout, tout le temps ?

Thierry
Exactement. Ce n'est pas le vide — c'est l'extrême.

Sylvana
C'est bouleversant de voir à quel point ce monde intérieur, que personne ne

voyait, était aussi riche… mais aussi fragile, peut-être ? Parce que tu sembles dire qu'il suffisait d'un rien pour te faire vaciller.

Est-ce que tu te souviens de moments particulièrement difficiles dans tes journées ? Des instants où cet équilibre se rompait ?

Thierry

Effectivement, cette euphorie constante qui m'habitait chaque jour ne durait pas toute la journée. Chaque jour, aux alentours de seize heures, mon univers basculait dans l'horreur de la souffrance. Une migraine atroce s'abattait sur moi — comme une ombre qui me paralysait. Incapable de faire quoi que ce soit, je n'avais d'autre choix que de m'allonger et d'attendre que cela passe.

Ces quatre heures, jusqu'à vingt heures, étaient un véritable calvaire pour moi — mais aussi pour ma grand-mère qui, malgré ses connaissances d'herboriste, ne me trouvait aucun remède.

Ma grand-mère, dans sa sagesse et son amour, avait aménagé un espace un peu à l'écart de la maison. C'était un espace ouvert, ombragé par de grands arbres, où elle avait placé des coussins qu'elle rembourrait elle-même.

Elle avait voulu que cet endroit soit accueillant, non seulement pour moi, mais aussi pour les animaux qui aimaient venir près de moi. Elle savait à quel point leur présence me réconfortait.

Sylvana

Tu sais… en t'écoutant parler de ces coussins, des animaux autour de toi, de ce silence peuplé… je n'arrête pas de penser à cette image : un sanctuaire caché, dans une enfance cabossée. Comme si, au cœur de la souffrance, tu avais su créer un lieu de paix fragile, mais réel. Un peu comme une clairière au milieu de la tempête.

Thierry

Oui, c'était exactement ça. Ce coin de repos, c'était ma clairière intérieure — un endroit où la douleur pouvait s'exprimer sans hurler, où quelque chose en moi continuait à respirer, même quand tout devenait trop lourd.

Je m'y allongeais tous les jours, avec cette douleur qui me consumait. Il était si difficile de m'y rendre, comme si je marchais chaque fois vers un petit purgatoire. Pourtant, cet endroit, bien que chargé de souffrance, avait une certaine beauté. Les coussins, usés par le temps et par mes nombreux allers-retours, étaient disposés en cercle, comme une invitation au réconfort.

Mes animaux domestiques venaient souvent s'installer près de moi. Parfois, même les chiens et chats du voisinage venaient s'allonger à mes côtés. Ces moments où je sentais leur chaleur et leur présence silencieuse étaient presque magiques. Ils ne faisaient rien d'extraordinaire, mais leur simple proximité était apaisante.

Je les considérais comme mes amis, mes frères et sœurs — des compagnons qui semblaient comprendre ma douleur sans jugement, sans questionnement.

Puis, à vingt heures, les migraines disparaissaient aussi soudainement qu'elles étaient apparues. Mais ce répit était de courte durée.

Une autre épreuve commençait : une sensation de démangeaison intérieure, au niveau du cerveau, presque impossible à décrire, envahissait ma tête. La situation était tellement insupportable que je n'avais d'autre choix que de balancer ma tête de gauche à droite, comme un mouvement mécanique qui était le seul à pouvoir m'apaiser.

Je m'endormais ainsi, et mon grand-père faisait tout son possible pour m'aider à ne pas bouger la tête trop fort, car ils savaient tous deux que cela raccourcirait ma vie.

Il avait essayé une fois de fixer deux planches de bois autour de ma tête, mais cela avait fini par me blesser. Alors la seule solution fut trouvée par ma grand-mère : elle me confectionna un grand oreiller en forme de U, ce qui limitait l'angle de rotation de ma tête.

Sylvana
L'amour de tes grands-parents, et surtout celui de ta grand-mère, transparaît tellement dans ce que tu racontes. Mais en dehors d'eux, est-ce que tu avais des interactions avec d'autres enfants ou d'autres personnes quand tu étais enfant ?

Thierry
Mes interactions avec les autres étaient très limitées. J'avais des tics, des gestes nerveux, qui mettaient la plupart des gens mal à l'aise. Une éducation scolaire standard était par conséquent proscrite, comme on l'a déjà évoqué. Et, dans mon village, les choses étaient compliquées. Les enfants ne m'aimaient pas — ils avaient peur et passaient loin de moi.

Quatre fois par semaine, je devais aller acheter du pain à environ un kilomètre de la maison. J'adorais ce moment, car j'adorais manger le pain tout juste sorti du four à bois du boulanger. Ma grand-mère savait ça et me permettait d'acheter une baguette de pain supplémentaire afin de la manger sur le chemin du retour. Cela me faisait rire et m'apportait une petite joie simple.

Cependant, aller chercher le pain m'apportait un certain stress, car cela coïncidait souvent avec l'heure où les enfants sortaient de l'école pour aller déjeuner. À plusieurs reprises, j'ai dû subir des jets de pierres, mais il m'arrivait de riposter à mon tour, lorsque j'étais touché et que je saignais.

J'ai eu de sérieux ennuis à chaque fois que je blessais un assaillant. Les parents de ces enfants me détestaient pour cela et menaçaient parfois mon grand-père en disant qu'ils s'en prendraient à ma vie. Mon grand-père, lui, inspirait le respect. Me menacer n'était donc pas une bonne idée.

Il y avait tant de violence et d'injustice parmi les humains que mon cœur saignait de vivre cela. Non seulement j'étais agressé, mais si je tentais de me défendre, ma vie était en plus menacée.

Sylvana

C'est terrible… Tu étais déjà vulnérable, et au lieu d'être protégé, on t'a exposé à encore plus de violence. Je comprends mieux pourquoi tu dis que ton cœur saignait.

Thierry

Oui. Et mon comportement atypique semblait attiser encore davantage leur cruauté. Sous l'effet du stress ou de la peur, je riais nerveusement au lieu de pleurer. À leurs yeux, c'était de la provocation. Ils croyaient que je me moquais d'eux, ce qui ne faisait qu'alimenter davantage leur colère.

J'ai aussi été souvent la cible de moqueries à cause de la couleur de ma peau. Comme j'étais blanc et que tout le monde savait que ma mère était allemande, cela me distinguait des autres, dans une île où la majorité des Martiniquais avaient une peau bien plus foncée que la mienne.

À leurs yeux, cela faisait de moi un étranger, quelqu'un qui n'avait pas sa place parmi eux. Entre mon apparence, mes tics et mon comportement, je cumulais tout ce qu'il fallait pour être rejeté d'emblée. Mais mes grands-parents ont su apporter certains éclairages à ces gens et, avec le temps, ils finirent par seulement m'ignorer.

Mais parlons plutôt de choses positives. Une fois par mois, je partais à la capitale de l'île, Fort-de-France, avec ma grand-mère. C'était l'un des rares moments que j'attendais avec impatience.

Nous nous levions très tôt, à quatre heures du matin, et ma grand-mère m'habillait bien et me coiffait — j'étais tout fier. Nous prenions un taxi pour nous y rendre, et là, elle vendait les légumes, fruits et balais qui provenaient de notre ferme.

Ces journées étaient très différentes de celles que je passais au village. Fort-de-France était pleine de vie, avec des maisons très colorées proches les unes des autres, il y avait aussi plein de boutiques, etc., contrairement à notre village où tout était éloigné et isolé.

Ce que j'aimais particulièrement, c'était le port, et le vieux fort en pierre qui surplombait le port me fascinait. Pour moi, c'était comme un spectacle étourdissant : je voyais de grands navires, presque comme des villes flottantes, et beaucoup de monde, ce qui m'angoissait un peu.

Ma grand-mère, avec l'argent qu'elle récoltait au marché, en profitait pour aller faire les magasins. Je me souviens des tissus qu'elle achetait pour nous confectionner des habits. Elle était formidable, ma grand-mère, elle savait faire plein de choses, c'était mon héroïne.

Je me souviens aussi qu'à chaque visite à Fort-de-France, ma grand-mère m'achetait du zakari — ce pain blanc très dur que j'adorais. Elle savait qu'il fallait en acheter une douzaine, car j'en mangeais déjà deux entiers le temps du retour en taxi.

À chaque bouchée, elle me regardait en secouant doucement la tête, amusée, et je riais aux éclats. Ces moments de simplicité et de gourmandise étaient un petit bonheur, une bulle de légèreté dans une vie souvent compliquée.

Elle profitait parfois d'être à Fort-de-France pour rendre visite à ses deux amies, mes « mammas ». Ces moments étaient magiques pour moi.

Ces deux femmes m'attendaient toujours avec beaucoup d'attention et de bienveillance. Chacune préparait quelque chose de spécial : des biscuits faits maison et un grand verre de jus de fruits bien frais.

Elles m'accueillaient comme un prince, et, dans ces instants, je me sentais profondément aimé.

Pour moi, elles étaient comme des mamans supplémentaires. Leur présence à Fort-de-France, même si elle était rare, apportait une lumière précieuse dans une enfance souvent marquée par la solitude et le rejet.

Ces moments de douceur et de fierté étaient inoubliables.

. Le Seuil d'un Miracle — Quand la Souffrance Rencontre l'Inattendu

Sylvana

Ce que tu racontes est tellement vivant… On sent à quel point chaque souvenir compte, chaque détail a laissé une trace — de celles qui forgent une vie, en silence.

Tu dis que la souffrance a duré jusqu'à ton adolescence… jusqu'à tes seize ans. Que s'est-il passé à ce moment-là ? Y a-t-il eu un déclic, un changement qui a tout bouleversé ?

Thierry

Effectivement, vers l'âge de seize ans, j'avais beaucoup grandi — et avec ma taille venait une force physique de plus en plus préjudiciable pour mon problème de mouvements involontaires de la tête le soir. Mes grands-parents étaient terriblement inquiets. Ma grand-mère m'a emmené à l'hôpital pour consulter un neurologue.

À cette époque, l'autisme était encore très mal compris. Le neurologue a expliqué à ma grand-mère que, malheureusement, il n'avait pas de solution pour moi et que, dans les rares cas qu'il avait connus, ces enfants ne survivaient pas au-delà de vingt ou vingt-et-un ans. Il pensait que mon état serait fatal à cet âge-là. Cette annonce a été un choc terrible pour mes grands-parents.

Ma grand-mère était herboriste. Elle avait essayé toutes les plantes, toutes les onctions, tout ce qu'elle connaissait, mais rien n'avait réussi à apaiser mes crises. Déterminée à trouver une solution, elle a décidé de m'emmener voir un chaman qu'une connaissance lui avait conseillé.

Ce chaman habitait à Fort-de-France, donc nous lui avons rendu visite un jour après le marché.

Je me souviens encore très bien de ma première rencontre avec ce chaman. Nous sommes entrés dans une maison simple, mais empreinte d'une aura mystérieuse. Un escalier étroit menait à une petite pièce où il nous a accueillis. Il m'a observé longuement, silencieusement, puis il a commencé à jouer de divers instruments qu'il disait sacrés.

Après avoir terminé sa séance mystique, il a déclaré à ma grand-mère que j'étais vraiment spécial et que j'avais un grand destin au service de l'humanité. Ma grand-mère et moi étions stupéfaits, compte tenu de ma condition à l'époque. Je me souviens que nous nous sommes regardés, interloqués, comme pour nous dire : « mais de quoi parle-t-il ? » Puis il nous a demandé de revenir la semaine suivante.

Lorsque nous sommes revenus, il a rapidement sorti une seringue contenant un liquide clair, a versé deux gouttes dans un petit verre d'eau et m'a demandé de le boire d'une traite. Pas de rituel spectaculaire, pas d'explications complexes — juste de boire ce breuvage. Puis il nous a salués avec affection et nous sommes ensuite partis.

Et moi qui m'étais imaginé une séance grandiose, avec des tambours, des incantations mystérieuses, peut-être même quelques animaux exotiques en transe… non — juste deux gouttes dans un verre d'eau.

Sylvana
J'imagine bien la scène… Toi, qui étais prêt à vivre une cérémonie mystique grandeur nature — peut-être même un serpent ondulant dans un coin… Et au final : deux gouttes dans un verre d'eau ? Pas étonnant que ça t'ait marqué !

Thierry
Oui… tu aurais vu ma petite frimousse à ce moment-là. J'étais prêt pour une cérémonie inoubliable… Et pourtant, malgré cette simplicité, ce jour-là, quelque chose d'extraordinaire s'est produit — j'en suis encore tout ému rien que d'y repenser.

À seize heures — l'heure où mes migraines apparaissaient habituellement — il ne s'est rien passé : pas de douleur, pas de crise. Pour la première fois depuis toujours, cet enfer quotidien — avait disparu.

Ma grand-mère, bouleversée, s'est agenouillée sur le sol et a prié Dieu pour Le remercier d'un si grand miracle.

Sylvana
Ce que tu as vécu, c'est fort, et ça touche quelque chose de très profond. Et pourtant, ce genre de récits, on en entend… parfois à voix basse, presque comme des secrets. Des rencontres qui bouleversent, des guérisons qu'on n'explique pas. On les écoute en silence — mais elles restent. Comme la tienne.

Thierry
Oui… Ce jour-là, tout a basculé sans bruit. Et ce qui m'avait hanté pendant si longtemps… a tout à coup disparu.

Le soir, en me couchant, j'ai réalisé qu'une autre chose avait changé : je ne ressentais plus cette démangeaison insupportable dans ma tête. Cette sensation, qui m'avait poussé pendant des années à me cogner ou à balancer la tête, s'était éteinte.

Et cette nuit-là, pour la première fois depuis très longtemps, j'ai dormi paisiblement.

Les jours d'après, j'ai constaté que mes migraines avaient complètement disparu, et la démangeaison aussi. Il ne me restait que des troubles psychomoteurs : mes tics et ce problème de coordination entre la droite et la gauche qui me poursuivait encore. Et, bien sûr, cette obsession de tout organiser parfaitement, de m'assurer que chaque chose est toujours à sa place, dans un ordre impeccable.

Sylvana
Ton besoin que chaque chose soit à sa place… je le reconnais bien là.

Mais ce que tu viens de raconter, c'est bouleversant. On sent qu'un apaisement s'est installé — venu de très loin. Un silence qui soigne et qui a remis doucement l'intérieur en ordre. Quelque chose s'est vraiment transformé en toi.

Thierry

Oui. C'est à partir de ce moment-là que ma vie a véritablement commencé à changer. Une lumière s'était allumée dans mon quotidien. Cette rencontre avec le chaman avait marqué le début d'une nouvelle phase.

Pour la première fois, j'entrevoyais l'espoir d'un avenir différent, ensoleillé.

J'ai commencé à découvrir un autre aspect de la vie dans le village, celui des heures qui suivaient seize heures. Je remarquais depuis la maison que les jeunes voisins proches se rassemblaient sur un petit terrain en terre battue où était couché un gros tronc d'arbre servant de banc pour s'asseoir. Ils s'asseyaient ensemble pour discuter, lire des journaux ou simplement passer le temps.

Intrigué, mais encore très hésitant, j'ai commencé à m'approcher — d'abord de loin, en observant. Puis, un jour, ils m'ont laissé m'asseoir avec eux. Certains m'ont demandé pardon pour le mal qu'ils m'avaient fait quelques années auparavant.

Ils m'ont fait découvrir des magazines pour jeunes. Je me souviens encore de mon préféré, *Pif et Hercule*, une bande dessinée humoristique mettant en scène un chien et un chat. Ce magazine était vendu avec des gadgets extraordinaires — un vrai régal pour moi qui adorais la technique. Je me souviens aussi des Marvel, avec plein de superhéros qui semblaient venir d'un autre monde.

Ma grand-mère, voyant que je m'intéressais à ces échanges, m'a emmené en ville pour m'acheter des magazines, et j'ai eu un choc en découvrant pour la première fois un magazine scientifique. C'était comme si le monde était à portée de ma main. C'est ainsi que j'ai découvert le magazine scientifique français *Science et Vie*. J'ai commencé à l'acheter tous les mois et je passais des heures à tout dévorer, c'était un véritable trésor de connaissance.

Avec mes voisins, nous échangions nos lectures : eux partageaient leurs bandes dessinées, et moi, mes magazines. Enfin, presque tous, sauf mes magazines de *Science et Vie,* que je considérais comme sacrés. Je les gardais précieusement, et de toute façon, mes voisins n'y trouvaient pas grand intérêt.

Pour moi, c'était différent : même si je peinais encore à lire correctement, je passais des heures à scruter les images. Ce magazine me fascinait. Je pouvais y découvrir des univers infinis et des concepts qui me captivaient et nourrissaient mon imagination féconde.

Je découpais certaines images et les collais sur les murs de ma chambre. Cela me permettait de m'évader encore plus loin depuis mon lit, de rêver de galaxies lointaines ou de mondes intérieurs — loin des réalités de mon quotidien.

Mais ce n'était pas seulement cette vie après seize heures avec mes camarades qui m'a marqué. Ce n'était pas seulement mon quotidien qui s'adoucissait — quelque chose de beaucoup plus profond était en train de changer en moi. Tout mon être s'ouvrait à un autre espace — un espace d'émerveillement, de silence intérieur, de présence.

C'est à ce moment-là que le ciel a commencé à m'appeler. Littéralement. Comme si l'Univers, soudainement, me devenait familier — et que, dans cette connexion silencieuse, naissait doucement un appel stellaire.

C'est dans ce lien nouveau que tout a commencé à se transformer. Je redécouvrais un silence intérieur profond, habité d'un émerveillement pur devant le ciel étoilé. Pour la première fois, je pouvais observer la voûte céleste dans une quiétude totale, sans douleur, sans agitation mentale — simplement porté par la paix et la fascination.

Cette contemplation devint rapidement une obsession douce, presque sacrée. Je décidai alors d'installer un lit de fortune — un simple matelas, une couverture et un oreiller — sur le toit cimenté de la maison, afin de passer mes nuits à communier avec l'infini.

Je me souviens avec intensité de cette soif de compréhension qui me traversait : pourquoi ces points lumineux ? Pourquoi ce scintillement ? Qu'y a-t-il vraiment là-haut ?

Il me semblait y avoir un mur invisible entre moi et ces lumières lointaines, comme si l'Univers se divisait en deux : la Terre — solide, familière — et puis le vide noir et les étoiles — magnifiques, mais incompréhensibles.

Je demandais autour de moi. On me disait : « Ce sont des étoiles. » D'autres évoquaient : « Le paradis, la demeure de Dieu. » Mais ces réponses me laissaient insatisfait — voire plus perdu encore.

Mais grâce au magazine *Science et Vie*, il m'arrivait de trouver des articles qui parlaient de cosmologie, je ne comprenais pas tout ce qui se disait dans l'article, mais ça amplifiait encore plus mon intrigue pour le ciel.

Je voulais du concret, du sens. Alors, une nuit, j'ai pris une décision étrange pour un enfant : essayer de communiquer mentalement avec ces étoiles. Je concentrais mon attention sur l'une d'entre elles, choisie au hasard, dans l'espoir de recevoir un signe, un écho, un frémissement. Rien ne se produisit. Pas au début.

Mais à force de nuits passées sous le ciel, quelque chose changea. Il ne s'agissait pas d'un message clair, ni d'une voix intérieure, mais plutôt d'un lien subtil qui se tissait peu à peu entre moi et le ciel. Une résonance, une connivence silencieuse — comme si l'Univers me reconnaissait. J'avais la chance de vivre à une époque où la pollution lumineuse était quasiment inexistante. Le ciel était clair, offert, vibrant. Ce lien s'intensifia, jusqu'à devenir une vocation.

Un jour, je me tournai vers ma grand-mère et lui dis : « Je sais ce que je veux faire plus tard : je vais visiter toutes les étoiles du ciel. » Elle me regarda, sourit, et me répondit simplement : « Si c'est prévu que tu partes là-haut, alors rien ne pourra t'en empêcher, mon fils. »

Ces mots, gravés dans mon cœur, devinrent le socle d'un engagement intime — une promesse intérieure que je ne trahirais jamais.

Avec le temps, j'ai mesuré l'immensité du défi. Et j'ai souvent imaginé Dieu Lui-même éclater de rire, me voyant, moi, petit humain, vouloir conquérir les étoiles. Mais on m'avait aussi dit que j'étais Son fils, et cela changeait tout : car si l'impossible existe, il est, par essence, temporaire. Et moi, j'ai toujours su que l'impossible pouvait plier sous la volonté d'un esprit éveillé.

Cette « douce folie » d'exploration spatiale ne m'a jamais quitté. Elle a guidé ma vie, nourri mes recherches, inspiré mes découvertes. Elle fut pour moi source d'espérance, de salut, de vision. C'est en elle que j'ai puisé la force de formuler des concepts audacieux, d'imaginer des technologies inexplorées, et d'ouvrir des voies nouvelles vers l'inconnu.

Sylvana
Tu sais, en t'écoutant, j'ai eu l'impression de voyager avec toi… Couchée sur ce toit, à scruter les étoiles, à chercher un signe dans le silence. Et plus tu racontais ton expérience, plus je me disais que ce moment-là, c'était bien plus qu'une simple nuit d'adolescent rêveur. C'était un tournant. Une bascule intérieure. Le ciel a répondu à ta demande — mais à sa manière, en t'indiquant le chemin à suivre.

Et ta grand-mère… quelle phrase bouleversante ! C'est fou de penser que cette simple bénédiction ait pu devenir un socle aussi puissant. D'autant que tu l'avais déjà entendu, ce pressentiment : Ruth disait que tu avais la fibre de l'inventeur, et le chaman — lui aussi, avait perçu quelque chose de rare en toi.

Malgré les épreuves, malgré tout ce que ce monde n'a pas su accueillir tout de suite — eux trois t'avaient vu. Comme si, chacun à leur façon, ils avaient senti que ta trajectoire ne serait pas ordinaire. Mais là, c'est ton âme qui s'est éveillée. On le sent. C'est comme si, dans ce silence sous les étoiles, quelque chose s'était aligné en toi pour de bon.

Et maintenant, je comprends mieux… Quand tu me dis — les jours où le vacarme de ce monde devient trop lourd — « Je partirai. Un jour, je m'élèverai, seul, dans le silence des étoiles.", je sais que ce n'est pas une fuite. C'est un rappel — une fidélité à ce lien profond, celui qui t'habite depuis toujours et que rien n'a jamais pu étouffer.

Et c'est saisissant de voir à quel point certaines présences peuvent transformer une vie. Il y a eu tes grands-parents, bien sûr, qui formaient une base solide d'amour discret et inconditionnel. Et puis Ruth. Et ce chaman. Trois rencontres décisives. Trois manières d'être reconnu, accueilli, et soutenu — là où tant d'autres n'avaient pas su voir.

Thierry

Oui. Ruth n'était pas simplement une éducatrice — elle a été un véritable pont entre moi et le monde. Avec sa patience, sa compréhension et son regard bienveillant, elle a su créer un espace où je pouvais doucement sortir de mon isolement.

Elle m'a aidé à décoder les comportements des autres, à comprendre des interactions qui jusque-là me semblaient incompréhensibles, à apprivoiser un univers dont je ne possédais pas naturellement les clés. Elle n'a jamais cherché à me changer, mais à m'accompagner pour que je puisse avancer dans ce monde sans m'y perdre. Grâce à elle, j'ai pu tracer un chemin plus serein dans cette réalité qui me paraissait souvent si insaisissable.

Quant au chaman, il a fait ce que personne d'autre n'avait réussi. Là où la médecine était impuissante — et même ma grand-mère, malgré tout son savoir d'herboriste, n'avait rien trouvé — lui a brisé le cycle de mes souffrances. Il m'a ouvert la porte vers un quotidien plus apaisé.

Avec eux, quelque chose a changé en moi. Ce n'était pas juste une amélioration — c'était une renaissance.

Mes grands-parents, eux, ont été le socle, la base silencieuse sur laquelle tout le reste a pu s'appuyer. Leur amour n'avait pas besoin de mots ni de preuves : il était là — constant, discret, mais indéfectible.

Mon grand-père incarnait la stabilité, la rigueur bienveillante, la droiture. Ma grand-mère — elle, était la mémoire vivante, la gardienne des plantes et des secrets de la terre. Elle avait cette présence forte et douce à la fois, capable de tout percevoir sans jamais rien imposer. Elle m'observait sans jamais me juger. Elle savait quand parler… et surtout quand se taire.

C'est elle qui m'a donné ce tout premier sentiment d'appartenance au monde — alors même que je ne savais pas encore y trouver ma place. Son jardin était mon premier laboratoire, son regard, mon premier miroir. Et cette phrase qu'elle m'a dite ce jour-là — « Si c'est prévu que tu partes là-haut, alors rien ne pourra t'en empêcher » — je crois qu'elle portait tout ce dont j'avais besoin : la permission d'être moi, pleinement, entièrement.

Sylvana

Et si tu pouvais les revoir aujourd'hui… Ruth, le chaman, et tes grands-parents… Qu'est-ce que tu leur dirais ? Qu'est-ce qu'un homme comme toi, devenu ce que tu es, aurait envie de leur transmettre en retour ?

Thierry

Je crois que je resterais un moment sans voix, tant l'émotion serait forte. Puis, je leur dirais simplement *merci*. Mais pas un merci ordinaire, pas un merci poli qu'on lance par habitude. Ce serait un *merci* chargé de tout ce qu'ils ont fait pour moi — un *merci* qui porte en lui la reconnaissance d'un destin transformé.

Et puis, surtout, je leur dirais qu'ils n'ont pas seulement aidé un enfant en difficulté. Ils ont été des passeurs de lumière, des guides, des êtres qui ont accompli leur mission avec une humilité rare. Des gens comme eux sont précieux, et, même si le temps a passé, leur impact résonne encore aujourd'hui.

Sylvana

Ce que tu viens de dire est bouleversant. On sent dans chacun de tes mots cette gratitude profonde — ce fil invisible qui te lie toujours à eux. Ces présences silencieuses, patientes, qui ont cru en toi quand rien ne semblait possible… On oublie souvent à quel point certaines personnes peuvent tout changer. Ce ne sont pas juste des rencontres — ce sont des instants qui font basculer une vie.

C'est étrange, d'ailleurs — on garde souvent en tête ceux qui nous ont blessés… alors que les gestes silencieux — ceux qui nous ont relevés — finissent parfois par s'effacer. Et pourtant, ce sont eux qui nous sauvent vraiment. Sans Ruth, sans ce chaman, sans tes grands-parents, ton chemin aurait été tout autre.

Et parfois, ces rencontres nous font prendre conscience d'une chose essentielle : que notre façon de percevoir le monde n'est pas celle des autres !

Chez toi, cette perception du monde est si singulière, si particulière… Tu t'en es rendu compte très tôt, je suppose.

Te souviens-tu de la première fois où tu as senti que tu ne voyais pas les choses comme les autres ?

2. Le Regard Singulier — Naissance d'un Autre Rapport au Réel

Thierry

Oui. Pendant longtemps, j'ai cru que tout le monde voyait ce que je voyais. Il y a un souvenir en particulier avec ma grand-mère qui m'a marqué… Un jour, elle m'a interrogé sur une habitude que j'avais avec les fleurs et qui, visiblement, l'intriguait.

Elle m'a demandé pourquoi j'aimais caresser l'air autour des fleurs sans jamais toucher leurs pétales directement. Je lui ai répondu : « Mais… tu ne vois pas la lumière qui entoure chaque fleur — comme autour de chaque chose ? » C'est à ce moment-là qu'elle a compris que je percevais quelque chose que les autres ne voyaient pas.

Je voyais une sorte d'aura autour des fleurs, mais aussi autour des gens, des animaux, des objets. C'était comme une mousse lumineuse — vibrante, irisée, très légèrement colorée — composée de milliers de points minuscules. Ces points apparaissaient et disparaissaient alternativement, créant une texture vivante et subtile. Je remarquais aussi que cette aura changeait : elle évoluait à mesure que la fleur grandissait, se fanait ou réagissait à son environnement. C'était fascinant.

Pour moi, c'était tout à fait naturel, je n'imaginais pas qu'il puisse en être autrement. Par exemple, je voyais littéralement les fleurs communiquer entre elles et avec d'autres plantes : les petits points lumineux s'étiraient, formant de fines cordes vibrantes qui allaient d'une fleur à l'autre, dans un va-et-vient silencieux, mais chargé de vie. C'était un spectacle d'une intensité incroyable.

Plus tard, à l'adolescence, j'ai tenté de me couper de cette perception, parce que personne autour de moi ne semblait la partager. Ça m'a profondément perturbé. Tout devenait étrangement figé — comme si les fleurs étaient à la fois vivantes et mortes — sans âme, sans dynamisme. C'était extrêmement dérangeant. Voir cette réalité subtile, c'était comme être immergé dans l'essence même de la nature — et c'était tellement enrichissant.

J'ai aussi beaucoup de souvenirs liés aux plantes parce que ma grand-mère adorait les herbes médicinales. Dans son jardin, il y avait de petites allées bordées de bancs surélevés où poussaient les plantes, à environ un mètre du sol — si je me souviens bien. J'aimais flâner le long de ces allées. C'était d'une paix profonde. En passant, je voyais que les auras des plantes s'élargissaient doucement à mon approche, et que leurs filaments lumineux se tendaient vers d'autres plantes, qui réagissaient à leur tour. C'était comme une chaîne subtile de communication. Et à chaque fois que je m'approchais d'une plante en particulier, sa géométrie se réorganisait — comme si elles se disaient entre elles : « Quelque chose approche… »

Sylvana

Ce que tu racontes est fascinant… cette façon de percevoir les plantes comme des êtres vivants, vibrants, presque communicants. Mais je me demande : est-ce que tu avais aussi cette sensation avec les animaux ? Est-ce qu'ils exprimaient, eux aussi, une forme d'énergie ou de présence invisible que tu pouvais sentir ?

Thierry

Oui, il y avait aussi quelque chose de très fort avec les animaux. Quand j'observais les animaux, je percevais aussi des formes d'aura — beaucoup plus larges et légèrement plus colorées que celles des plantes. Mais ces auras étaient aussi plus complexes, plus changeantes, et réagissaient bien plus rapidement.

Chez les animaux, la dynamique était souvent très binaire : lorsque je rentrais en interaction avec eux de manière subite, leur aura se gonflait brutalement, prenant des teintes d'irisation oscillant entre le rouge et le vert, parcourues de nombreuses pulsations. J'ai interprété cela comme une peur viscérale, immédiate.

Toutefois, lorsque j'approchais des animaux qui avaient déjà l'habitude de ma présence, leur aura grossissait nettement moins et prenait une teinte vert plus tendre. Pour moi, c'était comme s'ils disaient : « C'est OK… mais je reste sur mes gardes ». C'était davantage de la crainte que de la peur pure.

Vivre avec cette perception des auras animales était assez complexe émotionnellement. Cela me donnait le sentiment qu'ils n'étaient jamais vraiment en paix — ou alors seulement pour quelques instants fugaces. Je les percevais dans un état d'alerte quasi permanent, leur instinct de survie vibrant en eux avec une intensité surprenante.

Le moment où leur aura devenait la plus active, c'était pendant leur sommeil. Je voyais leurs champs lumineux se contracter et se dilater en rythme avec les mouvements de leurs corps endormis, comme en réaction à leurs rêves. Je me souviens avoir pensé que je n'aimerais pas être un animal : vivre dans l'insécurité permanente de la nature, dépourvu des moyens techniques que nous, humains, avons développés, devait être extrêmement difficile.

Sylvana
C'est troublant, en fait... On imagine souvent l'enfance comme un temps protégé, fait de légèreté. Mais toi, tu semblais déjà tout capter — comme si tu vivais sans filtres. Tu n'observais pas seulement le monde — tu l'absorbais. Cette immersion totale dans ce qui t'entoure, cette façon de ressentir jusqu'au plus infime détail... Penses-tu que c'était instinctif ? Ou qu'un événement particulier t'y a conduit ?

Thierry
Je crois que ça s'est fait naturellement, sans que je le décide. L'un de mes passe-temps préférés, c'était de m'isoler dans la nature et de rester totalement immobile — parfois pendant des heures. Je ne voyais pas le temps passer. Dans cet état, il se produisait quelque chose d'étrange en moi... une sorte de densité dans le cœur, une douce pression qui semblait s'ouvrir vers l'extérieur. C'est difficile à expliquer, mais c'était comme si tout mon être entrait en résonance avec l'environnement.

Je pouvais me connecter à l'ensemble de la nature, ou choisir de me concentrer sur un seul élément : un arbre, un animal, la Terre elle-même. J'évitais souvent de me concentrer sur les animaux, car ce que je ressentais en eux était trop brutal : une peur pure, viscérale — incontrôlable, parfois insoutenable. Les chats et les chiens, en revanche, étaient beaucoup plus apaisants — surtout les chats. Leur aura semblait capable de rester dans cet état suspendu que je recherchais.

Avec les arbres, c'était une autre expérience — tout aussi déroutante. Plus je me concentrais sur eux, plus je percevais mon propre temps ralentir. Et plus l'arbre était grand et ancien, plus cet effet temporel était marqué.

Je me souviens d'une des premières fois où cela m'est arrivé : je m'étais concentré sur un tamarinier centenaire accolé à la maison. Au bout de cinq à dix minutes, ma vision a commencé à se troubler fortement. Je me rappelle qu'un des chats de la maison — celui qui aimait grimper à cet arbre pour chasser les petits lézards — est passé juste devant moi... puis il a bondi vers l'arbre. Sauf que je l'ai vu accomplir toute cette action dans un temps incroyablement étiré : l'impression que cela avait duré trois à quatre heures ! C'était complètement fou. Les images défilaient presque une à une, comme des calques superposés en mode stroboscopique.

Je ressentais dans mon cerveau une compression intense, mon corps me démangeait de partout, et surtout, une sensation étrange de viscosité dans ma tête — comme si j'étais plongé dans une matière gluante. Au fil du temps, cette sensation devenait tellement oppressante que je me voyais presque en dédoublement : une partie de moi restait figée, tandis qu'une autre voulait courir… mais c'était impossible. Un vrai cauchemar — je me sentais prisonnier d'un chewing-gum qui durcissait progressivement.

Finalement, je devais interrompre l'expérience — car cela devenait trop ingérable pour mon petit cerveau d'enfant.

Sylvana
C'est fou… Tu n'étais pas juste un enfant attentif à la nature — tu en percevais l'intimité. Comme si tu ralentissais jusqu'à entrer dans leur rythme, à elles : les plantes, les arbres… Sentais-tu vraiment que le temps changeait autour de toi ? Que tout se mettait à battre autrement ?

Thierry
Oui, c'était réel — vraiment tangible, et toujours reproductible. Ce n'était pas une simple impression : je ressentais un véritable ralentissement, difficile à décrire… c'était comme si tout le monde autour de moi se figeait. Le vent cessait, les mouvements étaient comme figés ou alors d'une extrême lenteur, même les sons semblaient suspendus.

Ce n'était pas un ralentissement imaginaire ou métaphorique — non, c'était une expérience physique. Tout devenait extraordinairement lent. Presque immobile. Et j'ai compris que, pour l'arbre, ce rythme-là était… normal. C'était son propre temps. Il vivait à une autre cadence que nous. Et ce que je percevais, c'était son expérience du monde — sa réalité.

À ce moment-là, tout a basculé dans ma compréhension : j'ai saisi que chaque être vivant — chaque plante, chaque animal, chaque chose même — avait sa propre façon d'habiter le Temps. Sa propre densité temporelle. Ce n'était pas qu'une intuition sensible — c'était une information fondamentale, gravée dans l'être même des choses.

Cette prise de conscience a été fondatrice pour moi. C'est elle qui m'a poussé à ne plus voir le Temps comme un cadre uniforme et universel, mais comme une réalité structurante — vivante, différente pour chaque être. Et cette diversité des expériences du Temps est devenue, peu à peu, l'un des piliers de ma manière de penser l'Univers.

Sylvana
Je sais que tu as eu d'innombrables expériences — et qu'il y aurait certainement matière à écrire un livre entier. Mais, si tu veux bien, pourrais-tu me parler de certaines d'entre elles ? Celles qui t'ont vraiment marqué… celles qui t'ont

permis de mieux comprendre la réalité physique, au-delà de ce qu'on apprend à l'école.

J'ai l'impression que c'est à travers ces expériences que ta manière de penser la science s'est construite, non ? Que c'est là que quelque chose a commencé à s'organiser en toi, différemment.

Thierry

Oui, c'est vrai… je pourrais sans doute écrire tout un livre là-dessus. Je vais te décrire deux expériences qui me viennent en tête, parce qu'elles ont été particulièrement marquantes et qu'elles ont eu un poids réel dans mes découvertes scientifiques.

La première remonte à mon adolescence, vers l'âge de treize ans. Un jour, j'ai décidé de tenter consciemment de m'accorder à la planète Terre elle-même. Je me souviens m'être appuyé contre un vieil arbre et avoir posé mes paumes de mains directement sur le sol. Après avoir médité pendant environ quinze ou vingt minutes, en dirigeant ma concentration mentale vers le centre de la Terre, les yeux à demi fermés, j'ai commencé à sentir mon corps devenir incroyablement léger, au point que je me suis élevé du sol. Je ne sais pas si cette lévitation s'est réellement produite physiquement, mais la sensation, elle, était indéniablement présente. C'était comme un état de grâce, hors du temps. Je me sentais porté à quelques mètres au-dessus du sol.

Puis survint un événement que je n'oublierai jamais : je me suis senti littéralement désolidarisé de la planète. Et aussitôt, j'ai vu l'environnement autour de moi se mettre à avancer — à foncer vers moi. Oui, le paysage bougeait. Et là, j'ai compris : je devenais observateur de la rotation de la Terre.

Je voyais littéralement tout défiler en ligne droite depuis la maison jusqu'à l'océan, en traversant d'autres îles. Je me souviens avoir traversé des zones de terre, des habitations, et même une montagne située sur une île voisine que je ne connaissais pas encore à l'époque. La sensation était vertigineuse : tout filait à une vitesse fulgurante.

Lorsque je traversais des montagnes ou des terres denses, c'était comme passer à travers un brouillard épais — une traversée qui durait plus longtemps que ce à quoi je m'attendais. À l'inverse, dans les espaces ouverts, la sensation de vitesse correspondait bien à celle de la rotation terrestre. Quand j'ai appris plus tard que la Terre tourne à environ 500 mètres par seconde à l'équateur, cela semble correspondre à ce que j'avais ressenti.

En reproduisant cette expérience plusieurs fois, j'ai compris pourquoi elle avait été aussi nette la première fois : je m'étais aligné naturellement dans la bonne direction géométrique — mon corps orienté dans l'axe de l'équateur, dans le sens de la rotation lévogyre de la Terre. Pour te donner une image : si tu te plaçais au-dessus du pôle Nord et que tu regardais la Terre « de dessus », tu la verrais tourner dans le sens inverse des aiguilles d'une montre — c'est-à-dire d'ouest en est.

Cette expérience a profondément ancré en moi la réalité de la rotation — pas seulement comme un concept abstrait, mais comme une sensation vivante et concrète. Elle a aussi fondé en moi une intuition essentielle : dans l'Univers, le spin est fondamental, il est partout, à toutes les échelles.

Par la suite, j'ai vécu d'autres expériences — dans d'autres contextes, à d'autres échelles — qui ont encore approfondi cette compréhension, en m'apportant de nouvelles informations sur la nature du mouvement et de l'espace-temps.

La deuxième expérience est liée à l'aura des êtres humains.

C'est une découverte que j'ai fait très jeune, à force d'observer les dynamiques de changement d'humeur et les variations subtiles de l'aura.

Un jour, avec ma grand-mère — toujours curieuse et joueuse — nous avons décidé de mener une petite expérience. Je lui avais expliqué ce que je percevais : « Tu sais, maman… ton aura change avant même que ton corps ou ta voix ne bouge. »

Elle avait ri doucement, amusée, et m'avait lancé : « très bien — essaie donc de deviner ce que je vais faire. » Alors, elle restait immobile, les bras le long du corps, un petit sourire en coin. Et moi, je la regardais — mais surtout, je voyais son aura. C'était fascinant : avant qu'elle ne bouge le moindre muscle, son champ énergétique se modifiait.

Une légère expansion, une vibration différente, une coloration spécifique sur les parties du corps… Et je savais.

Je pouvais annoncer : « Tu vas lever le bras droit », ou : « Tu t'apprêtes à parler. » Ou encore : « Tu vas t'avancer d'un pas. » Et à chaque fois, elle éclatait de rire, émerveillée : « Mais comment fais-tu, mon Thierry ? C'est incroyable ! »

Elle s'amusait à essayer de me « prendre de court », mais, à chaque fois, je pouvais annoncer son mouvement ou son intention avant même qu'elle ne l'exprime extérieurement. Ce jeu devint pour nous un rituel joyeux, une complicité profonde.

Plus tard, à travers ces expériences répétées, j'ai compris quelque chose de fondamental : dans les plans subtils, le temps est plus dense. L'information y circule bien avant sa manifestation physique. Plus on s'approche de l'infiniment petit, plus le temps se densifie, plus il devient riche en information. À l'inverse, plus on se dirige vers l'infiniment grand — vers l'immensité de l'espace — plus le temps semble se dilater, devenir pauvre en informations, jusqu'à presque disparaître.

Cette découverte, aussi simple qu'elle puisse paraître, a été fondatrice pour moi. Elle a façonné ma compréhension du Temps non pas comme une simple mesure linéaire, mais comme une réalité vivante, vibrante, informationnelle — une qui varie selon la densité des plans de l'existence. Et plus tard, cette intuition a contribué directement aux bases de mes découvertes scientifiques ultérieures.

Sylvana
Ça a dû être si déroutant… Avoir cette clarté en toi — cette perception si fine — et te heurter au silence ou à l'incompréhension des autres. Tu devais te sentir incroyablement seul, non ? Comme si tu parlais une langue que personne n'entendait…

Thierry
Oui, c'est vrai. Ce fut une profonde déception. Et ma situation d'autiste Asperger ne facilitait pas les choses : communiquer avec mes semblables n'était déjà pas simple en soi. Je me souviens du sentiment profondément humaniste qui m'habitait — et qui m'habite encore aujourd'hui. Ce désir intense que les autres puissent voir ce que je voyais, ressentir ce que je ressentais. C'était une sorte d'élan intérieur : partager cette beauté, cette évidence du vivant.

Alors, je me suis fait une promesse : trouver un moyen d'expliquer. Créer des ponts. Pas pour convaincre… mais pour ouvrir des portes. Pour permettre aux autres d'entrevoir, eux aussi, ce que je vivais.

Je savais que s'ils pouvaient réellement dire « bonjour » à une fleur — de tout leur cœur — et la voir réagir en retour, cela bouleverserait profondément leur relation au monde. Ce simple geste, ce simple échange, aurait pu transformer bien des façons d'agir, bien des manières d'être au quotidien.

C'est cela qui m'a poussé à chercher une explication scientifique. Je ne voulais pas que ces expériences restent confinées à l'intuition ou à une sensibilité personnelle difficile à partager. Je voulais rendre tout cela tangible, accessible, vérifiable.

C'est aussi ce besoin de transmission qui m'a conduit à concevoir mes premiers outils de détection. Des dispositifs très simples au début, mais qui me permettaient de mesurer certaines variations autour des plantes, dans des lieux particuliers, ou au cours d'expériences électroniques.

Grâce à eux, je pouvais comparer ce que je ressentais... avec ce que les instruments captaient. Et peu à peu, les deux commençaient à se rejoindre.

À ce moment-là, j'ai su que je tenais un fil — un lien fragile, mais réel — entre l'invisible que je percevais... et le visible que la science pouvait appréhender.

Une voie d'exploration immense s'ouvrait devant moi.

Sylvana
C'est saisissant de t'imaginer déjà à cet âge-là en train de chercher à traduire l'invisible en quelque chose de mesurable... Tu avais cette intuition, et en même temps, ce besoin de concrétiser, de fabriquer, de tester.

Te souviens-tu du moment où cela s'est vraiment manifesté pour la première fois ?

Thierry
Oui, je me souviens d'une anecdote qui a beaucoup marqué mes grands-parents. J'avais alors une dizaine d'années. Mes grands-parents aimaient beaucoup écouter la radio — un rituel presque sacré à la maison. Mais un jour, leur appareil tomba en panne, et je me souviens de leur contrariété visible.

À l'époque, en Martinique, il n'était pas question de faire un aller-retour en ville juste pour une radio. Il fallait attendre la prochaine sortie — ce qui, chez nous, voulait dire... une semaine. Une semaine sans radio : un vrai drame ! Mais bon, c'était il y a quarante ans — bien avant l'ère du clic et du « livré demain ».

Ils projetèrent donc d'acheter une nouvelle radio, et j'en profitai pour leur demander de récupérer l'ancienne — celle qui était défectueuse. Dès que je l'eus entre les mains, je la démontai sans attendre, poussé par une curiosité aussi forte que naturelle.

À vrai dire, sans aucune connaissance préalable, il aurait été illusoire d'espérer la réparer... mais, visiblement, l'impossible n'était pas dans ma conception.

Presque instinctivement, je me mis à explorer le circuit électronique avec mes doigts. Je ne faisais pas que toucher les composants : je ressentais littéralement des variations d'énergie au bout de mes doigts — des flux subtils, des tensions locales, des picotements — comme des différences d'impédance que je captais par le toucher.

Mon corps semblait réagir aux champs électromagnétiques émis par le circuit. Et c'est en suivant cette perception sensorielle, incroyablement fine, que je détectais les zones traversées par des courants subtils.

Je posais mes doigts à différents endroits, et parfois, le haut-parleur émettait de drôles de bruits. Après plusieurs heures d'investigation, je finis par démonter complètement la radio pour récupérer certains composants qui me semblaient essentiels.

Ce ressenti intuitif des champs électromagnétiques me guida encore plus loin : j'eus l'idée de planter un grand clou à la base du vieux cocotier qui se trouvait près de la cuisine. Je ne savais pas encore l'expliquer, mais je sentais que le tronc du cocotier pouvait capter les ondes radio. Aujourd'hui, je sais qu'il offrait une bonne exposition au champ hertzien, et qu'il faisait office d'antenne naturelle.

À l'aide des composants récupérés, et de quelques fils, je bricolai un nouveau montage — rudimentaire, mais fonctionnel. Et au moment où je le connectai au cocotier, je ressentis physiquement l'intensité du champ augmenter autour du circuit. Presque aussitôt, une chanson jaillit du haut-parleur, suivie de la voix d'un animateur : « Radio Caraïbes ! » — la radio régionale de l'île.

Je revois encore la scène : ma grand-mère, les mains levées au ciel, s'exclamant que j'avais reçu un don divin, tandis que mon grand-père, mi-amusé, mi-inquiet, murmurait que j'avais fait entrer le diable dans le cocotier !

Quoi qu'il en soit, malgré mon invention, ils finirent quand même par acheter une nouvelle radio… question de commodité.

Sylvana
Ah, alors c'est pour ça que, parfois, quand on entre dans ton laboratoire et que tu es contrarié ou en colère, l'électronique se met à faire n'importe quoi… les appareils s'éteignent, les capteurs deviennent instables, les mesures partent en vrille. C'est fou — on dirait que ta seule présence suffit à perturber tout le système !

Thierry
Oui, c'est un phénomène que j'ai constaté assez souvent. Et je ne suis pas le seul : ce type d'interaction existe bel et bien et a même été observé dans d'autres contextes.

On parle parfois de l'effet Pauli, du nom du physicien Wolfgang Pauli, qui avait la réputation de provoquer des pannes d'équipements scientifiques simplement en entrant dans un laboratoire. Et plus largement, il existe aussi ce qu'on appelle le phénomène d'interférence des lampadaires — Street Light Interference — où certaines personnes éteignent ou allument les lampadaires en passant dessous, sans qu'aucune cause mécanique apparente ne soit trouvée.

En réalité, il faut comprendre que le corps humain est un système d'impédance vivant, où chaque tissu module la circulation de l'énergie électrique, mais aussi la distribution des fréquences, organisées en nœuds multiples autour du corps biologique. Dans certaines conditions, cela peut suffire à influencer localement des circuits électroniques sensibles.

Mais j'ai découvert qu'il y avait une dimension plus subtile encore : une interaction entre les facteurs physiologiques et émotionnels. Lorsqu'une émotion est très intense, cela modifie non seulement l'état électrique du corps, mais aussi son champ bioélectromagnétique. Et ce champ, s'il devient suffisamment dense ou instable, peut perturber le fonctionnement des dispositifs électroniques environnants.

Bien sûr, l'explication complète nous amène à la frontière de la physique quantique — là où les interactions entre temps, matière, énergie et conscience deviennent beaucoup plus subtiles, plus liées. Mais nous reviendrons là-dessus en temps voulu.

Sylvana

C'est fascinant de penser que ton propre champ énergétique pouvait déjà interagir avec l'électronique à ce point… et que, tout petit, tu utilisais tout ça naturellement, juste en te fiant à ce que tu sentais.

À t'écouter, je ne peux m'empêcher de penser qu'il ne s'agit pas seulement de machines ou de circuits. On dirait quelque chose de plus profond — une manière de s'accorder à tout ce qui t'entoure. Comme si, dès l'enfance, tu étais déjà en dialogue avec le monde — entrant dans la résonance temporelle de l'arbre, percevant le langage silencieux des fleurs, réparant la radio de tes grands-parents en pressentent les principes cachés qui régissent la nature.

À un moment donné, as-tu essayé de savoir si cette sensibilité avait été ressentie par d'autres, ou si elle avait été documentée quelque part ?

Thierry

Oui, mais je n'ai jamais trouvé quoi que ce soit qui aborde ce phénomène directement. Alors, j'ai dû forger ma propre compréhension.

J'ai appelé cela un phénomène de coalescence au Temps pour les systèmes vivants. Ce terme désigne précisément cette capacité à entrer en résonance avec un autre rythme temporel, sachant que chaque chose a son propre temps. Ce n'est ni une projection mentale ni une méditation imaginaire. C'est une forme d'accord profond, une synchronisation invisible entre deux structures du vivant — ou entre un être et un phénomène extérieur à lui. C'est un phénomène de résonance.

Dans cet état, on n'est plus dans le temps linéaire des horloges ni dans le temps psychologique des pensées. On entre dans un temps structurel — un tissu vivant. Et lorsque cette coalescence se produit, on peut accéder à des informations, à des sensations, parfois même à des formes de conscience qui sont autrement inaccessibles. Cela peut s'exprimer par une sorte de clairvoyance ou de clairaudience.

Ce que je vivais étant enfant, sans en avoir conscience, c'était exactement cela. Je me mettais en coalescence temporelle avec les fleurs, avec les arbres, avec les animaux, avec la nature tout entière ou avec des choses comme des phénomènes électriques ou électroniques.

Et c'est cette connexion qui me permettait de les ressentir si intimement.

Sylvana
Tu sais… je ressens un mélange d'émerveillement et de gratitude. Parce que ce que tu décris, c'est à la fois d'une simplicité désarmante et profondément bouleversante. On sent que ce n'est pas une idée, ni une croyance, ni un rêve : c'est quelque chose de réel, de tangible.

Et je me dis que tu portes ça en toi depuis toujours. Cette manière de percevoir ce que la plupart des autres ne voient pas.

Avant qu'on termine, tu veux bien me raconter encore quelques souvenirs… Pas forcément des grandes expériences — mais des petites scènes du quotidien, des détails qui t'ont marqué à ta façon.

Des moments qui, avec le recul, révèlent déjà ton regard si particulier sur le monde. Parce que j'ai le sentiment que tu vivais déjà dans une réalité un peu parallèle — comme si tu captais un niveau que la plupart ne soupçonnaient même pas.

Thierry
OK, je vais en citer quelques-unes.

Pour le premier exemple, c'est ma grand-mère qui me l'a rapporté, car je ne m'en souviens pas. J'avais à peine quatre ans.

Elle m'a raconté qu'un matin, je lui avais présenté un dessin que je venais de faire à la hâte. On y voyait une femme vêtue d'une jupe rouge et d'un pull vert, levant le bras comme pour faire un signe d'au revoir. En lui montrant mon dessin, j'accompagnais mon geste de la main, comme si j'avais réellement vu cette scène de mes propres yeux.

Ce même jour, dans l'après-midi, deux gendarmes sont venus frapper à notre porte. Ils étaient venus annoncer à ma grand-mère une terrible nouvelle : le décès de ma mère en France, à plus de 7 000 kilomètres de là.

Quelques semaines plus tard, mon père est arrivé de France pour passer du temps avec moi. Il a alors raconté en détail les circonstances du décès de ma mère. À ce moment-là, ma grand-mère s'est souvenue de mon dessin. Elle l'a alors montré à mon père et lui a demandé comment ma mère était habillée au moment de sa mort.

Elle était encore sous le choc — troublée par le fait que j'avais fait ce dessin sans le savoir. Elle avait compris que ce n'était pas une simple coïncidence, mais qu'il y avait un sens plus profond, quelque chose qui dépassait l'ordinaire.

Mon père est resté troublé par mon dessin. Les vêtements et leurs couleurs correspondaient exactement à ceux que ma mère portait ce jour-là.

Intriguée, ma grand-mère a poussé la question plus loin : à quelle heure était-elle décédée ?

En tenant compte du décalage horaire, elle réalisa que l'heure du décès correspondait précisément au moment où j'avais dessiné cette scène.

Cela l'a tellement bouleversée qu'elle m'a raconté cette histoire pendant des années — jusqu'à son propre décès — comme si elle cherchait encore à en comprendre le sens.

Sylvana

C'est fascinant ! Tu ne te souvenais pas de ta maman, et pourtant… Comme si le fil invisible qui vous reliait n'avait jamais été coupé — traversant autre chose de plus profond qu'un simple souvenir.

Je comprends que ta grand-mère te l'ait répété tant de fois… Ça a dû la marquer profondément. Comment ne pas être bouleversé par un tel événement ? Cela montre bien que certaines choses échappent à ce qu'on voit ou croit… et que, chez toi, un autre niveau de réalité était déjà en train de se manifester.

As-tu d'autres exemples de ton enfance qui t'ont marqué, et qui ont aussi profondément marqué ta grand-mère ?

Thierry

Oui, j'ai une deuxième anecdote — une qui a plutôt fait rire ma grand-mère, mais qui l'a aussi marquée. Je me souviens qu'à environ douze ans, j'avais une fascination naissante pour la lumière — plus précisément pour les lampes de poche, car mon grand-père m'en avait donné une.

Mais une chose que je détestais, c'était quand elle refusait de s'allumer parce que la pile plate de 4,5 volts était morte. « Quelle absurdité ! » — me disais-je. J'ai donc cherché une solution pour que la lampe puisse rester allumée en permanence.

Je n'ai pas réussi à trouver un moyen portable, mais — comme tu peux t'en douter — j'ai essayé une multitude de choses.

L'une de mes expériences a d'ailleurs failli tuer ma grand-mère… de rire. Elle ne pouvait plus s'arrêter ! J'avais fabriqué une petite dynamo linéaire, et, pour la tester, j'ai eu une idée… assez atypique.

Il y avait un singe qui était animé de pulsions sexuelles incontrôlables. Il passait son temps à se frotter partout, embêtait sans cesse ses congénères, et même les chiens, si bien qu'il était quasiment exclu du groupe.

J'ai alors fixé ma dynamo sur un poteau de la véranda, à hauteur du postérieur du singe, et j'y ai branché une petite lampe de 1,2 V. Il ne me restait plus qu'à tester le mécanisme…

Un simple mouvement de va-et-vient sur la dynamo de ma main a suffi à attirer l'attention du singe, qui s'est aussitôt approché, et — après avoir observé longuement mon mouvement de main sur la bobine qui allumait la lumière — s'est mis en position, soulagé d'avoir enfin trouvé un exutoire à ses pulsions frénétiques.

Le plus drôle ? J'avais placé la lampe juste devant ses yeux, et à chaque va-et-vient, elle clignotait en rythme avec ses mouvements. À chaque clignotement, le singe semblait éclater de rire de félicité.

Sylvana
Mais tu es sérieux ?! Tu as littéralement transformé un singe excité en lampe de chevet ! Et après ça, tu t'étonnes que tout le village te prenait pour un extraterrestre…

Thierry
C'est clair ! Ma grand-mère a trouvé la scène hilarante — au point d'en pleurer de rire. Et bien sûr, elle ne s'est pas privée de raconter l'histoire à tout le monde au marché du village, provoquant des fous rires collectifs.

Sylvana
J'imagine tellement la scène… Ta grand-mère en larmes de rire, toi concentré comme un petit scientifique en pleine expérience — et ce singe en pleine euphorie, transformé en source d'énergie vivante !

Mais ce que je trouve encore plus fou, c'est ce mélange en toi : d'un côté, l'humour, l'inventivité, le goût du jeu… et, de l'autre, cette capacité à observer finement, à capter les interactions subtiles entre la nature et la mécanique.

Tu ne faisais pas que bricoler, tu comprenais déjà quelque chose du monde, à ta manière — libre, intuitive, mais incroyablement juste.

Allez… Encore une anecdote dont tu te souviens ?

Thierry

Pour la troisième anecdote, je me souviens qu'à l'âge de 15 ans, mon grand-père m'avait acheté un petit vélo à moteur — un cyclomoteur d'occasion. J'adorais passer des heures à rouler et flâner, mais je détestais pédaler dans les montées. Pour moi, ce n'était pas logique.

Alors, j'ai décidé de démonter le moteur pour comprendre comment le rendre plus puissant — ce qui a bien fait rire mon grand-père — lui aussi avait un cyclomoteur et devait pédaler dans la montée qui menait jusqu'à la maison. « Rira bien qui rira le dernier », pensai-je, passablement irrité par son attitude moqueuse.

Après une semaine de réflexion, j'ai décidé d'apporter des modifications au moteur : j'ai agrandi les transferts de gaz et d'échappement, puis j'ai remonté le moteur pour l'essayer. À ma grande surprise, le cyclomoteur était devenu plus puissant — et je n'avais plus besoin de pédaler.

Fier du résultat, j'ai appliqué les mêmes améliorations sur le cyclomoteur de mon grand-père… mais cette fois, je l'ai encore mieux réglé que le mien, sans rien lui dire.

Je me souviens encore de ce samedi, en fin de journée. J'étais sur le bord de la route lorsque je l'ai vu arriver — fonçant vers la maison, sans pédaler — et à une vitesse surprenante. Ses yeux, grands ouverts d'incompréhension, en disaient long !

Lorsqu'il arriva à la maison, il me dit tout de suite, avec son casque encore sur la tête : « Hé, mon fils — qu'est-ce que tu as fait à mon cyclomoteur ? Tu as mis le diable dedans, sacré gamin !"

Ma grand-mère, qui était dans la cuisine, était morte de rire. Elle était tellement fière de moi que j'ai eu droit à un festin : mes trois desserts préférés en une seule fois.

Sylvana

Encore une fois, ça montre bien que, pour toi, rien n'était une fatalité : s'il n'y avait pas de solution, tu l'inventais. Et le plus touchant, c'est que, sans même le chercher, tu répandais de la joie autour de toi. Ton grand-père — amusé, mais sûrement très fier, en secret — et ta grand-mère — tellement ravie qu'elle t'a couvert de desserts…

Je comprends mieux, maintenant, d'où te vient cette passion pour les motos.

Et je crois que ta grand-mère avait tout compris. Ce n'est pas parce que tu étais différent que tu étais en marge… C'est parce que tu voyais plus loin. Et ce jour-là, avec ses trois desserts, c'est elle qui t'a dit : « Continue."

Mais comment réagissaient les autres personnes du village en te voyant faire tout ça déjà à ton âge ? Surtout à l'époque — il y a plus de 40 ans — ils devaient être intrigués, impressionnés… ou peut-être un peu sceptiques ?

Thierry

J'ai tellement d'anecdotes qu'on pourrait en discuter toute une journée !

Mais les villageois ont plutôt bien réagi. À l'époque, voir un enfant bricoler des moteurs, capter la radio avec un clou planté dans un cocotier ou encore bricoler des inventions farfelues, ça aurait pu surprendre… Pourtant, ils semblaient plus amusés qu'inquiets.

À l'âge de seize ans, notre maison était devenue un véritable centre de réparation en tout genre. Par le bouche-à-oreille, des voisins de tout le village — et même d'un peu plus loin — venaient me voir pour que je leur répare toutes sortes d'objets : télévisions, chaînes hi-fi, motos, appareils ménagers, et bien d'autres encore.

Mes grands-parents étaient tellement fiers de moi — non seulement pour mes compétences, mais aussi parce que j'avais prouvé à de nombreux voisins que je ne leur tenais pas rigueur des méchancetés qu'ils m'avaient infligées des années auparavant.

Et finalement, quand on y réfléchit bien, c'est l'observation de la nature qui n'a fait qu'amplifier ce penchant naturel en moi : un amour sincère pour les autres.

Sylvana

À t'écouter, tout s'éclaire. Tu n'as pas simplement grandi en observant le monde — tu l'as démonté, compris, réparé, réinventé… comme si tu pressentais déjà qu'il y avait derrière les apparences un ordre caché, quelque chose à décoder.

Et finalement, tout ce que tu es devenu — le chercheur, l'inventeur, le penseur — on le voyait déjà poindre dans cet enfant qui plantait un clou dans un cocotier ou boostait un cyclomoteur.

Tu avais déjà cette façon unique d'entrer en lien avec le réel… et maintenant, je comprends mieux comment ta vision du Temps, de l'Univers, et de la Vie a pu émerger.

Tu sais, ça me fait penser à cette phrase qu'on attribue à Charles de Gaulle : « Des chercheurs qui cherchent, on en trouve. Des chercheurs qui trouvent, on en cherche. »

Thierry
C'est gentil… mais chez moi, c'est un réflexe — presque une mécanique. J'observe, je repère ce qui ne colle pas, et je dois trouver une solution — sinon, ça tourne en boucle dans ma tête.

Ce n'est pas de la curiosité au sens classique. C'est une façon de remettre de l'ordre dans ce qui me semble incohérent. Un équilibre, disons… vital.

Alors oui, je trouve, mais surtout parce que je n'ai pas vraiment le choix. Sinon, je bugue.

Sylvana
Oui… et je le vois encore aujourd'hui, dans tout ce que tu fais. Que ce soit quand tu construis un prototype, quand tu dessines, ou même dans tes routines du quotidien… tout est pensé, structuré, optimisé.

Chaque détail compte, chaque geste a sa place. Et moi qui t'observe, je t'avoue que je t'admire. Parce que ça demande une patience folle, une rigueur dans chaque geste…

Rien à voir avec moi, qui oublie déjà où j'ai posé mes clés pendant que je te parle.

Thierry
Chacun a ses particularités… et ses atouts.

Moi, j'ai besoin d'ordre pour fonctionner. Toi, tu apportes de la souplesse, de l'intuition, du lien.

Il faut de tout pour que ça tienne, une équipe, un monde… ou même une théorie.

3. L'Homme Désaccordé — Quand le Monde Étouffe le Soi

Sylvana
Justement, avec tout ce vécu — en observant la nature et le monde à travers ton regard unique, marqué par une perception si singulière, différente de celle d'un

enfant non autiste — comment cette sensibilité particulière a-t-elle influencé ta vision de l'homme et de sa place dans l'ordre du vivant ?

Tu as tant écrit au fil des ans, et, parmi tes réflexions, l'une m'a particulièrement frappée sur la place de l'homme. Tu as écrit :

« Dans notre civilisation moderne, l'immense richesse de la vie intérieure est souvent reléguée à l'arrière-plan. L'individu, pris dans la cadence implacable d'un quotidien mécanisé, ne trouve plus ni l'espace, ni l'élan nécessaire pour se tourner vers lui-même. Il est happé par la pression des urgences extérieures, absorbé par les contraintes, sans jamais vraiment s'arrêter.

Chaque jour, il se lève et poursuit une course effrénée, comme emporté par une machine sociale lancée à toute vitesse. Il avance sans voir où il va, occupé à survivre plutôt qu'à exister. Sa trajectoire devient floue, sa présence à lui-même s'efface peu à peu, et tout ce qu'il est se dissout dans une agitation sans fondement.

Pendant ce temps, la vie défile – brève, lumineuse, insaisissable – comme un éclair fugace qu'il n'a pas le temps de contempler. Et quand enfin il se retourne, ce n'est plus qu'un murmure, un rêve non vécu. Car, étranger à lui-même jusqu'au bout, il finit par disparaître, avalé par ce néant intérieur qu'il n'a jamais osé explorer.

Et pourtant, ce vide n'est pas stérile. Il est plein de promesses, d'ordres invisibles, de potentiels en sommeil. Mais à force de fuir le silence, l'homme a laissé passer la seule porte qui mène à lui-même. »

As-tu observé des changements au fil des années, entre ta vie en Martinique et aujourd'hui ?

Toi qui perçois mieux les connexions invisibles qui tissent le monde, comment vois-tu celle de l'homme au sein de la nature ?

Thierry

Au regard du passé, c'est encore plus vrai aujourd'hui. La vitesse de la vie moderne a explosé avec l'avènement d'Internet et des technologies numériques. Le flux constant d'informations, les réseaux sociaux, et les notifications incessantes font que l'homme est encore plus pris dans cette spirale — toujours en mouvement, toujours absorbé.

Il semble encore plus difficile aujourd'hui qu'hier de s'arrêter, de réfléchir profondément, ou même simplement d'être présent dans l'instant. Ce qui est encore plus frappant, c'est que, malgré cette connectivité apparente, les individus semblent encore plus déconnectés de leur propre intérieur, de leur essence. Mais plus encore — déconnectés de la réalité extérieure immédiate.

J'ai été, à de nombreuses reprises, témoin de personnes incapables de voir l'obstacle juste devant elles, manquant de trébucher — tant elles étaient absorbées par leur téléphone.

Les outils numériques actuels, au lieu de faciliter la compréhension de soi et de notre rôle dans l'Univers, rendent cette quête plus floue, plus superficielle.

La machine sociale tourne à une vitesse qui nous laisse peu de place pour nous poser, pour simplement être. Dans ce contexte, il est de plus en plus difficile de trouver un espace pour la vie intérieure, pour la contemplation et aussi pour la reconnexion à ce qui nous lie réellement à l'Univers.

Les distractions se multiplient, et la vie passe — toujours aussi vite. Il devient donc urgent de remettre l'attention, la réflexion et la pause au centre de notre existence. Pourquoi ? Parce que c'est tout simplement une question de survie pour l'espèce humaine terrestre et de son devenir.

Sylvana
En t'écoutant, je me demande : quelle est ta propre analyse de la nature humaine ? Et penses-tu que les hommes peuvent changer le cours des événements ?

Thierry
La première chose qu'il faut regarder en face, c'est que l'homme, pris dans le tumulte de la vie quotidienne, finit tôt ou tard par se perdre de vue. Il s'éparpille dans les circonstances, porté par l'agitation ambiante, jusqu'à s'oublier lui-même. Son être profond s'érode, tandis qu'il dérive sans ancrage ni cap. Et pourtant, au plus secret de lui-même, il le sait : un jour, tout cela prendra fin. La mort viendra mettre un point final, inévitable et silencieux. Mais il détourne le regard, préférant ne pas y penser.

La deuxième vérité est plus intime encore : tout être humain, sans exception, cherche le Bonheur Absolu. Mais ce qu'il trouve ici-bas n'en est qu'une esquisse trompeuse — un éclat fugitif aussitôt éteint. Les joies qu'il cueille se fanent vite. Ce bonheur du monde est bâti sur du sable. Il apaise, il divertit, mais il ne comble jamais.

Dès lors, une question surgit, incontournable : qu'est-ce que l'illusion ? Car c'est là que tout se joue. Tant que l'homme reste piégé dans ce voile d'apparences, il reproduit les mêmes erreurs, espérant des choses qui ne durent pas. Mais s'il parvient à percer ce voile, à comprendre ce qu'est vraiment l'illusion — alors une brèche s'ouvre.

Dans cette brèche, il pourrait entrevoir autre chose : une clarté plus vaste, une vérité stable, un sens qui ne vacille pas. Là commence la voie de la libération — non plus fuir ou survivre, mais enfin voir, comprendre… et être.

Oui, bien sûr, j'ai confiance en l'humanité et en l'humain.

Malgré le constat accablant, je reste profondément convaincu que le changement est possible. Si l'homme, à travers ses découvertes et ses innovations, a créé cette machine sociale qui nous engloutit, il possède aussi en lui la capacité de la remettre en question et de créer une nouvelle machine propice à le reconnecter à l'essentiel.

Sylvana
Tout à l'heure, tu disais que l'homme devait comprendre la nature de l'illusion… J'aimerais que tu m'expliques ce que tu entends vraiment par là. Parce que c'est un mot qu'on utilise souvent, mais j'ai le sentiment que, pour toi, il a un sens beaucoup plus profond.

Thierry
Cette illusion, c'est que nous vivons une existence en ignorant totalement le bonheur ou en étant incapables de l'atteindre. Pourquoi ? Parce que tout ce qui nous permettrait d'y accéder est invisible à nos sens d'acquisition. Nous ne réalisons pas que tout le pouvoir est déjà là.

Grâce à mes recherches scientifiques, j'ai découvert des mécanismes intérieurs qui, en réalité, n'étaient pas cachés — mais simplement invisibles. L'évolution nous pousse à chercher et à trouver le bonheur, et c'est précisément ce que l'on attend de la science : qu'elle nous émancipe de la souffrance.

Cela a été le cœur de mon travail, et c'est ce que je vais expliquer dans ce livre à travers ma vision scientifique. C'est comme le jour : pour la comprendre, il faut connaître la nuit. Et le jour — ce sont les découvertes scientifiques qui nous révèlent un monde de salut, nous donnant les moyens de nous affranchir. Toute l'histoire de la physique a contribué à cette émancipation, mais il faut aller encore plus loin — c'est ce que j'ai cherché à faire.

Mais la science, tel qu'elle est enseignée et pratiquée aujourd'hui, maintient l'homme à l'extérieur d'elle-même. Dès l'école, si tu es bon en sciences, tu continues ; sinon, tu es écarté — et à partir de ce moment-là, tu n'as plus de contact avec la science. Elle devient un domaine réservé à une élite, alors qu'elle devrait être accessible à tous et au service de chacun. Cette séparation crée une fracture entre les scientifiques et le reste de l'humanité.

Pourtant, la science ne devrait pas être un savoir confisqué, mais une clé offerte à tous pour comprendre notre place dans l'Univers et accéder à un véritable épanouissement.

C'est ce message que je veux transmettre à travers ce livre.

Sylvana
Et pourtant, la science a accompli des choses remarquables, elle a transformé notre monde… Alors pourquoi en sommes-nous arrivés là ? Pourquoi ce décalage entre autant de découvertes — et une telle perte de sens ?

Thierry
C'est l'un des grands défis de notre époque, selon moi. Jusqu'à présent, la science a surtout considéré l'être humain comme un simple observateur, un témoin extérieur des phénomènes de l'Univers. C'est une approche qui a produit des résultats remarquables, bien sûr, mais qui a aussi ses limites. Elle laisse l'homme en dehors du tableau, comme s'il était détaché du monde qu'il observe. Pourtant, nous sommes partie intégrante de cet Univers, profondément connectés à lui.

Il apparaît donc aujourd'hui, avec une clarté grandissante, que le développement de la science matérialiste s'engage dans une voie périlleusement isolée, détournée de l'essentiel. En conséquence, le progrès spectaculaire des technologies — tant qu'il demeurera cantonné au domaine des circonstances extérieures — ne pourra transformer en profondeur la condition humaine. Car l'essentiel, loin de se situer à l'extérieur de l'homme, réside pleinement en son for intérieur.

Pour moi, la science ne devrait pas seulement chercher à expliquer le 'comment' des choses, mais aussi à aider chacun à comprendre son propre rôle, sa place dans le Cosmos. Je vois la science comme un pont, un outil pour élargir la conscience humaine. En mettant l'individu au centre — non pas comme une entité séparée, mais comme une partie vivante et active de l'Univers — on peut répondre aux grandes questions existentielles : qui sommes-nous ? Pourquoi sommes-nous là ?

C'est cette approche qui m'a toujours guidé. Mon travail, ce n'est pas seulement de chercher des réponses scientifiques ; c'est aussi d'offrir une nouvelle perspective. Une perspective où l'homme n'est pas broyé par la machine sociale, où il ne court pas sans but, mais où il redécouvre sa connexion avec l'Univers.

Et cette reconnexion, selon moi, commence par l'émerveillement — par le fait de ralentir, de regarder autour de soi, et de comprendre que nous faisons partie d'un tout beaucoup plus vaste et interconnecté, incroyablement cohérent et ordonné. Ensuite, une fois la reconnexion établie, on peut accéder à plus de pouvoir — ce qui se résume par plus de liberté et donc de bonheur.

Sylvana

Je sais que tu as développé tout ça pendant des années — et qui sait… peut-être qu'un jour, on en fera un livre à part entière, tellement le sujet est vaste.

Mais j'aimerais te poser une question un peu plus simple, presque naïve : comment en est-on arrivé là, justement ?

Pourquoi l'humanité semble-t-elle avoir oublié ce lien ?

Pourquoi faut-il aujourd'hui faire un tel chemin pour retrouver ce qu'on aurait dû garder naturellement ?

Thierry

Dans notre monde civilisé, l'être humain est souvent guidé par des motivations purement individuelles. Cette dynamique engendre une attitude collective négativiste qui pousse l'humanité vers les écueils de l'autodestruction, la rendant vulnérable à de nombreux malheurs et déséquilibres.

Dès mon plus jeune âge, j'ai pris conscience de ce problème : beaucoup d'humains que j'ai côtoyés — qu'ils soient adultes ou enfants — ne m'ont pas « pardonné » ma condition d'autiste Asperger. J'ai été confronté à la haine, à la colère et à une méchanceté gratuite. Mon existence même semblait déranger la plupart des gens. Ils ne voyaient qu'un jeune garçon tourmenté, marqué par des réactions incontrôlables et des rituels inexplicables. Je manifestais, dans leur vie, un élément perturbateur dans leur quiétude journalière. Mais rares étaient ceux qui percevaient la souffrance profonde et indicible que je vivais — à la fois physique et psychologique.

Ils ignoraient le combat intérieur incessant que je menais pour survivre face au chaos de mon mental, qui fonctionnait en roue libre, m'entraînant dans une spirale de turbulences incontrôlées. Les conséquences physiologiques de cette lutte étaient tout aussi écrasantes : des maux de tête quotidiens, insupportables, qui ajoutaient encore au poids déjà immense de mon existence.

J'en suis rapidement arrivé à la conclusion que la gentillesse, la compassion, la tolérance, la patience et l'altruisme ne faisaient pas partie des vertus pratiquées quotidiennement par la majorité des gens. J'ai réalisé que l'absence d'éducation spécifique pour cultiver et exercer les vertus d'amour dès l'enfance constitue une véritable malédiction pour l'humanité. Ces vertus sont pourtant essentielles au bien-être individuel et collectif.

Sylvana
Selon toi, par où un individu devrait-il commencer pour renouer avec la connexion profonde qui l'unit à la nature ?

Comment peut-il prendre conscience qu'il en fait pleinement partie — non pas comme un simple observateur ou un maître qui la domine, mais comme un être inscrit dans cet équilibre, tissé du même fil que tout le vivant ?

Thierry
Nous pouvons facilement en faire l'expérience, car les vertus de l'amour sont naturellement inscrites et disponibles en nous, depuis notre cœur. Pour nous aider à en prendre conscience, il suffit d'observer comment la nature dans ses formes les plus humbles — végétale ou animale — manifeste également l'amour, à divers degrés. J'ai moi-même expérimenté cela dans mon enfance.

Ces expressions d'harmonie présentes dans le vivant sont de précieuses leçons silencieuses. Pourtant, en tant qu'êtres humains, nous choisissons trop souvent de les ignorer, prisonniers de nos préoccupations et de nos conditionnements.

Je n'ai moi-même pas été épargné par le désamour et j'ai moi aussi développé un rejet, une réaction instinctive et primaire, presque mécanique, envers les autres, face à ce que je subissais.

Mais cette posture, loin de m'apaiser, ne faisait qu'ajouter à mes tourments. Avec le temps, en observant et en analysant la réalité des choses tout au long de mon adolescence, j'ai fini par comprendre une vérité fondamentale : tout le monde souffre, à divers degrés, dans ce monde.

En réalité, personne n'est totalement épargné par une forme ou une autre de misère — qu'elle soit physique, émotionnelle ou spirituelle. Et j'en suis arrivé à un constat inévitable : le bonheur permanent, tel qu'on l'imagine, n'existe tout simplement pas sur Terre dans l'état actuel des choses. Cette prise de conscience a changé ma perspective, en me poussant à chercher des réponses ailleurs — au-delà des illusions du monde visible.

4. Le Seuil du Supportable — Là où Commence la Vraie Transformation

Sylvana
Depuis le début de notre échange, j'ai l'impression de remonter ton fil intérieur.

À travers ce que tu as vécu, ce que tu as ressenti, ce que tu as observé — que ce soit dans ton enfance en Martinique, ou plus tard dans ton regard sur la société, la science, les autres — on comprend à quel point tu as toujours fonctionné autrement.

Ce besoin de remettre de l'ordre dans ce qui t'entoure, de chercher une logique là où d'autres se contentent de subir — ce n'est pas un choix… c'est un élan profond, presque une urgence vitale.

Et au fil du temps, on voit que ça ne s'est pas limité au monde extérieur. Tu as voulu aller plus loin : comprendre ce qui, en toi, devait aussi changer.

Alors je me demande… Selon toi, qu'est-ce qui t'a toujours poussé à chercher sans cesse à t'améliorer en tant que personne ?

Par rapport aux autres personnes que tu as connues et observées autour de toi, qu'est-ce qui t'a différencié dans cette quête ?

Thierry

Tout simplement, parce que je refusais de considérer cette réalité comme une fatalité. Il était certain, pour moi, que quelque chose m'échappait dans la compréhension de la vie collective et individuelle pour que tant de discorde puisse s'exprimer à travers moi.

Je devais donc impérativement changer ce mécanisme destructeur en moi — d'autant plus qu'il est trop facile de céder aux sentiments négatifs, comme la colère et la haine.

Le pire, c'est que plus je laissais ces émotions s'exprimer, plus elles s'ancraient en moi, rendant leur maîtrise de plus en plus difficile.

Et avec cela, changer d'attitude devenait un véritable défi, presque insurmontable.

Mais je savais que ce changement était nécessaire — vital même — pour ne pas sombrer davantage dans cette spirale négative.

Protéger la vie, c'est d'abord supprimer en soi de tels sentiments.

Sylvana

Oui, ça me fait penser à une anecdote que tu me rappelles souvent — une que tu as lue dans un livre et qui t'a marquée. Quelqu'un a demandé un jour : « Pourquoi l'homme ne change-t-il pas ? » Un enfant a répondu simplement : « C'est parce que l'homme n'a pas encore assez souffert. »

Et en t'écoutant, je m'en rends compte encore plus clairement. Autour de moi, je vois combien nous nous plaignons, aspirons à mieux, mais restons attachés à ce qui nous est familier.

Plutôt que d'évoluer, nous cherchons surtout à rendre notre existence plus supportable : confort, distractions, reconnaissance… autant d'illusions qui nous rassurent en nous faisant croire que nous nous en sortons bien.

On fait le minimum pour exister dans la société, convaincus que c'est déjà un exploit. Mais on ne se remet pas vraiment en question — en tant que personne, je veux dire. On passe très peu de temps sur le développement de soi.

On ne comprend pas que l'essentiel n'est pas de changer les événements extérieurs, mais bien de se transformer soi-même.

Et en t'écoutant, je réalise à quel point, tant que la souffrance reste supportable, on se contente d'une illusion de stabilité. Plutôt que d'affronter ce qui en nous demande à être changé, on s'accroche à nos repères, et on fuit la véritable remise en question.

Toi, c'est tout l'inverse finalement. Ce refus de t'accepter tel quel, de considérer tes limites comme une fatalité, a guidé ta vie. Plutôt que de t'en accommoder, tu as cherché à comprendre, à dépasser, à transcender tes limites. Et c'est ce qui t'a construit.

Ce qui me frappe, c'est cette puissance intérieure qui t'a poussé à ne jamais te résigner. On sent que ton mental était déjà une boussole — solide, exigeante... mais je me demande : est-ce que c'était vraiment la seule force en jeu ?

Qu'est-ce qui, au fond, t'a permis de tenir ce cap, de garder le feu allumé, même dans les moments les plus déroutants ?

Thierry

Oui. Avec le recul, je crois que cette force intérieure ne venait pas seulement de ma volonté ou de ma rigueur mentale. Elle venait aussi et surtout dans ma capacité à me poser les bonnes questions. Des questions essentielles, structurantes, presque vitales.

Et c'est cette quête, alimentée par un besoin profond de clarté, qui m'a naturellement conduit à consacrer toute ma vie d'adulte vers la recherche scientifique et technologique. Mon objectif était clair : ramener mon mental égaré vers une prise de conscience de ce qui Est véritablement et non de ce qui paraît être — une étape indispensable à un véritable renouveau intérieur.

J'étais convaincu que, si ces solutions fonctionnaient pour moi, elles pourraient également bénéficier à tous. Car au fond, les mécanismes de transformation intérieure que j'explorai ne sont pas seulement personnels, mais collectifs — et plus encore, universels.

Pour terminer, je voudrais partager cette citation du poète américain Henry Wadsworth Longfellow, que j'ai beaucoup apprécié :

« Si nous pouvions lire l'histoire secrète de nos ennemis, nous trouverions dans la vie de chaque homme chagrin et souffrance en suffisance pour désarmer toute hostilité."

Sylvana

C'est tellement vrai, ce que dit cette phrase. On croit connaître les gens — et puis, un jour, ils se confient… ou ils craquent, ou ils font quelque chose d'inattendu.

Et là, on réalise qu'ils portaient tout ça en silence. En fait, on joue tous un rôle. On fait semblant que tout va bien, mais au fond, on souffre tous — juste… chacun à sa façon.

Et quand je t'écoute, je sens bien que ce que tu veux transmettre dépasse de loin le cadre scientifique.

Alors je me demande : qu'aimerais-tu vraiment partager avec les autres à travers tes découvertes et ton travail ?

5. Le Réel Révélé — Une Invitation à Retrouver Sa Place dans l'Univers

Thierry

J'aimerais d'abord partager une vision holistique de la réalité de ce qui Est, tel que je l'ai étudié, compris et expérimenté.

Sur notre planète Terre, la vie chemine à travers de multiples manifestations. Mais la Réalité des mécanismes à la base de ces manifestations — au niveau le plus intérieur, le plus fondamental, à l'échelle subquantique — fait appel à un ordre intrinsèque, une réalité plus profonde qui sous-tend l'Univers et le monde que l'on perçoit avec nos sens.

La notion de structure et de processus intelligents au sein même de l'Univers est pour moi primordiale aux objets individuels. Il s'agit donc d'un système dynamique sous-jacent, primordial, qui est doué d'une forme de conscience très évoluée et puissante, capable de générer logiquement des êtres individuels doués de conscience à leur tour, comme nous les humains.

Cela a été très important pour moi de l'intégrer, grâce à cela, j'ai pu aller plus loin.

Le réel, tel que je le décris, repose sur une structure où chaque partie individuelle est en interaction avec les autres. Ainsi, chaque entité de la réalité contient en elle des informations sur toutes les autres, créant un réseau d'interconnexions où chaque élément renvoie à la totalité de la structure de l'Univers.

Cet ordre intrinsèque, profond et souvent invisible, engendre la réalité phénoménale — celle que nous percevons à travers nos sens et nos instruments de mesure.

La réalité que nous percevons est le produit de notre monde intrinsèque, mais elle se manifeste également selon un ordre extrinsèque : un monde révélé, matérialisé, « cristallisé », qui, à première vue, semble détaché de toute structure primordiale invisible et dynamique.

Pourtant, c'est précisément ici que réside la limite de l'utilisation de nos sens d'acquisitions, définissant notre niveau d'évolution à l'échelle cosmique.

Je souhaite révéler, ici, que nos sens d'acquisition possèdent des capacités bien supérieures à ce que nous croyons et utilisons au quotidien. Ils ne se limitent pas à la perception ordinaire de notre réalité usuelle, mais sont capables de nous propulser bien au-delà, vers des dimensions insoupçonnées de l'existence.

Aujourd'hui, notre conscience collective demeure essentiellement planétaire. Pour la plupart d'entre nous, la réalité du quotidien ne dépasse pas les frontières de notre monde immédiat.

Or, l'évolution nous invite à élargir notre regard, à dépasser ces limites, à lever les yeux bien au-delà des étoiles. Car dans cette immensité universelle — dans cet espace infini encore inexploré par nous — réside sans nul doute le véritable salut de la race humaine.

Sur notre planète Terre, la vie s'exprime à travers une mosaïque infinie de formes, de rythmes et d'élans. Cette exploration a éveillé en moi un puissant sentiment d'amour pour la Vie et pour toutes les formes de vie.

Cet Amour Universel agit comme un grand aimant, m'attirant inexorablement vers la quête de la connaissance ultime : celle qui cherche à révéler ce qui Est véritablement, au-delà des apparences et des illusions.

C'est ce dont l'humanité à urgemment besoin.

L'Amour est ainsi le chemin lumineux qui émane du cœur, un chemin d'excellence que le Moi véritable doit privilégier en s'appuyant sur le mental et l'égo, mais sans s'y laisser enfermer. Ce parcours est celui de la vision juste et profonde du réel, capable de conduire chacun vers une pleine conscience et une pleine responsabilité face à cette unique réalité.

C'est cette même réalité qui révèle les lois fondamentales de l'Univers, offrant à l'individu la possibilité d'harmoniser son existence avec l'ordre cosmique.

Mes découvertes scientifiques m'ont non seulement permis de mieux comprendre l'Univers, mais aussi de transformer mon propre monde intérieur.

Mon souhait est d'inspirer chacun à trouver cette connexion avec son être profond et à ouvrir sa conscience.

Et grâce aux technologies que je développe, j'aimerais potentiellement développer des solutions qui permettraient à l'homme, même pris dans le vertige de la société actuelle, de s'éveiller à cette réalité. Car, seul, sans soutien, il est souvent difficile de sortir de l'illusion et de se reconnecter à soi-même.

Les technologies, loin d'être des obstacles, peuvent devenir des alliées puissantes.

Sylvana
Tu sais, en t'écoutant raconter tout ça… j'ai l'impression qu'on vient de traverser une vie entière en une seule conversation. Ton enfance, ta perception du monde, la douleur, la différence, les intuitions fulgurantes, la résistance, l'amour… Tout s'est tissé comme un fil unique. Et ce fil, c'est ce que tu appelles le réel.

Mais pas le réel qu'on touche — celui qu'on ressent, qu'on perçoit — quand on a le courage de ralentir.

Je comprends mieux, maintenant, pourquoi tu dis que la science doit repartir de là. De cette présence. De ce regard neuf.

Tu n'as pas simplement observé le monde… tu l'as écouté. Tu l'as ressenti. Tu l'as laissé te transformer.

Alors je suis prête… mais pas à découvrir des équations ou des théories tout de suite. Ce que j'ai envie de comprendre maintenant, c'est : d'où ça vient, tout ça ? Ce regard à part, ce silence, cette manière de chercher hors du monde.

Parce qu'avant d'écrire ta propre science, tu as toi aussi été un chercheur émerveillé — un jeune adulte en quête, plongé dans les livres, dans les idées des autres, dans les grandes pensées qui t'ont nourri.

Et j'ai le sentiment que c'est là que commence vraiment cette nouvelle étape.

Chapitre 2

Du Silence à la Lumière

~

Une Autre Lecture de l'Univers

1. Aux Sources du Savoir — Sur les Épaules des Géants

Sylvana
Quand tu es arrivé à Paris, vers l'âge de vingt ans, tu t'es plongé dans les écrits des plus grands scientifiques… C'était un vrai tournant pour toi, non ?

Raconte-moi : qu'est-ce que ça t'a fait, cette rencontre, à travers les livres, avec ces esprits que tu cherchais depuis si longtemps ?

Thierry
Quand je suis arrivé en France, c'était comme si un nouvel univers s'ouvrait devant moi. En Martinique, j'avais grandi entouré par la nature, cherchant à comprendre l'ordre caché dans tout ce que j'observais.

Mais mes questions restaient sans réponses — comme si je n'avais pas encore trouvé les clés pour ouvrir les bonnes portes. Là, à Paris, ces clés étaient enfin à portée de main grâce aux bibliothèques nationales où l'accès à la connaissance était plus vaste.

Je me suis toujours demandé si d'autres avant moi avaient ressenti cette même obsession — ce besoin irrépressible de comprendre. Alors, j'ai cherché. Et je suis tombé sur eux — ces esprits immenses qui avaient consacré leur vie à percer les mystères de l'Univers. Marie Curie, Isaac Newton, James Clerk Maxwell, Albert Einstein, Georges Lemaître, Louis de Broglie, Max Planck, Paul Dirac, Wolfgang Pauli, Werner Heisenberg, Erwin Schrödinger, Niels Bohr, Stephen Hawking, Richard Feynman, Emmy Noether…

C'est sur leurs épaules que je me suis appuyé, et c'est en les suivant que j'ai trouvé un chemin.

Sylvana
Dis-moi… Te souviens-tu du tout premier livre de science que tu as dévoré ? Celui qui t'a fait briller les yeux et t'a embarqué, d'un coup, dans l'univers de ces esprits géniaux ?

Thierry
Oui, le premier livre que j'ai lu était *Comme je vois le monde* d'Albert Einstein. Dès les premières pages, j'ai ressenti une connexion profonde. Ce n'étaient pas de simples mots couchés sur du papier, mais une pensée vivante — une vision du monde qui résonnait en moi.

Cette lecture a semé en moi les premières graines de mes réflexions sur le progrès humain, la paix et la responsabilité inhérente au rôle de scientifique.

Sylvana
T'es-tu concentré sur une discipline en particulier, ou as-tu exploré plusieurs domaines en parallèle — avide de tout comprendre ?

Thierry
J'étais curieux de comprendre le monde sous toutes ses facettes, je me suis passionné pour différents domaines scientifiques. Mon intérêt ne s'est toutefois pas limité à la science : la philosophie, ainsi que les figures engagées pour les droits humains à travers le monde, ont également façonné ma pensée. Le combat de Martin Luther King Jr. pour un monde plus juste m'a particulièrement marqué, m'enseignant la valeur du courage et de l'engagement au service de l'humanité.

J'ai aussi, parallèlement à ces explorations intellectuelles, découvert la musique. Apprendre à jouer de la guitare et composer mes propres morceaux est devenu essentiel à mon équilibre. Cette expérience artistique m'a apporté bien plus qu'un simple moyen d'expression : elle m'a offert des clés inattendues pour nourrir ma recherche scientifique, révélant des liens subtils entre créativité et compréhension du réel.

Sylvana
Tu as dû enchaîner les livres sans pouvoir t'arrêter — je suppose ?

Ça devait être extrêmement stimulant d'avoir enfin accès à tout ce savoir, à tous ces écrits qui parlaient de ce qui te fascinait depuis si longtemps.

Thierry
En fait, il y avait un problème : lire était un combat. Mon cerveau ne fonctionnait pas comme celui des autres. Je ne pouvais pas simplement absorber un texte et en extraire le sens naturellement. Pour comprendre, j'avais besoin de toucher, de voir, de ressentir, d'imaginer.

Alors, j'ai créé mon propre processus. J'ai écrit autant de livres que j'en ai lus. Chaque phrase qui éveillait une image dans mon esprit, je la recopiais. Chaque concept qui me semblait essentiel, je le retranscrivais et le réorganisais, jusqu'à ce qu'il prenne forme dans ma tête. Ce n'était pas une simple lecture : c'était un véritable travail d'intégration.

Pendant dix ans, je n'ai fait que ça : lire, écrire, et réfléchir. Pas d'expériences, pas de laboratoire. Juste une immersion totale dans la pensée des plus grands scientifiques et philosophes, jusqu'à ce que leurs idées deviennent le terreau de ma propre réflexion.

Sylvana
Ça a dû être fascinant, non ? Plonger dans les pensées des plus grands esprits, découvrir leurs théories, leurs intuitions, leurs doutes...

Thierry
J'ai adoré. Ce sont eux, les véritables éclaireurs — ceux dont les voix résonnent à travers le temps, portant avec elles la connaissance, la sagesse et l'intuition profonde des lois de l'Univers. Leurs pensées ont façonné notre compréhension du monde, ouvrant des portes que d'autres n'avaient même pas imaginées.

Sylvana
Et en les lisant... Qu'est-ce qui t'a le plus marqué chez eux ? Une façon de penser ? Une audace ? Une vision qui t'a bouleversé ?

Thierry
Ce qui m'a le plus marqué, c'est qu'ils ne se sont pas contentés d'explorer : ils ont illuminé des chemins, défié l'invisible, questionné l'insondable et brisé les carcans mentaux de leur époque. Chaque découverte, chaque idée révolutionnaire résonne comme un écho de leur voix — témoignage intemporel de leur quête incessante de vérité.

Pour moi, ces voix ont été une boussole. Je cherchais, fouillais dans leurs écrits, tentant de voir ce qu'ils avaient trouvé avant moi. Et j'y ai trouvé une forme de réconfort. Voir que d'autres avant moi s'étaient posé les mêmes questions, avaient affronté les mêmes doutes, les mêmes vertiges, ça m'a donné la force de continuer. Ce n'était pas seulement une quête de savoir, c'était une rencontre silencieuse avec ces esprits du passé, une façon de ne pas être seul dans mon exploration.

Ils ne sont pas seulement des scientifiques, des philosophes ou des visionnaires. Ils sont les géants sur les épaules desquels nous nous tenons, regardant plus loin grâce à leur génie et leur audace. Écouter leur voix, c'est entendre l'appel d'un savoir qui transcende le temps — un appel à poursuivre l'exploration, à repousser les frontières de l'inconnu, à oser penser autrement.

Sylvana
J'imagine que leur façon d'écrire était aussi remarquable — mêlant clarté et force d'expression.

En recopiant leurs textes, tu n'as pas seulement affiné ta compréhension, mais aussi ta manière de lire et d'écrire. Aujourd'hui, on sent à quel point l'écriture est devenue essentielle pour toi — au point que tu écris même de la poésie.

Dirais-tu que ce processus a renforcé ton lien avec les mots ?

Thierry
Oui, complètement.

Au départ, écrire était une nécessité — une façon de contourner ma difficulté à lire et assimiler les textes. Mais très vite, c'est devenu bien plus que ça : un véritable outil, une nouvelle manière de structurer ma pensée. Les mots ont cessé d'être une barrière — ils sont devenus un pont, un moyen de donner une forme tangible à ce que je percevais intuitivement.

Un peu comme ma fée Ruth, qui m'avait permis de créer un pont entre mon monde intérieur et le monde extérieur, et vice versa, l'écriture a prolongé ce pont — me permettant de corréler le langage avec les images mentales qui habitaient mon esprit depuis si longtemps. Chaque phrase recopiée n'était pas qu'une suite de mots — c'était une structure, une dynamique, une manière de traduire en concepts ce que je ressentais déjà profondément.

Finalement, ce processus s'est révélé être une bénédiction. Il m'a permis d'aller bien au-delà de la simple lecture : en écrivant, j'ai compris que cela m'offrait bien plus que la simple assimilation d'un texte. Cela me permettait d'approfondir réellement ma compréhension, de traduire chaque concept en images mentales et de les comparer avec celles que j'avais construites durant mes vingt premières années en Martinique, en observant la nature. C'était une passerelle entre deux mondes — entre ce que je voyais et ce que la science cherchait à décrire, entre mes perceptions intuitives et les lois fondamentales de l'Univers.

Sylvana

Ça a dû te faire un drôle d'effet, non ? Passer des journées entre les cocotiers, les animaux, le sable chaud, et les petits plats de ta grand-mère… à des heures de lecture en solitaire, perdu dans les livres des géants de la science. Le contraste devait être saisissant — entre ta Martinique et cette nouvelle vie en ville.

Thierry

Oui, absolument.

En Martinique, je passais des heures à scruter le mouvement des vagues, le passage des nuages, l'organisation des fourmilières, la danse silencieuse des étoiles dans le ciel nocturne — d'imaginer ce qui était là et qu'on ne pouvait voir. Mon esprit construisait des schémas, des modèles invisibles, un langage de formes et de dynamiques qui me permettaient de ressentir la logique profonde de l'Univers. Mais il me manquait les mots.

En France métropole, écrire chaque phrase, chaque équation, chaque pensée des géants de la science, c'était comme traduire leur vision dans mon propre langage intérieur. Cela me permettait non seulement de voir ce qu'ils voyaient, mais aussi de percevoir ce qui manquait — ce qui ne collait pas avec ma propre compréhension. C'était tout un exercice d'alignement, un dialogue silencieux entre leurs concepts et mes images.

Ainsi, ces dix années ont été bien plus qu'une simple période d'étude. Elles ont été une immersion totale, une reconfiguration de mon propre mode de pensée, une tentative de faire coïncider mes perceptions du monde avec les principes établis par la science.

Et dans cet échange entre ce que j'avais toujours ressenti intuitivement et ce que la physique cherchait à démontrer, j'ai trouvé ma propre voie.

J'ai compris que la science ne devait pas seulement être une accumulation de faits et de formules. Elle devait être un outil pour donner du sens à ce que nous percevons, un langage pour traduire cette intelligence invisible qui sous-tend l'Univers.

Pendant dix ans, je n'ai pas seulement étudié. J'ai reconstruit le monde, pièce par pièce, pour enfin l'habiter pleinement.

Sylvana

Quand tu regardes leur manière de faire de la science à cette époque… qu'est-ce qui t'a frappé le plus, comparé à aujourd'hui ?

Thierry

Ce qui m'a frappé, justement, au-delà de leurs découvertes scientifiques, c'était leur manière de chercher. Leur posture. À l'époque, la science ne se faisait pas dans l'urgence ni sous la pression des algorithmes de rentabilité. Il y avait un véritable espace pour penser, pour douter, pour échanger.

À la fin du XIXe et au début du XXe siècle, la communication scientifique reposait sur les revues scientifiques comme *Nature* (fondé en 1869), la correspondance postale, les conférences comme le Congrès Solvay (dès 1911) et les sociétés savantes comme la Royal Society (Royaume-Uni), l'Académie des sciences (France) ou encore le National Academy of Sciences (USA). Ces échanges ont permis des avancées majeures, malgré l'absence des technologies modernes comme Internet et les e-mails.

Ils passaient des années à réfléchir, à expérimenter, à tester leurs idées — et une fois par an, ils se retrouvaient. Einstein, Bohr, Heisenberg, Schrödinger et Curie… Tous ces esprits brillants se croisaient, échangeaient, confrontaient leurs visions. Le reste du temps, ils s'écrivaient des lettres — où chaque mot pesait son poids, chacun apportant une pièce au puzzle. Ils avançaient ensemble, comme un grand orchestre tentant d'accorder ses instruments à une mélodie encore inconnue… mais bien réelle.

Et ce qui me fascine encore plus, c'est que leur science n'était pas juste une collection d'équations. Elle reposait sur une philosophie de la vie — une quête pour comprendre ces forces invisibles qui orchestrent tout, la réalité certaine d'une forme d'intelligence qui sous-tend l'Univers.

Ils ne se contentaient pas de mesurer des phénomènes, ils cherchaient à sentir, à percevoir l'essence même de la réalité. Einstein parlait d'une harmonie profonde dans la nature, une sorte de danse mathématique sous-jacente que nous ne faisions qu'effleurer. Leur science était avant tout une tentative d'entrer en résonance avec cette grande mécanique cosmique.

Pendant dix ans, j'ai lu, étudié, écrit — et surtout, je me suis inspiré. Car comprendre le monde ne se résume pas à une simple accumulation de connaissances. C'est entrer en résonance avec l'Univers — le réel manifesté et non manifesté — ainsi qu'avec tous ceux qui avant nous, ont osé poser les questions essentielles et consacré leur vie à y répondre.

Leur quête nous a légué un précieux héritage — un bagage d'acquis sur lequel nous prenons le relais, poursuivant à notre tour cette exploration infinie du sens et de la réalité.

C'est ce qui rendait l'expérience si intense. Quand j'écrivais leurs mots, ce n'était pas juste un exercice de mémoire, c'était une immersion. Je ressentais leurs doutes, leurs intuitions, leurs moments de fulgurance. Parfois, une simple phrase me donnait l'impression qu'ils me murmuraient une réponse à une question que je ne savais même pas encore formuler. C'était comme une correspondance silencieuse à travers le temps.

Sylvana
Tu as passé dix ans plongé dans leurs écrits, seul avec leurs mots... T'es-tu senti isolé parfois ? Ou bien au contraire, accompagné, comme s'ils étaient là, quelque part, avec toi ?

Thierry
Isolé physiquement, oui. Mais mentalement, jamais. Dès que j'ouvrais un livre ou recopiais une phrase, j'avais l'impression d'entrer dans un dialogue silencieux avec eux. Ils n'étaient plus juste des figures du passé — ils étaient là, présents dans mes pensées, comme une équipe dont je faisais partie.

Parfois, je m'imaginais répondre à leurs lettres, comme si je faisais moi aussi partie de cette correspondance. Einstein, Bohr, de Broglie, Lemaître, Curie... je les entendais discuter, questionner, avancer ensemble, et moi, j'ajoutais mes propres réflexions, mes propres intuitions. Il m'arrivait même de leur parler intérieurement, d'imaginer leurs réponses, comme s'ils m'entendaient et m'encourageaient à poursuivre.

Et souvent, il me suffisait de relire une phrase que j'avais écrite des mois auparavant, et c'était comme si l'un d'eux m'avait laissé un message, une réponse discrète glissée dans les marges du temps. C'était une forme étrange de compagnonnage, mais incroyablement vivant.

Cet échange invisible me motivait à continuer. Plus je les lisais, plus je sentais que je marchais sur le même chemin qu'eux, que je n'étais pas simplement un lecteur, mais un véritable chercheur, un esprit en quête de compréhension, tout comme eux l'avaient été.

Je ne me comparais pas à eux. Ce n'était pas une question de stature, mais de résonance intérieure. Comme si, à travers les siècles, leurs voix continuaient de m'éclairer — et que ma propre recherche, aussi modeste soit-elle, entrait en dialogue avec leur héritage.

Sylvana

Tu dis que leur science n'était pas qu'une collection d'équations, mais une quête pour comprendre l'essence du réel.

Aujourd'hui, tu as développé ta propre vision du monde. En quoi est-elle en continuité avec celle de ces géants et, selon toi, en quoi ta façon d'explorer et de donner forme à cette compréhension fait-elle ta différence ?

Thierry

Elle est en continuité dans le sens où, comme eux, je cherche à comprendre l'ordre caché derrière le chaos apparent. Ils ont posé les fondations, et moi, j'essaie de construire dessus. Mais ma particularité, je pense, c'est que je ressens les choses d'une manière plus visuelle et tactile.

J'ai toujours eu du mal à apprendre par la seule abstraction des mots et des symboles. Mon esprit ne fonctionne pas comme un tableau noir où l'on aligne des équations, il fonctionne comme un espace en trois dimensions où chaque idée doit prendre une forme, s'animer, interagir avec d'autres structures, ajouter d'autres dimensions, et ainsi de suite.

Quand Einstein disait qu'il pensait en images, je comprenais parfaitement ce qu'il voulait dire. Pour moi, tout est une question de représentation géométrique, de mouvement, d'équilibre. J'ai dû inventer mes propres outils pour traduire ce que je percevais en concepts mathématiques. Là où certains scientifiques manipulent directement des formules, moi, j'ai d'abord besoin de voir les structures s'agencer dans mon esprit, comme des formes en mouvement dans un espace invisible.

C'est peut-être là ma différence : là où certains analysent par l'abstraction pure, moi, je construis des images mentales dynamiques, presque palpables, pour comprendre. Avant même d'écrire une équation, je vois déjà sa structure, son équilibre, ses tensions internes, sa cohérence universelle. C'est une approche qui me permet d'avoir une vision plus intuitive, mais qui m'a aussi demandé du temps pour apprendre à la formaliser en langage scientifique.

Sylvana

Donc, tu dirais que ta manière de comprendre passe d'abord par une sorte d'expérience mentale avant d'être traduite en concepts ?

Thierry

Exactement.

Pour moi, une idée scientifique ne devient réelle que lorsqu'elle trouve une cohérence visuelle et mécanique. Je dois pouvoir la manipuler mentalement, la faire tourner dans tous les sens, vérifier si elle tient debout avant même d'essayer de l'écrire en équations. C'est un processus qui ressemble presque à une modélisation instinctive, où chaque élément doit trouver sa place dans un ensemble harmonieux.

C'est aussi pour ça que j'ai toujours ressenti une forte connexion avec la nature. Les structures naturelles — les vortex dans l'eau, la symétrie des feuilles, la répartition des étoiles — sont des modèles vivants de cet équilibre universel. Je n'ai jamais pu dissocier la science de cette observation du monde réel.

Là où certains partent des mathématiques pour décrire l'Univers, moi, je pars de l'Univers pour en extraire les mathématiques. C'est une approche différente, mais au fond, elle rejoint cette quête commune : comprendre ce qui se cache derrière ce que nous voyons, et trouver les lois qui orchestrent l'immense harmonie de l'Univers.

Sylvana

Tu sais, je réalise en t'écoutant que je t'ai déjà posé une question assez proche, il y a quelque temps. Je t'avais demandé ce que tu voulais vraiment partager avec les autres, à travers ta vision du réel… Et ta réponse m'avait profondément marquée.

Mais aujourd'hui, j'ai envie de revenir dessus — avec une nuance. Parce que je sens qu'il ne s'agit plus seulement de ce que tu veux transmettre… mais de la manière dont tu veux le faire.

Alors je te repose la question, autrement : comment aimerais-tu partager ce que tu as compris ? Comment tu imagines ce passage de témoin ?

Pas seulement sur le fond — mais dans le geste. Dans l'élan. Qu'est-ce que tu voudrais vraiment offrir aux autres, là, maintenant, depuis là où tu es ?

Thierry

Je veux avant tout lever le voile. Pas pour impressionner ou convaincre, mais pour permettre à chacun de regarder autrement.

Ce qui m'a toujours frappé, c'est à quel point la connaissance a été enfermée dans un langage technique, réservé à une élite.

Or la nature, elle, n'a jamais parlé latin ni équations. Elle agit. Elle vibre. Elle obéit à des lois simples et belles — accessibles à tous si l'on apprend à voir.

Alors ce que je veux partager, ce n'est pas une théorie figée. C'est un regard. Une posture. Une manière de se relier au monde sans détour inutile.

Je veux montrer que nous faisons partie d'un système vivant, que nous ne sommes pas extérieurs à l'Univers, mais profondément immergés en lui — soumis aux mêmes lois, portés par les mêmes équilibres.

Et quand on comprend cela, ce n'est pas seulement la science qu'on découvre. C'est soi-même.

Ce que j'espère éveiller chez ceux qui m'écoutent, ce n'est pas une adhésion intellectuelle, mais un éclair de reconnaissance. Une intuition qui dit : « Oui, je le sens aussi. J'ai toujours su, quelque part, que c'était plus simple. Plus cohérent. Plus vivant."

Transmettre, pour moi, c'est ça. C'est ouvrir une porte. C'est permettre à chacun de refaire le chemin par lui-même, avec ses mots, ses perceptions, ses doutes.

Et si mes recherches, mes mots ou mes outils peuvent servir de pont pour cela — alors ils auront eu un vrai sens.

Sylvana
Il est vrai que depuis qu'on se connaît, j'ai remarqué quelque chose qui te distingue profondément. Tu n'as jamais cherché à imposer une vérité — mais à ouvrir une voie.

C'est ça, je crois, ta façon unique de chercher : éveiller chez l'autre l'envie de comprendre, plutôt que de répondre à sa place. Comme si le plus beau cadeau que tu pouvais offrir, ce n'était pas une réponse… mais une étincelle.

Et c'est ça, justement, qui a éveillé de plus en plus ma curiosité. C'est pour cela qu'on en est là aujourd'hui, à partager notre dialogue : pour que je puisse partager tes réponses, et que chacun y trouve peut-être sa propre étincelle… sa propre voie, ou même sa propre quête de réponses.

2. Le Temps comme Clef d'Avenir — Vers une Conscience Cosmique

Sylvana
Tu passes ta vie à observer, à relier, à chercher du sens… Et je vois à quel point tout cela te passionne, te traverse, te construit.

Alors j'ai envie de te poser une grande question — peut-être la plus simple et la plus essentielle à la fois… Où en est la science aujourd'hui dans sa quête pour comprendre l'Univers ? Est-ce qu'on a franchi un cap ? Est-ce qu'on commence enfin à entrevoir ce mystère plus profond que tu poursuis depuis toujours ?

Thierry
L'Univers est d'une immensité et d'une complexité vertigineuses. Il s'étend de l'infiniment grand à l'infiniment petit, tel que nous pouvons l'observer depuis notre point de vue planétaire.

Sa complexité est telle qu'il a fallu fragmenter la recherche scientifique en de nombreuses spécialités distinctes. Pourtant, toutes ces disciplines étudient un seul et même objet : l'Univers — mais à des échelles différentes. Et c'est là tout l'extraordinaire de la science. Dans ces spécialités réside la clé pour comprendre la réalité de l'Univers.

La recherche fondamentale a atteint aujourd'hui un seuil de connaissance suffisant pour entamer l'unification des principes issus de ses différentes branches. Son objectif naturel est désormais de donner un sens logique à notre propre existence au sein de ce vaste ensemble qu'est l'Univers.

Sylvana
Donc, si je te suis bien, on est à un moment clé pour la science ? Un de ces tournants rares où les savoirs, longtemps compartimentés, peuvent enfin se rejoindre… et peut-être même nous aider, pour la première fois, à comprendre vraiment qui nous sommes et ce que nous faisons là, au cœur de cet Univers immense ?

Thierry
Oui, et c'est pour cette raison que je me suis toujours intéressé à la vision d'ensemble. C'est le moyen naturel de s'élever au-delà du labyrinthe des apparences complexes qui nous enferment et nous limitent si on analyse chaque domaine isolément.

Cette perspective globale m'a révélé avec évidence que les lois de la nature sont d'une prodigieuse simplicité.

Cette prise de conscience a profondément nourri mon inspiration, m'amenant à écrire des poésies en hommage à la réalité de l'Univers, tel qu'Il Est — infiniment vaste, harmonieux et porteur de sens, car en le comprenant enfin, j'y ai trouvé ma place, et par extension, celle de l'humain dans l'Univers.

Ainsi, l'Humanoïde que nous sommes possède le pouvoir d'entrevoir le génie de la Nature. Et dans l'élan courageux de tous ces chercheurs qui s'efforcent de saisir ces instants célestes, se dessine la vision d'un avenir d'une telle splendeur et d'une telle puissance qu'il ne peut que se concrétiser en bienfait pour l'humanité entière.

Sylvana

Tu sais, quand tu parles de l'Univers, ce n'est jamais froid ou abstrait. On sent que ce n'est pas juste de la connaissance, mais quelque chose de profondément personnel, presque intime.

Alors j'ai envie de te demander : quel a été ton fil rouge pendant toutes ces années, celui qui t'a guidé à travers tout ça ?

Thierry

Dans cette continuité des découvertes, j'ai recherché l'élément primordial à la manifestation de l'Univers et mon attention s'est portée sur le Temps, car il prédomine sur toute chose. C'est à travers le Temps que nous définissons techniquement la réalité.

Sylvana

Voilà un choix fascinant !

On aurait pu s'attendre à bien des choses… mais le Temps ? Surtout quand on entend si souvent qu'il n'existe pas ! Qu'est-ce qui t'a inspiré à en faire l'élément central de ta réflexion ?

Thierry

C'est une intuition profonde, presque viscérale, qui m'a toujours guidé : celle que le Temps n'était pas une illusion ou un simple cadre de mesure, mais une clef maîtresse de l'ordre cosmique. Dès l'adolescence — comme nous l'avons évoqué — j'entretenais un rapport très singulier au Temps, une forme d'accord intime avec son rythme, ses variations, sa présence.

Cette double perception, à la fois personnelle et universelle, m'a naturellement conduit à en faire le cœur de ma réflexion. J'ai choisi de consacrer une grande partie de mon existence à explorer sa véritable nature — dans toutes ses dimensions, intérieures et extérieures — afin d'approcher, avec lucidité, ce qu'est réellement le Temps.

Mais mon exploration du Temps ne s'est pas limitée à son étude en tant qu'élément fondamental de la science et à la manifestation de l'Univers. Très vite, je l'ai perçu comme un prisme à travers lequel observer l'évolution de l'humanité elle-même. Car au-delà de sa nature profonde, le Temps façonne notre rapport au monde, nos limites et nos aspirations.

Aujourd'hui, alors que l'humanité fait face à des défis sans précédent, liés aux cycles terrestres et aux changements climatiques, cette compréhension prend une dimension encore plus cruciale.

C'est dans ce contexte que j'ai évolué et bâti l'ensemble de mes découvertes scientifiques et technologiques.

J'ai toujours eu la conviction que l'humanité terrestre possède le potentiel d'atteindre un niveau de connaissance capable de la libérer non seulement de ses propres limites, mais aussi des menaces inhérentes à la nature — y compris celles qui pourraient se manifester à l'échelle cosmologique.

3. Un Nouveau Paradigme — Réunifier Science, Conscience et Devenir

Sylvana

Tu dis que cette connaissance pourrait vraiment nous libérer de nos limites... Mais qu'est-ce que ça veut dire, concrètement ?

Tu crois qu'on peut vraiment dépasser ce qu'on croit être nos frontières — physiques, mentales, collectives ? Jusqu'où l'humanité pourrait-elle aller si elle comprenait enfin ce que toi tu as entrevu ?

Thierry

Lorsque le potentiel de transcender nos limites se manifestera, il se traduira par une expansion de la conscience, bien au-delà de ses frontières actuelles. Une conscience élargie qui, à terme, à travers les âges à venir, pourrait permettre à la race humaine de traverser les millénaires en accédant à une forme d'immortalité, inscrivant ainsi son existence dans la pérennité du Cosmos.

Mais pour espérer atteindre un tel horizon, encore faut-il comprendre les étapes qui nous y mèneront.

C'est dans cette perspective qu'en parallèle de mes recherches en physique fondamentale, j'ai trouvé nécessaire d'étudier l'histoire des grandes révolutions humaines.

Cette exploration n'a fait que renforcer cette conclusion essentielle que j'évoquais à l'instant : pour réaliser le bond d'évolution dont nous avons plus que jamais besoin, il est indispensable d'offrir une vision plus complète et unifiée de la réalité.

Or, comprendre notre passé et les dynamiques qui ont façonné notre évolution ne suffit pas. Il faut aussi agir, créer, et donner corps à ces idées.

C'est dans cette continuité que ma créativité et ma démarche d'exploration m'ont également conduit à l'invention — comme tu le sais — car j'ai compris que la technologie constitue un support essentiel au progrès et à la pérennité de la race humaine.

Quand je contemple l'Univers, je n'y vois qu'un immense potentiel technologique, prêt à être mis au service de notre intelligence. Plus grande sera notre intelligence, plus grand sera ce potentiel.

Et ce qui est prodigieux avec le Temps, c'est que tout y est enchevêtré. Chaque instant porte en lui les échos du passé, du présent et du futur. Dans cette trame invisible, il devient possible d'entrevoir le sens universel des choses, une perspective globale qui pousse naturellement à l'unification.

C'est pourquoi il était important pour moi de comprendre notre passé car il nous révèle le chemin parcouru, et j'ai identifié douze révolutions majeures qui ont façonné le présent tel que nous le connaissons aujourd'hui. Ces événements représentent des informations précieuses pour le chercheur que je suis, car il est impossible de trouver des solutions efficaces sans une conscience claire de notre histoire.

C'est elle qui nous dévoile nos forces tout autant que nos faiblesses. Elle constitue donc un prérequis essentiel pour étudier l'avenir et concevoir les outils nécessaires à la lutte pour la survie et l'évolution de la race humaine. Comprendre d'où nous venons, c'est poser les fondations de ce que nous pouvons devenir.

4. Douze Révolutions — Le Passé comme Matrice du Futur

Sylvana
Je vois à quel point cette compréhension du passé est essentielle dans ta démarche.

Tu pourrais me résumer ces douze grandes révolutions que tu as identifiées ? Celles qui, selon toi, ont vraiment façonné notre histoire et nous ont menés jusqu'au monde d'aujourd'hui ?

Thierry
Oui. Ces révolutions, je les ai identifiées comme des jalons clés dans l'évolution de l'humanité.

Chacune marque un basculement, un changement profond dans notre manière de vivre, de penser ou de nous organiser.

Elles ne sont pas toutes aussi spectaculaires à première vue, mais toutes ont joué un rôle crucial.

En les retraçant, on comprend mieux le chemin parcouru… et surtout, ce qu'il nous reste à inventer pour la suite. Je vais te montrer comment je les ai perçues.

1) La révolution Néolithique (~10 000 av. J-C) — c'est principalement l'agriculture, la sédentarité et le début des civilisations.

Cette révolution a jeté les bases des civilisations humaines, entraînant une augmentation de la population et le développement des cultures et des technologies.

2) La révolution Urbaine (~3 500 av. J-C) — c'est principalement l'apparition des villes et de l'écriture.

Cette révolution a permis l'essor de la culture, des sciences et des structures politiques.

3) La révolution Axiale (VIIIe – IIIe siècle av. J-C) — c'est principalement la naissance des grandes philosophies et religions.

Cette révolution a permis la transformation des croyances et des systèmes éthiques, influençant encore aujourd'hui les valeurs morales et spirituelles.

4) La révolution Romaine (Ier av. J-C – Ve siècle) — c'est principalement le droit, l'infrastructure et la culture occidentale.

Cet héritage romain a façonné le droit, la langue et la culture de l'Europe et du monde méditerranéen.

5) La révolution de la Renaissance (XIVe – XVIe siècle) — c'est principalement la redécouverte des savoirs, des arts et sciences modernes.

La Renaissance a posé les bases de la pensée moderne et de la science expérimentale.

6) La révolution Scientifique (XVIe – XVIIe siècle) — c'est le début de la méthode scientifique et physique moderne.

Cette révolution a permis la transformation de la compréhension du monde, menant à des progrès technologiques et médicaux majeurs.

7) La révolution Industrielle (XVIIIe – XIXe siècle) — c'est l'avènement de la mécanisation, de l'urbanisation et du capitalisme.

Cette révolution a permis l'accélération du progrès technologique, mais aussi inégalités sociales, pollution et changements environnementaux.

8) La révolution Démocratique (XVIIIe siècle) — c'est l'arrivée des droits de l'homme et des systèmes politiques modernes.

Cette révolution a permis l'émergence des droits de l'homme et des systèmes politiques démocratiques modernes.

9) La révolution Scientifique du XXe siècle — c'est la physique quantique, la génétique et la médecine moderne.

Cette révolution a permis la transformation de la technologie, de la médecine et de la communication, avec des conséquences éthiques et sociétales.

10) La révolution Numérique (fin XXe siècle – XXIe siècle) — c'est l'émergence de l'informatique, d'internet et la société d'information.

Cette révolution a permis un accès mondial à l'information, mais aussi de nouveaux défis comme la cybersécurité, la désinformation et la protection des données.

11) La révolution de l'Intelligence artificielle (XXIe siècle – en cours) — c'est le monde de l'automatisation et de la transformation du travail.

Cette révolution a permis des opportunités de progrès majeurs, mais a aussi soulevé des questions éthiques et des risques liés à l'emploi et à la vie privée.

12) La révolution Ecologique (XXIe siècle – en cours) — c'est la lutte contre le changement climatique et la transition durable.

Cela met en évidence la nécessité de repenser notre modèle économique et notre relation avec la nature pour assurer la survie de la planète, du règne du vivant et des humains.

On remarque bien que chaque révolution humaine a marqué une étape clé dans l'évolution de la société et du savoir. Du passage à l'agriculture jusqu'à l'ère numérique et l'IA, ces révolutions ont transformé la manière dont nous vivons, pensons et interagissons avec le monde.

Aujourd'hui, les révolutions écologique et technologique, notamment celle de l'intelligence artificielle, façonneront probablement l'avenir de l'humanité. Mais cette trajectoire est semée de dangers à plus d'un titre.

Sylvana

C'est impressionnant, vu comme ça.

Chacune de ces révolutions est un tournant, un saut dans une nouvelle façon de vivre, de penser, de construire le monde. Et on sent, dans la manière dont tu les présentes, que ce n'est pas juste de l'histoire… c'est un fil logique, un enchaînement presque organique. Comme si l'humanité avançait, pas à pas, vers un point de bascule.

Mais en t'écoutant, j'ai aussi une question qui me brûle les lèvres : si toutes ces révolutions ont permis de faire avancer la société, pourquoi dis-tu que celles d'aujourd'hui sont porteuses de tant de dangers ?

Thierry

La révolution écologique est un défi majeur, né d'un manque de volonté manifeste d'anticiper les effets secondaires du progrès technique en général.

L'exploitation des ressources sans une vision à long terme de leurs conséquences potentielles a conduit à une crise dont les répercussions menacent désormais l'équilibre de la planète et de ses écosystèmes.

Quant à la révolution de l'intelligence artificielle, elle nous confronte à un péril d'une toute autre nature : celui d'une perte de contrôle progressive de l'outil.

Si nous ne parvenons pas à encadrer son développement à mesure qu'elle prend une place grandissante dans nos vies et nos infrastructures, nous courons le risque d'une dérive qui pourrait, à terme, compromettre l'existence même de la race humaine.

Je sais que nous ne possédons pas encore la maturité d'esprit ni le niveau d'intelligence suffisant pour maîtriser une intelligence artificielle invasive et autonome en ressources.

Avant d'envisager pleinement cette avancée, nous devons d'abord renforcer notre puissance intérieure, développer nos capacités cognitives et psychiques afin de maintenir un contrôle absolu sur l'IA, à un niveau qu'elle ne pourra jamais atteindre.

Ce n'est qu'à cette condition que nous pourrons nous lancer sereinement dans l'aventure de l'intelligence artificielle. Car bien que redoutable, elle demeure un outil d'une valeur inestimable, capable d'accélérer considérablement notre évolution — à condition que nous en soyons les véritables maîtres.

J'ai longuement travaillé sur ce sujet, en particulier sur l'amplification du potentiel humain, car c'est à ce niveau que l'humanité a historiquement peu progressé.

En réalité, nous sommes encore jeunes sur le plan cognitif. Il nous reste à explorer et à développer pleinement nos potentiels latents, tant sur le plan intellectuel que psychique.

Sylvana

En retraçant toutes ces révolutions, on prend conscience du chemin immense que l'humanité a déjà parcouru. Et pourtant, on sent bien qu'on est encore à un tournant. Peut-être même au bord d'un saut.

Mais ce que je trouve fascinant, c'est que toi, tu ne t'es pas contenté de réfléchir à tout ça dans l'absolu. Tu as cherché, inventé, expérimenté, seul, pendant des années… Et ça me donne envie de revenir à quelque chose de très concret.

Parce qu'au fond, derrière toute cette vision d'ensemble… il y a aussi un homme, une méthode, un atelier, un rythme de travail.

5. Rester Fidèle à un Autre Rythme — À Contretemps

Sylvana

Alors dis-moi… comment tu as fait ? Depuis le début, on sent que tu avances avec une vision claire, comme si chaque découverte s'inscrivait dans quelque chose de plus grand… Mais dans la réalité du quotidien, avec les contraintes matérielles à gérer, et en même temps toutes les idées à explorer, les tests à mener… comment tu t'y es pris, concrètement ? Comment tu as organisé ton travail, ton espace, tes recherches ?

Thierry

Comme nous l'avons évoqué, entre 1990 et 2000, j'ai consacré une grande partie de mon temps à l'étude, tout en développant d'innombrables expériences de pensée dans l'objectif de poursuivre l'œuvre scientifique.

À partir de 2001, j'ai véritablement débuté mes recherches expérimentales, réalisant un grand nombre d'expériences pratiques au fil des années, car j'avais à cœur de valider mes découvertes par la preuve.

Parallèlement, j'ai travaillé sur la conception de preuves de concept technologiques, issues de mes découvertes, avec un large éventail d'applications industrielles.

Ce qui rendait mon approche unique, c'est que j'avais la liberté totale de définir mon propre cadre de travail. Je n'étais soumis à aucune autorité, aucun laboratoire, ni aux exigences de résultats d'investisseurs.

Bien sûr, je devais composer avec des contraintes de temps et de moyens : subvenir à mes besoins avec des ressources extrêmement limitées.

Cette réalité m'a obligé à optimiser chaque expérience en utilisant les éléments les plus accessibles.

Parfois, je devais démonter des prototypes qui fonctionnaient déjà, faute de pouvoir en conserver plusieurs en parallèle, car je devais souvent en réutiliser les pièces.

Et côté repas… disons que j'ai mangé beaucoup de riz et de pommes de terre. Il m'est souvent arrivé d'hésiter entre acheter un peu de nourriture plus variée… ou les deux fusibles et les câbles qui me manquaient pour lancer l'expérience suivante. Et bien souvent, c'est ma soif d'aller plus loin qui l'a emporté sur celle de bien manger…

Cette contrainte, loin d'être un frein, m'a appris à être extrêmement organisé, méthodique et conscient des coûts, affinant ainsi mon approche dans la gestion des ressources et le développement de mes projets.

Elle m'a également forcé à réfléchir longuement à quelle expérience mener ou abandonner avant même de passer à la réalisation, puis à anticiper chaque détail de la conception, car je ne pouvais pas me permettre la moindre erreur structurelle ou un gaspillage de matériaux.

Cette indépendance m'a également permis de choisir la meilleure façon de progresser efficacement, de prendre le temps nécessaire pour faire des découvertes scientifiques, sans pression extérieure.

Or, prendre le temps est devenu un luxe en décalage avec les exigences de notre époque, où l'ère numérique, l'automatisation, et la rapidité dominent.

Sylvana
Encore une fois, on constate à quel point le Temps est au cœur de notre histoire et de notre évolution.

N'est-ce pas paradoxal que, dans un monde où l'on cherche à repousser toujours plus loin les frontières du savoir, on accorde de moins en moins de temps à la réflexion et à la véritable exploration des grandes questions ?

Et tu sais, à chaque fois que tu parles du Temps, je ne peux pas m'empêcher de sourire… On dirait qu'il est à la fois ton meilleur allié et ton plus grand mystère.

Et plus tu racontes comment tu as travaillé, plus je me dis que ta vraie force, ce n'est pas seulement ce que tu as découvert, mais la manière dont tu l'as fait.

Tu es né à la fin des années 60, et depuis, le monde n'a cessé d'accélérer : le numérique a tout envahi, les réseaux se sont multipliés, la logique du profit est devenue reine, et l'automatisation s'est infiltrée partout. En cinquante ans, tout s'est emballé.

Et toi… tu es resté fidèle à un autre rythme. Comme si tu avais créé ta propre bulle de temps, imperméable à cette frénésie. Tu as inventé avec constance, avec rigueur, presque comme on sculpte : chaque geste pensé, chaque étape pesée, chaque élan retenu jusqu'à être juste.

Tu as pris le temps de douter, de recommencer, de comprendre.

Tu as fait le choix — devenu presque révolutionnaire — de ne pas céder à l'urgence.

Et je me demande si ce n'est pas ça, ta véritable révolution silencieuse : avoir remis le Temps au centre. Pas seulement comme objet d'étude, mais comme fil conducteur de ta vie, de ta pensée, de ta manière de chercher.

Thierry

Oui, tu as raison. Je crois que j'ai toujours ressenti cette différence… Ce besoin vital de ralentir là où tout s'accélérait. Et ce n'était pas qu'un choix — c'était une nécessité.

Dès l'enfance, ma vie a pris un autre tempo. J'ai été envoyé en Martinique alors que j'étais encore bébé, trop jeune pour comprendre ce que cela impliquait. Mais plus tard, en regardant en arrière, j'ai compris que ce n'était pas simplement un changement de lieu — c'était un basculement complet. Je me suis retrouvé isolé, en dehors du monde, avec pour seuls compagnons les arbres, les insectes, le ciel et le silence. C'est là que tout a commencé.

Très tôt, j'ai compris que je n'irais pas au même rythme que les autres. Mais évidemment, ça ne s'est pas fait sans heurts. Toute ma vie, j'ai dû faire face aux jugements, aux incompréhensions. On me reprochait de ne pas avancer assez vite, de ne pas « réussir » selon les critères classiques. Certains pensaient que je perdais mon temps, que j'étais enfermé dans mes idées, que je fuyais la réalité.

Mais en réalité, j'allais plus loin. Je suivais une logique plus profonde. Ce temps que je prenais, ce n'était pas du retard — c'était l'espace nécessaire pour que les choses prennent forme avec justesse.

Et aujourd'hui, avec le recul, je le vois clairement : c'est justement en acceptant de ralentir que j'ai pu aller plus loin.

J'ai utilisé le Temps comme une matière première, comme un levier. C'est lui qui m'a permis d'atteindre certaines avancées technologiques bien plus vite que si j'avais suivi la voie classique. En apprenant à l'écouter, je l'ai optimisé — mais à ma manière.

Aujourd'hui encore, je reste fidèle à cette cadence. Et je sais que c'est elle qui a rendu mes découvertes possibles. Parce qu'on ne peut pas forcer la compréhension du monde : on ne peut que l'accueillir, lorsqu'elle est prête.

Sylvana

Tu vois… rien que cette phrase — « Parce qu'on ne peut pas forcer la compréhension du monde : on ne peut que l'accueillir, lorsqu'elle est prête » — elle te résume tellement. Cette manière de laisser venir le monde au lieu de le forcer, de faire confiance au rythme des choses… C'est exactement toi.

Alors que moi — comme tant d'autres — j'ai été dans le mouvement inverse. Foncer, bousculer, insister. On a couru après le temps comme s'il nous était redevable. À force de vouloir tout faire, tout réussir, tout vivre… on n'a rien vu passer. Ce temps si précieux, on l'a laissé filer. C'est presque lui qui a fini par nous diriger, sans qu'on s'en rende compte.

Et c'est ça qui m'a frappée chez toi. Ce contraste. Moi, j'ai grandi dans une famille italienne du Sud, où tout allait vite, fort, bruyant. J'ai longtemps jonglé entre projets, pays, responsabilités… une vie pleine de rebondissements, certes, mais sans pause.

Et j'avais l'impression d'avoir tellement d'anecdotes à raconter, tellement de choses à dire.

Mais c'est quand j'ai commencé à te poser des questions le premier soir où on s'est rencontrés que j'ai vu le vrai contraste. Toi, tu ne disais presque rien. Tu étais posé, silencieux, tu m'écoutais… Et puis dès que tu ouvrais la bouche, c'était un monde qui s'ouvrait. Dense. Précis. Incroyablement vaste. Mais toujours calme. Juste.

D'ailleurs, je te l'ai dit ce soir-là — tu t'en souviens ? — je t'ai demandé si tu venais d'une autre planète. Je n'arrivais pas à comprendre comment quelqu'un pouvait être aussi… décalé du reste du monde. Et en même temps, tellement ancré dans quelque chose d'essentiel.

Thierry

Oui, je m'en souviens. Et tu sais… ce que tu as dit ce soir-là, sur le fait que je venais peut-être d'une autre planète… je l'ai souvent ressenti moi-même. Pas au sens littéral, bien sûr. Mais comme une impression persistante de décalage. Comme si l'Univers avait tracé pour moi un chemin différent. Un chemin qui m'obligeait à ralentir, à observer autrement, à entrer dans un autre tempo.

On m'a toujours vu comme un outsider. Un décalé. Et il faut dire que, de l'extérieur, c'est probablement ce que ça donnait. Je travaillais beaucoup depuis chez moi, sans presque jamais sortir. Je prenais des missions d'intérim, souvent de nuit, pour libérer mes journées et consacrer un maximum de temps à mon véritable travail : mes recherches.

Et dès que je partageais un peu de ce sur quoi je travaillais, les réactions étaient toujours les mêmes. On se moquait. On me regardait comme un simplet, quelqu'un de « basique », sans diplôme… et pourtant en train de réfléchir à des questions que la plupart considéraient comme hors de portée.

Alors, après plusieurs échecs, j'ai décidé de ne plus rien partager. Plus rien, tant que tout mon travail ne serait pas complètement structuré, vérifié, éprouvé. Je me suis dit que je n'en parlerais que lorsque ce serait prêt. Entièrement prêt.

Et quelques décennies plus tard… ce jour, c'est aujourd'hui. Je suis prêt. Je sais que le moment est venu. Tout dans l'état du monde, dans ce que traverse l'humanité, dans la manière dont les choses s'accélèrent et se déséquilibrent… tout indique que ce que je porte ne peut plus rester dans le silence. Ce que j'ai compris, ce que j'ai construit, n'a de sens que s'il est transmis maintenant. Pas avant. Pas après. Maintenant.

Sylvana
C'est tellement juste, dans le moment qu'on vit.

Et je mesure ce que ça représente pour toi… de t'exposer comme ça, face à tout le monde. D'ouvrir ce que tu as longtemps gardé pour toi.

Thierry
Je sais aussi ce que cela implique. En choisissant de sortir de l'ombre, je m'expose à toutes les critiques, à toutes les remises en question.

Je le fais en pleine conscience.

Mais mon intention n'est pas d'imposer quoi que ce soit. Seulement d'ouvrir une fenêtre. De proposer une autre lecture, un autre regard.

Et si certains veulent aller plus loin, réfléchir ensemble, confronter, construire… alors tant mieux.

Sinon, je continuerai seul, comme je l'ai toujours fait. Parce que ce chemin, je ne l'ai jamais suivi pour convaincre — je l'ai suivi parce qu'il s'imposait à moi.

6. Quand le Monde Va Trop Vite — Le Savoir Sous Pression

Sylvana
Tu vois… même dans ta décision de t'ouvrir aujourd'hui, après trente-cinq ans de travail en silence, on sent ce rapport si particulier que tu as au Temps.

Tu as attendu le bon moment, avec patience, avec une forme de sagesse. Tu n'as rien précipité.

Et je sais que je me répète… mais c'est parce que vraiment, tu nous donnes une leçon essentielle sur notre rapport au Temps. Je pense que c'est pareil pour la société dans son ensemble. On est pris dans une sorte d'accélération collective, comme si ralentir était devenu un luxe ou un échec.

Alors que toi, tu as gardé ce fil. Une cohérence, une direction.

Comment as-tu fait pour ne jamais le perdre, justement ? Pour rester fidèle à ce rythme-là, alors que tout autour poussait à l'inverse ?

Thierry
C'est une question essentielle. Le rapport au temps a profondément changé : tout doit désormais être rapidement accessible et immédiatement résolu. Ce phénomène, omniprésent dans tous les aspects de la vie, affecte également la recherche scientifique fondamentale.

La réflexion approfondie et patiente, pourtant essentielle à l'émergence de véritables avancées, est remplacée par une quête effrénée de profitabilité immédiate, souvent au détriment de l'exploration des grandes questions qui ont façonné notre humanité.

Mais cela, je ne pouvais l'ignorer. Et grâce à mon indépendance — libéré de toute contrainte extérieure et guidé par mon propre cheminement — j'ai pu garder en tête cette question tout au long de mes recherches et de ma vie :

Quelle est notre place dans l'Univers, et quel rôle jouons-nous dans l'évolution de la conscience et du savoir ?

Je savais qu'il était nécessaire de replacer l'Homme au cœur même de la recherche. Il n'est pas simplement un observateur, mais un élément intrinsèque à la réalité de l'Univers. Et même plus que cela : un cocréateur universel.

Cette prise de conscience m'a conduit à une conclusion essentielle :

Il fallait redéfinir notre propre conception de l'évolution.

7. Quand le Savoir Perd le Sens — L'Urgence d'un Recentrage

Sylvana
Tu sais… plus tu racontes, plus je sens que quelque chose s'est inverse. Ce n'est plus la science qui regarde l'Homme de l'extérieur…. C'est l'Homme qui commence à se regarder autrement. Et ça change tout.

Mais ce qui me frappe, c'est ce paradoxe : on a aujourd'hui tous les outils, toutes les données, toutes les connaissances pour avancer vraiment, pour réunifier ce qu'on a longtemps séparé. Et pourtant, on dirait qu'on a perdu l'élan.

Tu vois, à une époque, les grands esprits se demandaient :

Quelle est notre place dans l'Univers ?

Quel est le sens de notre présence ici ?

Pourquoi est-ce qu'on ne se pose plus ces questions-là aujourd'hui ? Qu'est-ce qui a changé ?

Thierry

Encore une fois, il me faut d'abord revenir aux fondamentaux des sciences humaines, à une époque où elles étaient encore intimement liées à la philosophie.

La philosophie — qui signifie littéralement amour de la sagesse — incarne une démarche critique et réflexive sur le monde, la connaissance et l'existence humaine.

Dans cette continuité, la psychanalyse s'est imposée comme une exploration du monde intérieur, de l'entre-soi, répondant ainsi à l'aspiration profonde de l'être humain à se questionner sur lui-même. Elle s'inscrivait alors dans le prolongement du mouvement philosophique initié par le siècle des Lumières, poursuivant cette recherche de compréhension et de sens.

À cette époque, la psychanalyse occupait une place centrale, faisant naturellement écho à cette quête de sens qui animait l'humanité.

Cependant, cette quête de sagesse a progressivement cédé la place à une quête de performance. Le temps nécessaire pour élaborer, associer et tenter de percer les mystères du psychisme humain paraît désormais inaccessible, relégué au rang d'illusion. Jugée trop hermétique et lente, la psychanalyse souffre aujourd'hui de cette mutation des priorités.

Avec l'avènement de la mécanique quantique, de l'intelligence artificielle et des technologies NBIC (nanotechnologies, biotechnologies, informatique et sciences cognitives), notre compréhension du monde et de l'humain devient de plus en plus palpable, quantifiable et mesurable.

À ceci près que l'humain tend désormais à être perçu comme une machine uniformisée, au détriment de sa singularité géniale.

Or, pour avoir réalisé d'importantes découvertes dans ce domaine, je peux affirmer que cette singularité — qui définit chaque individu — dépasse largement les limites du palpable, du quantifiable et du mesurable.

Nous touchons là à d'autres dimensions, encore inexplorées, qui échappent à nos moyens de mesure actuels.

La jeune génération, immergée dans cette culture technologique, pourrait être tentée de réduire l'âme humaine à un simple objet quantifiable et mesurable, à analyser grâce à des machines. Avec l'intelligence artificielle, des réponses instantanées et préprogrammées sont fournies à un nombre croissant de questions, créant l'illusion d'un savoir maîtrisé.

Cette généralisation, opérée au détriment de la singularité, risque de conduire à une superficialité croissante dans notre manière d'appréhender les êtres humains, les concepts, les solutions technologiques, le monde et même l'Univers.

Je crois qu'une telle approche est insoutenable en l'état. Elle laisse systématiquement des individus et des projets sociétaux sur le bord du chemin, tout en générant une inefficacité globale.

Sylvana

Tu sais, en t'écoutant, je comprends mieux à quel point cette dérive vers un savoir quantifiable, rapide, prévisible… peut être dangereuse.

On croit avancer, mais on perd en profondeur, en nuance, en humanité.

Ce que tu dis sur la manière dont on cherche aujourd'hui — à travers les machines, les algorithmes, les réponses préformatées — me frappe énormément. Parce que dans ce modèle-là, ce qui ne se mesure pas… disparaît.

Et pourtant, c'est justement dans l'invisible, dans le lent, dans le singulier que se logent souvent les vraies percées.

Et toi… tu en es la preuve vivante. Ta manière d'être, de penser, de chercher… incarne exactement cela.

Une autre temporalité, une autre profondeur, une autre manière de relier ce que d'autres ne relient pas.

Alors, avant qu'on entre dans le cœur de ta science, j'aimerais qu'on prenne un moment pour parler d'une dernière chose à propos de toi. Quelque chose de plus intime, que tu as déjà évoqué plusieurs fois : ce qu'on appelle aujourd'hui le syndrome d'Asperger.

Je sais que ça ne résume pas tout ce que tu es… mais j'ai le sentiment que ça fait partie de cette trame intérieure qui façonne ton regard, ta manière d'explorer, de comprendre.

Et si on en parlait maintenant ?

Chapitre 3

L'Intelligence Autrement

~

Une Singularité Cognitive en Action

1. Un Autre Regard — Au Cœur d'une Pensée Singulière

Sylvana
Tu sais, à force de t'écouter parler du Temps, de ta manière si rigoureuse — presque instinctive — de tout relier, je me rends compte d'une chose : ce n'est pas une méthode que tu appliques, c'est toi. C'est inscrit dans ta manière de penser, de ressentir, d'être au monde.

Tu as déjà évoqué ce fonctionnement un peu à part, cette forme d'autisme qu'on appelle Asperger… mais j'aimerais qu'on prenne le temps, vraiment, d'entrer dedans. De comprendre ce que ça change, de l'intérieur.

Thierry
Oui, c'est essentiel pour comprendre la source de mon regard. Et je tiens à préciser une chose d'emblée : je ne sais pas si tout ce que je suis vient exclusivement de ce qu'on appelle aujourd'hui le syndrome d'Asperger. C'est sans doute une part importante de mon fonctionnement, oui — mais ce n'est pas toute l'histoire.

Dans mon cas, il y avait aussi des particularités physiologiques, notamment sur le plan psychomoteur, que la plupart des personnes Asperger ne présentent pas forcément.

C'est un mélange singulier. Une configuration atypique, à plusieurs niveaux, qui a façonné ma manière d'être au monde.

C'est d'ailleurs ce que Ruth avait senti très tôt — et ce qu'elle a essayé d'exprimer à sa manière. Que ce n'était pas simplement une étiquette médicale ou un profil cognitif. C'était un ensemble plus large, une cohérence profonde dans ma façon de percevoir, de ressentir et de fonctionner.

Dès l'enfance, j'ai perçu le monde à travers un filtre très particulier. J'étais hypersensible, incapable de filtrer certains sons ou certaines lumières, souvent submergé par des stimuli que d'autres ne remarquaient pas. J'avais besoin de repères stables, de routines très précises, de structures fixes pour ne pas me sentir débordé.

Mais à côté de ça, il y avait une intensité intérieure incroyable. Une mémoire aiguisée, un attrait pour les structures logiques, une capacité à visualiser mentalement des formes géométriques complexes — parfois même en mouvement, dans plusieurs dimensions à la fois.

Sylvana
Tu vois… en t'écoutant, je me rends compte que ton vécu ne rentre dans aucune case. Ce n'est pas un « trouble », ce n'est pas un « don » non plus… C'est plus subtil, plus entier. Et vu de l'extérieur, on passe souvent à côté de tout ce qui fait ta richesse — on ne voit que ce qui dérange, ce qui surprend.

Thierry
C'est l'un des paradoxes du syndrome de l'Asperger : avoir une richesse cognitive immense, mais se heurter à des murs invisibles dans les interactions sociales, dans la communication, dans les règles implicites de la vie quotidienne.

Pendant longtemps, je me suis senti en échec, en décalage, mal adapté. On ne comprenait pas mes réactions, mes silences, mes gestes. Je pouvais répéter machinalement des phrases entendues — c'est ce qu'on appelle l'écholalie — sans m'en rendre compte.

Et comme j'avais aussi certains troubles moteurs, comme une confusion droite-gauche en situation de stress, on me percevait parfois comme « bizarre », voire « limité ».

Mais à l'intérieur, c'était tout l'inverse. Il y avait un feu. Une soif de comprendre. Une logique implacable qui voulait relier chaque élément du monde dans un tout cohérent.

Sylvana
Donc tu portais à la fois un poids qu'on voyait… et une richesse que personne ne voyait. C'est fou. Et le plus fort, c'est que tu as réussi à en faire une force.

Thierry
C'est vrai, mais ça n'a pas été immédiat. Dès le départ, il y avait aussi des difficultés très concrètes, notamment sur le plan psychomoteur. Des choses que je devais corriger en permanence, souvent dans l'ombre, et qui rendaient encore plus visible ce sentiment de décalage.

Il m'a fallu des années pour apprivoiser ce fonctionnement. Pour transformer mes rigidités en outils de précision, mes besoins de structure en méthode de travail, mes obsessions en moteurs de recherche.

Ce qu'on appelle aujourd'hui « Asperger », je l'ai vécu longtemps comme une survie.

Puis peu à peu, j'ai appris à en faire un levier. J'ai observé ce qui coinçait, ce qui m'épuisait, ce que je ne comprenais pas chez les autres.

Et au lieu de vouloir devenir « normal », j'ai décidé de mieux me connaître. D'optimiser ce que j'étais. D'ajuster, de corriger, parfois même mécaniquement, certains blocages.

Sylvana
Et aujourd'hui, si on te rencontre sans savoir, est-ce qu'on perçoit encore ce décalage ?

Thierry
Pas vraiment. À part peut-être cette manière très rigoureuse que j'ai d'organiser ma pensée, mon environnement, ce besoin de garder des repères précis, des structures bien définies.

J'ai appris à naviguer dans le monde social, à gérer les imprévus, à relativiser les codes implicites. Mais tout ça reste un apprentissage. Rien n'est automatique.

Ce que je trouve important de dire, c'est que cette différence cognitive — cette neurodiversité — n'est ni une maladie, ni un don magique. C'est une autre forme de fonctionnement. Et chez certains, elle ouvre des portes extraordinaires.

Ce sont souvent des personnes capables de persévérance extrême, de concentration absolue, d'innovation radicale. Des chercheurs, des artistes, des ingénieurs, des penseurs… qui voient ce que d'autres ne voient pas, simplement parce qu'ils ne pensent pas comme les autres.

Sylvana

C'est, au fond, un hommage. Un hommage à tous ceux qui ont grandi, qui vivent — et qui naissent encore — dans le silence et la solitude, mais qui portent en eux, peut-être, un trésor insoupçonné.

Thierry

Oui. Et c'est aussi un appel à changer de regard.

Le monde a longtemps voulu « réparer » ce qui sortait de la norme. Mais aujourd'hui, on commence à comprendre que certaines de ces différences sont peut-être la clé d'un avenir plus créatif, plus profond, plus durable.

En ce qui concerne les Asperger, Hans Asperger lui-même, dans sa thèse de 1944, avait déjà perçu cette singularité chez certains enfants qu'il suivait.

Il laisserait entendre qu'il semble que pour réussir dans les sciences ou les arts, une touche d'autisme soit essentielle. Pour réussir, les ingrédients nécessaires peuvent être une capacité à se détourner du monde quotidien, de la simple pratique, une capacité à repenser un sujet avec originalité afin de créer de nouvelles voies inexplorées, en canalisant toutes les capacités vers une seule spécialité.

Je trouve cette intuition remarquable : elle ne parle pas de supériorité, ni de don exceptionnel — mais d'une autre manière d'être au monde.

Elle parle d'une concentration rare, d'une focalisation extrême qui peut, parfois, ouvrir des chemins radicalement nouveaux. Et cette manière-là s'exprime surtout à travers une faculté bien particulière : celle de se fixer sur un sujet, de s'y plonger entièrement, avec une intensité presque obsessionnelle.

C'est ça, pour moi, la vraie singularité du fonctionnement Asperger : cette persévérance hors norme, cette capacité à se détacher des distractions, à revenir, encore et encore, sur une même idée, un même problème — jusqu'à en percer le cœur, et cette manière de questionner autrement, de formuler les problèmes différemment, de chercher là où d'autres n'auraient peut-être même pas pensé à regarder. Et quand cette fixation rencontre une intuition juste, ou une question profonde, alors oui : elle peut devenir une force puissante de découverte, de création, ou de transformation.

2. Dialogues Intérieurs — Une Autre Manière de Penser le Monde

Sylvana

Ce que tu viens de dire est magnifique. Ce feu intérieur… cette fidélité à un élan qu'on ne lâche jamais… C'est là qu'on sent la vraie force, au-delà de ce qui se voit.

En t'écoutant, je pense à tous ces grands esprits que tu as tant étudiés. Tu les as lus, relus, presque côtoyés dans ta tête…

Est-ce qu'il t'est arrivé, parfois, de reconnaître chez eux des signes, des résonances, qui t'ont fait penser qu'ils auraient pu, eux aussi, être Asperger ?

Thierry
Oui, souvent. Et je précise tout de suite : ce ne sont que des impressions personnelles, des résonances intimes.

Je ne prétends évidemment pas poser de diagnostics posthumes — ce serait absurde. Mais à travers certains témoignages, certaines attitudes rapportées, certains écrits, j'ai parfois ressenti une proximité troublante. Une forme de reconnaissance intérieure.

Sylvana
Et dans les grands noms que tu as étudiés, il y en a avec qui tu as ressenti ce genre de résonance ?

Thierry
Oui — par exemple, Albert Einstein. Il avait un mode de pensée essentiellement visuel.

Par ailleurs, lors de ses conférences, il commençait parfois par un exemple précis, puis exposait ensuite le principe général, sans lien apparent. Il lui arrivait de s'interrompre soudainement en pleine phrase, de perdre le fil, puis de revenir quelques minutes plus tard, comme s'il sortait d'une transe intérieure.

Il laissait souvent entendre qu'il préférait éviter les rencontres sociales, estimant qu'elles l'auraient détourné de son travail, qu'il considérait comme l'essentiel de sa vie.

C'est exactement ce que je ressens. Ce n'est pas du rejet. C'est une nécessité intérieure de préserver un espace mental cohérent.

Et puis, il y avait la musique. Pour lui, elle était essentielle. Il laissait souvent entendre qu'elle occupait une place centrale dans sa vie et qu'elle représentait pour lui un moyen de rester indépendant des autres. Là encore, je me reconnais. La musique est devenue, dans mon propre parcours, un outil de recherche scientifique à part entière. Un langage plus subtil que les mots.

Sylvana
Tu viens de me donner envie de lire Einstein… sous un autre angle.

Thierry

Tu devrais. Et tu peux ajouter Paul Dirac à la liste. L'un des piliers de la mécanique quantique.

Il était d'une rigueur absolue, presque inaccessible socialement. On raconte qu'il parlait très peu, qu'il répondait par oui ou non, et qu'il refusait de commencer une phrase s'il ne savait pas comment elle allait finir.

Dirac était lui aussi écholalique : il répétait automatiquement les paroles de ses interlocuteurs — une caractéristique que je partageais aussi dans mon enfance.

Chez lui comme chez Einstein, on retrouve une forme d'économie sociale, de retrait du monde, mais aussi une obsession puissante pour la cohérence, pour la vérité structurelle.

Je pourrais citer d'autres figures encore : Newton, Curie, Ramanujan... Des trajectoires marquées par une forme de solitude, de non-conformité, et une focalisation extrême sur une quête.

Ce ne sont que des hypothèses personnelles, bien sûr. Mais elles m'ont beaucoup inspiré.

Évidemment, cela ne veut pas dire que ces grands esprits étaient Asperger, ni que ce soit une condition du génie. Ce sont simplement des points de résonance que j'ai ressentis, des échos qui m'ont permis de mieux me comprendre, sans jamais chercher à les étiqueter.

Sylvana

C'est fort... Ce que beaucoup verraient comme une limite devient, dans ton regard, une force. Une source de créativité. Comme si cette différence portait en elle un potentiel rare, prêt à émerger.

Thierry

Oui, mais encore une fois, il ne faut pas généraliser. L'autisme Asperger n'est pas une garantie de génie.

Dans mon cas, je sais simplement que c'est une autre manière de percevoir, de relier, et de conceptualiser les choses — comme si la pensée suivait un autre chemin.

Mais lorsqu'un esprit Asperger s'obsède pour une question scientifique, et qu'il a les bons outils, le bon environnement, et un espace de concentration suffisant, alors oui — il peut aller très loin. Très vite.

Et je partage ici l'intuition de certains neuroscientifiques : ce n'est pas en dépit de la différence que ces personnes innovent... c'est grâce à elle. Parce qu'elles ne pensent pas comme tout le monde. Elles ne cherchent pas à plaire, elles cherchent à comprendre.

Sylvana
C'est fou comme le regard qu'on porte sur ces différences peut tout changer... Et pourtant, j'ai l'impression que la société a longtemps confondu singularité et déficience.

Tu crois que c'est en train de changer ? Est-ce que le regard sur l'autisme a vraiment évolué au fil du temps ?

Thierry
Une fois de plus, il me semble essentiel d'analyser l'évolution de la perception de l'autisme Asperger à travers l'histoire pour mieux répondre à cette question.

Au fil du siècle dernier, le regard porté sur l'autisme a profondément évolué. Jadis assimilé à l'idiotie ou à la maladie mentale, il a ensuite été classé comme handicap, pour enfin être reconnu comme une neurodiversité — une simple variation naturelle de l'intelligence humaine.

Ce changement de perception a entraîné l'émergence d'un nouveau vocabulaire : l'intégration a laissé place à l'inclusion, l'hors-norme est devenu un droit à la différence, la notion de handicap tend à être remplacée par celle de potentiel atypique.

Dans cette évolution, la question du soin ou de la compensation du handicap disparaît peu à peu, au profit d'une reconnaissance du rôle que ces profils atypiques peuvent jouer dans le progrès humain.

Sylvana
Et toi, tu le ressens comment aujourd'hui ?

Thierry
Pour ma part, j'ai appris à percevoir mon propre syndrome non comme une limitation, mais comme un atout — une bénédiction qui, bien exploitée, peut devenir une opportunité majeure pour approcher la science sous un angle différent.

3. Élargir la Conscience — Une Invitation à Explorer Notre Potentiel Humain

Sylvana
Mais dans la réalité, dans la vie quotidienne, dans les équipes, dans les projets... est-ce que ces différences peuvent vraiment cohabiter ?

Je veux dire : est-ce qu'un profil comme le tien peut s'accorder, se compléter avec d'autres formes d'intelligence — plus intuitives, plus spontanées, parfois même moins structurées ?

Ou est-ce que ça reste deux mondes qui peinent à se comprendre ?

Thierry

C'est une question importante — et complexe. Et pour y répondre avec justesse, il me semble essentiel de poser d'abord deux choses très clairement.

D'abord, oui, je reconnais pleinement l'extraordinaire potentiel qu'on peut observer chez certains profils Asperger. Il y a une structuration neurologique atypique qui, dans certains cas, permet une intensité cognitive rare : concentration extrême, traitement rapide et précis de l'information, pensée visuelle, rigueur logique.

Mais en parallèle, j'ai aussi rencontré des personnes non Asperger qui possèdent des capacités tout aussi exceptionnelles — sous d'autres formes. Leur intelligence prend peut-être des chemins différents, parfois plus intuitifs, plus relationnels, plus fluides… mais elle est tout aussi précieuse. Je ressens pour ces personnes une profonde admiration.

Et donc, pour répondre à ta question : oui, je pense que ces formes d'intelligence peuvent coexister — et même se compléter.

Mais, dans les faits, c'est rarement le cas. Que ce soit dans les entreprises, les équipes de recherche ou même les cercles sociaux, un réflexe persiste — celui qu'en psychologie on appelle l'homophilie, la tendance à s'associer à ceux qui nous ressemblent. Ce biais pousse à se regrouper entre semblables, à protéger le familier, et à reléguer en marge ce qui échappe à nos codes.

Résultat : ceux qui pensent autrement — que ce soit à travers un prisme Asperger ou toute autre manière singulière de percevoir — se retrouvent souvent isolés, jugés, voire réduits au silence. Pourtant, je suis convaincu que c'est précisément dans cette diversité que réside un potentiel immense. Mais pour l'instant, il reste largement inexploité.

Sylvana

Donc pour toi, ce sont juste des formes d'intelligence différentes… qui se valent, et qui peuvent même s'enrichir mutuellement ?

Thierry

Exactement. C'est ça, la clé.

Il ne s'agit pas de valoriser un profil au détriment d'un autre.

Ce que je défends, c'est une vision élargie de l'intelligence humaine. Et ce que j'aimerais aujourd'hui, c'est pouvoir aller plus loin dans cette exploration. Travailler avec une équipe spécialisée pour analyser de manière fine les différences — mais aussi les similitudes — entre ces fonctionnements cognitifs variés. Étudier leurs complémentarités.

Parce que je suis convaincu que c'est dans cette pluralité que se trouve la vraie richesse humaine. Et qu'il est temps, justement, de franchir un cap.

Sylvana
Et quand tu dis que le moment est venu de franchir un cap… tu veux dire un vrai changement de niveau ?

Thierry
En fait, je ne parle pas uniquement d'intelligence à proprement parler, mais surtout — et c'est pour moi le plus important — je parle de conscience.

Car nous entrons dans une époque où nos repères vont être profondément bouleversés. Beaucoup de facteurs y contribuent — mais l'un des plus déterminants, c'est l'émergence de l'intelligence artificielle. Elle va transformer nos métiers, nos sociétés entières, et jusque dans notre rapport à nous-mêmes.

On entre dans une époque où l'intelligence artificielle va bouleverser nos repères, nos métiers, nos sociétés entières.

Et face à ça, nous devons répondre non pas seulement avec de la puissance de calcul, mais par une élévation intérieure. Un approfondissement de notre conscience. Une capacité accrue à percevoir, à relier, à ressentir le réel de manière fine et incarnée.

Et c'est là que mes recherches prennent tout leur sens. Parce qu'au fil du temps, j'ai acquis la conviction que ce potentiel d'évolution n'est pas réservé à quelques-uns. Il est présent — à l'état latent — chez tous les êtres humains.

Sylvana
Mais alors… qu'est-ce que ça voudrait dire, concrètement, de franchir ce cap ? Ce serait quoi, ce nouveau rapport à nous-mêmes ?

Thierry
C'est précisément ce que je souhaite approfondir.

Les recherches en neurosciences confirment que nous utilisons bien 100 % de notre cerveau — mais pas tout en même temps.

Ce que j'ai observé, c'est que notre système nerveux ne se limite pas à un seul centre de traitement.

En réalité, nous disposons d'un réseau de plusieurs cerveaux interconnectés : le cerveau crânien, bien sûr, mais aussi le cœur, qui possède son propre système neuronal ; les intestins, avec le cerveau entérique ; et même une forme d'intelligence cellulaire diffuse, qui irrigue l'ensemble du corps, comme une mémoire tissulaire, vivante, enracinée dans chaque cellule.

Sylvana
C'est fou comme ton regard dépasse toujours le cerveau classique… Tu parles d'un vrai orchestre intérieur, en fait.

Thierry
Oui, c'est très important car ce réseau forme une architecture adaptative exceptionnelle, dotée d'une capacité d'auto-structuration.

Mais ce potentiel biologique, aussi remarquable soit-il, ne peut pleinement se déployer que s'il entre en résonance avec un haut niveau de conscience — et c'est là tout l'enjeu.

Dans le contexte critique que traverse l'humanité — crises systémiques, écologiques, sociales, existentielles — il est peu probable qu'un saut évolutif naturel suffise. Un changement biologique demanderait des millénaires.

C'est pourquoi il devient urgent d'activer ce potentiel autrement.

Oui, les technologies avancées ont un rôle à jouer — et certaines d'entre elles, comme l'intelligence artificielle ou les futurs ordinateurs quantiques, pourraient bouleverser en profondeur notre rapport au monde. Mais si la conscience humaine ne s'élargit pas en parallèle, ces outils risquent de reproduire — voire d'amplifier — les erreurs du passé.

Sylvana
En t'écoutant, je vois à quel point on peut comprendre le syndrome d'Asperger autrement — non pas comme quelque chose à corriger, mais comme une manière singulière d'habiter le monde ; une autre façon de ressentir, de penser, de percevoir — avec ses forces, ses limites… et surtout avec un potentiel d'éclairage pour tous.

Et j'ai l'impression que ce que tu racontes, ce n'est pas seulement ton histoire.

C'est peut-être un miroir pour nous tous. Une invitation à nous interroger sur ce qu'on appelle intelligence, et sur ce qu'on en fait…

Mais alors… si ce potentiel existe… qu'est-ce qu'on en fait, maintenant ?

Thierry
Justement.

Si ce potentiel existe, alors il mérite d'être activé pleinement.

Et c'est pour cela qu'il ne s'agit pas seulement d'innover extérieurement, mais aussi d'accompagner cette mutation technologique par une transformation intérieure profonde : élargir notre regard, relier, discerner, incarner ce que nous créons.

La technologie, sans conscience, devient aveugle. Et c'est à ce croisement que se situent mes recherches : dans cette exploration de l'intelligence consciente, mais aussi dans le développement de technologies capables d'accompagner l'évolution de l'homme — non pas en le remplaçant, mais en soutenant l'émergence d'une conscience plus vaste, plus libre, plus reliée.

Sylvana
En t'écoutant, je me dis que ce que tu as longtemps vécu comme un isolement… était peut-être, en réalité, un laboratoire intérieur.

Un espace à part, exigeant, parfois rude — mais qui t'a permis de forger une manière singulière de penser, de chercher, d'habiter le monde, profondément à part.

Et si cette manière-là n'était pas une exception, mais l'une des voies possibles de demain ?

Et si ce chemin, qui semblait solitaire, pouvait aujourd'hui éclairer d'autres trajectoires… ?

Thierry
Et si ce laboratoire intérieur pouvait aujourd'hui devenir un tremplin pour d'autres… alors oui, tout ce chemin solitaire aurait trouvé son véritable sens.

Sylvana
Et c'est pour ça que je tenais à te poser toutes ces questions… avant même d'entrer dans le cœur de ta science.

Parce qu'au-delà de tes découvertes, c'est aussi ta manière de chercher qui inspire — cette capacité à tracer une voie là où il n'y en avait pas.

Et peut-être qu'en la partageant, tu pourras faire émerger des chemins que personne n'avait encore envisagés…

Thierry
Et c'est justement pour cela que j'aimerais conclure cette partie par un appel à l'exploration collective.

Mon objectif, c'est de partager cette approche avec le plus grand nombre. Inspirer scientifiques, ingénieurs, inventeurs, philosophes, enseignants… et tous les esprits curieux.

Parce que c'est ensemble que nous pourrons aller vraiment plus loin.

Ce qui semble impossible aujourd'hui ne l'est que parce que nous nous imposons nos propres limites. Et la seule manière de les transcender… c'est de les vivre. Concrètement.

Il m'a fallu trente-cinq années de recherches, d'expérimentations, de doutes, de tâtonnements… pour enfin être prêt à partager cette science et ces technologies.

Je souhaite que chacun de nous puisse garder l'esprit ouvert, pour accueillir tout ce qui peut nous faire grandir — vers plus de conscience, de joie, et de reliance. Individuellement et collectivement.

Sylvana

Alors ce que tu proposes… ce n'est pas juste un nouveau regard sur la différence.

C'est une ouverture sur un autre possible. Une manière de repenser l'intelligence, la conscience, et même… l'avenir de l'humanité.

Partie II

Aux Frontières du Réel
~
Quand la Science Appelle un Nouveau Regard

Chapitre 4

Entre Savoir et Silence

~

Ce que la Science Révèle Malgré Elle

1. Aux Confins du Temps — Quand la Science se Divise

Sylvana
On a beaucoup parlé de ton lien au Temps, de ce que tu ressentais depuis l'enfance… Mais j'ai réalisé qu'on n'a encore jamais vraiment parlé de ce que la science, elle, en pense.

Alors, justement : dans les théories classiques, comment le Temps est-il compris ?

Thierry
Pour mieux comprendre ce que la science dit du Temps, il faut revenir un peu en arrière.

Le Temps, c'est un concept qu'on a longtemps cru évident. Avec Newton, on pensait qu'il s'écoulait de manière uniforme, pour tout le monde, partout dans l'Univers. Un temps absolu, indépendant de tout. Comme une immense horloge cosmique.

Mais au début du XXe siècle, cette vision bascule. En 1905, Einstein renverse complètement cette conception avec ce qu'on appelle la relativité restreinte. Il montre que le Temps n'est pas identique pour tous : il dépend du mouvement.

Deux personnes qui ne bougent pas de la même manière peuvent percevoir les événements dans un ordre différent. Et ce n'est pas qu'une affaire de perception : c'est un effet physique mesurable, confirmé par de nombreuses expériences. Plus on va vite, plus le temps ralentit pour soi.

Sylvana

Donc, pour bien comprendre : quand tu dis que « le temps ralentit », tu veux vraiment dire que le temps lui-même s'écoule plus lentement pour quelqu'un qui est en mouvement ? Ce n'est pas juste une impression — c'est toute son expérience du temps qui change.

Par exemple, si je voyageais dans un vaisseau spatial très rapide, je vieillirais réellement plus lentement, et même le vaisseau s'userait plus lentement que si nous étions restés sur Terre ?

Thierry

Exactement.

C'est ce qu'on appelle la dilatation du temps. Et ce n'est pas seulement théorique — cela a été mesuré dans la réalité. Mais attention : pour que cet effet soit vraiment perceptible, il faut des vitesses extrêmement élevées — beaucoup plus proches de celle de la lumière. On ne le remarque pas en voiture, ni même en avion.

Mais même à des vitesses bien moindres, comme celles des satellites qui tournent autour de la Terre, on peut mesurer de très légers décalages grâce à des horloges très précises.

Par exemple, les satellites GPS vont suffisamment vite pour que leurs horloges avancent un peu plus lentement que celles au sol. Et comme le GPS repose sur une synchronisation parfaite pour calculer les distances, même un minuscule décalage temporel entraînerait des erreurs de position qui pourraient aller jusqu'à plusieurs kilomètres par jour — c'est pourquoi on corrige ce décalage.

Mais la vitesse n'est pas le seul facteur. En 1915, Einstein développe une autre théorie, encore plus profonde : la relativité générale. Il y montre que la gravité aussi peut ralentir le temps. Plus un objet est plongé dans un champ gravitationnel intense, plus son temps « ralentit ».

Sylvana

Peux-tu me donner un exemple plus parlant qui illustre ce facteur de gravité ? Parce que là, je ne visualise pas trop…

Thierry
Bien sûr.

Imagine que tu sois sur une très haute montagne, et moi au bord de la mer. À cause de la différence de gravité, ton horloge ira un tout petit peu plus vite que la mienne. Ce décalage est minuscule, mais mesurable. Et plus la gravité est forte, plus l'effet est marqué.

Sylvana
Donc le temps n'est pas le même partout, même sans bouger ? Juste à cause du lieu où on se trouve ?

Thierry
Exactement.

C'est ça, le cœur de la relativité générale : le temps est influencé par l'environnement gravitationnel, par la manière dont la masse et l'énergie déforment l'espace autour de nous. Ce n'est plus une horloge universelle. C'est une expérience locale, différente pour chaque observateur.

Mais cette vision, aussi puissante soit-elle, n'a pas suffi. À partir du XXe siècle, la physique quantique entre en scène. On découvre que les lois d'Einstein ne permettent pas de comprendre l'infiniment petit : les atomes, les particules. Et là, on change complètement de monde.

Dans ce nouveau cadre, le temps n'a plus le même rôle. Il devient un simple paramètre externe, placé à l'extérieur des équations. Il ne fait pas partie du système étudié, il n'est pas influencé par ce qu'il mesure. Contrairement à l'espace, il n'a pas d'existence propre dans la structure mathématique des phénomènes.

Sylvana
Attends… là, il y a vraiment quelque chose qui m'interpelle.

En relativité, le temps est complètement intégré au système, influencé par la matière, la gravité, le mouvement… Et en quantique, il reste figé, comme s'il ne participait à rien ?

On parle quand même de deux visions majeures de la réalité, et elles ne disent pas du tout la même chose sur le temps ?

Thierry
C'est exactement ça.

Un décalage profond, une sorte de fracture dans notre compréhension du réel. D'un côté, un temps souple, relatif, influencé par le mouvement et la gravité. De l'autre, un temps figé, absolu, hors du système. Ce décalage rend l'unification des deux théories extrêmement complexes.

Et ce n'est pas tout. Aujourd'hui, certains courants de recherche vont encore plus loin. Ils remettent en question l'idée même que le temps existe au sens où on l'entend. Pour eux, ce que nous appelons « passage du temps » pourrait n'être qu'une illusion liée à notre perception. Il n'y aurait pas un flux, mais une succession d'états, et c'est notre mémoire qui donnerait l'impression de continuité.

Sylvana
J'ai encore du mal à me faire à cette idée... Le fait que le temps puisse être considéré comme une illusion...

Thierry
Oui, c'est très déstabilisant.

Mais en réalité, ça montre à quel point la nature du temps est encore mal comprise.

J'avais déjà pressenti que le temps était central dans l'Univers, et ce désaccord persistant sur sa véritable fonction en science ne fait que confirmer qu'il était à la fois nécessaire et évident d'en faire le point central de ma recherche.

Tant qu'on ne sait pas vraiment ce qu'est le temps, on ne pourra pas relier les différents niveaux de la réalité.

Sylvana
Et aujourd'hui est-ce que beaucoup de physiciens essaient de résoudre cette fracture ?

Thierry
Oui, bien sûr. C'est l'un des plus grands défis du XXIe siècle.

Il existe des approches très variées comme la théorie des cordes et la gravité quantique. Mais au fond, la question reste la même : qu'est-ce que le temps ?

Tant qu'on ne l'a pas résolue, l'unification restera hors de portée.

Et si je voulais vraiment aller au bout de cette intuition, je ne pouvais pas me contenter de corriger quelques détails ou d'apporter de petites améliorations aux théories existantes. Ce n'était pas suffisant. Il fallait revenir aux fondations mêmes, revoir les bases sur lesquelles reposent notre compréhension du réel.

Pour relier la relativité et la mécanique quantique sans trahir ni l'une ni l'autre, j'ai compris qu'il fallait poser un cadre plus profond. Un cadre qui ne se voit pas directement, mais qui rend intelligible tout ce qui en découle. Je l'imaginais comme une trame invisible, une structure extrêmement fine — faite d'unités distinctes, discrète — qui soutient la réalité sans jamais s'imposer.

C'est cette idée qui m'a conduit vers la Relativité Absolue : une théorie où ce ne sont plus les grandes lois visibles qui dictent l'ensemble, mais un substrat plus cohérent, plus fondamental, d'où tout peut émerger sans contradiction.

Mais une intuition, aussi forte soit-elle, ne suffit pas. Il fallait la confronter. Chercher des signes, des indices, même ténus. Je me suis demandé : si ce fond invisible existe vraiment, alors il doit bien laisser quelques traces. Pas forcément évidentes… mais peut-être qu'en regardant autrement…

Sylvana
Et tu t'y es pris comment ?

Thierry
J'ai d'abord étudié ce que la science avait déjà produit sur le sujet. Je ne suis pas parti de zéro : j'ai examiné les travaux, les approches, les hypothèses déjà proposées. Et parmi tout cela, trois grandes pistes m'ont semblé particulièrement intéressantes.

D'abord, j'ai regardé du côté des théories qui essaient déjà de concilier la gravité, telle que la décrit la relativité générale, avec la mécanique quantique.

Des approches comme la théorie des cordes ou la gravité à boucles tentent justement de les réunir dans un cadre cohérent. Certaines d'entre elles suggèrent que l'espace-temps n'est pas continu, mais constitué d'unités distinctes. C'est déjà une avancée. Mais même là, le temps reste en périphérie. Il n'est pas encore traité comme le cœur du système.

Ensuite, je me suis demandé si des écarts minuscules dans certaines mesures — comme une très légère variation de la vitesse de la lumière, ou un petit décalage dans les prédictions de la relativité — pourraient trahir l'existence d'un cadre plus profond. Mais c'est encore à la frontière de ce que nos instruments peuvent détecter. On touche presque quelque chose… mais c'est flou, incertain. On perçoit des indices, des frémissements, sans pouvoir les confirmer pleinement.

Et enfin, j'ai exploré l'échelle cosmique : le fond diffus de l'Univers, les ondes gravitationnelles primordiales… Peut-être qu'en fouillant là-dedans, on pourrait trouver des motifs, des anomalies qui révèlent une structure plus ancienne, plus fondamentale. Mais là encore, on dépend trop de la technologie.

Bref, ces trois pistes sont précieuses — je ne les écarte pas. Mais elles restent tributaires d'un progrès technique qu'on ne maîtrise pas. Et moi, je ne voulais pas attendre.

J'ai donc choisi une autre voie : celle d'une construction théorique rigoureuse, nourrie par l'observation attentive des limites actuelles de la science, car ce sont souvent les failles d'un système — ses incohérences, ses silences, ses points aveugles — qui révèlent le plus clairement ce qu'il manque.

J'ai alors pris le temps de regarder avec précision ce que la science parvient à décrire… et ce qui lui échappe encore. J'ai dressé un état des lieux sans concession, pour mieux cerner les lignes de fracture.

Sylvana

Tu veux dire… comme si tu avais pris une lampe de poche et que tu avais décidé d'aller éclairer les angles les plus sombres de la pièce ?

Thierry

Exactement.

Et dans cette exploration, quatre grands angles morts m'ont semblé incontournables.

Le premier, c'est la cosmologie qui se heurte à l'énigme de la matière et de l'énergie dites « noires ». Ces deux composantes invisibles représenteraient plus de 95 % de l'Univers… et pourtant, on ignore encore presque tout de leur nature. Elles semblent gouverner l'expansion cosmique, mais échappent à toute détection directe, comme si une grande partie du réel nous demeurait inaccessible.

Le deuxième, c'est le mystère de l'origine des constantes cosmologiques et du réglage fin de l'Univers. Pourquoi les lois de la physique prennent-elles exactement les valeurs qu'elles ont ? Pourquoi l'Univers est-il si précisément accordé pour permettre l'apparition des galaxies, des étoiles, de la chimie du vivant ? Ce degré de précision interroge — comme si une logique sous-jacente, encore insaisissable, s'était imposée dès l'origine.

Le troisième, c'est la mécanique quantique, qui reste silencieuse sur ce qui fonde réellement ses propres probabilités. Elle décrit avec une précision remarquable les comportements de la matière à l'échelle microscopique, mais sans expliquer pourquoi ces comportements suivent telles probabilités et pas d'autres.

Le « hasard quantique » est un fait — mais sa cause profonde reste hors de portée.

Et le quatrième, c'est une notion souvent négligée, mais qui me semble fondamentale : le principe anthropique. Il pose une question vertigineuse : pourquoi l'Univers possède-t-il les conditions exactes permettant l'émergence de la vie, puis de la conscience ? Ce principe, souvent discuté en marge, remet en jeu notre place dans le Cosmos et la nature même des lois physiques.

Ces quatre questions forment un tout, mais pour éviter de t'accabler avec trop de notions d'un seul coup, je vais les ouvrir en deux volets.

D'abord, les énigmes « cosmiques », celles qui concernent la matière et l'énergie invisibles et l'accord précis des lois de l'Univers.

Ensuite, dans un second temps, nous entrerons dans les énigmes « fondamentales » : le mystère de l'effondrement d'ondes et le principe anthropique, qui touchent de plus près à la conscience et à notre place dans le Cosmos.

Sylvana

Tu crées donc un double parcours : d'abord l'Univers dans sa structure invisible, puis, plus tard, les énigmes qui touchent à la conscience.

Thierry

Oui, c'est bien l'idée : avancer en deux temps. C'est sur cette base que je peux maintenant montrer comment ces quatre angles redessinent notre lecture du réel.

Ces quatre angles vont me permettre de dégager les paramètres fondamentaux à ajouter à l'énigme du Temps, afin de reformuler en profondeur notre lecture du réel, et ouvrir la voie à une architecture unifiée, cohérente… et profondément vivante.

Mais ne cherche pas à tout retenir ou tout comprendre. Ce que je vais te présenter ici, c'est une vue d'ensemble — un cadre délibérément simplifié, pour situer les zones d'ombre.

Je n'aborderai que les notions que je juge essentielles pour poser ce contexte : il servira de base pour comprendre le sens de mes recherches.

Dans cette partie, beaucoup de notions scientifiques seront nouvelles, mais ne t'inquiète pas : il n'est pas nécessaire de retenir chaque terme technique ou chaque détail, mais simplement de saisir l'idée générale.

Pour l'instant, je veux simplement que tu perçoives pourquoi j'ai choisi ces cinq énigmes — dont celle du Temps, que nous avons déjà abordée — comme points d'ancrage : parce que ce sont elles qui dessinent le contour des limites actuelles de la science… et ouvrent la porte à autre chose.

2. De l'Invisible à l'Intuition — La Matière Noire et l'Énergie Noire

. L'Envers du Visible — Quand 95 % de l'Univers Nous Échappe

Sylvana
On commence par la cosmologie ?

Thierry
Oui. Et pour te montrer à quel point ce domaine est plein de mystères, je vais commencer par un exemple frappant : la constante de Hubble.

Je vois à ton expression que ce n'est pas quelque chose que tu connais — je t'explique.

La constante de Hubble, c'est une façon de mesurer la vitesse à laquelle l'Univers est en train de s'étirer. Plus une galaxie est loin, plus elle s'éloigne vite de nous. Et cette constante nous permet de quantifier cette vitesse d'expansion.

Sylvana
OK… donc c'est un peu comme si tu mesurais combien l'Univers « s'étire » au fil du temps ?

Thierry
Exactement.

Mais voilà le problème : quand on essaie de mesurer cette constante, on obtient des résultats différents selon la méthode utilisée.

Si on regarde des galaxies proches, on trouve une certaine valeur. Mais si on l'estime à partir du fond diffus cosmologique — donc depuis le tout début de l'Univers — on trouve une autre valeur.

Sylvana
Mais pourquoi c'est embêtant ? Ça ne peut pas être juste une imprécision dans les instruments ?

Thierry
Non. Les écarts sont trop importants pour être dus au hasard. Et ça laisse penser qu'il nous manque une information fondamentale sur la manière dont l'Univers évolue.

Sylvana
Donc même les chiffres les plus importants — ceux qu'on croit maîtriser — ne sont peut-être pas si stables que ça ?

Thierry

Exactement.

Et cette incertitude n'est pas anecdotique : elle touche à la colonne vertébrale de notre compréhension du Cosmos.

Alors, pour tenter de résoudre ce genre d'énigmes, la science a bâti un cadre puissant et cohérent : la cosmologie moderne.

C'est par là que j'ai choisi d'entrer dans le concret. Parce qu'au fond, si notre Univers a une origine — non pas simplement un commencement, mais ce qui lui a donné naissance — ainsi qu'une structure et une dynamique, c'est bien en cosmologie qu'on devrait en voir les premiers indices.

Pour cela, je me suis appuyé sur le Modèle Standard ΛCDM (Lambda-CDM), qui fait aujourd'hui référence en astrophysique pour décrire l'évolution et la structure de l'Univers à grande échelle.

Ce modèle repose sur un équilibre subtil entre ce que la science a pu mesurer directement, ce qu'elle a déduit à partir des équations — notamment celles de la relativité générale — et ce qu'elle postule pour combler certaines zones inaccessibles. Il ne prétend pas tout expliquer, mais il offre une cohérence remarquable avec les observations.

Concrètement, il trace — à partir des données disponibles — le fil du récit cosmique, du Big Bang à aujourd'hui, en tenant compte de la structure de l'Univers, de son expansion et de sa composition.

Lorsque j'ai commencé mes travaux en 1996, le modèle ΛCDM circulait déjà dans la communauté scientifique comme un cadre très prometteur. Il décrivait l'histoire de l'Univers en s'appuyant sur la relativité générale et les grandes observations cosmologiques.

Mais c'est en 1998, deux ans plus tard, qu'il s'est véritablement imposé comme modèle de référence, avec la réintroduction d'un terme clé : l'énergie noire.

Je m'y suis donc naturellement intéressé. Non pour le remettre en cause — bien au contraire. Ce modèle représentait pour moi une base remarquable, d'une grande cohérence… mais qui, en même temps, laissait entrevoir des zones d'ombre fascinantes.

Avant d'aller plus loin, laisse-moi te montrer ce que cela signifie pour la répartition de l'énergie. Parce que derrière ce modèle élégant se cache un fait vertigineux : ce que nous voyons n'est presque rien comparé à ce qui existe vraiment.

Sylvana

Alors tu t'apprêtes à m'emmener au-delà de l'emprise de la mesure, c'est bien ça ?

Thierry

Oui. Car comprendre la répartition énergétique de l'Univers, c'est aussi entrer dans ce qui échappe à notre perception directe, mais structure pourtant la totalité du Cosmos.

Et pour moi, cela demandait une autre manière d'interroger : pas seulement mesurer, mais ressentir, percevoir ces zones invisibles à travers une plongée intérieure, lucide, patiente.

Avant toute chose, il me fallait aborder le problème fondamental — celui du contenu énergétique de l'Univers et de sa répartition — déjà évoqué précédemment, et que l'on peut résumer ainsi :

- ~ 5 % de matière ordinaire (atomes)
- ~ 27 % de matière noire froide
- ~ 68 % d'énergie noire (Λ)

Cela signifie que la nature de 95 % du contenu énergétique de l'Univers nous est encore inconnue. Cette proportion à elle seule suffit à remettre en question tout ce que nous croyons savoir du réel.

La matière ordinaire — celle que nous voyons, touchons, mesurons — ne représente que 5 % de l'Univers. Elle est composée d'atomes formés de quarks et d'électrons, et interagit par les forces décrites dans le Modèle Standard.

Les 95 % restants — matière noire et énergie noire — échappent encore à notre compréhension, et remettent en question les fondements mêmes de notre physique.

On ne peut pas les voir, ni les toucher, mais on peut déjà en tracer les contours.

Il faut donc reprendre les éléments principaux — matière noire, énergie noire, et quelques composés marginaux — car sans cette cartographie minimale, il est impossible d'avancer.

- La matière noire : elle interagit gravitationnellement, mais pas électromagnétiquement — c'est-à-dire qu'elle ne produit ni lumière, ni ombre, ni chaleur détectable. Elle est donc invisible et indétectable par les moyens classiques, bien qu'elle influence la dynamique des galaxies.

- L'énergie noire : c'est une forme d'énergie hypothétique, présente partout dans l'espace, qui semble provoquer l'accélération de l'expansion de l'Univers. On ne la détecte pas directement, mais on en observe les effets à grande échelle cosmologique.
- L'antimatière : elle possède les mêmes caractéristiques que la matière ordinaire, mais avec des charges inversées — c'est-à-dire que chaque particule a la charge électrique opposée (par exemple, si la matière normale a des particules « positives », leur équivalent en antimatière est « négatif », et vice versa). Elle existe bien, mais est extrêmement rare dans notre Univers observable.
- Les photons, gluons, neutrinos : ces particules jouent un rôle fondamental dans les interactions, mais ne sont pas toujours considérées comme de la « matière » au sens classique. Les photons n'ont pas de masse, les gluons sont confinés dans les protons et les neutrons, et les neutrinos, presque sans masse et sans charge, traversent la matière sans provoquer d'effet notable.

Sylvana
Tu sais… plus nous avançons en profondeur, plus je me dis que c'est peut-être ça, le vrai paradoxe. On vit dans un Univers dont l'essentiel nous échappe — et pourtant, on s'est habitués à ne croire que ce qu'on voit.

Mais là… tu m'emmènes ailleurs. Tu me fais sentir qu'il y a autre chose à capter, même si nos instruments restent muets. Et ça, ça change déjà le regard.

Thierry
Oui. D'ailleurs cette matière ordinaire que l'on voit est aussi nommée :

- Matière baryonique, car elle est composée de particules appelées baryons — les plus connus étant les protons et les neutrons.
- Matière visible, bien que techniquement seule une petite fraction soit vraiment lumineuse ; le reste est diffus ou gazeux.

Mais au-delà de cette matière familière commence l'invisible. La matière noire n'émet, n'absorbe, ni ne réfléchit la lumière. Elle interagit de façon minimale avec la matière ordinaire, et seulement par le biais de la gravité — la seule force qui révèle son existence à travers ses effets gravitationnels, effets qui, presque imperceptibles à petite échelle, deviennent visibles à grande échelle, dans les galaxies et les amas d'étoiles. Elle ne peut donc être ni vue directement, ni détectée par les instruments classiques.

Sylvana
Donc en fait, on sait qu'elle existe… mais seulement parce qu'on a déduit sa présence ?

Thierry
Oui. En fait, sa présence a été déduite de manière indirecte, parce qu'un grand nombre de phénomènes astrophysiques restent incompréhensibles si l'on ne prend en compte que la matière visible.

Je te donne quelques exemples concrets :

- La vitesse de rotation des galaxies : les étoiles tournent trop vite par rapport à la masse visible.
- La lentille gravitationnelle : la lumière est courbée par des masses invisibles.
- La formation des structures : elle demande une masse non baryonique présente très tôt.
- Le fond diffus cosmologique (CMB) : ses fluctuations impliquent une masse invisible.

Et voici ce que l'on peut affirmer — avec prudence — sur la matière noire :

- Elle est invisible à la lumière : elle n'émet ni rayonnement, ni chaleur, et ne réagit pas aux photons — ce qui la rend indétectable par nos télescopes.
- Elle est non baryonique : elle ne semble pas être faite de quarks ou d'électrons, comme la matière ordinaire.
- Elle a une masse : bien qu'invisible, elle exerce une influence gravitationnelle mesurable sur les galaxies.
- Elle est stable : elle existe depuis les débuts de l'Univers sans se désintégrer spontanément.
- Elle reste hypothétique : plusieurs particules ont été proposées comme possibles constituants de la matière noire — par exemple, les axions ou les neutralinos — mais aucune n'a encore été détectée.

. Un Vide Actif — L'Intuition d'un Champ Structurant

Sylvana
Cette matière qui relie les étoiles, sans jamais se montrer… On dirait un fil caché qui tient l'Univers.

Mais tu as aussi parlé d'une autre force — l'énergie noire ? Peux-tu en dire plus ? Quelle est la différence avec la matière noire ?

Thierry
L'énergie noire est un autre phénomène — encore plus déroutant — qui est apparu dans les observations récentes.

La matière noire agit comme une force de cohésion : elle relie les galaxies, elle « colle » les structures ensemble.

Là où la matière noire attire et maintient, l'énergie noire semble faire l'inverse — elle « étire » l'espace lui-même, et en accélère l'expansion.

Sylvana
Donc… on a découvert que l'Univers s'étirait plus vite que prévu — à cause d'une force invisible ?

Thierry
Oui. L'énergie noire dépasse tout ce que la cosmologie moderne croyait pouvoir encadrer.

On ne sait pas ce qu'elle est, mais on voit ce qu'elle fait : elle est invisible, répandue dans tout l'espace, et exerce une pression négative qui provoque l'accélération de l'expansion de l'Univers.

On ne la mesure pas directement — mais ses effets sont indéniables.

Sylvana
Et comment a-t-on compris qu'elle était là ?

Thierry
En 1998, deux équipes dirigées par Saul Perlmutter et Brian Schmidt ont mesuré des supernovas très lointaines. Elles étaient moins lumineuses que prévu, cela signifiait que l'Univers s'accélérait — alors qu'il aurait dû ralentir. Pour expliquer cette accélération, il fallait introduire une force inconnue.

D'où le nom : énergie noire.

Sylvana
Donc d'un côté, une matière cachée qui retient les choses ensemble… Et de l'autre, une force inconnue qui pousse tout à s'éloigner.

Ça me donne presque l'impression que l'Univers est écartelé entre deux mystères opposés.

Thierry
Oui. Et ce contraste est réel, jusque dans les chiffres.

Aujourd'hui, l'énergie noire représenterait à elle seule environ 68 % du contenu de l'Univers mais sa nature reste un mystère.

Voici ce que l'on peut dire avec un minimum de certitude :

- Elle est présente partout : elle semble répartie de façon homogène dans l'espace.
- Elle exerce une pression négative : au lieu d'attirer comme la gravité, elle pousse, elle dilate.
- Elle est indétectable directement : elle ne produit ni particule connue, ni lumière, ni rayonnement mesurable.
- Son influence augmente avec le temps : elle est devenue dominante dans l'évolution de l'Univers depuis environ cinq milliards d'années.

Sylvana
Et comme pour la matière noire, il y a plusieurs hypothèses ?

Thierry
Oui. Et aucune de ces hypothèses ne fait consensus. Elles tentent toutes d'expliquer un mystère central : l'origine et la nature de l'énergie noire. Mais au lieu d'apporter une solution définitive, elles montrent surtout que notre Modèle Standard ne suffit pas à expliquer l'expansion accélérée de l'Univers.

Voici les principales pistes explorées… Il n'est pas nécessaire de les comprendre en détail : je veux simplement te donner une vue d'ensemble, pour que tu voies comment la science tente d'expliquer l'énergie noire.

1. La constante cosmologique (Λ)

Proposée originalement par Albert Einstein en 1917, abandonnée puis réintroduite en 1998 pour expliquer l'accélération de l'expansion cosmique. Elle représenterait une densité d'énergie du vide, supposée constante dans le temps. Mais il y a un problème colossal : selon la physique quantique, cette densité devrait être jusqu'à 10^120 fois plus grande que ce qu'on observe. Une divergence énorme, encore inexpliquée.

2. Un champ scalaire dynamique (la quintessence)

Imaginé à la fin des années 1990 par des physiciens comme Robert Caldwell ou Paul Steinhardt. Ce champ invisible évoluerait dans le temps et serait responsable de l'accélération cosmique. Une hypothèse élégante, mais sans aucune preuve expérimentale à ce jour.

3. Une hypothèse liée au vide quantique

Certains scientifiques pensent que l'énergie noire pourrait provenir de l'énergie du vide — car ce vide n'est pas vide, il contient des fluctuations d'énergie. En théorie, cela devrait suffire à expliquer l'expansion accélérée. Mais comme pour la constante cosmologique, le calcul s'effondre : la valeur obtenue reste astronomique et totalement incompatible avec les observations. Une contradiction majeure, encore sans solution.

4. Une hypothèse audacieuse : le multivers ou une géométrie cachée

Selon certains physiciens travaillant sur la gravité quantique ou la théorie des cordes, notre Univers pourrait n'être qu'un « feuillet » parmi d'autres. Dans ce cadre très spéculatif, ce que nous appelons énergie noire ne serait qu'un effet indirect, issu d'une réalité plus vaste.

Sylvana
Et toi… tu en pensais quoi de ces 95 % manquants ? Durant cette période de réflexion, entre 1996 et 2000, tu avais déjà une intuition ? Parce qu'à l'époque, on ne parlait pas encore d'énergie noire ou de multivers comme aujourd'hui.

Mais toi, qu'est-ce que tu pressentais, vraiment ?

Thierry
À l'époque, je n'aurais pas parlé d' « énergie noire » — ce n'était pas encore dans le vocabulaire courant — mais ces 95 % manquants posaient une question cruciale : que nous dit vraiment le vide ?

Et j'avais déjà cette impression qu'il manquait quelque chose dans la manière dont la science le concevait. Pas parce que les modèles cosmologiques de l'époque étaient incorrects — au contraire, ils sont le fruit de travaux remarquables, portés par des esprits d'une grande rigueur. Mais peut-être parce qu'ils s'appuyaient tous sur une hypothèse implicite : celle d'un vide sans structure, ou du moins, sans dynamique propre.

Cette hypothèse — qu'un vide puisse être inerte et sans organisation — servait de base à la plupart des modèles. Mais je voyais bien qu'elle conduisait toujours aux mêmes impasses : des explications incomplètes, des incohérences, des paradoxes impossibles à résoudre. C'est là que j'ai compris que le problème venait peut-être de là.

Et c'est ainsi que mon pressentiment s'est renforcé : le vide ne pouvait pas être un simple néant. Il devait être autre chose — un champ structuré, actif, porteur d'organisation. Et surtout, il n'était pas passif — il portait en lui une force d'organisation que j'ai très tôt associée au Temps : non pas une mesure, mais un principe auto-organisé, créateur. Je m'étais également dit, que les 95 % d'énergie manquant devait avoir un rapport avec la nature réelle du vide.

Sylvana

Et ces quatre hypothèses dont tu m'as parlé, qu'est-ce que tu en pensais, toi ?

Thierry

En réalité, quand j'ai commencé ma réflexion, en 1996, ces hypothèses n'étaient pas encore formulées. Elles sont arrivées plus tard, après une découverte majeure qui a bouleversé la cosmologie : en 1998, deux équipes d'astronomes — le Supernova Cosmology Project, dirigé par Saul Perlmutter, et le High-Z Supernova Search Team, dirigé par Brian Schmidt et Adam Riess — ont montré que l'expansion de l'Univers s'accélère. À partir de là, il a fallu rouvrir la question de l'énergie du vide.

La première piste fut la réintroduction de la constante cosmologique Λ. Comme je t'en ai déjà parlé, elle avait été proposée par Einstein en 1917, puis abandonnée, avant de revenir au premier plan en 1998 pour expliquer cette accélération.

Sur le papier, elle fonctionne : elle introduit une densité d'énergie du vide supposée constante dans le temps. Elle permet d'expliquer certains phénomènes observés, comme l'accélération de l'expansion cosmique. Mais elle pose aussi une question immense : pourquoi l'énergie du vide prédite par la physique quantique est-elle 10^120 fois plus grande que celle mesurée ? Ce paradoxe a été souligné dès les années 1970 par des physiciens comme Steven Weinberg, et est parfois considéré comme le plus grand échec de la physique théorique.

Puis, à la fin des années 1990, une autre piste est apparue : l'hypothèse d'un champ scalaire, comme la quintessence qui va déjà un peu plus loin. Elle introduit une forme d'évolution dans ce qu'on pensait figé.

Ce que j'ai perçu, dès le début, c'est que le vide quantique n'est pas un fond neutre ou chaotique. J'ai alors formulé l'hypothèse audacieuse que c'était un champ porteur d'ordre, qui n'impose rien, mais qui rend possibles certaines formes d'émergence — au bon moment, selon un rythme, en résonance avec l'histoire même de l'Univers.

Ce champ-là, je l'ai peu à peu appelé champ temporel, parce que je pensais que c'était bien le Temps, dans sa dimension créatrice, tel que je l'avais ai imaginé, qui relie l'information à la forme — le potentiel à la manifestation. Je l'ai envisagé sous la forme d'un éther fondamental et non matériel, dont il fallait caractériser les propriétés intrinsèques.

C'était une hypothèse qu'il me fallait creuser.

Sylvana

Alors, aide-moi à éclaircir un point : l'ancien éther dont parlaient les physiciens, et ce vide quantique dont tu parles… en quoi sont-ils vraiment différents ? Parce qu'au fond, dans les deux cas, on parle d'un « fond invisible » censé remplir l'espace, non ?

Thierry

Excellente question. Et avant tout, il faut remettre les choses dans leur contexte historique. Quand les physiciens ont imaginé l'éther mécanique, au XIXe siècle, la science ne connaissait pas du tout le vide quantique. Cette notion n'apparaîtra qu'après 1925, avec la mécanique quantique.

À l'époque, on pensait que l'espace était un néant absolu. Mais comme on savait que la lumière est une onde, et que toute onde a besoin d'un support pour se propager, les physiciens se sont dit : *il faut bien qu'il existe un milieu pour la transporter*. Ils ont donc imaginé un fluide mécanique, continu, immobile, qui remplirait tout l'espace comme un océan invisible où la lumière ferait des vagues.

Le problème, c'est que cette idée ne tenait pas. L'expérience de Michelson-Morley a montré qu'on ne pouvait pas détecter cet éther, et la Relativité d'Einstein, en 1905, a prouvé qu'il était inutile pour expliquer la propagation de la lumière. Résultat : on a purement et simplement abandonné l'éther.

Sylvana

D'accord… et après, quand la science a découvert le vide quantique, elle aurait pu dire : « Tiens, il y avait quand même quelque chose »… Pourquoi elle ne l'a pas fait ?

Thierry

Pour une raison simple : la Relativité venait de triompher, et elle avait mis fin à l'idée d'un « milieu » universel. Après Einstein, toute notion de substrat devenait suspecte, presque hérétique. On venait de prouver que la lumière n'avait pas besoin de support, et il fallait rester cohérent avec ce paradigme.

Alors, même quand, vingt ans plus tard, la mécanique quantique a révélé que le vide n'était pas vide — qu'il était rempli de fluctuations d'énergie — on a choisi de le décrire comme un état mathématique, pas comme un champ auto-organisé. On voulait éviter tout ce qui pouvait ressembler à un retour en arrière.

Sylvana

Donc aujourd'hui, la science dit : Le vide n'est pas vide. Il est plein d'énergie et d'agitation.

Thierry
Exactement.

Même dans le vide intersidéral, même dans une enceinte qu'on vide de toute matière, il reste quelque chose : des champs, des fluctuations d'énergie, des particules virtuelles qui apparaissent et disparaissent sans arrêt. On pourrait croire que c'est un néant ; en réalité, c'est comme un océan invisible, calme vu de loin, mais en perpétuelle effervescence à l'échelle microscopique.

Mais voilà le point crucial : pour la physique moderne, cette agitation est purement aléatoire, sans intention, sans structure interne. Le vide quantique est vu comme un bruit statistique, un chaos obéissant aux lois connues, mais incapable de produire par lui-même un ordre global.

Sylvana
Donc, si je t'écoute bien, là où la science voit un chaos sans intention… toi, tu y perçois autre chose ?

Thierry
Oui. Parce que pour moi, cette vision ne suffit pas.

Si ce vide est partout, si toute la réalité repose dessus, comment expliquer qu'il produise de la cohérence ? Pourquoi l'Univers ne sombre-t-il pas dans le désordre total ? Pourquoi voit-on émerger des structures, des formes, et même la vie ?

C'est là que ma question s'est imposée :

Et si ce vide n'était pas seulement un bruit aléatoire ? Et s'il portait une logique d'organisation, reliée au Temps, comme un principe créateur ?

Je l'ai nommé éther quantique. Pas un retour à l'ancien éther mécanique, mais un champ subtil, porteur d'énergie, d'information et de rythme, animé par une dynamique néguentropique — une tendance à l'organisation, et non au chaos.

Sylvana
Donc pour toi, ce vide serait… une sorte de matrice dynamique ?

Thierry
Oui. Et ce médium, aujourd'hui, je pourrais dire qu'il résonne, d'une certaine manière, avec ce que la science contemporaine appelle énergie noire. Non pas parce qu'il en serait l'équivalent direct, mais parce qu'il pourrait en offrir une lecture plus profonde et structurante.

Pas une énergie mystérieuse venue d'ailleurs, mais l'expression encore mal comprise d'un champ fondamental, présent partout, mais invisible à nos instruments classiques.

Ce que je partage là, c'est une piste — une intuition profonde, née bien avant que ces débats ne deviennent centraux en cosmologie. Et avec le recul, ce qui me frappe, c'est que cette vision — qui m'accompagnait déjà en 1996 — entre aujourd'hui en résonance avec les questions que la science commence à explorer.

Je ne l'ai pas construite à partir des modèles en place. Elle est née autrement — d'un mouvement intérieur, silencieux. Et depuis, elle n'a cessé d'orienter ma recherche.

Et si ce champ structurant existe vraiment, alors il pourrait bien être la clé derrière bien d'autres mystères — y compris ceux qui se cachent dans les chiffres que nous croyons immuables.

C'est pour ça que je vais maintenant m'attarder un peu plus sur une autre question : celle des constantes fondamentales.

Parce que si ces constantes varient, ou si elles semblent ajustées d'une manière trop précise… alors peut-être qu'il y a derrière elles une structure plus profonde qu'on n'a pas encore su mettre en lumière.

3. L'Ordre Invisible — Les Constantes et l'Ajustement du Réel

. Les Constantes Fondamentales — Ces Chiffres qui Tiennent Tout

Sylvana
Avant qu'on commence la discussion, peux-tu me donner une définition très simple de ce que sont les constantes fondamentales ?

Thierry
Bien sûr. Ce qu'on appelle constantes fondamentales, ce sont des paramètres physiques très simples en apparence, mais qui soutiennent toutes les lois de la nature.

Elles déterminent par exemple la vitesse de la lumière, la force de la gravité, ou encore l'intensité de l'interaction électromagnétique.

Sylvana
Et elles sont toutes connues depuis longtemps ?

Thierry
On les mesure très précisément depuis des décennies, oui.

Parmi les plus connues, il y a :

- c, la vitesse de la lumière ;
- G, la constante gravitationnelle ;
- ħ, la constante de Planck réduite ;
- et α, la constante de structure fine, qui mesure la force des interactions électromagnétiques.

Sylvana
Et on sait pourquoi elles ont ces valeurs-là ?

Thierry
C'est là tout le mystère.

On les utilise dans toutes les équations, elles sont indispensables pour que l'Univers fonctionne comme il fonctionne… Mais on ne sait pas pourquoi elles ont précisément ces valeurs. Elles semblent « posées là », sans explication théorique.

Parce que si ces constantes avaient été un tout petit peu différentes… rien de ce qu'on connaît n'aurait pu exister. Pas d'atomes stables, pas de matière, pas d'étoiles, pas de vie.

C'est comme si tout avait été réglé avec une précision extrême, dès le départ.

Ce qui est encore plus troublant, c'est que, si l'on prend du recul à l'échelle cosmique, un autre groupe de constantes apparaît… encore plus fondamentales, dont dépendent la cohérence, la structure et la capacité de l'Univers à accueillir la vie. Ce sont les constantes fines. C'est ce qu'on désigne sous le nom de réglage fin.

. Le Réglage Fin — Une Précision Délicate au Service de la Vie

Sylvana
Mais c'est quoi, la différence entre ces constantes qu'on appelle « fines » et les autres dont tu m'as parlé, comme la gravité ou la vitesse de la lumière ?

Thierry
Ce qui est particulier avec ces constantes, c'est qu'elles sont sans unité. Autrement dit, elles ne dépendent pas du système de mesure qu'on utilise — pas de mètres, de secondes ou de kilogrammes.

Ce sont des nombres purs, qui expriment des rapports ou des proportions fondamentales. Et malgré leur apparente simplicité, elles suffisent à expliquer pourquoi l'Univers est stable, structuré… et capable d'accueillir la vie.

Le principe du réglage fin affirme que si l'une de ces constantes avait été légèrement différente, l'Univers n'aurait tout simplement pas pu exister.

Sylvana
Tu peux me donner un exemple concret ?

Thierry
Oui. Prenons un exemple frappant, c'est celui du paramètre Q, qui mesure l'amplitude des fluctuations de densité dans l'Univers primordial — les petites variations dans la répartition de la matière juste après le Big Bang. La valeur de Q est d'environ 1/100 000.

Si ce chiffre avait été un peu plus faible, l'Univers serait resté trop homogène : aucune structure ne se serait formée — pas d'étoiles, pas de galaxies — juste une soupe diluée, une matière trop dispersée pour donner naissance à quoi que ce soit.

Et s'il avait été un peu plus grand, ces fluctuations auraient provoqué un effondrement gravitationnel brutal : l'Univers serait devenu chaotique, rempli de trous noirs — sans stabilité, sans possibilité d'émergence pour la vie.

La valeur de Q semble donc extrêmement bien calibrée pour permettre l'apparition d'un Cosmos structuré et pouvant accueillir la vie.

Tu vois, Q est un nombre pur : il n'a pas d'unité de mesure, contrairement aux constantes fondamentales dont je t'ai parlé tout à l'heure. Par exemple, la vitesse de la lumière se mesure en mètres par seconde (m/s). C'est cette différence qui fait que Q est classé parmi les constantes fines, alors que c'est une constante fondamentale.

Sylvana

D'accord, je comprends mieux. Et en ce qui concerne les constantes fines, est-ce qu'il existe une logique d'ensemble ?

Sylvana
D'accord, je comprends mieux. Et en ce qui concerne les constantes fines, est-ce qu'il existe une logique d'ensemble ?

Thierry
On peut parler d'une force de cohésion implicite, oui. Mais ce qui est frappant, c'est qu'un petit ensemble de constantes sans dimension suffit à décrire la structure, l'expansion et la cohérence de l'Univers observable.

Le cosmologiste Martin Rees les a mises en avant dans son ouvrage *Just Six Numbers* (1999), en identifiant six constantes parmi les plus essentielles :

- N, le rapport entre la force électromagnétique et la gravité entre deux protons ;
- ε (epsilon), l'efficacité de la fusion nucléaire (environ 0,007) ;
- Ω (oméga), le paramètre de densité globale de l'Univers ;
- Λ (lambda), la constante cosmologique liée à l'énergie noire ;
- Q, l'amplitude des fluctuations primordiales ;
- D, le nombre de dimensions spatiales — trois.

Sylvana
Trois dimensions… donc si on en avait eu deux ou quatre, tout aurait été instable ?

Thierry
Exactement.

Même le nombre de dimensions semble avoir été « choisi » dans une sorte de juste équilibre.

Et ce qui rend tout cela fascinant, c'est que ces six constantes suffisent à elles seules à expliquer pourquoi l'Univers a pu exister… et persister.

Tout cela soulève une question vertigineuse : pourquoi ces valeurs ? Est-ce un pur hasard ? Ou est-ce que ces constantes révèlent quelque chose de plus profond… une cohérence encore invisible ?

. Les Constantes — L'Écho d'un Ordre Sous-Jacent

Sylvana
Donc ces constantes sont partout, elles règlent tout… et pourtant, leur origine nous échappe ?

Je comprends mieux pourquoi c'est si important de remonter jusqu'à leur source.

Thierry
Oui. C'est une question essentielle. Parce que derrière ces nombres apparemment figés se cache toute la cohérence de l'Univers.

Elles ne sont pas de simples « valeurs pratiques » pour faire tourner les équations : elles sont ce qui donne sens et stabilité à la réalité.

Sans elles, les lois s'effondrent. Une variation infime, et les étoiles ne pourraient plus briller, la matière ne se structurerait pas, la vie deviendrait impossible.

Alors, avant de t'expliquer pourquoi elles sont si cruciales, il faut que je commence par situer le terrain. Car les constantes ne sont pas des entités isolées : on les retrouve dans tous les grands cadres de la physique. Elles règlent la mécanique des forces, elles fixent les équilibres cosmiques, elles conditionnent les structures de la matière et la dynamique de l'énergie. Elles sont comme un code sous-jacent qui relie tout.

Dans mon déroulement, je vais commencer par la question centrale : celle qui domine toutes les autres et mobilise la physique depuis plus d'un siècle. Elle paraît simple, presque évidente :

Comment unifier les forces fondamentales ?

Sylvana

Là je suis confuse. On parlait des constantes fondamentales comme la gravite, la vitesse de la lumière et là et tu me dis que, pour en parler, il faut d'abord passer par cette question sur l'unification des forces. C'est quoi le lien ?

Thierry

C'est une excellente question, et je comprends ta confusion.

En fait, les forces fondamentales sont les grandes lois qui organisent le comportement de la matière et de l'énergie.

Mais ces forces — gravitationnelle, électromagnétique, nucléaire forte et nucléaire faible — ne fonctionnent pas seules : leur intensité, leur portée, leur équilibre… tout cela dépend des constantes physiques qui les sous-tendent.

Autrement dit, les constantes ne sont pas secondaires : elles sont ce qui permet aux forces d'agir comme elles agissent.

Si les forces sont les grands instruments de l'Univers, alors les constantes en règlent l'accord.

Cette question est incontournable et doit être revue en premier, car depuis un siècle, elle est considérée comme le Saint Graal de la physique. Beaucoup pensent que si l'on parvient à unifier ces forces dans une seule théorie, tout sera résolu.

En réalité, même dans ce scénario, une question capitale resterait en suspens : pourquoi ces forces existent-elles ? Et pourquoi leurs valeurs sont-elles réglées avec une précision extrême ?

Autrement dit, tenter d'unifier les forces sans comprendre d'où viennent ces constantes, c'est comme vouloir accorder un instrument sans connaître la note de référence. On peut fabriquer une belle théorie, mais elle restera incomplète tant qu'on ne saura pas ce qui fixe ces valeurs.

Voilà pourquoi je vais commencer par examiner ce que la science appelle aujourd'hui « les forces fondamentales » : parce qu'elles représentent le cadre actuel et le problème le plus débattu. Ensuite, je t'emmènerai plus loin.

On discutera donc :

D'abord, de ces quatre forces, comprendre leur rôle et voir pourquoi, malgré tous les efforts, leur unification reste incomplète.

Puis, des autres verrous majeurs, ces obstacles qui bloquent la vision d'ensemble, et tu verras que chacun d'eux a un lien direct avec les constantes.

Enfin, des grandes questions ouvertes, celles qui touchent au cœur des lois et qui, là encore, ramènent toujours aux constantes.

Ce n'est pas un détour. C'est la préparation indispensable pour comprendre pourquoi, à mes yeux, les constantes ne sont pas de simples chiffres, mais la signature d'un ordre caché.

. L'État des Lieux Scientifique — Un Univers Ordonné aux Origines Inconnues

Sylvana
D'accord… je vois où tu veux m'emmener. Alors, tu commences par ces forces dont tout le monde parle ?

Thierry
Oui. Parce qu'elles sont les piliers de l'Univers — et pourtant, malgré nos avancées scientifiques, nous n'avons toujours pas compris comment elles s'unifient.

. Les Quatre Forces Fondamentales — Un Puzzle Encore Incomplet

Thierry
Les scientifiques ont énormément travaillé sur ce sujet, et ils ont construit des modèles d'une grande élégance pour décrire chacune des forces. Malgré tous leurs efforts, aucune théorie unique et cohérente n'est encore parvenue à réunir les quatre forces fondamentales de l'Univers.

Et c'est là tout le paradoxe : pour la science standard, unifier ces forces, c'est toucher au but. Mais même si on y parvenait, cela ne répondrait pas à la question essentielle : qu'est-ce qui fixe cette cohérence ?

Aujourd'hui, la physique actuelle reconnaît quatre forces fondamentales :

- Gravitationnelle : elle agit à très grande échelle — planètes, étoiles, galaxies. → Théorie : relativité générale.
- Électromagnétique : elle agit sur les charges électriques, la lumière, les interactions atomiques. → Théorie : électrodynamique quantique (QED).
- Nucléaire forte : elle maintient les quarks ensemble à l'intérieur des noyaux atomiques. → Théorie : chromodynamique quantique (QCD).
- Nucléaire faible : elle est responsable de certains types de radioactivité et de réactions nucléaires fondamentales. → Théorie : théorie électrofaible.

Trois d'entre elles — l'électromagnétisme, la force nucléaire forte et la force nucléaire faible — sont aujourd'hui partiellement unifiées dans le Modèle Standard, via la théorie quantique des champs. Mais la gravité, elle, reste en dehors de ce cadre. Et c'est précisément autour d'elle que se concentrent les efforts actuels, car elle demeure le principal verrou à une unification complète.

Ces forces sont modélisées par des champs et des symétries mathématiques. Mais ce que ces modèles ne disent pas, c'est pourquoi elles existent, pourquoi elles ont exactement ces valeurs.

Et tu vois : derrière chacune de ces forces se cache une constante qui la règle. Sans elles, aucune équation ne fonctionnerait. Ces constantes sont comme des codes secrets qui donnent vie à la physique.

C'est là que les constantes physiques jouent un rôle central : elles fixent les règles du jeu, sans que l'on sache d'où elles viennent. Et c'est peut-être en cherchant l'origine de ces constantes que s'ouvre une autre voie vers l'unification.

Sylvana
Donc, si je comprends bien… on a d'un côté ces quatre forces, qui sont censées tout expliquer. Et de l'autre, ces constantes, qui sont comme les codes secrets qui leur donnent vie… mais dont on ignore complètement l'origine. On a l'impression d'avoir la carte entière, alors qu'il nous manque la boussole.

Mais qu'est-ce qui empêche vraiment de relier tout ça ?

Thierry
C'est précisément la question. Avant de revenir aux constantes, il faut regarder en face les verrous qui bloquent cette grande ambition scientifique : unifier ces forces.

Parce que tu vas voir, chacun de ces obstacles nous ramène — directement ou en filigrane — à la question des constantes.

- **Les Obstacles à l'Unification — Une Fracture Entre Deux Mondes**

Thierry

Encore une fois, selon la physique classique, plusieurs obstacles majeurs empêchent encore aujourd'hui l'unification. On en a déjà évoqué certains, mais je te les résume clairement ici.

1. Une incompatibilité profonde entre relativité générale et mécanique quantique :

- La relativité générale décrit un espace-temps fluide, continu, modelé par la gravité.
- La mécanique quantique repose sur des phénomènes discontinus, probabilistes, avec un temps figé.

→ Les deux théories utilisent des langages mathématiques incompatibles, ce qui rend leur fusion difficile.

Et cette fracture ne bloque pas seulement la physique des forces : elle empêche aussi de conceptualiser une origine commune pour les constantes gravitationnelles et quantiques.

2. Les constantes fondamentales sont introduites sans explication d'origine. Nous y reviendrons en détail, mais il faut déjà le poser clairement ici, car comme nous en avons déjà discuté, leur origine inconnue est un obstacle majeur à l'unification :

- Le Modèle Standard ne permet pas de prédire, par exemple, pourquoi la constante de structure fine vaut environ 1/137, ni pourquoi la vitesse de la lumière est ce qu'elle est.

→ Il ne fait que les intégrer comme des paramètres fixes, mesurés empiriquement.

→ Aucune théorie actuelle n'en explique l'origine ou la nécessité.

3. La gravité est bien trop faible :

Elle est 10^38 fois plus faible que la force électromagnétique.

→ Cela rend très difficile sa prise en compte à l'échelle des particules, où les autres forces dominent.

→ Les modèles comme la gravité quantique à boucles ou la théorie des cordes sont élégants, mais aucun n'a pu être testé expérimentalement.

Sylvana

Peux-tu élaborer un peu plus ce que tu viens de dire ?

Thierry

Oui. Pour te donner une idée, la gravité est la plus faible de toutes les forces fondamentales. Elle est 10^38 fois plus faible que la force électromagnétique. À l'échelle des particules, c'est comme essayer d'entendre un murmure dans un stade rempli par un concert assourdissant : il y a bien un son, mais il est totalement imperceptible, ce qui explique pourquoi la gravité est complètement absente des équations de la physique quantique.

Sylvana

Donc, en gros, la gravité, c'est un géant à notre échelle, mais un fantôme dans le monde subatomique ?

Thierry

Exactement.

Elle gouverne les planètes, les étoiles, les galaxies… mais dès qu'on descend au niveau des particules, ce sont les autres forces — électromagnétique, nucléaire forte et faible — qui prennent le pouvoir.

Et pour combler le fossé entre la gravité et le monde quantique, la science a proposé deux grandes pistes.

La première, c'est la gravité quantique à boucles. Elle part d'une idée radicale : l'espace-temps ne serait pas lisse et continu, mais granuleux, composé d'unités élémentaires. Un peu comme une image sur un écran de télévision : de loin, elle paraît parfaitement uniforme, mais en s'approchant, on découvre qu'elle est faite d'une mosaïque de pixels. Pour cette théorie, l'espace-temps serait pareil : une structure quantique formée de minuscules boucles, indépendantes mais organisées en un réseau invisible à notre échelle.

La seconde, c'est la théorie des cordes. Elle imagine que les particules fondamentales ne sont pas des points, mais des cordes infiniment petites qui vibrent. Et comme les cordes d'un instrument produisent des notes différentes selon leur vibration, ces cordes quantiques généreraient des particules différentes selon leur mode vibratoire.

C'est une hypothèse fascinante, mais elle exige que l'Univers possède dix dimensions dans le cadre des supercordes, ou onze dans la théorie M. Cela ne veut pas dire qu'il y a dix ou onze mondes différents, ni que chaque dimension est une corde. Il faut l'imaginer comme un espace qui aurait beaucoup plus de directions possibles que celles que nous connaissons. Nous en percevons trois (longueur, largeur, profondeur) et nous ajoutons souvent le temps comme une quatrième dimension. Mais la théorie des cordes en suppose six ou sept de plus, elles permettent aux cordes d'avoir toute la liberté nécessaire pour vibrer de multiples façons, et chaque mode de vibration correspondrait à une particule différente.

Sylvana

Donc, pour l'instant, ce sont des constructions brillantes… mais invérifiables ?

Thierry

Exactement.

Ce sont des architectures mathématiques élégantes, mais aucune n'a pu être validée expérimentalement. Elles restent hors de portée de la mesure.

Pour compléter le tableau, il nous reste deux obstacles majeurs à examiner.

4. Les forces ne convergent qu'à des énergies inaccessibles :

- Les modèles de grande unification prévoient que les forces pourraient s'unir à des énergies extrêmes — proches de celles du Big Bang.

→ Mais nos instruments actuels ne permettent pas d'atteindre ces niveaux d'énergie pour le vérifier.

Comme nous ne pouvons pas reproduire ces conditions, nous restons aveugles sur la manière dont ces constantes se sont « figées » après le Big Bang.

5. Il manque une vision unifiée du réel :

- La matière, le champ, le vide, le temps, la conscience… sont traités séparément.

→ Il n'existe aucun modèle commun qui relie ces éléments à travers une structure cohérente ou un langage unique (informationnel ou géométrique, par exemple).

Et cette absence vient du fait que nous n'avons jamais trouvé la source qui relie à la fois les lois physiques et leurs constantes : l'architecture invisible qui leur donne sens.

Tu vois ? Ces obstacles paraissent différents, mais ils pointent tous vers un même problème : nous ignorons d'où viennent les constantes qui règlent ces lois.

Sylvana
En fait… ce que tu es en train de dire, c'est que ces constantes ne sont pas de simples détails techniques. Elles sont le point névralgique. Sans elles, rien ne tient.

Et ce qui me frappe, c'est qu'on les utilise tous les jours dans les équations comme si elles allaient de soi… alors qu'on ignore totalement d'où elles viennent. Tout notre savoir repose sur des chiffres dont on ne connaît l'origine. Ce n'est pas juste une zone floue : c'est un point aveugle au cœur des lois.

Et si on veut vraiment comprendre l'Univers, il va falloir descendre à ce niveau-là… là où se cache la logique qui les engendre.

Thierry
Exactement.

Ces verrous ne sont pas de simples détails techniques : ils révèlent des zones d'ombre au cœur même des lois. Et c'est là que les questions deviennent plus radicales… et qu'elles ramènent toutes, d'une manière ou d'une autre, aux constantes.

. Les Grandes Questions Sans Réponse — L'Énigme au Cœur des Principes

Thierry
Et si l'on regarde de plus près, on voit émerger des questions très concrètes, fondamentales, que la science moderne n'a toujours pas su résoudre. Ces impasses sont autant de signes qu'il manque quelque chose à la racine.

- Pourquoi les particules élémentaires ont-elles ces masses précises ?

On sait que la masse des particules élémentaires dépend des constantes de couplage — ces paramètres qui règlent l'intensité des interactions fondamentales, également appelées forces fondamentales, comme l'électromagnétisme, la force nucléaire forte ou la force nucléaire faible. Ces interactions sont les « forces de base » qui organisent la matière dans l'Univers. Sans ces valeurs précises, les particules ne tiendraient pas ensemble et la matière ne serait pas stable.

Le Modèle Standard se contente de les mesurer, sans expliquer l'origine ni la logique de ce spectre de masse — c'est-à-dire cette répartition très spécifique des masses entre les différentes particules. On ne sait pas pourquoi un électron est beaucoup plus léger qu'un muon, par exemple.

- Pourquoi la gravité est-elle si extraordinairement faible ?

La constante gravitationnelle G est environ 10^38 fois plus faible que la force électromagnétique, comme nous l'avons vu. Cette disproportion entre les quatre forces — qu'on appelle la hiérarchie des forces — reste totalement inexpliquée, et empêche d'unifier la gravitation avec les autres interactions fondamentales.

- Pourquoi l'Univers semble-t-il si finement réglé ?

De nombreuses constantes — comme la charge élémentaire ou la constante cosmologique — ont des valeurs d'une précision extrême : la moindre variation rendrait l'Univers instable, voire impropre à la vie. Pourtant, aucune théorie n'explique pourquoi ces constantes ont ces valeurs. Ce qu'on appelle le réglage fin ressemble presque à un ajustement miraculeux.

- Pourquoi le vide quantique n'interagit-il pas gravitationnellement ?

Selon la physique quantique, le vide n'est pas vide : il est traversé par des champs qui fluctuent en permanence, même en l'absence de particules. Ces fluctuations, présentes partout dans l'espace, donnent au vide une énergie considérable.

En relativité générale, toute forme d'énergie doit influencer la gravité en courbant l'espace-temps.

Si l'on combine ces deux résultats théoriques bien établis, l'énergie du vide devrait produire un effet gravitationnel gigantesque : l'Univers serait extrêmement courbé, voire instable. Pour tenir compte de cet effet, Einstein avait introduit la constante cosmologique Λ.

Aujourd'hui, cette constante est interprétée comme l' « énergie noire », responsable de l'accélération de l'expansion de l'Univers.

Mais voici le paradoxe : la valeur prédite par la physique quantique pour cette énergie est immense, alors que la valeur observée de Λ est infime. L'écart entre les deux atteint 10^120 — le plus grand désaccord jamais constaté entre une théorie et l'observation.

- Quelle est l'origine du temps, et pourquoi semble-t-il orienté ?

La physique ne s'accorde pas sur la nature du « temps réel ». Certaines équations sont réversibles — elles ne distinguent pas le passé du futur — alors que notre expérience du temps est clairement dirigée. Cette flèche du temps demeure l'un des grands mystères de la science contemporaine.

Sylvana
C'est vrai que ces constantes sont partout, elles fixent tout — et malgré ça, personne ne sait d'où elles viennent.

Alors dis-moi, Thierry… qu'est-ce que ça signifie pour toi ? Où se cache la vraie clé ?

Thierry
Pour moi, cette clé est justement dans ce que nous tenons pour évident : le Temps.

Si nous voulons dépasser les impasses actuelles, il faut remonter jusqu'à lui. Parce que si le Temps est fondamental, il n'est pas seulement un décor — il est la dynamique qui ordonne tout. Et c'est peut-être là que se trouve la source des constantes… et des forces qu'elles règlent.

Voilà pourquoi je me concentre sur elles. Parce qu'en comprenant leur origine, nous touchons à la racine même de la cohérence cosmique.

Unifier les forces ne suffit pas : l'Univers, lui, est déjà unifié. C'est nous qui ignorons encore son secret. Pour le découvrir, il faut remonter en amont des lois… jusqu'à la source qui règle tout.

Dans les modèles actuels, chaque force fondamentale est décrite par un champ et une symétrie — mais sa force, sa portée, et même son effet observable dépendent de constantes bien précises. C'est grâce à ces constantes qu'on peut prédire comment les particules interagissent, à quelle échelle, et avec quelle puissance.

Autrement dit : les constantes ne créent pas les forces, mais elles en règlent le fonctionnement. Sans elles, les équations seraient muettes.

C'est pourquoi, en m'attaquant à l'origine des constantes, je cherche aussi — indirectement mais fondamentalement — à comprendre pourquoi les forces sont ce qu'elles sont, et pourquoi elles prennent exactement ces formes-là dans notre réalité.

Et pour cela, il faut aller plus loin. Explorer une structure encore plus profonde.

. Le Vide Vivant — Une Matrice qui Pourrait Structurer l'Univers

Sylvana
Une structure plus profonde… qu'est-ce que tu veux dire par là ?

Thierry
Pour te répondre, je dois revenir un instant à certaines intuitions anciennes.

Car cette notion d'une « ructure plus profonde » est une vision qui prolonge certaines intuitions du passé : au XIXe siècle, des physiciens comme James Clerk Maxwell (1831–1879) ou Hendrik Lorentz (1853–1928) postulaient l'existence d'un éther, un milieu subtil censé porter les ondes lumineuses.

Plus tard, Albert Einstein (1879–1955), après l'avoir rejeté dans sa relativité restreinte, avait fini par le réintroduire sous une forme nouvelle, en 1920, dans sa conférence de Leyde. Il parlait alors d'un éther sans substance, un champ structurant, non matériel, indispensable à la gravitation et à la définition de l'espace-temps.

Ce que je propose s'inscrit dans la continuité de ces intuitions anciennes, mais en en redéfinissant les fondements à la lumière des avancées contemporaines.

Il ne s'agit pas de réhabiliter l'éther classique comme support mécanique des ondes, mais de reconnaître qu'un champ fondamental— structuré et actif — remplit aujourd'hui le rôle que l'éther était censé jouer. Ce champ n'est pas un simple fond passif : il est porteur de lois, d'information, de cohérence.

Autrement dit, ce qu'on appelait autrefois « éther » trouve pour moi une expression contemporaine dans ce vide quantique structuré, qui agit comme un médium dynamique.

Ce champ rend possible l'émergence d'un ordre organisé, non pas par des interactions purement locales ou des forces extérieures, mais par une logique interne de résonance fractale, guidée par un ordre du Temps sous-jacent.

C'est cette structure invisible mais cohérente qui permet la manifestation des formes, des constantes et des lois que nous observons.

Dans cette perspective, l'Univers n'est plus un simple objet physique gouverné par des équations figées. C'est un système auto-organisé, auto-régulé, qui déploie sa cohérence de l'intérieur, à partir d'un fond invisible mais actif. Il n'attend pas qu'on le mesure pour exister — il s'organise en permanence selon une dynamique de sens.

Sylvana

Donc si je reprends… on a traversé trois énigmes que la science elle-même met en évidence : le Temps, insaisissable, qui diffère entre relativité et quantique ; ces 95 % d'Univers invisibles, matière et énergie noires, qui échappent à nos mesures ; et enfin les constantes, ces chiffres qui tiennent tout l'Univers sans livrer leur secret.

Et au fil de cette traversée, tu as déjà mis en évidence autre chose : selon ton modèle, le vide n'est pas un néant, mais un champ vivant, porteur d'ordre et de cohérence.

Alors… après ces grandes perspectives cosmiques, j'imagine que tu veux nous entraîner vers un autre seuil du mystère : celui du monde quantique. Là où l'indéfini devient réel, avec l'effondrement d'onde, et où le principe anthropique nous invite à nous interroger sur la place que nous occupons dans l'Univers

Thierry

Oui. Dans ma vision, ces deux énigmes ne concernent plus seulement la charpente du Cosmos : elles touchent à l'acte même par lequel le réel advient — et à la conscience qui s'y engage.

Chapitre 5

La Conscience et l'Univers

~

De l'Indéfini au Réglage Fin

Sylvana
Nous avons parcouru le Temps insaisissable, puis les trois zones d'ombre du Cosmos — matière noire, énergie noire, et ce réglage si précis des constantes… Et maintenant, tu nous emmènes ailleurs.

Thierry
Oui. Parce qu'ici, nous quittons la seule description structurelle du Cosmos pour aborder deux énigmes d'une autre nature :

- L'effondrement de la fonction d'onde, au cœur de la mécanique quantique, qui interroge la manière dont un état de superposition de possibles devient un événement réel et mesurable,
- Et le principe anthropique, en cosmologie, qui questionne pourquoi les constantes fondamentales de l'Univers semblent si finement ajustées pour permettre l'existence de la vie et de la conscience.

Deux domaines distincts, mais qui partagent un point commun décisif : la conscience n'y apparaît plus comme un simple spectateur passif de l'Univers, mais comme une dimension potentiellement active ou incontournable dans l'architecture du réel.

Sylvana

Je suppose qu'on commence par l'effondrement d'ondes ?

Thierry

Oui et non. Car, avant d'entrer dans le détail de la fonction d'onde, il me paraît nécessaire de poser d'abord un cadre plus large, afin de comprendre comment s'organisent les phénomènes du monde quantique — et de montrer ensuite où se situe précisément cette fonction d'onde.

1. Le Flou Quantique — Quand l'Indéfini Devient Réel

Sylvana

D'accord… on quitte les étoiles pour aller voir ce qui se passe tout en bas, dans l'infiniment petit ?

Thierry

Oui, mais je te reprends un peu — ce n'est pas toujours simple de faire le lien, et c'est normal.

En réalité, le vide quantique, cette toile invisible d'énergie fluctuante, est présent à toutes les échelles de l'Univers. Il ne se limite pas aux particules microscopiques : on le retrouve au cœur des étoiles, dans la structure intime des planètes, dans la matière elle-même et jusque dans les vastes espaces intergalactiques. Autrement dit : il est partout, sous-jacent à toute réalité.

On pourrait presque imaginer disposer d'un microscope universel — un instrument impossible à construire, mais fascinant à concevoir. Avec lui, peu importe l'échelle à laquelle on regarde, du plus petit au plus grand, on verrait la même activité fondamentale : un bouillonnement incessant, le tissu vivant du vide en action.

Sylvana

C'est fascinant.

Je réalise que j'ai toujours pensé à la mécanique quantique comme à quelque chose qui concerne uniquement l'infiniment petit. Je n'avais pas conscience qu'elle s'applique aussi au vide entre les étoiles et aux vastes étendues du Cosmos.

Est-ce que c'est une idée répandue, cette confusion ?

Thierry

Oui, c'est une confusion très répandue.

Beaucoup s'imaginent que la mécanique quantique n'appartient qu'à un « autre monde » : un domaine étrange, réservé aux laboratoires sophistiqués ou aux particules invisibles.

En réalité, c'est tout l'inverse. Les principes quantiques sont au fondement même de la matière, de l'émergence de la vie et de l'organisation de l'Univers. Ils agissent en permanence, à toutes les échelles, du cœur des atomes jusqu'aux galaxies.

Le vide quantique, loin d'être un simple « rien », est un océan bouillonnant d'énergie et même d'information selon moi, qui imprègne tout l'Univers sans exception.

Prendre conscience de cela, c'est comprendre que le microscopique et le macroscopique ne sont pas deux réalités cloisonnées, mais les deux visages d'un même continuum vivant. Nos sens et notre expérience quotidienne n'en perçoivent qu'une fine pellicule, tandis que l'essentiel demeure caché, actif, à l'arrière-plan du réel.

Et c'est là que tout change : car, selon moi, cette vision nous oblige à revoir en profondeur notre conception du réel, à reconnaître que ce que nous appelons « monde quantique » n'est pas une exception, mais la trame universelle qui rend possible toute existence.

Connais-tu un peu les phénomènes de la physique quantique ?

Sylvana
Non… Tout ce que j'entends, c'est que même les plus grands scientifiques semblent eux-mêmes dépassés.

Thierry
Effectivement.

La physique quantique nous confronte à un visage du réel radicalement différent : un monde où les événements sont probabilistes.

. LE JEU QUANTIQUE — QUAND LES RÈGLES NOUS ÉCHAPPENT

Sylvana
Donc, si je comprends bien… dans ce monde quantique, on ne peut jamais savoir à l'avance ce qui va réellement se passer ?

Thierry
En quelque sorte, oui.

Ce qui rend le monde quantique si déconcertant, c'est qu'il ne se comporte pas comme le monde que nous percevons chaque jour.

À notre échelle, tout paraît stable et déterminé : une table reste à sa place, une pierre garde sa forme, un livre ne disparaît pas quand on détourne le regard. Nous vivons dans un monde où les objets semblent fixes, continus, soumis à une causalité évidente.

Mais dans le monde quantique, cette logique se brise. Là, on ne peut pas prédire avec certitude le comportement exact d'une particule. On ne peut qu'attribuer des probabilités à ses futurs possibles. Ce n'est pas que la particule « hésite » : c'est qu'avant d'être mesurée, elle existe dans un état superposé, comme si elle occupait simultanément plusieurs trajectoires ou plusieurs valeurs.

Autrement dit, l'avenir n'est pas fixé à l'avance. Chaque interaction ouvre un éventail de possibles, et la science ne peut pas prédire avec certitude lequel se réalisera — seulement calculer la probabilité que tel ou tel événement survienne.

C'est ce qui rend ce domaine si étrange — et si fascinant.

Sylvana
C'est intriguant… Est-ce qu'il existe d'autres phénomènes aussi étranges dans le monde quantique ?

Thierry
Oui, bien sûr.

Je vais te présenter quatre phénomènes que je considère — et que de nombreux physiciens considèrent aussi — comme les piliers de notre compréhension du monde quantique.

Voici ces phénomènes, dans l'ordre où ils ont été découverts.

- Un premier exemple est la quantification. Max Planck l'a découvert en 1900 : l'énergie n'est pas continue, mais émise ou absorbée par paquets discrets appelés quanta.

Imagine un escalier : tu peux monter marche par marche, mais jamais t'arrêter entre deux marches. La nature, à l'échelle quantique, fonctionne de la même manière.

Prenons les électrons dans un atome : ils ne peuvent pas orbiter à n'importe quelle distance du noyau. Ils occupent des « couches » bien définies. Impossible pour eux de flotter entre deux niveaux : ils « sautent » d'une orbite à l'autre, comme si l'Univers ne leur offrait que des paliers précis.

- Vient ensuite le principe de superposition, formalisé par Erwin Schrödinger (1887-1961) en 1926. Je sais que je t'en ai déjà parlé tout à l'heure, mais c'est un point tellement fondamental qu'il mérite qu'on y revienne. Une particule n'est pas simplement «ci» ou «là» : elle peut être dans plusieurs états en même temps, tant qu'aucune mesure n'est faite.

C'est comme si elle explorait simultanément plusieurs chemins, et que ce n'est qu'au moment de l'observation qu'un seul est retenu.

Imagine un dé lancé : dans notre monde, il finit toujours par montrer une face. Mais en mécanique quantique, tant que tu n'as pas regardé, c'est comme si toutes les faces coexistaient. Ce n'est que l'acte d'observer qui fige un résultat particulier.

- Encore plus étonnant, il y a le principe d'incertitude, énoncé par Werner Heisenberg (1901 – 1976) en 1927.

Il dit qu'on ne peut jamais connaître avec précision certaines propriétés d'une particule en même temps, comme sa position et sa vitesse. Plus tu affines la mesure de l'une, plus l'autre devient indéterminée. Et ce n'est pas un problème d'instruments : c'est une limite fondamentale de la nature elle-même.

C'est un peu comme si tu essayais de prendre une photo nette d'une voiture qui roule très vite. Si tu veux figer sa position, tu dois utiliser un temps d'exposition très court — mais alors tu ne verras pas bien sa vitesse. À l'inverse, si tu veux capter le mouvement, tu dois laisser l'exposition ouverte… et sa position devient floue.

- Enfin, il y a l'intrication, mise en évidence dans le paradoxe EPR par Albert Einstein (1879–1955), Boris Podolsky (1896–1966) et Nathan Rosen (1909–1995) en 1935, puis confirmée expérimentalement grâce aux travaux de John Bell John Bell (1928–1990) dans les années 1960.

Deux particules peuvent être liées d'une façon si profonde que, même séparées par des années-lumière, ce qui arrive à l'une affecte instantanément l'autre. Einstein appelait cela, avec une touche d'ironie, une «action fantomatique à distance».

Pour l'imaginer, pense à deux pièces de monnaie préparées ensemble dans un état commun, puis envoyées très loin l'une de l'autre. Tant qu'elles ne sont pas observées, elles ne sont ni pile ni face, mais dans un état flou où toutes les possibilités coexistent. Mais dès que tu regardes la première pièce et qu'elle tombe sur «pile», l'autre devient instantanément «face» — même si elle est à l'autre bout de la galaxie. Ce n'est pas un signal qui voyage entre elles, mais la conséquence d'une corrélation inscrite dès leur origine commune.

Sylvana
Je vois…

Les lois du monde que nous percevons chaque jour sont tellement différentes de celles du monde quantique.

Mais alors, est-ce qu'il y a une interaction entre ces deux mondes ?

Thierry
Oui, et c'est bien cela qui nous amène au phénomène central : l'effondrement d'onde.

Si nous parvenions à comprendre pleinement cette interaction, nous saisirions peut-être la clé de ce qui crée notre réalité phénoménale.

La question fondamentale est la suivante :

Qu'est-ce qui fait qu'un événement devient réel ?

Autrement dit, comment une transition s'opère-t-elle : d'un état de potentiel, tel qu'il existe dans le vide quantique —que nous percevons comme incertain, chaotique, indéfini — vers un état manifesté, stable et concret, celui que nous appelons « réalité » ?

Ces interrogations dépassent largement le cadre restreint de la mécanique quantique. Elles touchent au fondement même du réel. Car il ne s'agit pas seulement de savoir comment fonctionne une particule, mais bien de comprendre ce qui fait qu'il y a un monde plutôt que rien.

. L'Effondrement d'Onde — À la Lisière du Réel

Thierry
Comme je l'ai déjà mentionné lorsque nous avons abordé la superposition, dans le monde quantique, avant toute mesure, une particule — qu'il s'agisse d'un électron, d'un photon ou même d'un atome entier — n'a pas d'état défini. Elle ne possède ni position précise, ni trajectoire stable, ni réalité fixée.

La particule existe sous la forme d'une superposition d'états qui est décrite mathématiquement par ce que l'on appelle la fonction d'onde. Cette fonction d'onde ne dit pas ce que la particule est, mais ce qu'elle pourrait être. Elle contient l'ensemble des états possibles, chacun assorti d'une probabilité.

Historiquement, l'idée de superposition était déjà implicite dans les travaux de

Heisenberg en 1925, mais c'est en 1926 que Schrödinger a donné à la fonction d'onde sa formulation mathématique emblématique.

Mais dès qu'un acte d'observation, une interaction ou une mesure se produit, tout change. La fonction d'onde « s'effondre » : parmi l'ensemble des possibles, un seul devient réel, et tous les autres disparaissent.

C'est ce phénomène mystérieux l'effondrement de la fonction d'onde — qui demeure une énigme au cœur de la physique moderne.

Sylvana
Donc la fonction d'onde, c'est le moment avant qu'on observe où il n'y a pas une réalité fixée mais un champ de possibles ? Et l'effondrement, c'est le moment où, parmi toutes ces potentialités, une seule se réalise ?

Thierry
Exactement.

Et c'est cette distinction qui essentielle à retenir : la fonction d'onde décrit l'ensemble des possibles, tandis que l'effondrement marque le passage vers l'actuel, l'instant où un seul de ces possibles devient réalité.

Sylvana
Quand j'imagine ce phénomène, l'effondrement d'onde, je vois tout de suite une scène de science-fiction : des physiciens derrière des vitres blindées, des lasers qui s'entrecroisent, et des machines étranges alignées dans un silence solennel.

Thierry
Oui, je comprends ta réaction : il est très courant d'imaginer que l'effondrement de la fonction d'onde n'appartient qu'aux laboratoires les plus sophistiqués.

En réalité, ce n'est pas du tout le cas. L'effondrement n'est pas une curiosité confinée aux expériences complexes : c'est un processus universel, présent partout, à chaque instant. Sans lui, aucune réalité tangible ne pourrait se manifester.

Dans la nature, il se produit en permanence.

Quand un rayon de soleil frappe une feuille et qu'un photon est absorbé lors de la photosynthèse, il y a effondrement.

Quand un photon touche ta rétine et déclenche la perception d'une couleur, il y a effondrement.

Et jusque dans ton propre corps : chaque division cellulaire, chaque réplication de l'ADN, chaque signal transmis par tes neurones repose sur des milliards d'effondrements successifs.

Autrement dit, nous sommes littéralement tissés de ces processus. Sans eux, il n'y aurait ni chimie, ni matière stable, ni perception consciente. Chaque seconde de notre existence, l'effondrement de la fonction d'onde est le mécanisme discret mais fondamental qui rend le monde réel.

Comprends bien : l'effondrement de la fonction d'onde n'est pas juste un problème de physique quantique, c'est la question du fondement même de la réalité.

Sylvana
Je comprends mieux maintenant pourquoi ce phénomène est aussi central.

Je m'imagine des milliards de petits effondrements partout autour de nous, jusque dans mes propres cellules. Comme si la réalité scintillait sans cesse.

Mais j'imagine que, pour l'instant, la science avance encre à tâtons…

Thierry
Oui, la science cherche des réponses, mais aucune explication ne fait encore l'unanimité.

- L'interprétation la plus connue est celle de Copenhague, formulée par Niels Bohr (1885–1962) et Werner Heisenberg (1901–1976).

Selon elle, c'est l'acte d'observer qui provoque l'effondrement de la fonction d'onde. Autrement dit, c'est l'interaction avec l'observateur qui « crée » le réel.

Face à cette incertitude, d'autres approches ont vu le jour :

- L'interprétation des mondes multiples de Hugh Everett (1957) :

Ici, l'onde ne s'effondre jamais. Tous les résultats possibles se réalisent, mais dans des branches parallèles de l'Univers. Notre conscience ne fait que suivre l'un de ces chemins.

- Le modèle GRW (Ghirardi–Rimini–Weber), dans les années 1980 :

Il propose un mécanisme d'effondrement objectif et spontané, indépendant de toute observation consciente. L'effondrement serait alors un processus statistique naturel.

Malgré leur élégance, aucune de ces hypothèses n'a été confirmée expérimentalement. Encore aujourd'hui, nous ne savons pas :

- Si l'effondrement est un phénomène réel,
- Ce qui le déclencherait,
- Ou s'il n'est qu'une illusion liée à nos limites d'observation.

Sylvana
Donc si je résume : pour la science, l'effondrement d'onde reste un mystère. On sait que ça se produit, mais on ne sait ni comment, ni pourquoi — ni même si c'est réel. Certains parlent d'un rôle de l'observateur, d'autres imaginent des mondes parallèles, ou des effondrements spontanés… mais rien n'est tranché.

. Deux Niveaux de Réalité — Une Porte d'Entrée vers le Réel

Sylvana
Et toi… comment tu le comprends, cet effondrement ? Qu'est-ce que ça t'évoque vraiment ?

Thierry
Comme je te le disais, aucune des hypothèses avancées par la science ne fait aujourd'hui consensus.

Pour moi, ces visions ne sont pas forcément contradictoires. Ce sont peut-être simplement des lectures différentes d'un même phénomène, appréhendé sous des angles distincts.

Il est tout à fait envisageable que la réalité s'actualise par un mécanisme objectif et spontanée, mais portée par une cohérence interne qui nous échappe encore. Et derrière cette cohérence pourrait se cacher une forme d'intelligence subtile, une logique profonde agissant dans les replis du réel — le vide quantique — mais encore hors de portée de notre science actuelle.

C'est possible que, selon moi, comme nous n'avons pas encore accès à cette intelligence organisatrice, nous décrivons le processus sous forme de probabilités. Mais cela ne signifie pas qu'il soit fondamentalement aléatoire. Contrairement à la vision probabiliste de la science standard, je la vois évoluer de manière déterministe selon deux dynamiques complémentaires :

- La dynamique intrinsèque :

Tous les états coexistent en parallèle, sous forme de réalités pré-configurées.

Il ne s'agit pas, comme dans l'interprétation d'Everett, d'Univers matériels multiples, mais d'une trame d'information non actualisée : un ensemble de potentialités encore invisibles, prêtes à s'exprimer.

- La dynamique extrinsèque :

C'est le monde phénoménal, celui que nous percevons.

Ici, une seule de ces réalités pré-configurées s'actualise, devenant expérience, matière et événement.

Autrement dit, ce que nous appelons « le monde » n'est pas le réel dans son entier, mais la version déployée d'une potentialité choisie parmi une infinité d'autres.

Pour moi, l'effondrement de la fonction d'onde ne peut être compris qu'en l'inscrivant dans une vision plus large du réel où la réalité que nous percevons — ce monde phénoménal des objets, des formes, de la matière et des interactions — n'est pas la totalité du réel mais uniquement la partie visible de l'Iceberg, là où la vision dominante de la science voit une frontière, et où je vois, pour ma part, l'entrée d'un monde immergé.

Sylvana
Alors si je comprends bien… la partie intrinsèque, c'est la partie cachée du vide, où réside déjà une logique et une cohérence pré-configurées — la partie immergée de l'iceberg.

Et la partie extrinsèque serait ce qui se manifeste à l'extérieur — ce qui apparaît, ce qui s'actualise dans le monde phénoménal que nous percevons.

Autrement dit, selon toi, il y a deux niveaux de réalité : l'un où tous les états pré-configurés demeurent, et l'autre où l'effondrement d'onde en actualise un seul, devenant la réalité que nous percevons.

Et dans ton modèle, comment considères-tu le rôle de l'observateur, qui est pris en compte aussi bien dans l'interprétation de Copenhague que dans l'interprétation des mondes multiples d'Everett ?

Thierry
Dans mon modèle, le rôle de l'observateur n'entre pas en contradiction avec ce que dit la science.

En physique, l'« observateur » désigne tout système de mesure qui interagit avec l'objet quantique : un appareil, un détecteur ou même une particule de l'environnement. Autrement dit, observer revient à provoquer une interaction qui laisse une trace, qui enregistre une information.

Mais pour moi, derrière ces dispositifs et ces protocoles, il y a toujours une conscience. Qu'il s'agisse du scientifique qui conçoit et conduit l'expérience, ou des instruments eux-mêmes — simples prolongements de ses yeux et de ses mains, façonnés par lui et utilisés par lui — tout cela demeure au service d'une conscience. Car, au fond, même la science n'est qu'une expression de la conscience.

Autrement dit, pour moi, il existe une interaction subtile entre deux plans :

- Un ordre encore invisible, que la physique traduit aujourd'hui sous forme de probabilités,
- Et une conscience capable, dans certaines conditions, de se syntoniser avec cet ordre.

Dans ce cadre, je ne vois pas la conscience humaine comme une force qui imposerait sa volonté au réel, mais comme une présence capable d'entrer en résonance avec le vide quantique.

Sylvana
D'accord… donc si je remets un peu d'ordre :

Parmi les grandes hypothèses avancées par la science, il y a l'interprétation la plus connue : celle où l'observation jouerait un rôle décisif — comme si la conscience de l'observateur faisait émerger une seule réalité parmi toutes les autres.

D'autres disent que tous les résultats possibles se réalisent en parallèle, dans des mondes multiples — il n'y aurait donc pas d'effondrement à proprement parler.

Et puis, certaines proposent un effondrement spontané, objectif, qui se produirait de lui-même, sans qu'aucune observation soit nécessaire — mais selon une logique statistique qu'on ne comprend pas encore vraiment.

Si je t'ai bien suivi, tu ne rejettes pas les hypothèses existantes, mais tu les vois comme partielles — des lectures fragmentaires d'un phénomène plus profond.

Tu poses l'idée qu'en amont de tout effondrement, il existerait une forme d'intelligence, une cohérence invisible, qui organise silencieusement l'apparition du réel.

Dans cette perspective, le processus n'est ni fondamentalement statistique, ni véritablement aléatoire — c'est juste que nous ne percevons pas encore l'ordre qui le sous-tend.

Et la conscience, dans certains cas, pourrait entrer en résonance avec cette dynamique… et influencer l'actualisation d'un état, non pas en la contrôlant, mais en s'y accordant.

Thierry

Oui, tu l'as bien résumé.

C'est à ce moment précis de mes recherches, en étudiant l'effondrement de la fonction d'onde, que mon hypothèse d'un vide structurant s'est affirmée pleinement. Ce fut pour moi un tournant décisif.

Et c'est dans ce contexte que ce que l'on appelle communément le « vide quantique », j'ai décidé de ne plus le désigner comme un vide, mais comme un éther quantique : un substrat originel, porteur de rythme, d'information et d'intelligence.

Sylvana

D'accord… Peux-tu préciser davantage la différence entre ce que la science appelle le vide quantique et ce que toi, tu nommes éther quantique ?

Thierry

En science, le vide quantique désigne l'état de plus basse énergie d'un champ quantique : un état apparemment vide, mais parcouru de fluctuations éphémères qui se traduisent par l'apparition et la disparition de particules virtuelles.

L'éther quantique, dans mon modèle, est un fondement actif et intelligent, la charpente invisible qui donne cohérence au réel, la trame de tous les possibles. C'est lui qui rend possible leur actualisation dans le monde perceptible.

Autrement dit, son rôle est triple :

- Créer les phénomènes, en sélectionnant certaines potentialités
- Maintenir leur cohérence, en orchestrant les interactions,
- Dissoudre les formes, en restituant l'information à la mémoire cosmique.

Ainsi, l'éther quantique est l'agent permanent de la dynamique universelle : il ne cesse de produire, d'organiser et de résorber la réalité phénoménale, générant ce que nous appelons l'histoire.

J'emploie le terme éther par analogie, mais en lui donnant un sens entièrement renouvelé — très différent de son usage classique ou mécanique, qui fut abandonné par la physique moderne. Ici, il ne s'agit plus d'un milieu matériel hypothétique, mais d'un champ fondamental vivant, une matrice immatérielle qui structure et relie tout.

Au cœur de cet éther se trouve une dimension d'ordre et de cohérence que je nomme Intelligence omnisciente : une intelligence immanente qui guide la manifestation, assure la continuité et oriente l'évolution.

Sylvana
Omnisciente ? Pourquoi ce mot-là ?

Thierry
Le terme omniscient vient du latin omni- (« tout ») et sciens (« savoir »), et désigne littéralement la connaissance absolue de toutes choses.

Dans mon usage, il ne s'agit pas d'un concept religieux ou mystique, mais d'une notion épurée : une intelligence universelle, non localisée, présente partout à la fois. Une intelligence diffuse, qui imprègne toute structure, oriente toute organisation, et façonne le réel bien en amont de ce que nous appelons la réalité manifestée.

Elle se manifeste comme un potentiel quasi infini, exprimant une précision extrême, une cohérence primordiale et une portée cosmique qui dépassent largement notre cadre de compréhension actuel.

Sylvana
Je comprends mieux, maintenant, pourquoi tu considères que l'effondrement de la fonction d'onde se réalise de façon déterministe étant donné que tu as intégré une intelligence si vaste et si puissante.

Thierry
Oui, exactement : une actualisation guidée par la cohérence, et non par le hasard.

Selon moi, le vide quantique ne peut être réduit à un simple fond passif : il est l'agent créateur qui soutient et engendre la réalité phénoménale, notamment à travers l'actualisation de la fonction d'onde.

Et c'est précisément ce lien entre l'intrinsèque et l'extrinsèque, ce passage de la potentialité à la manifestation, qui constitue pour moi la clé de compréhension.

Sylvana
Et, selon toi, quel est l'opérateur de ce passage ?

Thierry
C'est une question très pertinente et centrale pour moi.

Pour qu'un passage soit possible entre ces deux versants de la réalité, il faut plus qu'un champ de potentialités.

C'est précisément là, selon moi, que le Temps intervient.

Non pas le temps linéaire des horloges ou des calendriers, mais un Temps fondamental, enraciné dans l'éther quantique lui-même.

Sylvana

Peux-tu préciser la différence entre le rôle du Temps et celle de l'Intelligence omnisciente et comment ils interagissent ?

Thierry

Dans mon modèle, l'Intelligence omnisciente joue le rôle de principe organisateur de l'Univers. Elle réside au cœur de l'éther quantique, qui, comme je te l'ai dit, n'est pas un simple substrat énergétique mais un champ vivant, porteur d'information et d'intelligence.

Son action se déploie à travers le Temps, qui en est l'expression dynamique. Le Temps agit comme le langage de cette intelligence : il traduit l'ordre implicite en organisation explicite.

Concrètement, c'est lui qui, à chaque instant, sélectionne et actualise un état unique parmi l'ensemble des possibles, donnant ainsi à la réalité sa forme concrète et à l'Univers son histoire en devenir.

Voilà pourquoi j'ai aussi nommé cet éther quantique un champ temporel : parce que le Temps est le vecteur opératif de l'Intelligence omnisciente, l'esprit structurant. Ensemble, ils font passer le réel de la potentialité à la manifestation

Sylvana

Donc, si je comprends bien, il existe un Temps fondamental, différent du temps ordinaire de notre quotidien. Ce Temps serait l'expression dynamique de l'éther quantique : il exécute la cohérence portée par cette Intelligence omnisciente, en faisant apparaître une seule possibilité dans notre réalité.

Et si je te suis bien… cela voudrait dire que, dans cet éther, rien ne se produit de façon isolée. Chaque événement ferait partie d'un réseau d'informations en interaction constante, qui s'ajuste jusqu'à faire émerger ce qui peut l'être.

Thierry

Oui, exactement.

Pour résumer, dans cette perspective, l'effondrement de la fonction d'onde n'est ni spontané ni véritablement aléatoire. Ce qui se manifeste découle d'un agencement d'informations déjà inscrit dans le champ, un alignement à la fois discret et d'une rigueur absolue.

Chaque actualisation correspond à l'accord profond entre trois principes complémentaires :

- L'Intelligence omnisciente, qui structure et maintient la cohérence du champ d'information ;

- Le Temps fondamental, qui traduit cette cohérence en manifestation dynamique, en faisant émerger un état particulier parmi tous les possibles ;
- Et une conscience telle que la conscience humaine, capable, dans certaines conditions, de se syntoniser avec cet éther quantique.

Autrement dit, la réalité phénoménale que nous observons n'est pas un simple effet du hasard, mais le fruit d'une co-création : une orchestration entre l'Intelligence omnisciente immanente du champ, la fonction structurante du Temps fondamental, et dans certaines conditions, la résonance d'une conscience.

Sylvana
Tu sais… tout ce que tu viens d'expliquer sur le Temps, cette Intelligence omnisciente… et maintenant, l'idée que notre propre conscience pourrait jouer un rôle… c'est une façon complètement différente de voir la réalité.

Thierry
Oui. Ce qu'on appelle «l'effondrement de la fonction d'onde» est bien une réalité — mais seulement depuis notre point de vue limité.

Autrement dit, il s'agit d'un effet phénoménologique : nous observons l'actualisation soudaine d'un état, et nous l'interprétons comme une rupture.

Mais si l'on adopte une perspective plus large — ce que j'appelle la Relativité Absolue, où tout dépend du référentiel et de l'échelle d'observation — alors cette rupture apparente change de nature.

Ce que nous nommons un « effondrement » n'est en réalité que la manifestation locale d'un processus plus profond, que nous traduisons à travers nos propres limites perceptives. Là où nous croyons voir une sélection aléatoire ou une discontinuité, il n'existe, à l'origine, qu'une organisation sous-jacente, une cohérence qui précède toute actualisation.

Et si l'on se place du point de vue du vide — du champ quantique lui-même — alors il n'y a pas vraiment d'effondrement.

Il n'y a qu'un déroulement fluide et continu, où les potentiels s'orientent naturellement vers leur chemin d'expression, sans rupture ni hasard, mais par simple résonance avec l'ordre implicite.

Sylvana
Si je comprends bien, ce que tu appelles la Relativité Absolue, ton modèle, c'est l'idée que la réalité dépend totalement du cadre depuis lequel on l'observe.

À notre échelle, on voit un effondrement soudain, comme une rupture, où une réalité s'actualise. Mais si on se place du point de vue du vide — ce niveau fondamental dont tu parles — il n'y a pas de rupture du tout, juste un processus continu où les possibles s'organisent et s'actualisent ?

Thierry
Oui, c'est exactement ça.

Pour moi, le terme même d'« effondrement » est réducteur : il traduit seulement la manière dont nous percevons localement un processus plus vaste.

Du point de vue du vide, il n'y a ni rupture ni hasard, mais un passage fluide, inscrit dans une cohérence globale.

En d'autres termes, ce que la mécanique quantique appelle « effondrement de la fonction d'onde » n'est, dans mon modèle, que le moment naturel où une potentialité du champ global s'actualise en réalité locale. Non pas une coupure brutale, mais une transition ordonnée, un mécanisme d'actualisation inscrit dans la dynamique du champ temporel.

Sylvana
Je vois… Alors, dans ta vision, ce qui se passe «derrière» notre réalité visible, dans la part non manifestée, c'est une organisation d'une complexité folle, et pourtant, tout ça reste totalement invisible à nos yeux…

Aurais-tu une analogie pour que je puisse saisir plus clairement l'ensemble de ta vision de l'effondrement de la fonction d'onde ?

Thierry
Oui, je l'imagine comme une imprimante 3D.

Ce que nous voyons, c'est le résultat : ligne après ligne, couche après couche — un objet prend forme sous nos yeux.

Mais la tête d'impression — que j'associe ici à l'effondrement d'onde — ne choisit rien par elle-même. Elle suit un plan.

Derrière elle, il y a tout un système : un code, une mémoire, un langage, une logique.

Et ce que nous appelons le monde phénoménal, c'est cette suite de points imprimés dans notre espace-temps, ligne par ligne.

Mais la vraie cohérence ne vient pas de ces points eux-mêmes.

Elle vient de l'histoire qu'ils dessinent ensemble — une histoire tissée dans l'invisible, pilotée par un niveau d'organisation plus profond.

L'intelligence ne se trouve pas dans l'objet, mais dans ce qui le rend possible

: l'intention, l'architecture, le programme.

Et quand on remonte cette chaîne, on découvre que ce plan n'est pas figé. Il est dynamique, vivant, évolutif.

Sylvana
Mais… attends. Si je te suis, toute cette « impression » du réel, avec ses choix, ses trajectoires, ses actualisations… ça veut dire qu'il y a une machinerie invisible qui tourne en permanence, non ? Et cette machinerie, elle doit consommer une énergie colossale pour gérer tout ça, tout le temps, à chaque instant… ?

Thierry
Oui, tu as raison.

Rien que d'imaginer la quantité d'information traitée en permanence, la précision absolue, la continuité sans faille de ce processus… c'est déjà entrevoir une forme d'intelligence et de puissance presque inconcevable.

Et lorsque j'ai médité sur cette complexité, la même question s'est imposée avec évidence : d'où provient l'énergie capable de soutenir une quasi-infinité de réalités pré-configurées — tous ces futurs présents potentiels, tous ces états possibles — qui affluent et se transforment sans cesse au gré du processus d'actualisation ?

Oui, de notre point de vue, cela semble impliquer une dépense d'énergie vertigineuse. Mais selon moi, l'énergie est proportionnée dès l'origine pour l'intégralité des processus possibles de l'Univers.

Autrement dit, dans mon modèle, l'énergie totale de l'Univers n'est pas produite au fil du temps : elle est définie dès T0 — ce Temps universel que je situe au moment du Big Bang. Selon moi, cette quantité demeure la même tout au long de la vie de l'Univers pour le faire apparaître, le maintenir et, en dernier ressort, le résorber. Cette énergie est contenue en permanence et redistribuée selon les besoins universels de structuration et d'actualisation.

Ceci rejoint l'intuition de Lavoisier : « rien ne se crée, rien ne se perd, tout se transforme ». Ici, cette loi ne s'applique pas seulement à la matière visible, mais à l'ensemble du champ énergétique et informationnel de l'Univers.

. Des Scénarios en Attente — Vers une Réalité Déjà Pré-Configurée

Sylvana
En somme, selon toi, tout remonte donc à T0 : ce moment du Big Bang où l'énergie totale de l'Univers a été fixée et conservée depuis.

Et alors… qu'advient-il, dans ton modèle, de toutes les autres réalités pré-configurées qui ne sont pas actualisées ?

Thierry
Je tiens d'abord à préciser un point essentiel : je ne parle pas ici d'Univers parallèles matériels.

Dans mon modèle, il s'agit plutôt de réalités pré-configurées dans la partie intrinsèque de l'Univers : des structures d'information déjà organisées, prêtes à s'inscrire dans chacun des scénarios possibles. Leur nombre est incommensurable, car il reflète la quasi-infinité des trajectoires que l'Univers peut explorer.

Autrement dit, ce sont toutes les configurations possibles, rassemblées dans un immense répertoire de scénarios. Comme des chemins déjà tracés, attendant simplement d'être parcourus.

Chaque réalité pré-configurée fonctionne comme un choix potentiel déjà prêt, ajusté à un contexte précis :

- Certains concernent la création, l'entretien et la dissolution des systèmes (particules, étoiles, galaxies) ;
- D'autres, plus subtils, concernent la relation entre l'Univers et les consciences qui l'habitent, notamment dans l'exercice du libre arbitre.

Sylvana
Tu pourrais m'en dire plus sur les réalités pré-configurées ?

Thierry
Oui, dans mon modèle c'est une notion très importante alors je vais te l'expliquer en détail pour que tu comprennes bien :

Chaque réalité pré-configurée est une fonction quantique universelle, enracinée dans l'éther quantique, qui contient en elle-même un état potentiel, énergiquement autonome, en attente d'actualisation.

En d'autres termes : ce sont des unités potentielles, autonomes et cohérentes, qui peuvent s'articuler ou s'actualiser pour participer à l'émergence d'une réalité particulière.

Ces fonctions sont caractérisées par quatre composantes indissociables :

- Le Temps,
- L'information,

- L'énergie,
- Et la mémoire.

Et elles sont définies par plusieurs propriétés essentielles :

Nature fonctionnelle et non matérielle : Une structure d'information plutôt qu'un monde physique

- Une réalité pré-configurée n'est pas un Univers matériel parallèle.
- C'est une fonction quantique structurée, c'est-à-dire une trame d'information, d'énergie et de mémoire, déjà organisée mais non encore déployée dans le monde phénoménal.

Autrement dit, il ne s'agit pas d'un monde physique complet qui existerait ailleurs, mais d'une structure immatérielle, informationnelle qui existerait dans la partie intrinsèque — l'éther quantique.

Autonomie énergétique : Une potentialité déjà porteuse de sa propre puissance de manifestation

- Chaque réalité pré-configurée possède sa propre énergie de manifestation, suffisante pour être actualisée si les conditions temporelles et informationnelles l'autorisent.
- Cette autonomie la distingue d'un simple scénario abstrait : elle est une entité potentielle viable, enracinée dans la dynamique du champ temporel.

À l'image d'une graine qui recèle l'énergie vitale de sa croissance, chaque réalité pré-configurée contient la puissance nécessaire à son actualisation.

Optimisation informationnelle : Des structures cohérentes, déjà ordonnées selon leurs lois internes

- Les réalités pré-configurées ne sont pas des brouillons aléatoires, mais des structures cohérentes déjà optimisées selon des lois internes. Cela signifie qu'elles obéissent à une logique, qui assure leur équilibre et leur viabilité, au lieu d'être de simples combinaisons hasardeuses.
- Elles incarnent ensemble des scénarios possibles, qu'il s'agisse de l'évolution d'un système, de l'émergence d'un phénomène ou de la trajectoire d'une conscience. Autrement dit, elles sont déjà pré-configurées pour soutenir tous les domaines de la réalité, du Cosmos à la vie et à la conscience.

Statut quantique universel : Une fonction distribuée, présente en tout point de l'Univers

- Chaque réalité pré-configurée peut être décrite comme une superposition globale : placée dans un faisceau de possibles cohérents, disponible partout dans l'éther quantique — c'est-à-dire un état où plusieurs scénarios existent simultanément, reliés entre eux comme un tout structuré, et présent en tout point de l'Univers.
- Elle n'existe pas comme une copie locale, mais comme une fonction universelle distribuée et accessible en tout point de l'Univers. On pourrait dire que ces possibles sont comme une bibliothèque numérique stockée dans le « cloud » : partout à la fois, sans être limité à un seul endroit.

Lien avec l'actualisation : Le seuil où le possible devient réalité phénoménale

- Lorsqu'une seule de ces réalités pré-configurées est sélectionnée (par résonance avec le champ temporel, la conscience, ou les conditions énergétiques), elle cesse d'être un simple potentiel et devient réalité phénoménale actualisée.
- Cette actualisation laisse une trace dans le champ temporel : une mémoire, qui s'ajoute à l'histoire universelle.

Rôle dans la dynamique cosmique : La matrice invisible de la cohérence du réel

- Les réalités pré-configurées assurent la continuité entre potentiel et actualisation, c'est-à-dire qu'elles servent de pont : elles maintiennent un lien constant entre ce qui existe en réserve et ce qui se manifeste dans le réel.
- Elles sont les « plans informationnels » à partir desquels l'Univers déploie ses structures, ses événements et ses consciences. Autrement dit, elles servent de modèles de base qui orientent la formation de tout ce qui existe.
- Elles garantissent la cohérence globale du réel : rien ne se manifeste qui ne soit déjà contenu, sous une forme pré-configurée, dans l'éther quantique.

Autrement dit, chaque événement, chaque phénomène puise son origine dans ce répertoire de possibles pré-configurés, où il trouve sa forme première avant de se manifester dans le réel.

En résumé, une réalité pré-configurée est une fonction quantique dans l'éther quantique, qui s'exprime simultanément par son contenu informationnel et sa structure énergétique. Elle contient un scénario d'existence prêt à être actualisé. Son passage à la réalité phénoménale constitue l'effondrement d'une possibilité parmi l'ensemble des possibles.

Sylvana

D'accord, je comprends mieux comment tu définis ces réalités pré-configurées… Mais je reste intriguée : pourquoi serait-il nécessaire qu'un tel répertoire existe ? Quel avantage l'Univers aurait-il à disposer d'une telle réserve de possibles ?

Thierry

Ta question est importante, et je vais y répondre clairement. Dans mon modèle, plusieurs raisons rendent nécessaire l'existence de ces réalités pré-configurées — et tu verras que chacune trouve un écho dans ce que la science reconnaît déjà, même si je l'élargis.

- Principe de continuité causale : Le lien entre ce qui précède et ce qui advient

La physique repose sur l'idée qu'aucun phénomène ne surgit de manière arbitraire, sans lien avec un état antérieur. Même à l'échelle quantique, les transitions d'un état à un autre — comme le passage d'un électron d'une orbite à une autre — ne sont pas totalement imprévisibles : elles obéissent à des lois continues de probabilité.

Dans mon modèle, ce principe de continuité est conservé. Je postule que ce lien entre le potentiel et le réel est porté par une structure déjà présente dans le champ : les réalités pré-configurées. Elles représentent des états organisés, viables, disponibles à l'actualisation. Elles permettent un passage ordonné du virtuel au phénoménal : non une émergence surgissant de rien, mais une transformation inscrite dans une logique continue.

Même après leur actualisation, elles laissent une trace sous forme de mémoire. Et avant même d'émerger, elles interagissent déjà avec leur environnement — par résonance et compatibilité d'organisation — garantissant ainsi la cohérence de ce qui se manifeste.

- Principe de compatibilité systémique : L'emboîtement harmonieux des scénarios

Dans les systèmes complexes, les éléments doivent non seulement être cohérents en eux-mêmes, mais aussi pouvoir s'articuler entre eux sans rupture. C'est ce que recherchent les approches d'unification en physique : un cadre où toutes les forces et interactions coexistent sans contradiction.

De la même façon, dans mon modèle, chaque scénario actualisable est déjà pré-configuré pour s'emboîter avec d'autres sans dissonance. Les réalités pré-configurées ne sont pas des blocs indépendants, mais des configurations structurellement compatibles.

Ainsi, le réel se construit comme un ensemble emboîté, où chaque manifestation trouve naturellement sa place dans une architecture plus vaste.

- Principe d'universalité des lois : Les mêmes règles partout

En physique, certaines lois sont universelles : la gravitation agit aussi bien sur une pomme qui tombe que sur une galaxie entière. De plus en plus, on reconnaît que des principes comme l'auto-organisation ou l'émergence semblent valoir à toutes les échelles.

Dans mon modèle, cette universalité ne concerne pas seulement la matière ou l'énergie, mais aussi l'information, la mémoire et la conscience. Autrement dit, les mêmes principes organisationnels traversent tous les plans du réel, du quantique au biologique, du cosmique au mental.

C'est le rôle des réalités pré-configurées de rendre cela possible : elles assurent cette unité de langage et de traitement à travers toutes les échelles.

- Principe de moindre action : L'efficacité du système

En physique, le principe de moindre action énonce que la nature suit toujours la trajectoire la plus économique en énergie.

J'applique ce principe au niveau du répertoire des possibles. L'Univers, dans mon modèle, ne produit pas à chaque instant une infinité de calculs nouveaux : il s'appuie sur des structures déjà prêtes, déjà viables, ce qui rend son déploiement plus direct et plus économe.

Les réalités pré-configurées sont ces formes optimisées, complètes, contenant en elles les conditions minimales pour se manifester. L'Univers n'a donc pas à « inventer » chaque scénario à partir de rien : il sélectionne, par résonance, ce qui est déjà cohérent.

- Principe d'évolutivité : L'évolution active des scénarios

En biologie comme dans les systèmes complexes, rien ne reste figé : tout évolue, s'adapte, apprend.

J'étends ce principe au niveau des possibles eux-mêmes. Le répertoire n'est pas une simple bibliothèque statique : il possède une dynamique propre. Les réalités pré-configurées interagissent avec la mémoire du champ temporel, elles s'affinent et se réorganisent au fil du temps, intégrant les traces de ce qui a été vécu et choisi.

Ainsi, le champ des possibles évolue lui aussi : il favorise progressivement les lignes d'actualisation les plus cohérentes et organisées.

- En résumé

La science reconnaît déjà plusieurs principes : continuité, compatibilité, universalité, moindre action, évolution.

Mon modèle les prolonge en postulant qu'ils s'enracinent dans un répertoire informationnel pré-configuré.

Ce répertoire assure la continuité entre potentiel et réel, l'harmonisation des scénarios, l'universalité des lois, l'économie d'énergie et l'évolutivité des possibles.

Il garantit la cohérence globale du réel, sa stabilité et sa capacité à se complexifier sans jamais s'effondrer.

Sylvana

Je vois bien la logique de ton modèle... Je l'imagine comme une bibliothèque infinie : chaque réalité pré-configurée serait une phrase déjà inscrite, prête à devenir un chapitre, puis un livre.

Et cette idée de « pré-configuration », est-ce que d'autres scientifiques l'approchent d'une certaine manière, ou est-ce propre à ton modèle ?

Thierry

Quand j'ai formulé mon modèle, entre 1996 et 2000, deux grandes références étaient déjà présentes dans le paysage intellectuel.

- David Bohm (1917–1992) et l'ordre implicite :

Bohm avait proposé l'idée d'un « ordre implicite » : un fond invisible, une matrice profonde, où toutes les formes du monde seraient déjà contenues à l'état latent. Pour lui, la réalité visible — l'ordre explicite — n'est que le déploiement de ce fond caché. C'était une intuition majeure, qui a ouvert la voie à la notion d'un réel enraciné dans une structure préalable, plus fondamentale que ce que nous percevons.

Mais dans mon modèle, ce fond n'est pas homogène, fluide et continu comme chez Bohm : il est structuré en unités distinctes, que j'appelle réalités pré-configurées. Autrement dit, il n'est pas une mer indifférenciée d'où tout émergerait indistinctement, mais un tissu déjà organisé, composé de scénarios viables, dotés de leur propre cohérence interne, prêts à être actualisés dans le champ phénoménal.

- Hugh Everett (1930–1982) et les mondes multiples :

Everett avait proposé l'interprétation dite des « mondes multiples ». Selon lui, à chaque bifurcation quantique — par exemple, lorsqu'une particule peut suivre deux trajectoires différentes — l'Univers se scinde en deux copies matérielles distinctes, chacune actualisant l'une des possibilités. Ce modèle reprend bien l'idée d'une multiplicité de scénarios, mais au prix d'une prolifération potentiellement infinie d'Univers matériels parallèles.

Dans mon approche, je conserve l'idée de coexistence des possibles, mais je ne les conçois pas comme des Univers physiques qui se multiplieraient sans fin. Ces possibles existent sous forme de structures informationnelles, que j'appelle réalités pré-configurées. Elles constituent des scénarios déjà organisés, viables, enracinés dans le champ temporel, et qui attendent d'être actualisés dans le monde phénoménal. Autrement dit, au lieu d'engendrer une infinité de mondes matériels, l'Univers puise dans un répertoire ordonné de configurations potentielles.

D'autres approches sont venues un peu plus tard, dans les années 2000. Elles allaient aussi dans le sens de possibles préexistants, mais d'une autre manière.

- La cosmologie « top-down » de Steven Hawking (1942–2018) et Thomas Hertog (né en 1975), développée dans les années 2000 :

Hawking et Hertog ont proposé une approche dite « top-down », où les multiples histoires de l'Univers coexistent simultanément. Dans ce cadre, même le passé n'est pas fixé une fois pour toutes : il dépend en partie de l'observation présente. Cette vision rejoint, d'une certaine manière, mon idée d'un répertoire de scénarios déjà disponibles, en réserve.

Mais dans leur modèle, ces histoires restent décrites comme des probabilités mathématiques : elles n'ont pas de statut propre tant qu'elles ne sont pas observées.

Dans mon approche, la différence est essentielle : les scénarios ne sont pas de simples calculs probabilistes. Ils existent déjà comme structures informationnelles viables, enracinées dans le champ temporel, et prêtes à être actualisées dans le monde phénoménal.

- L'hypothèse de l'Univers mathématique de Max Tegmark (né en 1967), formulée entre la fin des années 1990 et 2007 :

Tegmark avance l'idée que notre réalité physique n'est rien d'autre qu'une structure mathématique. Mais il va plus loin : il affirme que toutes les structures mathématiques existent réellement, qu'elles soient ou non observées dans notre Univers. Pour lui, l'existence d'une équation ou d'une forme suffit déjà à lui conférer un statut de réalité autonome, dans le « multivers mathématique ». C'est cette approche radicale qui le conduit à considérer notre monde comme l'un parmi une infinité de mondes mathématiques possibles.

La différence avec mon modèle est décisive : dans mon approche, ces structures ne sont pas de simples abstractions mathématiques existant dans un espace platonicien. Elles sont enracinées dans un champ quantique énergétique-informationnel, que je nomme champ temporel. C'est ce champ qui permet à ces structures d'interagir avec la conscience et le temps, et de devenir phénoménologiquement réelles. Autrement dit, elles ne se contentent pas d'exister en théorie : elles sont pré-configurées comme des potentialités concrètes, prêtes à s'actualiser dans le tissu vivant du Cosmos.

- En résumé

Bohm, Everett, Hawking-Hertog et Tegmark partagent tous une intuition commune : la réalité ne surgit pas de rien (ex nihilo), mais s'appuie sur un répertoire de possibles déjà présents.

Ce qui me distingue, c'est la manière dont je conçois ces possibles :

- Ni comme des mondes parallèles matériels (Everett),
- Ni comme un fond continu et indifférencié (Bohm),
- Ni comme des histoires probabilistes dépendant de l'observateur (Hawking-Hertog),

- Ni comme de simples équations suspendues dans l'espace platonicien des mathématiques (Tegmark).

Non, je les définis comme des réalités pré-configurées : des structures informationnelles viables, autonomes, déjà organisées, et directement inscrites dans ce que j'appelle l'éther quantique, ou champ temporel.

Ces réalités pré-configurées, je les ai nommées chronosystèmes. J'ai choisi ce terme car elles s'enracinent dans le Temps lui-même, et s'articulent à partir d'unités temporelles élémentaires que j'ai appelées chronons — que nous approfondirons plus loin.

Pour formaliser cette idée, j'ai élaboré un cadre mathématique fondé sur ce que je nomme des Qbits fonctionnels. Contrairement aux qubits de l'informatique quantique, limités à coder 0 et 1 en superposition, mes Qbits fonctionnels décrivent des états pré-configurés complets. Ils associent simultanément information, énergie, mémoire et temps, formant de véritables opérateurs capables de représenter la logique vivante des scénarios en attente d'actualisation.

. Créer avec l'Univers — Et si le Réel Attendait qu'On l'Écoute ?

Sylvana

Tu viens de tracer un panorama très dense, en évoquant d'autres approches, tes propres concepts, jusqu'aux Qbits fonctionnels que tu proposes… Laisse-moi essayer de résumer, à ma manière, ce que j'ai compris de ton modèle, pour voir si je le saisis bien.

Si je comprends bien, dans ton modèle, tu opposes à la vision probabiliste de la science une lecture déterministe, fondée sur deux dynamiques complémentaires.

La première, intrinsèque, c'est ce que tu appelles l'éther quantique ou champ temporel : un champ vivant, animé par une Intelligence omnisciente et par le Temps fondamental, d'où émergent ces réalités pré-configurées que tu nommes chronosystèmes. La seconde, extrinsèque, c'est notre monde phénoménal : celui de la matière, de la lumière, de la vie.

Et entre les deux intervient ce que la science appelle l'effondrement d'onde. Pour nous, il paraît soudain, comme une coupure. Mais dans ta lecture, depuis la perspective de l'éther quantique, il n'y a pas de rupture : seulement le déroulement continu d'un ordre déjà présent.

En somme, selon ton modèle, ce que nous vivons comme réalité naît d'une orchestration entre trois principes : l'Intelligence omnisciente, qui maintient la cohérence ; le Temps, qui actualise une possibilité à chaque instant ; et, parfois, la conscience, qui peut entrer en résonance avec eux.

Tout cela ouvre forcément un immense terrain de réflexion. Donc, si tu es d'accord, j'aimerais qu'on s'y aventure maintenant, pour explorer ce que ton modèle change dans notre façon de comprendre le monde et de nous y situer. Alors, dis-moi : tout au long de tes recherches, qu'as-tu découvert sur ce rôle de la conscience ? Est-ce qu'elle peut vraiment entrer en résonance avec l'ordre profond du réel, au point d'ouvrir une forme de dialogue avec lui ?

Thierry
Pour moi, plus j'avançais dans mes recherches, plus je voyais que l'éther quantique lui-même semblait attendre qu'on lui tende la main — non pour le contrôler, mais pour entrer en résonance avec lui.

Et cette idée, d'un dialogue possible entre la conscience et la structure du réel n'est pas étrangère à certains physiciens.

Eugene Wigner (1902-1995), par exemple, s'était interrogé sur un mystère troublant : pourquoi les mathématiques, issues de notre esprit, décrivent-elles si bien les lois de la nature ?

Et Roger Penrose (né en 1931) parle lui aussi d'un ordre plus profond, déjà présent dans la structure même du réel.

C'est peut-être ça : l'Univers n'attend pas notre regard… mais il est structuré de telle manière qu'un regard conscient puisse s'y reconnaître.

Sylvana
En somme… tu veux dire que, selon ton modèle, l'Univers serait façonné de manière à ce qu'une conscience puisse y lire un sens ? Comme si les lois qui l'organisent n'étaient pas arbitraires, mais construites pour être reconnaissables, presque familières à un esprit capable de les comprendre ? Comme si cet ordre avait été conçu pour dialoguer avec nous…

Mais si tout semble pensé pour qu'on puisse s'y reconnaître, comment ne pas se demander : que valent alors toutes ces idées qui circulent — la simulation, les programmes, les mondes virtuels ? Car ces idées mènent toutes à la même question : est-ce qu'on agit vraiment librement ? Ou bien… est-ce qu'on suit simplement un scénario fixé ailleurs, sans même s'en rendre compte ?

Thierry
C'est une idée séduisante pour certains — mais selon moi, elle repose sur une vision réductrice de la conscience.

Mon hypothèse est bien différente : nous ne sommes pas de simples exécutants.

Nous sommes des consciences actives, vivantes, capables d'interagir avec cette matrice. Et cela rejoint ce que je t'ai déjà exprimé tout à l'heure : chaque conscience peut co-créer avec ce champ du vide.

Et j'ajouterais que cette co-création dépend de son niveau de résonance vibratoire avec ce champ : plus la résonance vibratoire de la conscience est élevée, plus elle peut participer activement avec ce champ.

Sylvana
Alors ça veut dire qu'une conscience n'est jamais neutre : selon son degré de résonance, elle peut participer plus ou moins à l'actualisation du réel ?

Thierry
Oui. Et c'est justement là que tout devient passionnant.

Car dans ce modèle, c'est comprendre que participer c'est entrer dans une boucle où chaque effet devient lui-même une nouvelle cause. Autrement dit, chaque fois qu'une conscience entre en résonance avec le champ, elle ne se contente pas de recevoir une information : elle en modifie la structure locale, même subtilement — c'est une hypothèse que je formule, à la lumière de mes observations, mais qui reste à explorer du point de vue scientifique.

Et cette modification, à son tour, redéfinit les conditions de ce qui peut émerger ensuite.

Sylvana
Tu es en train de dire que ce n'est pas un simple échange ? Que chaque fois qu'on entre en résonance avec ce champ, on y laisse notre empreinte ? Donc… rien n'est figé ? Chaque interaction change un peu la donne pour la suite ?

Thierry
Exactement.

Pour moi, la véritable cause de chaque effet n'est pas uniquement extérieure. Elle naît de deux dynamiques : l'ordre interne du système et la mémoire des choix déjà manifestés.

Ce sont ces deux forces, ensemble, qui rendent possible l'émergence d'un effet localisé.

Autrement dit, le système n'est pas figé. Il fonctionne en feedback permanent. Chaque événement réel s'inscrit dans la mémoire du système — une mémoire qui n'est pas passive, mais agissante : elle influence les futurs présents potentiels, en fonction de l'écho qu'elle laisse dans le champ.

Cet écho peut générer une résonance plus ou moins ample, selon la nature de l'événement.

Le passé ne disparaît pas : il informe.

L'instant présent garde la trace de ce qui a été, et cette trace participe à ce qui peut advenir.

Le feedback est donc essentiel, inscrit au cœur même de la dynamique du Tout.

Sylvana

Et à chaque actualisation, il se passe quelque chose d'essentiel : le scénario réalisé laisse une trace dans le champ, une mémoire active, qui influence ce qui pourra émerger ensuite. Tout fonctionne en feedback, en ajustement permanent. Donc… tout est en mouvement, tout est relié, rien n'est isolé.

Et je comprends mieux comment nous, les consciences, on ne fait pas que recevoir : on agit aussi sur ce champ, on en modifie la structure locale, même subtilement. Autrement dit… on participe à ce dialogue invisible.

Alors naturellement je me demande si tout est résonance, est-ce que ce n'est pas seulement nos actions visibles qui comptent ? Est-ce que nos intentions, nos élans, nos hésitations… même nos pensées…. Laissent aussi une empreinte ?

Comme si, dans ce modèle que tu décris, à chaque instant, nous ajoutions une note à une immense partition et que l'Univers s'en souvenait pour composer la suite.

Thierry

Oui… Ce que tu viens de dire est très juste.

Chaque vibration laisse une trace. Chaque mouvement de conscience résonne dans la trame.

Et selon mon modèle, tel que je le vois, cette résonance est intégrée dans une logique d'ensemble : chaque trace laisse un écho actif dans le champ. Et cet écho influence les actualisations suivantes.

La science actuelle, elle, ne dit pas cela. Pour elle, la conscience n'est qu'un phénomène émergent du cerveau, sans pouvoir causal sur la structure du vide. La physique décrit l'effondrement d'onde comme un processus purement statistique, sans intention, sans influence consciente. Certes, certaines théories marginales — de Wigner à Penrose — ont proposé un rôle actif de la conscience dans l'effondrement d'onde, mais elles ne constituent pas le consensus scientifique.

Mais mon modèle s'inscrit dans une autre logique. Je considère que l'information est le principe fondamental de l'Univers, et que la conscience n'est pas un simple sous-produit : elle est une expression active de cette information ; quand je parle d'information, j'entends la trame même du réel — le code fondamental qui sous-tend, relie et organise tout ce qui existe.

Dans cette perspective, si l'information structure le réel, alors toute vibration — même subtile, même issue d'un acte de conscience — laisse une empreinte dans la trame. Rien ne disparaît : cette empreinte continue d'agir et oriente les actualisations suivantes. Autrement dit, nous participons, même modestement, à l'ajustement global de la réalité.

Et c'est là que le paradoxe se retourne. Ce que la science actuelle perçoit comme chaotique — cette agitation du vide, ces fluctuations sans cause — est en réalité, pour moi, la trame la plus stable, la plus fidèle à l'ordre fondamental. Et inversement, notre réalité tangible, celle que nous croyons solide, ordonnée, est la part la plus instable, la plus vulnérable au déséquilibre.

C'est pourquoi le vide quantique joue un rôle clé : il équilibre, il ajuste, il régule, il maintient en tension créatrice toutes ces forces opposées.

Cela confirme mon idée : le vide quantique n'est pas un arrière-plan passif. Selon mon modèle, tel que je le vois, c'est un système vivant — un principe d'ordre actif, qui crée, qui soutient, et qui rappelle à chaque instant la cohérence du Tout, orchestrée par l'Intelligence omnisciente.

Et je crois qu'il faut souligner un point fondamental.

Dans la perspective que je propose :

Le champ ne juge pas. Il ne punit pas. Il ne rejette pas.

Il accueille, il enregistre — simplement, fidèlement.

Sylvana
Tu sais… il y a des moments où j'ai l'impression que tu me parles de physique, et puis, sans prévenir, ça devient une méditation sur la vie.

Et là, en t'écoutant expliquer ton modèle, j'ai eu l'impression que, dans ce scénario, je ne serais pas juste là par hasard. Même quand je me sens perdue, un peu en vrac, je pourrais me dire que je fais quand même partie de quelque chose.

Je serais peut-être chaotique à la surface… mais si je me place dans le cadre que tu décris, ce serait qu'il y a, quelque part, une cohérence qui m'a rendue possible.

Et rien qu'à imaginer ça… j'ai eu envie d'une seule chose : apprendre à écouter. Pas avec la tête, mais avec tout mon être. Écouter cette Intelligence omnisciente dont tu parles… qui semble traverser chaque chose sans jamais s'imposer.

Toi, tu la vois comme une forme d'intelligence… et moi, telle que tu l'as décrite, je l'ai imaginée pleine de sagesse — une sagesse à la fois ancestrale et cosmique.

Et rien qu'à y penser, ça m'a touchée. Ça m'a donné envie de prendre une pause et de voir si je pouvais la ressentir. Ça m'a donné envie de m'allonger dans la nature, sans rien faire. Loin de tout. Et en même temps… complètement dans le Tout. Comme si, en me mettant simplement à l'écoute, je pouvais me rapprocher un peu de cette cohérence que tu décris.

. Quand le Visible Rencontre l'Invisible — Un Nouvel Art de Créer

Thierry

Tu mets des mots très justes sur quelque chose que j'ai ressenti souvent — et que, je crois, beaucoup ressentent, sans toujours savoir comment l'exprimer : ce besoin de se sentir relié, de faire partie d'un Tout, de toucher à quelque chose de plus vaste que soi.

Et tu sais, ce qui m'a toujours frappé, c'est que ce sentiment n'est pas seulement poétique. Quand j'ai commencé à explorer le vide quantique, j'ai découvert qu'au cœur même de la physique, il existe une structure qui relie tout.

Ce que nous appelons « vide », la science l'a longtemps pensé comme un néant. Or, de mon point de vue, il porte l'information, la cohérence, une dynamique silencieuse qui soutient tout ce qui existe.

Autrement dit, ce pressentiment d'appartenance que tu décris… il trouve une résonance jusque dans la trame la plus intime de l'Univers.

La science dominante, aujourd'hui encore, ne va pas jusqu'à parler d'information ou d'intention. Mais elle a progressivement découvert que le vide n'est pas une absence : il possède des propriétés physiques mesurables

On commence à en retrouver la trace jusque dans les phénomènes physiques les plus subtils. Des indices discrets… mais bien réels.

Depuis plus d'un siècle, la science commence à percevoir cette forme de lien. Dès l'avènement de la mécanique quantique, un pressentiment a émergé : celui d'un vide actif, porteur d'ordre.

Tout avait déjà commencé avec Planck, en 1900, lorsqu'il a montré que l'énergie ne se transmet pas de manière continue, mais par quanta discrets.

Cette découverte a marqué un tournant décisif : elle révélait que le réel, même dans ses expressions les plus élémentaires, obéit à une structure, à un rythme. Le monde n'était plus un flot homogène, mais un agencement précis, fondé sur des seuils minimaux d'action.

La constante de Planck ouvrait la voie à une lecture nouvelle : celle d'un champ où chaque interaction est quantifiée, comme si un ordre invisible organisait déjà les possibles.

Ce pressentiment s'est ensuite renforcé avec des découvertes comme l'effet Casimir dynamique — qui montre que le vide, soumis à des variations rapides, peut produire de l'énergie mesurable — ou les condensats de Bose-Einstein, qui manifestent une cohérence quantique à grande échelle.

Autant de phénomènes qui suggèrent que le vide n'est pas une absence, mais un champ structuré, doté de propriétés physiques exploitables.

C'est cette intuition qui nous a conduits à explorer plus loin.

Aujourd'hui, elle commence à se concrétiser avec l'ordinateur quantique — une technologie qui exploite certaines propriétés du vide.

Mais ce n'en est qu'un début : nous n'en percevons encore que les prémices.

Pour ma part, j'ai choisi d'aller plus loin. À travers une série d'expérimentations, j'ai pu approcher ce que j'appelle — dans une lecture personnelle — la nature néguentropique du vide quantique : une dynamique qui, dans certains phénomènes, semble orientée vers l'organisation, l'émergence, la cohérence et la complexité.

Cela signifiait pour moi l'existence d'un potentiel inédit, quasi illimité, en degrés de liberté — cette capacité qu'a un système à explorer une multitude de configurations, d'états et de trajectoires.

Et, c'est là qu'une bascule s'est opérée : j'ai entrevu que, si tel était le cas, tout pourrait devenir possible — et que la seule véritable limite serait celle de notre imagination.

Je me suis dit : si je pouvais interagir directement avec ce vide, j'accéderais à un réservoir de potentialités infiniment plus vaste que celui de notre réalité phénoménale. Autrement dit, je pourrais ramener une partie de ces degrés de liberté à notre échelle et créer des conditions entièrement nouvelles pour la matière et l'énergie.

C'est sur ce point que j'ai concentré mes recherches, et c'est aussi là que mes expérimentations ont le plus progressé. Car à partir de cette vision, une nouvelle voie s'est ouverte : celle d'une interaction consciente avec le champ — non plus seulement par intuition, mais par conception.

Sylvana

Et cette néguentropie… est-elle aussi présente dans notre réalité ?

Thierry

En somme, non. Pour répondre clairement, il faut repartir de ce qui structure le plus notre monde visible.

Il faut bien comprendre que dans notre réalité phénoménale, c'est l'électromagnétisme qui joue le rôle dominant — un fait reconnu par la science, et que je reprends dans ma propre lecture.

De ce fait, la plus grande partie de notre réalité observable dépend fortement des interactions électromagnétiques :

- Ce sont elles qui lient les électrons aux noyaux,
- Qui déterminent les orbitales atomiques et moléculaires,
- Qui permettent la lumière, la chaleur, les échanges d'énergie,
- Et qui rendent possible les formes biologiques complexes.

Autrement dit, ce que nous appelons «réalité» — tout ce que nous voyons, touchons, mesurons — est largement structuré et animé par des champs électromagnétiques, même si d'autres forces fondamentales interviennent aussi.

Mais l'électromagnétisme ne fait pas que structurer : il participe aussi directement à l'augmentation de l'entropie.

En science, l'entropie est définie comme une grandeur physique qui mesure le degré de désordre d'un système, ou plus précisément la part de son énergie qui n'est plus disponible pour produire du travail : à chaque interaction, à chaque transition électronique, à chaque liaison qui se forme ou se brise, il y a une part d'énergie qui se dissipe sous forme de photons, de chaleur, ou d'énergie vibrationnelle dissipée.

Cette énergie n'est pas perdue — la première loi de la thermodynamique l'interdit — mais elle se dilue et devient moins disponible pour produire du travail utile — c'est-à-dire une énergie utilisable pour créer un effet dirigé, comme un mouvement, une transformation ou une structure.

Par exemple, prenons le cas d'une plante recevant la lumière du Soleil — une forme d'énergie électromagnétique.

- La plante utilise une partie de cette lumière pour fabriquer du sucre, du bois, des tissus vivants : c'est la création d'un ordre, la formation d'une matière organisée.
- Mais le processus n'est pas parfait : à chaque étape, une partie de l'énergie absorbée s'échappe sous forme de chaleur, produite par l'agitation microscopique des molécules à l'intérieur des cellules — car le mouvement engendre de la chaleur. Cette agitation constante exerce aussi une contrainte sur la cellule, créant une usure au fil du temps.

Ici, nous retrouvons les deux faces : un ordre créé — la matière vivante — et, en parallèle, une production d'entropie, marquée par la chaleur dissipée et l'usure interne des cellules.

Prenons maintenant une réaction chimique, lorsque deux atomes s'unissent pour former une molécule.

- L'électromagnétisme assure que les électrons trouvent une position stable, ce qui permet la création d'une nouvelle structure organisée : une molécule.
- Mais le processus reste imparfait : une partie de l'énergie est libérée sous forme de chaleur, se diffusant vers l'extérieur et ne pouvant plus être réutilisée.

Ici encore, nous retrouvons les deux faces : un ordre créé — la molécule — et, en parallèle, une production d'entropie, marquée par la chaleur dissipée et la perte d'énergie disponible.

Et notre propre corps n'échappe pas à cette dynamique.

Prenons le cerveau humain, lorsqu'un neurone transmet un signal.

- L'électromagnétisme organise le passage des ions à travers les canaux membranaires, permettant la propagation d'un influx électrique.
- Mais là encore, le processus n'est pas parfait : chaque signal requiert de l'énergie pour déplacer les ions à travers les canaux, et une partie de cette énergie se dissipe sous forme de chaleur, produite par le mouvement des molécules — une énergie qui se répand et ne peut plus être réutilisée. Avec l'âge, le système devient moins efficace, et les signaux moins précis.

Ici aussi, nous retrouvons les deux faces : un ordre créé — le signal neuronal — et, en parallèle, une production d'entropie, marquée par la perte de précision et le déclin cognitif.

Et c'est pourquoi, dans notre monde phénoménal — à la différence du vide quantique qui, selon moi, obéit à une dynamique néguentropique — l'énergie finit toujours par se disperser, l'information s'efface, et toute forme tend vers la désorganisation.

Avec le temps, les structures s'usent, les capacités diminuent, et les processus de réparation perdent en efficacité. Même la matière vivante, aussi sophistiquée soit-elle, reste soumise à cette loi de perte.

Sylvana
C'est troublant… Comme si la vie n'était qu'un équilibre fragile entre l'élan d'ordre et l'inévitable fatigue qui l'accompagne.

Thierry
Et notre manière actuelle de créer n'échappe pas à cette dynamique. Elle repose encore sur la transformation — souvent brutale — de structures naturelles.

On coupe, on extrait, on brûle. A chaque fois, c'est la même logique : transformer en forçant. Réactions chimiques, chaleur, pression….

Autrement dit : on détruit pour créer.

Et j'ajouterai que cela n'est pas seulement l'expression de l'entropie : c'en est l'excès — une forme d'hyper-entropie, où le désordre s'accroît artificiellement sous l'effet de nos méthodes brutales. C'est ce que j'ai choisi d'appeler une distorsion : une rupture profonde de l'équilibre initial.

Et si cette méthode s'est imposée, c'est aussi parce qu'elle correspondait à la manière dont on comprenait la matière : dense, résistante, difficile à plier. Il fallait de la vapeur pour faire avancer les trains. Des explosions pour faire tourner les moteurs. On a appris à produire en forçant, en chauffant, en comprimant.

Mais ce processus, aussi maîtrisé soit-il, génère des pertes, des déchets, de la pollution… et surtout, des distorsions.

C'est le même schéma dans nos technologies : elles reposent, dans leur majorité, sur des principes de contrainte, de compression ou d'explosion. Même la recherche scientifique, perpétue ce rapport de force : on bombarde, on scinde, on provoque. Comme si la vérité ne pouvait apparaître que sous pression. Comme si la vérité devait être arrachée de force.

On fait exploser des atomes pour reconstituer leurs fragments. On recrée des conditions extrêmes pour faire apparaître ce qui, autrement, resterait invisible.

Et pourtant… cette méthode — aussi brillante soit-elle — dit aussi quelque chose de nous. De notre rapport au réel : encore fondé sur l'affrontement, l'extraction. Une science de la domination — efficace de prime abord… mais limitée. Parce qu'à force de frapper, on risque de passer à côté de ce qui me semble ne pouvoir se révéler que dans l'écoute.

Sylvana
Tu sais, plus tu avances, plus j'ai l'impression qu'on touche à quelque chose de fondamental.

On ne parle plus seulement de technologie, ni même de science…

Tu dis que notre manière de créer — de chercher, même — pourrait être entièrement revisitée. Non pas en devenant moins précise, mais en devenant plus subtile.

Thierry
Oui. Et il faut reconnaître que la façon dont nous avons exploré, construit, expérimenté jusqu'à aujourd'hui a conduit à des avancées majeures.

Et c'est ce chemin qui nous a conduits jusqu'à un tournant décisif : celui du quantique —un seuil à partir duquel une autre manière de se relier au réel devient possible.

Nous entrons désormais dans un stade d'évolution où la véritable co-création devient possible.

Car si l'ordre est déjà là, inscrit à un niveau plus fondamental — dans le vide lui-même — alors une autre voie devient possible. S'accorder à cet ordre, au lieu de le contraindre.

Créer sans détruire, depuis un espace encore inexploré

Et c'est ça, au fond, ce qui a vraiment marqué un tournant pour moi, c'est la compréhension progressive de ce qu'on appelle « l'effondrement de la fonction d'onde » : non pas comme un mystère à résoudre… mais comme un seuil vivant — une interface entre l'invisible et le visible, entre le champ des possibles et la réalité manifestée.

Car finalement, même dans un système faillible, soumis à la dissipation, il existe — au cœur même de ce qui tend vers le désordre — une autre réalité, souvent ignorée. Car la matière, dans ce qu'elle a de plus dense, de plus tangible en apparence, repose en réalité sur un fond invisible — plus fondamental encore : le vide quantique.

Et ce vide n'est pas un simple espace vide entre les particules — il constitue l'autre versant de la réalité, plus vaste, plus fondamental et structurant. C'est lui, en réalité, qui représente l'essentiel : plus de 99,99 % de ce que nous appelons la matière.

Et à l'intérieur même de ce champ, on trouve des mécanismes intrinsèquement néguentropiques : des dynamiques capables de générer de l'ordre, de maintenir la cohérence, de relier l'information à travers le temps et l'espace.

Autrement dit, la matière que nous percevons comme instable, et temporaire est enracinée dans une structure plus profonde, porteuse de stabilité.

C'est ce retournement qui m'a ouvert une nouvelle voie : reconnaître que, selon moi, la néguentropie n'est pas un ajout extérieur — mais qu'elle serait déjà présente, en germe, au cœur même de ce que nous appelons le réel.

Sylvana
Mais… si, comme tu le dis, ce fond invisible est porteur d'information et d'ordre, alors ce que nous voyons autour de nous semble souvent si chaotique ?

Thierry
Pour moi, c'est pour répondre à l'exigence d'un Univers fondamentalement temporaire et cyclique — autrement dit, qui a un début et une fin, mais perpétuel à dessein.

Concevoir une structure d'Univers temporaire exige la présence d'entropie. En revanche, pour que des cycles infinis puissent se manifester perpétuellement, il faut impérativement la néguentropie — c'est-à-dire une force d'ordre opposée à la dispersion.

Sous cet angle, le vide quantique, en tant que source première de la manifestation continue de l'Univers, me semble porteur d'organisation fondamentale — et à ce titre, capable de soutenir un renouvellement perpétuel des formes, sans qu'il soit nécessaire d'invoquer une énergie infinie.

C'est en cela que le vide quantique rend possible la néguentropie : par sa structure même, il peut soutenir l'émergence d'un ordre qui se maintient et se renouvelle sans fin.

À une échelle plus locale — celle de la conscience humaine, elle aussi de nature temporaire — on observe clairement une dynamique entropique : des résonances alternantes entre polarités constructives et destructives — comme la joie et la colère — qui modulent la réponse du système.

Ces résonances laissent une empreinte directe sur la réalité phénoménale. Pourtant, le vide quantique, lui, ne se teinte d'aucune de ces fluctuations. Il demeure l'expression pure de l'ordre fondamental. Ce n'est jamais le vide qui se désaligne : c'est la réalité manifestée qui reflète, comme un miroir, l'état d'harmonisation ou de dissonance par rapport à lui.

En matière de co-création, il s'agit d'une co-actualisation subtile — hypothétique, mais pour moi profondément féconde — entre la conscience et le vide quantique : une interaction possible, guidée par la cohérence du champ informationnel et modulée par la qualité vibratoire de la conscience qui s'y accorde.

C'est dans cette résonance intime que s'opère la manifestation : non comme un simple acte volontaire, mais comme l'émergence d'un alignement entre l'intention et l'ordre implicite du réel.

. Le Seuil d'un Autre Savoir — Vers une Co-Création avec le Champ

Sylvana
D'accord, je crois que je comprends mieux… Donc si on veut vraiment co-créer, ce n'est pas juste une question d'innovation technique — cela exige une transformation profonde dans notre façon d'entrer en relation avec le réel, c'est bien cela ?

Thierry
Oui. Il faut changer notre perspective, notre conscience, notre manière même de nous situer face au réel.

Pour que cette co-création prenne tout son sens, il nous faut inventer ce que je considère une nouvelle science — une science qui inclue de nouveaux outils de mesure, de nouveaux cadres de pensée, et une infrastructure entièrement repensée.

Car aujourd'hui encore, nous essayons d'observer des phénomènes subtils avec des instruments conçus pour manipuler l'inertie et la masse. Autrement dit, nous ne sommes pas encore équipés pour percevoir ce que le champ pourrait réellement nous révéler.

Sylvana
C'est un peu comme si aujourd'hui on essayait d'attraper un papillon avec un gant de chantier…

Thierry
Exactement.

Trop de force, trop de raideur, pas assez de finesse… Et le papillon s'envole. Mais si tu remplaces le gant par une fleur… alors c'est peut-être lui qui viendra se poser.

C'est cette inversion que je crois nécessaire : au lieu d'imposer un cadre pour forcer l'accès au quantique, il faudrait créer un environnement suffisamment ordonné et stable à notre échelle — une structure d'accueil, capable d'entrer naturellement en résonance avec le champ. Pas pour déclencher un effondrement d'onde, mais pour que celui-ci advienne de lui-même, sans distorsion, comme une réponse naturelle à une cohérence présente.

Cela résume exactement tout mon travail, théorique comme pratique. Toute ma démarche a visé — et vise encore — à rendre possible cette rencontre, sans jamais la forcer.

Sylvana
Donc ce ne serait plus une science qui cherche à «provoquer», mais une science qui s'accorde, qui rend possible...

Thierry
Oui. Une science d'alliance, plus que de conquête.

Et c'est là, à mes yeux, qu'un nouvel art de créer peut émerger.

Parce que si le vide est porteur d'un ordre profond — et que cet ordre peut rencontrer le nôtre sans rupture — alors j'imagine que des phénomènes entiers pourraient devenir accessibles, ici-même, dans le champ du réel.

Mais pour cela, il faut apprendre à penser autrement : passer du contrôle à l'accord, de la force à la subtilité.

Sylvana
Donc, ça rejoint ce que tu disais tout à l'heure... Il faut chercher à élever notre résonance vibratoire, c'est ça ? Accorder notre propre champ intérieur à celui du vide, pour qu'une véritable rencontre puisse avoir lieu.

Thierry
Oui, c'est tout un nouveau paradigme.

Pour qu'un nouvel art de créer puisse vraiment émerger, il ne suffit pas de perfectionner nos outils ou d'imaginer de nouvelles technologies. Il faut d'abord transformer notre manière d'être, notre façon de percevoir, notre niveau de conscience.

Tant que cette transformation n'a pas lieu, il me semble que nous restons face à un seuil : une limite subtile mais bien réelle. Et si nous essayons de le franchir sans cette évolution intérieure, notre perception se brouille et notre intelligence se heurte à ce qu'elle ne peut intégrer.

Sylvana
Tu as dû beaucoup réfléchir à tout ça… peut-être même méditer sur cette idée.

Et alors… qu'est-ce qui t'est apparu quand tu es allé jusqu'au bout ?

Thierry
Oui… j'y ai beaucoup pensé. Et c'est là qu'une évidence m'est apparue :

Si cet ordre profond est bien l'expression d'une Intelligence omnisciente, alors une question centrale émerge — comment une conscience limitée, comme la nôtre, pourrait-elle reconnaître une conscience plus englobante ?

La réponse, en réalité, est dans la question. C'est impossible.

Ce n'est pas une question de fatalité, mais de cohérence : ce que nous percevons du monde dépend toujours du niveau de conscience depuis lequel nous l'observons.

Déjà à l'Antiquité, Plotin l'avait pressenti : selon lui, en substance, toute élévation vers un niveau supérieur de réalité suppose une transformation intérieure ; pour percevoir une réalité plus noble, il faut soi-même s'en approcher en devenant semblable à elle. Autrement dit, on ne peut pas reconnaître une conscience plus élevée tant qu'on ne l'a pas, au moins en partie, pressentie en soi.

Tant qu'on reste enfermé dans un niveau de conscience, on ignore même ce qu'il est possible de percevoir au-delà. On ne sait pas ce qu'on cherche, parce qu'on ne peut pas encore en concevoir l'existence. C'est seulement quand quelque chose en nous commence à vibrer différemment — à s'ouvrir, à s'affiner — que cette réalité plus vaste devient peu à peu perceptible. Non par la comparaison, mais par résonance. Car on ne perçoit pas cette conscience plus élevée en se mesurant à elle, mais en entrant dans un état qui entre en résonance avec la sienne : comme deux notes qui vibrent ensemble, un accord qui demande un effort conscient.

Sylvana
Mais alors… qu'est-ce qui nous pousse à chercher à nous élever, si on n'en a même pas conscience au départ ?

Thierry
La beauté de la vie, c'est justement ça : toute forme de vie évolue, portée par une dynamique qui tend naturellement vers plus de complexité, plus de cohérence, plus de conscience.

Une vision que Teilhard de Chardin (1881–1955), dans les années 1930 à 1950, avait déjà formulée, en observant que l'évolution suit une courbe ascendante — de la matière à la pensée, de la pensée à l'unité.

Et là, finalement, on se rend compte que deux voies s'offrent à l'humain pour évoluer :

Suivre le cours naturel de cette évolution — la voie générale, celle du temps linéaire, l'enchaînement causal du passé vers le futur ; mais cette évolution naturelle est lente, trop lente. Elle peut prendre des millions d'années, avec d'innombrables aléas. Or la nature elle-même semble nous inviter à dépasser cette lenteur, à transcender le Temps. Elle nous tend une autre voie : la Voie d'Exception.

Celle où l'Homme s'engage dans un véritable travail intérieur — un effort de transformation, de clarification, de mise en accord — pour rendre possible un saut d'évolution : une résonance active avec un niveau supérieur d'organisation.

Et pour moi, ce saut n'est pas un luxe spirituel. C'est la seule voie pour garantir la survie.

Parce que l'humanité est confrontée à des cycles naturels, ou à des événements cosmiques imprévisibles, qui peuvent à tout moment mettre en péril son existence.

Il ne faut pas attendre d'y être contraints pour évoluer. Il faut être proactifs.

Et tout mon travail s'est inscrit dans cette perspective : comment affiner ma perception, élever mon niveau de conscience… pour que ce qui ne m'apparaissait pas puisse enfin m'apparaître — et, ensuite, pouvoir partager ces découvertes.

Il y a eu pour moi une prise de conscience déterminante : réaliser que nous baignons littéralement dans le monde quantique — que ce soit notre environnement mais aussi notre propre corps biologique et notre conscience. Notre réalité, à plus de 99,99 %, n'est pas constituée de matière solide, mais de vide structuré par les lois quantiques. Et cette découverte change absolument tout.

Car cela signifie que nous ne sommes pas séparés de ce champ, mais intimement reliés à lui — reliés sympathiquement, c'est-à-dire par résonance vibratoire, à ce que j'appelle l'Intelligence omnisciente, cette trame d'ordre et de cohérence qui sous-tend le monde quantique.

Dès lors, il devient concevable que nous ayons accès, au moins en principe, à des degrés de liberté presque infinis : un réservoir d'émergence, de créativité et d'évolution, bien au-delà des limites que nous croyions fixes.

Sylvana

Je vois… donc, essentiellement, ce que tu décris, c'est une manière de s'unir à l'Univers lui-même. Pas symboliquement, mais réellement. Une forme d'alliance profonde, presque intime… C'est ça ?

Thierry

Oui. Mais ça va bien plus loin encore.

Cette alliance ne peut pas être le fruit d'un simple effort intellectuel ou technique.

Elle exige un basculement complet de notre manière d'être au monde.

Ce que je cherche à exprimer, dans le cadre de mon modèle, va plus loin qu'une unification des forces physiques. C'est une unification totale : entre le visible et l'invisible, le mesurable et l'insondable.

Le Un, en rapport avec le Tout.

Et d'ailleurs, c'est là que m'est apparue une science fondée sur la Relativité Absolue — comme je t'en avait déjà parlé : une formulation propre à mon modèle, qui ne s'appuierait plus sur un point de vue local ou relatif, mais sur la cohérence même du champ.

Et si cette posture est juste, alors un autre langage devient possible. Un langage qui ne sépare plus le sujet de l'objet, l'humain du Cosmos, le visible de l'invisible… mais qui les inscrit dans une même trame — parce que, du point de vue du vide, tout est Un.

La Relativité Absolue, telle que je la conçois, selon mon modèle, c'est le Un qui se perçoit à travers le Tout — et le Tout qui se reflète dans le Un.

Je suis un individu, mais je participe au Tout. Je suis à la fois un point d'observation unique… et une expression de l'unité sous-jacente.

Et c'est cette Relativité Absolue qui rend possible l'unification des forces, non pas par réduction, mais par résonance.

Et si cette cohérence dont nous parlons ne se limitait pas au domaine quantique ? Si elle s'étendait à l'Univers entier, jusque dans ses constantes, ses lois, son architecture ? C'est là qu'intervient une autre question fascinante, que peu de gens connaissent : le principe anthropique.

2. Le Principe Anthropique — Quand l'Univers Semble Nous Attendre

Sylvana
J'imagine que ce n'est pas l'entropie, celle de désordre ou de vieillissement dont on vient de discuter…

Thierry
Non, il s'agit du principe anthropique, avec un « a ».

C'est un concept rarement mis en avant, et qu'il ne faut surtout pas confondre avec l'entropie — ce principe fondamental de la thermodynamique, qui mesure le degré de désordre ou d'irréversibilité d'un système.

L'entropie croît dans l'Univers, indiquant que les choses évoluent tendanciellement vers des états de plus en plus désorganisés.

Ici, je parle du principe anthropique, qui pose une question tout à fait différente — et fascinante : pourquoi l'Univers que nous observons est-il aussi précisément ajusté pour permettre notre existence ?

Autrement dit : pourquoi ses lois, ses constantes, sa structure… tombent-elles toutes « juste bien » pour que la vie — et en particulier une forme de conscience — ait pu émerger ?

Sylvana
Donc ce que tu suggères, c'est que l'Univers n'est peut-être pas juste «présent», mais agencé d'une manière qui permet… qu'on soit là pour le constater ?

Thierry
Exactement.

C'est ce que dit la version « faible » du principe anthropique : nous observons un Univers compatible avec la vie… parce que nous sommes vivants pour l'observer.

Dit autrement : si l'Univers n'avait pas permis notre existence, on ne serait pas là pour s'en poser la question.

Et le principe anthropique « fort » : il propose que l'Univers semble structuré de manière à permettre l'émergence de la vie consciente.

Comme si cette possibilité — celle d'une conscience capable de se poser des questions — était inscrite dès le départ, dans les conditions mêmes de l'Univers.

Sylvana
Donc, si je comprends bien… sans confondre les cadres, il y a comme un fil

rouge : en mécanique quantique, l'observation intervient dans l'actualisation locale ; en anthropique, la présence de l'observateur reconfigure notre lecture de l'Univers.

Comme si, à deux niveaux très différents, notre présence ne serait pas juste un hasard, mais une donnée qui compte dans la structure même de l'Univers ?

Thierry

Oui. Et c'est pour ça que je les relie.

Le rôle de l'observateur est central dans les deux cas mais pas de la même façon : en physique quantique, l'acte de mesure intervient dans le résultat mesuré : en anthropique, c'est l'existence de l'observateur qui explique pourquoi l'Univers observé est compatible avec la vie.

Sylvana

Donc tu as terminé par le principe anthropique… Je comprends pourquoi. C'est sans doute la plus déstabilisante, parce qu'elle touche ce que nous sommes — et ce qui rend possible que nous soyons là pour penser le fait même d'être là. À cette conscience qui observe, qui interroge, qui veut comprendre. Et qui, en même temps, fait partie du mystère.

Thierry

Oui. Quand j'ai médité sur le principe anthropique, ce n'était pas pour résoudre une énigme scientifique abstraite. C'était une forme de vertige intérieur. Une intuition fulgurante : tout semblait avoir été agencé avec une précision inouïe… pour que la conscience puisse apparaître. Et non pas une conscience quelconque — mais une conscience capable de se poser cette question.

Sylvana

Tu veux dire… comme si l'Univers avait tout mis en place pour qu'on soit là, un jour, à s'émerveiller de lui ?

Thierry

Oui. Et ce qui m'a frappé, comme on en a déjà discuté, c'est le degré de précision de cet ajustement.

De minuscules variations de certaines constantes (constante de structure fine, gravitation, densité critique, forces nucléaires) suffiraient à rendre impossible la formation des étoiles ou de la chimie complexe — et donc de la vie.

Chaque paramètre semble réglé comme les engrenages d'une horloge, ou les notes d'une partition complexe. Pas pour produire une mécanique… mais pour permettre l'émergence d'un regard.

Et ce qui m'a troublé, c'est que ce regard n'est pas un simple effet collatéral.

Il est la seule chose capable de constater la justesse de tout cela.

Sans conscience, il n'y aurait personne pour percevoir cet ordre.

C'est là que j'ai commencé à me demander si cette conscience n'était pas au cœur même du dispositif.

Sylvana
Et pourtant... la science pourrait répondre : on est là, donc forcément, c'est compatible. Point final.

Thierry
Oui. Et si la conscience n'était pas juste un phénomène émergent, mais une condition nécessaire à l'existence même d'un Univers structuré... il fallait renverser la perspective.

C'était peut-être le Cosmos lui-même qui, pour se manifester pleinement, avait besoin de la conscience. Comme si celle-ci jouait le rôle de miroir actif, de mécanisme de rétroaction permettant à l'ordre quantique — « aveugle » — de s'actualiser dans la conscience. Un passage de l'ordre implicite à l'ordre pleinement conscient.

En méditant sur cette justesse, une idée m'a traversé avec une intensité bouleversante :

Et si l'Univers, à travers toute forme de conscience en son sein (y compris nous-même), devenait capable de se regarder lui-même aussi ?

Sylvana
Tu viens de tout retourner.

Ce n'est plus seulement l'humain qui contemple le Cosmos.

C'est le Cosmos qui prend conscience de lui-même, en nous et à travers toute forme de conscience.

Thierry
Oui. Et si cette hypothèse est juste, alors la conscience n'est plus un effet secondaire. Elle devient, dans mon approche, un acte fondamental de l'Univers. Un acte de retour.

Comme si l'Univers, après s'être expansé, structuré, complexifié, trouvait enfin en chaque état de conscience un miroir. Un point de contact où l'intérieur et l'extérieur se rejoignent.

Sylvana
Tu sais... J'ai l'image d'une goutte d'eau qui reflète tout l'océan. Une minuscule goutte, et pourtant... c'est l'immensité qui s'y regarde. C'est ça, ce que tu

veux dire ?

Thierry
C'est exactement cela. Et cela transforme tout.

Parce que dans cette perspective, la science ne peut plus se contenter d'observer des objets extérieurs. Elle doit devenir une science de la relation. Une science où la conscience est un élément structurant de la réalité.

Sylvana
Et c'est ça que tu appelles une « science de la conscience » ? Une science où le chercheur ne s'extrait plus du monde pour l'analyser, mais accepte d'être, lui-même, un point d'émergence du réel ?

Thierry
Oui. Le principe anthropique m'a conduit là — à cette évidence : l'Univers n'est pas extérieur à nous. Nous sommes, littéralement, des expressions de sa propre intelligence — une intelligence en train de se reconnaître.

Sylvana
Et ce que tu dis, c'est que c'est en partant de ce vertige-là… que tu as osé formuler tes postulats ?

Thierry
Oui. Parce que ce vertige n'était pas une fuite dans l'imaginaire. C'était une expérience intérieure d'une cohérence plus vaste. Il m'était absolument nécessaire de pouvoir situer ma place dans cet Univers pour commencer à comprendre l'origine de mon intelligence, de ma conscience… et au-delà de ces deux aspects, la nature même de mon esprit.

Sylvana
En clair, tu ne pouvais pas penser l'Univers sans t'impliquer toi-même dans la question ?

Thierry
Exactement.

Très jeune déjà, je sentais que cette question ne pouvait pas être éludée.

Quand j'étais adolescent, il m'arrivait, au plus profond de certaines méditations, de ressentir une sortie de conscience hors de mon corps. C'est une expérience difficile à décrire, mais elle était très nette. J'étais toujours là, bien conscient… mais détaché de toute identification physique.

C'est ce qu'on appelle communément une sortie hors du corps. Et c'est là que quelque chose s'est imposé en moi avec évidence : je ne suis pas ce corps, alors il n'est qu'un véhicule, un relais, un support d'expérience. Mais l'essentiel de ce que je suis… est ailleurs et je me dois de le chercher.

Sylvana
Tu es en train de me dire que tu avais la sensation d'exister en dehors du monde physique ?

Thierry
Oui. C'est exactement ça.

Il m'est arrivé de plonger dans des méditations si profondes que j'avais l'impression d'embrasser tout le potentiel de l'Univers… tout en me tenant en dehors de lui.

Sylvana
Donc là, ce n'est plus une idée que tu expliques, mais quelque chose que tu as vraiment vécu…

Thierry
Oui. Et dans cet état, une phrase m'est venue un jour, avec une clarté saisissante :

Je suis l'Esprit hors de la matière.

Ce n'était pas une image, c'était un vécu. Et ce vécu a transformé ma recherche. Car si j'étais capable d'observer mon corps, si j'étais capable d'observer l'Univers… alors je n'étais ni l'un ni l'autre. J'étais un principe d'observation, un esprit-conscient, capable de se projeter au-delà du cadre matériel.

Et ce point de bascule m'a conduit à reformuler toute ma manière d'interroger le monde.

Sylvana
Mais c'est énorme, ce que tu dis. Parce que ça change complètement le regard qu'on porte sur nous-mêmes. Tu ne pars plus de l'homme comme point de départ, mais de l'esprit comme origine.

Thierry
Oui. Et cette inversion m'a conduit à une question que je ne pouvais plus éviter :

Comment se fait-il que des êtres aussi petits, aussi localisés que nous, soyons capables de vouloir comprendre l'origine même de l'Univers ?

Ce n'est pourtant pas une nécessité vitale. Ce n'est pas, non plus, une condition de survie. Et pourtant, nous l'avons fait. Poussés par une force mystérieuse, une sorte d'appel intérieur, presque irrésistible, exerçait sur nous une attraction silencieuse. Quelque chose en nous voulait comprendre. Devait comprendre.

Nous avons remonté le temps cosmique jusqu'à l'aube de l'Univers observable. Nous avons capté la lumière de galaxies vieilles de plus de 13 milliards d'années, grâce à des instruments comme le télescope spatial Hubble. Et tout cela depuis un point microscopique perdu dans l'espace… aussi fragile, aussi presque inexistant, qu'un souffle suspendu dans l'immensité.

Sylvana
Tu veux dire que cette soif de comprendre trahit quelque chose… d'invisible ?

Thierry
Oui. Elle trahit notre origine.

Et plus j'y ai réfléchi, plus une question est devenue centrale pour moi :

Qu'est-ce qui, en nous, peut porter une telle soif de comprendre ? Ce désir de dépasser notre condition, de remonter jusqu'à l'origine…

Il ne pouvait pas, à mes yeux, être le simple produit d'un assemblage de neurones. Il fallait qu'il y ait quelque chose de plus vaste, de plus fondamental.

C'est là que j'en suis venu à considérer que si l'être humain était capable d'un tel dépassement, c'est parce qu'il est constitué de trois éléments fondamentaux :

D'abord, un esprit, non local — capable de transcender l'espace et le temps. Cet esprit, selon moi, fait partie intégrante de la puissance créatrice à l'origine même de l'Univers. Peut-être qu'au fond, ce que je cherchais à travers la science… ce n'était pas l'Univers lui-même, mais cette puissance première, qui l'a manifesté.

Ensuite : d'une conscience. C'est ce qui nous permet de vivre, d'expérimenter, d'inventer, de créer. Nous sommes dotés d'une capacité à transformer le monde. C'est elle qui fait de nous des co-créateurs.

Et enfin : un corps, enraciné dans une réalité locale — qui nous permet de nous exprimer ici, sur cette planète, dans le champ du temps et de la matière.

Sylvana
Je voudrais revenir sur le premier élément. Tu veux dire que ce n'est pas l'Univers que tu cherchais vraiment, mais cette source invisible qui le fait exister ? Et que notre esprit en serait comme un éclat — relié à quelque chose d'infiniment plus grand que nous ?

Thierry
Oui, exactement.

L'Univers n'est pas une entité locale ou fermée — c'est une expression, un prolongement, de cette source originelle.

Sylvana
Et ce que tu dis sur cet appel intérieur… c'est vraiment intriguant.

Tu penses qu'on est là, en quelque sorte, pour retrouver notre propre histoire ? Comme si comprendre l'Univers, c'était aussi se souvenir de qui on est ?

Thierry
Oui. Et ce que je propose ici, ce n'est pas une vérité imposéc — c'est un exercice intérieur. Une manière d'imaginer autrement, de poser les grandes questions sous un autre angle.

Pour moi, l'Univers est un immense champ d'expériences. Et l'être humain en est une interface complexe pour explorer ce champ à travers différents plans.

L'esprit, je le ressens comme quelque chose d'insaisissable. Il échappe aux catégories, aux définitions, comme s'il portait en lui une infinité de potentiels.

En revanche, selon moi, la conscience, ainsi que le corps physique, sont des formes de technologie universelle — des outils d'incarnation, d'exploration, de transformation.

Mais ce qui me semble essentiel, c'est que la conscience ne serait pas un phénomène purement localisé dans le cerveau. Elle ne résulterait pas du seul fonctionnement neuronal.

Dans cette perspective, elle précèderait le processus biologique — et donc la matière elle-même. Et c'est cette non-localité qui, selon moi, nous donnerait cette capacité inouïe : vouloir comprendre ce qui nous dépasse.

Sylvana
Tu es allé très loin dans cet exercice intérieur… Tu n'as pas seulement réfléchi autrement — tu as changé de point de vue.

Thierry
Oui. Il m'a fallu faire cet effort radical. Je devais me projeter comme un géant qui observe l'Univers tout entier — et non rester enfermé dans mon humanité minuscule, comme un simple point qui regarde un horizon infini. Tant que je restais à cette échelle, tout me ramenait à mes limites.

Mais en inversant la perspective, en me plaçant au-delà, j'ai pu commencer à percevoir le tout autrement — non plus fragmenté, mais comme un ensemble cohérent, habité d'une intention. C'était une forme d'exercice intérieur, presque mystique, oui — mais pour moi, c'était une nécessité.

Sylvana

Et ça a changé quelque chose dans ta manière de chercher ?

Thierry

Tout.

Tant que je restais dans ma condition locale, ma pensée tournait en rond dans un périmètre restreint.

Mais en me plaçant dans une position d'être illimité — ne serait-ce que par l'imaginaire — j'ouvrais un champ maximal de possibles. Et cette ouverture m'a servi de moteur.

Je ne suis pas le seul à l'avoir pressenti. La vraie différence, peut-être, c'est que je suis allé jusqu'au bout de l'exercice : je me suis projeté au-delà de l'Univers… pour tenter de le comprendre de l'extérieur, puis de le retraverser de l'intérieur.

Sylvana

Mais alors, à ce niveau-là… je me demande de nouveau, comment fais-tu la part entre l'intuition, l'imagination, et la rigueur scientifique ?

Thierry

C'est une question capitale. Et je l'ai prise très au sérieux.

Un scientifique doit oser. Il doit s'autoriser à entrer dans des imaginaires vastes, à formuler des hypothèses parfois vertigineuses. C'est une phase qu'on pourrait appeler période d'« incubation », où les idées surgissent, se confrontent, se croisent.

Mais ensuite, il faut filtrer. Tester. Structurer. C'est là que commence le vrai travail : confronter ces intuitions à ce qu'on sait, inventer même parfois de nouveaux moyens de vérification, car les cadres existants ne suffisent pas toujours.

Sylvana

Donc… Il faut un grain de folie, mais aussi une rigueur d'acier ?

Thierry

Oui. Il faut oser aller très loin — et revenir avec rigueur.

Et c'est aussi pourquoi la critique facile me paraît toujours si pauvre… parce que bien souvent, elle vient de ceux qui n'ont aucune idée de ce que ce chemin intérieur exige.

Sylvana

Alors ce que tu proposes… ce n'est pas juste une autre vision de l'Univers. C'est une autre manière d'y prendre part. Non plus comme observateurs extérieurs… mais comme les points d'éveil d'une conscience cosmique.

Thierry
Oui. Et ce changement de regard, pour moi, n'a rien d'ésotérique.

Ce n'est pas une fuite du réel — c'est une exigence intellectuelle.

Quand 95 % de l'Univers nous échappent, ce n'est pas l'Univers qu'il faut corriger. C'est notre manière de le questionner qu'il faut remettre en cause.

Et cette remise en cause, certains physiciens l'ont pleinement assumée — en osant remettre en question les fondements mêmes de notre regard sur le réel.

Werner Heisenberg (1901–1976) le résumait ainsi :

« Ce que nous observons n'est pas la nature elle-même, mais la nature exposée à notre méthode de questionnement. »

David Bohm (1917–1992), de son côté, suggérait que l'« ordre implicite » n'est pas caché, mais ignoré, faute du bon regard.

Sylvana
Tu sais que je t'écoute depuis tout à l'heure avec un mélange de vertige et de calme.

Et en même temps, j'ai cette question qui monte, très simple, très directe :

Qu'est-ce que tu as fait, concrètement, une fois que tu as vu ça ? Je veux dire… à partir du moment où tu avais toutes ces questions ouvertes, où est-ce que tu es allé ? Qu'est-ce qui a émergé, là, dans ce vide que la science ne savait plus nommer ?

Thierry
Ce que j'ai fait, c'est me retirer profondément en moi-même.

Je n'avais pas encore de théorie. Pas de plan. Mais je savais que je devais aller écouter ailleurs.

J'ai cessé d'attendre des réponses du cadre existant. J'ai accepté de m'enfoncer dans un espace de silence, sans attendre quoi que ce soit. Et peu à peu, des lignes ont commencé à apparaître. Pas des certitudes. Pas des équations. Mais des directions. Des structures intuitives. Des axes.

À ce moment-là, j'ai compris que ma recherche ne pouvait plus se limiter à accumuler des données ou à manipuler des concepts. Il fallait changer de plan. Explorer l'intérieur autant que l'extérieur. C'est devenu clair : la seule manière d'accéder à une cohérence plus vaste, c'était de transformer ma propre posture.

Et c'est là que la méditation a pris tout son sens — non pas comme un refuge, mais comme un instrument. Un instrument pour percevoir autrement, sans jamais renoncer à la cohérence logique, qui reste, pour moi, non négociable.

Sylvana

Je t'écoute… et je mesure à quel point cette bascule intérieure a dû être radicale.

Moi, honnêtement, je crois que je me serais vite perdue dans un vertige pareil. Alors si tu veux bien, avant qu'on entre dans le cœur de ta théorie, j'aimerais qu'on parle de ça : comment tu as fait pour rester centré.

Parce que franchement… c'est tout sauf évident.

Chapitre 6

Une Posture d'Unité

~

Repenser l'Univers depuis l'Intérieur

Chapitre 5 – Une Posture d'Unité — Repenser l'Univers depuis l'Intérieur

Sylvana
Tu sais… jusqu'ici, on a regardé les choses depuis l'extérieur : ce que la science sait, ce qu'elle ignore, ce qu'elle laisse en suspens.

Tu as décidé de repartir de l'intérieur — pas au sens figuré, vraiment de l'intérieur. Et ça, pour moi, c'est à la fois déroutant et fascinant.

J'aimerais comprendre : comment on fait pour oser ça ? Pour rester à la fois lucide, rigoureux… et pourtant totalement ouvert à ce qui dépasse nos cadres habituels ?

Thierry
Oser ce pas vers l'intérieur, c'est accepter de changer radicalement de posture.

Ce n'est plus seulement observer, mesurer, analyser depuis l'extérieur, mais accueillir aussi une autre forme de connaissance, plus intuitive, plus directe.

Cette démarche demande une rigueur sans faille : il ne s'agit pas de se laisser emporter par des impressions, mais de toujours croiser cette expérience intérieure avec la logique et les faits extérieurs.

C'est un travail d'équilibriste : avancer dans un espace où l'intuition dialogue avec la raison, où la conscience devient un outil d'exploration aussi sérieux que n'importe quel instrument scientifique

C'est ainsi que j'ai pu commencer à percevoir des structures invisibles à la science classique, tout en restant strict sur l'exigence de cohérence et de vérifiabilité.

Cette liberté d'exploration, je l'ai toujours vécue avec vigilance. Sans rigueur, toute intuition peut devenir illusion. C'est pourquoi j'ai construit, peu à peu, une discipline intérieure très exigeante, capable de tenir ensemble l'ouverture maximale… et la cohérence la plus stricte.

C'est dans ce cadre — à la fois souple et rigoureux — que mes premières perceptions ont commencé à s'organiser.

Sylvana
Ce que tu dis m'intrigue… Avec toutes les idées qui peuvent surgir, comment as-tu fait pour savoir lesquelles ont vraiment du fond ? Qu'est-ce qui t'a permis de sentir qu'une intuition mérite d'être suivie — et qu'elle n'était pas juste séduisante en apparence ?

Thierry
C'est une question cruciale, et je me la suis souvent posée moi-même.

Avec le temps, j'ai développé une faculté à détecter rapidement les impasses, les fausses pistes, les spéculations déconnectées de toute consistance physique ou logique.

Pour cela, plusieurs outils m'ont été utiles, parmi lesquelles des expériences empiriques — parfois étalées sur plusieurs années — et des avis scientifiques spécialisés, sollicités dans de nombreux domaines fondamentaux.

Sylvana
Mais comment as-tu réussi à intégrer des savoirs aussi différents ? Cela doit être difficile de tisser tout cela ensemble sans en perdre le fil.

Thierry
C'est vrai, et ce n'était pas sans difficulté.

Mais très vite, j'ai compris que je ne pouvais pas compartimenter les connaissances.

La complexité du réel m'a rapidement confronté à une évidence : aucune science n'est étrangère à l'étude de l'Univers. Chimie, physique, biologie, cosmologie, mathématiques, philosophie, neurocognition… toutes participent à l'intelligence du Tout.

Cela a exigé de moi un effort constant de transversalité, de croisement des données, et parfois même de traduction entre les paradigmes. Mais c'est aussi là que j'ai trouvé mes plus belles intuitions.

Cela faisait déjà six ans que je vivais plongé dans les écrits des plus grands penseurs de l'histoire des sciences. Leurs idées m'habitaient, je les interrogeais, je les faisais dialoguer dans ma tête, parfois jusqu'à la confrontation.

En 1996, après environ neuf mois d'une réflexion intense sur la nature de l'Univers, une idée s'est imposée à moi avec une force irréversible :

Si je veux comprendre l'Univers, je dois l'intégrer en moi.

Sylvana
Tu t'es donc identifié à l'Univers…

Thierry
Oui, ça peut sembler déroutant… Mais c'est ce que j'ai fait, un exercice de pensée radical, que je qualifierais d'expérience cognitive immersive : j'ai fait le rapprochement symbolique et expérientiel entre l'Univers et mon propre mental.

J'ai décidé, conceptuellement, de devenir l'Univers, de m'y identifier pour en ressentir de l'intérieur la logique, les tensions, les rythmes, les possibilités.

Sylvana
Quand tu dis « intégrer l'Univers en toi », je sens que ce n'est pas une image pour toi. Alors… concrètement, comment tu faisais pour penser à cette échelle ? Tu avais une méthode précise, ou c'était plus instinctif, intérieur ?

Thierry
Cela peut paraître étrange d'un point de vue extérieur, mais cet acte a été d'une fécondité scientifique considérable. Car le mental est le seul objet connu capable de s'observer et de se décrire lui-même.

Très tôt — comme on en a parlé à propos de mon enfance en Martinique — j'avais développé une sensibilité particulière. Je percevais autour des êtres vivants — et parfois même autour d'objets inertes — des formes lumineuses, comme des champs structurés.

Avec le temps, j'ai compris qu'il ne s'agissait pas d'une simple impression visuelle, mais d'une perception subtile, globale, associant sensations, rythmes et spatialité.

Je pouvais aussi générer intérieurement des formes complexes, qui évoluaient comme des entités vivantes. Elles se transformaient, s'imbriquaient les unes dans les autres, selon une logique silencieuse — une géométrie intérieure, fluide et cohérente, que je ne maîtrisais pas consciemment, mais que je ressentais de manière organique.

Et j'avais déjà, sans le nommer ainsi, une relation intime avec le Temps.

Devenu adulte, j'ai peu à peu structuré cette capacité. Je me mettais volontairement dans un état de méditation profonde, centré intérieurement, pour atteindre une immersion totale dans mes réflexions. C'était une forme de méditation active : je ne cherchais pas à faire le vide, mais à me connecter intensément à un sujet — dans mon cas, à l'Univers lui-même. Et cette démarche entrait en résonance directe avec ce que je viens de te dire :

« Si je veux comprendre l'Univers, je dois l'intégrer en moi. »

Sylvana
C'est impressionnant… Moi, rien que de m'asseoir cinq minutes pour méditer, je me retrouve déjà à penser à tout ce qu'il me reste à faire dans la journée, et tous mes problèmes me passent par la tête. Alors réussir à plonger dans l'Univers lui-même… je crois que j'en suis encore loin !

Thierry
Je te rassure, tu n'es pas la seule.

Ça me fait sourire parce que, même pour quelqu'un de très motivé, c'est loin d'être simple au début. Il faut beaucoup de temps, de patience… et surtout apprendre à apprivoiser son propre mental, avant même d'essayer de ressentir celui de l'Univers.

C'est aussi pour cela que, très tôt, j'ai commencé à développer des technologies capables de soutenir cette exploration intérieure — des outils pour accéder plus facilement à cet état de connexion, et en amplifier la portée. Elles ont joué un rôle essentiel dans mon parcours.

Et j'aimerais que toi, et d'autres aussi, puissiez un jour vivre cette expérience — ne serait-ce qu'une fois. Parce que cela change tout. Ça transforme notre manière de voir, de ressentir, d'être au monde. Et aujourd'hui, je crois sincèrement que cette ouverture intérieure n'est plus un luxe. C'est une nécessité si l'on veut élargir notre conscience et retrouver un lien vivant avec l'essentiel.

Sylvana
Rien que d'imaginer ce que tu as pu vivre… ça me donne envie de l'expérimenter un jour, moi aussi.

Et ce qui me surprend, en t'écoutant, c'est que ta méditation n'était pas une fuite du monde — mais une manière d'y entrer encore plus profondément. C'est tellement à l'opposé de ce qu'on imagine, en fait…

Thierry
Oui, exactement.

Beaucoup de gens utilisent la méditation pour atteindre la sérénité ou lâcher prise. Moi, je l'utilisais comme un outil d'exploration.

En partant de cette capacité unique, j'ai posé mon premier postulat métaphysico-physique…

Je vois que tu fronces les sourcils…

Je vais t'expliquer ce que cela signifie. C'est un terme qui mêle deux domaines : la métaphysique, qui s'intéresse à la nature profonde de la réalité au-delà du monde physique, et la physique, qui étudie ce qu'on peut mesurer et observer concrètement.

Et donc, en partant de cette capacité unique, j'ai formulé ce postulat :

L'Univers est l'Unique Réalité Substantielle, Vivante et Consciente de lui-même.

Je l'ai considéré comme non manifesté dans son essence — à l'image de l'esprit humain — mais contenant en germe la manifestation de lui-même.

Sylvana
Tu poses ça comme un point de départ… mais en réalité, c'est tout un monde que tu affirmes là. Dire que l'Univers est vivant et conscient de lui-même, c'est déjà tout remettre en perspective.

Thierry
Exactement.

Et ce renversement intérieur m'a conduit à une révélation profonde : la science est, en dernière instance, une affaire de conscience.

Tu sembles pensive…

Sylvana
Oui… Une « affaire de conscience » ? Tu veux dire que toute la recherche scientifique, au fond, repose sur la manière dont on est relié intérieurement à ce qu'on cherche à comprendre ? Ce n'est pas juste une question d'outils, de mesures, d'objectivité… mais d'état de conscience ?

Thierry
Oui. Car toute observation, toute hypothèse, toute modélisation s'enracine dans une perception. Et cette perception dépend intimement de l'état de

conscience de celui qui observe.

Même les démarches les plus rigoureuses ne sont jamais totalement neutres : elles sont traversées par la qualité d'attention, la sensibilité, la maturité intérieure du chercheur.

C'est pour cela que, au fond, on ne peut pas dissocier radicalement la science de l'être humain qui la produit.

Comprendre l'Univers, c'est aussi — nécessairement — comprendre quelque chose de nous-mêmes.

Sylvana
Tu ne posais donc pas seulement une question scientifique… Tu reformulais déjà, en silence, le lien entre l'Univers et la conscience.

Thierry
Oui. Et c'est là que tout a basculé plus profondément encore.

Ce que j'ai entrevu ensuite, c'est une infinitude qui ne se donnait pas seulement à mesurer, mais à vivre intérieurement.

Ce vertige m'a accompagné jusqu'au cœur de mes hypothèses, de mes calculs, de mes preuves expérimentales, de mes découvertes — car à chaque étape, il me rappelait que la vraie question n'était pas :

Comment fonctionne l'Univers ?

Mais :

Comment puis-je, en tant qu'être conscient, me relier de façon juste à ce qui Est ?

Sylvana
Je dois t'avouer, ce que tu viens de décrire suscite en moi une profonde réflexion.

Parce que ce n'est pas juste une méthode de travail ou une posture intellectuelle — c'est une manière d'être au monde. Une manière de se rendre disponible à quelque chose qui nous dépasse.

Thierry
« Oui… et c'est exactement ce qui m'a conduit à franchir un seuil. Car à partir de là, il ne s'agissait plus seulement de comprendre — mais de repenser l'Univers depuis l'intérieur.

Sylvana
Donc… ce que tu proposes, ce n'est pas seulement une autre théorie. C'est un changement complet de perspective.

Mais je me demande… comment on fait pour passer à cette science-là ?

Qu'est-ce qui t'a permis, toi, de franchir ce cap ?

Thierry

Pour que cette science devienne vivante, il fallait franchir une nouvelle étape.

Il me fallait adopter une nouvelle posture : celle de l'Univers lui-même, envisagé depuis le Tout.

Pour cela, je me suis placé là où tout commence. À l'instant où l'Univers naît. Comme si je me tenais au seuil — à la première personne de l'Univers — pour percevoir un réel en train de s'organiser, vu de l'intérieur.

C'est depuis cet espace — depuis cette posture d'unité — qu'ont émergé sept éléments conceptuels fondamentaux de l'Univers.

Ils n'ont pas vocation à figer le réel dans un modèle, ni à proposer une vérité ultime.

Ils m'ont d'abord servi de repères et de leviers : grâce à eux, j'ai pu pas à pas, organiser ma pensée, affiner ma perception et construire une cohérence d'ensemble.

C'est pourquoi je les partage aujourd'hui — non comme des certitudes, mais comme des concepts pour approcher autrement le réel : depuis un point de vue plus vaste, plus intérieur, plus en adéquation.

Cette étape est, en somme, une fenêtre ouverte sur ma vision de l'Univers : ces sept éléments n'ont de sens que si l'on comprend d'où ils viennent et quel regard les a fait naître.

C'est, en tout cas, ce que je souhaite partager.

Sylvana

Ce que tu décris là… ça bouscule pas mal notre idée de ce qu'est une « vraie » démarche scientifique.

On a tellement appris à se méfier de tout ce qui est subjectif, intérieur, intuitif…

Est-ce que tu n'as jamais eu peur qu'on te reproche de t'éloigner de la rigueur scientifique ?

Thierry

Effectivement, cette manière de penser peut surprendre. Non parce qu'elle serait floue ou mystique, mais parce qu'elle déplace le centre de gravité de la science.

Ce n'est pas un recul devant la rigueur : c'est un déplacement du point d'appui.

Car un regard subjectif n'est pas nécessairement arbitraire.

La science, dans son essence, ne s'est jamais fondée sur le rejet de l'expérience — mais sur son approfondissement méthodique.

Elle repose sur une démarche structurée : observer, expérimenter, formuler des hypothèses, les mettre à l'épreuve, et confronter les résultats à la réalité.

C'est cette dynamique, fondée sur la rigueur, la cohérence et la capacité à remettre en question ses propres modèles, qui fait la force de la science.

Mais si l'on accepte d'élargir le champ de perception — sans renoncer à cette exigence — alors un autre mode de compréhension devient possible.

Un mode où l'intuition, l'expérience intérieure et la subjectivité ne sont plus exclues, mais intégrées avec discernement à la recherche de vérité.

Partie III

Comment Je Vois l'Univers

~

De la Source à la Conscience

Chapitre 7

La Cartographie d'une Perspective Cosmique

~

Du Souffle Cosmique à l'Être

Sylvana
Tu m'as dit un jour que pour repenser les limites de la science il fallait d'abord tout remettre à plat.

Alors j'ai envie de te poser la question le plus simplement du monde :

Tu as commencé par quoi ?

Thierry
J'ai d'abord cherché un cadre suffisamment vaste et cohérent pour accueillir tout ce que je pressentais.

Et c'est une histoire qui m'a guidé.

Sylvana
Une histoire ?

Thierry
Oui. Ma méthode est un peu particulière — elle peut même surprendre.

Chaque fois que je choisis un sujet, la toute première chose que je fais… c'est écrire un poème.

C'est ma porte d'entrée.

Écrire un poème me plonge dans un état de ressenti profond, une disponibilité intérieure qui ouvre l'espace des expériences de pensée. Dans cet état, je peux dépasser les limites de mon mental étroit, me connecter à quelque chose de plus vaste que moi.

C'est souvent là que commencent mes expériences de pensée.

Et cette fois-ci… c'est un poème très particulier qui m'a obligé à tout revoir. De fond en comble.

Sylvana
Alors si tu es d'accord… Au lieu qu'on en parle à demi-mot, est-ce que tu peux partager ce poème, tel quel ?

Juste le lire. Le laisser exister.

Thierry
Oui. Je peux te le lire.

1. La Genèse Intérieure — Un Poème comme Boussole

Le Présent, cadeau de la Complexité Primordiale

Il n'existe, en vérité, qu'une seule réalité : l'Esprit.

Un Esprit unique, infini, qui précède et soutient toute chose.

Il est l'Esprit absolu, Père et Mère de l'Univers, matrice et source de tout ce qui est.

De Lui émanent les innombrables esprits marginaux, enfants dispersés dans le grand théâtre des mondes.

L'Esprit absolu se définit par une qualité insaisissable : sa Présence absolue.

Il est le Présent absolu, le Maintenant immuable, référence silencieuse et vibrante pour tous les esprits dérivés.

Il est la Résonance fondamentale, le Diapason originel dont tous les cœurs portent encore l'écho.

Dans sa pureté originelle, l'esprit marginal — que l'on peut reconnaître comme l'Esprit saint, au cœur intime de chaque être — demeure immergé dans le Présent absolu, un état de présence pure, sans avant ni après.

Dans cet état, il goûte la plénitude, car là réside le véritable pouvoir : celui de co-créer, d'exister sans entraves, d'être maître de soi-même.

Mais ce pouvoir est un fardeau pour l'esprit marginal encore immature.

Aveuglé par sa propre puissance, il s'égare dans l'illusion.

Il erre, prisonnier d'un sommeil profond, incapable de contenir ce feu qu'il porte en lui.

Alors, dans sa compassion infinie, l'Esprit absolu tisse un vaste dessein :

Il confie à ses Enfants volontaires, esprits marginaux, déjà parvenus à l'ascension de leur pleine maîtrise, la mission sacrée d'engendrer de vastes Univers.

Des mondes-écoles, des champs d'expérience où les esprits marginaux pourront s'exercer, se révéler, se maîtriser.

Dans sa Toute-Puissance, maître du Temps, de l'Espace, des cycles et des dimensions,

Chaque Enfant volontaire, Intelligence omnisciente, fragmente alors son Présent omniscient en une myriade d'instants.

Le Temps, substance première, jaillit de cette fragmentation,

D'abord fulgurant et libre, il est piégé dans des boucles, ordonné en cycles.

Ainsi naît le tissu de l'espace-temps, le champ de jeu sacré : l'Univers.

L'Univers devient alors une succession d'instants-Présents,

Un cadeau dissimulé au cœur du réel, offert par l'Esprit absolu.

Et dans ce laboratoire subtil, une technologie divine émerge : la conscience.

Les esprits marginaux s'incarnent alors dans des interfaces,

Des véhicules de chair et d'énergie, des formes temporaires.

Ils y exercent leur libre arbitre, explorant l'infini par les chemins de la dualité,

S'élevant ou chutant, apprenant à distinguer l'ombre de la lumière, le bien du mal.

Car la connaissance n'est pas donnée, elle se forge dans le feu des contrastes.

L'esprit marginal ne peut se reconnaître lui-même qu'en traversant ses propres contradictions,

Qu'en affrontant ses limites, ses doutes, ses souffrances.

Par cette expérience, il développe patiemment l'espérance,

Ce fil d'or fragile qui le relie à sa nature oubliée.

Répétant les mêmes erreurs, les mêmes souffrances, sous mille visages, mille scénarios,

L'esprit marginal finit par comprendre. Par maturité et fatigue, il apprend.

Il sépare enfin le vrai du faux, le réel de l'illusion,

Et découvre le trésor qui sommeille en lui : la maîtrise de soi,

Le retour à l'équilibre, à l'Unité intérieure.

Ainsi l'esprit marginal, éveillé et transfiguré, s'élève.

Il est prêt pour l'ascension, prêt à rentrer chez lui,

Dans la Maison silencieuse du Père-Mère originel.

Car ce qui différencie l'esprit marginal de l'Esprit absolu

N'est ni la nature, ni l'essence, mais la mesure.

La qualité est identique, seule la puissance diffère.

Et nous, voyageurs de la matrice, portons encore la promesse de cette croissance.

Nous sommes des enfants de l'Esprit absolu, que j'ai nommé la Complexité Primordiale,

Des fragments de son Esprit en chemin vers leur plénitude.

Des esprits libres, appelés un jour à devenir serviteurs conscients,

Libérés, bienheureux, infiniment reconnaissants d'avoir été,

Non seulement créés,

Mais surtout appelés à *Devenir.*

Sylvana

Ce que tu viens de partager a quelque chose d'un conte, d'une histoire fondatrice. Mais je sais que, pour toi, ce n'est pas qu'une croyance.

Thierry

C'est exactement cela. Je sais que mes mots peuvent résonner comme un récit symbolique, parfois même spirituel. Mais pour moi, il ne s'agit pas de croyances : ce sont des images fondatrices, choisies consciemment comme des outils conceptuels pour guider une exploration rigoureuse du réel.

Comprendre l'Univers uniquement à partir des données cosmologiques et quantiques disponibles est une démarche indispensable... mais elle reste limitée.

Je pressentais déjà qu'elle ne suffirait pas, à elle seule, à faire émerger des idées véritablement neuves, capables de transformer ma compréhension.

On ne peut pas espérer renouveler notre vision du monde si l'on reste prisonniers des cadres établis, en reproduisant indéfiniment les mêmes raisonnements.

C'est pourquoi j'ai assumé de franchir un pas : d'intégrer des images, des analogies, des archétypes — non pas pour remplacer la science, mais pour l'élargir, pour ouvrir des chemins inexplorés où la logique, l'intuition et l'expérience se rencontrent.

Et le temps presse. Car la connaissance n'est pas un luxe : elle est une condition de notre émancipation, de notre liberté, de notre survie même. Qui peut affirmer avec certitude qu'il n'existe pas, dissimulé dans l'inconnu, un phénomène cosmique invisible qui menace notre existence, sans même que nous en ayons conscience ? Ce serait faire preuve d'une dangereuse présomption.

C'est pourquoi j'ai fait le choix d'élargir mon champ de recherche. J'ai décidé de ne pas ignorer les phénomènes réels, même ceux que la science n'a pas encore su mesurer, à commencer par l'un des plus mystérieux et les plus familiers : la conscience. Ce que je veux dire, c'est que si un phénomène est vécu, perçu, ressenti — même sans mesure physique — il mérite d'être considéré.

Sylvana
Tu es en train de dire… qu'on devrait aussi considérer les intuitions et les perceptions intimes — dont la conscience fait partie — même si elles échappent aux instruments de mesure ?

Thierry
Oui. Car, selon moi, dès qu'un phénomène est perçu, il existe en soi comme un phénomène réel — même s'il demeure, pour l'instant, impossible à mesurer.

Il est tout à fait légitime de se demander si la conscience que nous vivons chaque jour n'est pas en réalité une manifestation limitée du phénomène plus vaste de la conscience, qui pourrait être cosmique, répandu et présent à différents degrés, bien au-delà de notre seule échelle humaine.

Peut-être existe-t-il des niveaux de conscience infiniment plus vastes, plus subtils, plus puissants que tout ce que nous pouvons concevoir — des formes d'expérience qui, par leur nature même, excèdent les limites de la conscience humaine.

Souvent, par ignorance ou par orgueil, nous choisissons d'écarter l'hypothèse de telles réalités, simplement parce qu'elles échappent à nos cadres habituels. Pourtant, il existe une différence fondamentale entre reconnaître notre incapacité à appréhender un phénomène… et décider délibérément de le nier.

Pour ma part, j'ai choisi une autre attitude : celle de l'ouverture. Tout phénomène constaté, même localement, mérite d'être pris en compte dans la réflexion globale sur l'Univers.

Car notre vie — ce qui se joue ici et maintenant, à notre échelle — n'est jamais séparée du Tout. Par essence, l'Univers embrasse tout ce qui existe : du plus subtil au plus dense, du plus infime au plus vaste, du visible à l'invisible.

2. L'Élargissement du Champ — Inclure l'Esprit et la Conscience

Sylvana
Donc si je te suis bien… le fait que la conscience existe ici, sur Terre, à notre échelle, suffit déjà à se demander si elle n'existerait pas ailleurs aussi ?

Thierry
Oui. Cette approche holistique — cette manière d'embrasser le réel dans sa globalité et de relier ce qui paraît séparé — m'a toujours semblé la plus cohérente. Car si un phénomène comme la vie consciente a émergé ici, sur

Terre, pourquoi ne se manifesterait-il pas ailleurs, sous d'autres formes, d'autres modalités ? L'Univers recèle environ 10^25 planètes, soit dix millions de milliards de milliards de mondes potentiels : imaginer que la vie ou la conscience soient confinées à notre seule planète relève moins de la raison que d'un dogme.

Je reconnais volontiers la complexité de cette démarche. Mais je l'ai éprouvée par moi-même, et elle m'a offert, en quelques décennies seulement, des découvertes insoupçonnées — dans un cadre de recherche pourtant marginal.

Il faut aussi garder à l'esprit une vérité essentielle : 95 % de l'Univers nous échappe encore. Matière noire, énergie noire, structure profonde du vide… autant de territoires inconnus. Ce que nous croyons connaître n'est qu'une mince pellicule du réel. Refuser d'examiner certains phénomènes, visibles ou invisibles, déjà constatés à notre échelle mais encore inaccessibles à nos instruments, reviendrait à nous priver de pistes précieuses.

C'est pourquoi j'ai choisi, avec rigueur et méthode, d'élargir mon champ d'investigation. J'ai intégré à ma quête cosmique le pouvoir singulier de mon esprit, guidé par cette faculté irréductible qu'est la conscience.

Comme tu le sais, ma science repose sur l'intégration de l'être humain au sein de l'Univers — non pas comme simple observateur, mais comme un élément fondamental de la structure même du Cosmos. Or, cette manière de penser dépasse le cadre de la science contemporaine ; j'ai donc dû m'autoriser à penser autrement.

Car chercher à comprendre l'émergence de la conscience à l'échelle cosmique n'est pas un luxe métaphysique : c'est une nécessité scientifique. C'est peut-être la question la plus fondamentale que l'humanité puisse se poser, car elle touche à notre origine, à notre essence, et à notre avenir.

Et c'est là qu'intervient le rôle du poème. Il m'a permis d'inscrire mon esprit — marginal, singulier, limité — dans un Esprit plus vaste, celui de l'Intelligence omnisciente de l'Univers. Celui qui sait ce que je ne sais pas. Non pas avec l'illusion de tout maîtriser à mon niveau, mais avec la lucidité d'accueillir l'écart et de l'interroger.

Si, déjà à mon échelle locale, je peux entrevoir tant de choses, que dire alors de ce que contient un Esprit porteur de cette Intelligence omnisciente ? Autant ne pas perdre de temps : autant l'inclure dès le départ dans ma recherche. Poser les bonnes questions, accepter d'englober mon moi dans le Tout… et laisser le Tout résonner en moi.

Je sais que cette démarche sort des cadres conventionnels. Mais je l'assume comme une méthode intuitive d'exploration. Loin d'être une hérésie, c'est un dialogue intérieur que j'ai engagé avec cette Intelligence — autrement dit avec l'Univers lui-même. Je me suis autorisé à imaginer que l'Univers pouvait « me parler » à travers mon propre langage intérieur. Que mes intuitions, mes visions, mes ressentis pouvaient être des vecteurs d'informations, nourris par la structure même du Cosmos.

En d'autres termes, j'ai accepté que l'esprit humain puisse entrer en résonance avec une intelligence à l'échelle de l'Univers. Après tout, mon corps est fait de poussières d'étoiles, et mon esprit, j'en suis convaincu, est enfant de l'Absolu.

Sylvana
Donc, si je comprends bien, tu as cherché à entrer en résonance avec cette Intelligence omnisciente — comme si ta conscience humaine pouvait s'ouvrir aux murmures mêmes du Cosmos ?

Thierry
Oui… Car si l'esprit vient réellement de plus loin — s'il est l'émanation de quelque chose de plus vaste que nous — alors il devient naturel de se poser cette question : se pourrait-il qu'une intelligence supérieure, quelque part dans l'Univers, puisse, par des voies subtiles, me souffler certaines vérités ? Je n'ai jamais érigé cela en dogme, mais j'ai laissé la porte ouverte à cette possibilité.

L'Univers est là, tout simplement. Il ne dissimule rien. Ce sont nos esprits, encore limités, qui tâtonnent à travers leurs propres questions. Et dans cette quête, la profondeur des réponses dépend toujours de la qualité des questions que nous osons poser.

Chercher à sonder l'Univers uniquement depuis un regard extérieur — limité à l'infime portion des 5 % que nous croyons connaître — c'est condamner d'avance notre exploration à l'impasse. La physique quantique, en ouvrant une vision plus intime, plus intérieure du réel, nous montre une autre voie. J'y ai perçu un parallèle frappant entre mon intériorité — le siège de ma conscience et de mon intelligence — et l'intériorité de l'Univers : le vide quantique.

Ainsi, pas à pas, en élargissant mes questions, j'ai pu entrevoir des réponses inattendues.

Mais avant d'y arriver, il faut poser les bases.

Sylvana
D'accord… Je suis prête à plonger.

3. Les Sept Éléments — Une Charpente Conceptuelle de l'Univers

Thierry

Entre 1996 et 2001, après de longues années d'immersion dans les savoirs scientifiques, un appel intérieur s'est imposé à moi — impérieux, indéfinissable. Il ne s'agissait plus seulement de comprendre, mais de réinterroger tout l'édifice. Repenser l'Univers. Élargir le regard bien au-delà des cadres établis. Me rendre disponible à d'autres niveaux du réel, plus subtils, plus profonds, plus vivants.

C'est entre 1996 et 1997 que s'est cristallisé, pour la première fois, le noyau d'un concept nouveau : celui d'un Univers vivant, conscient, hautement intelligent, structuré autour de sept éléments fondamentaux. Rien de figé. Rien de certain. Mais une suite d'évidences intuitives, audacieuses, inattendues. Chaque idée, comme une étincelle, ouvrait des portes en cascade — parfois déroutantes, mais toujours fécondes. Il ne s'agissait pas d'un système clos, mais d'un champ d'exploration en expansion.

Ce que je propose ici n'est pas une vérité ultime. C'est une voie possible, une invitation. Un champ de potentialité mis en résonance entre connaissances, expériences et intuitions. Une tentative sincère d'unification entre ce que l'on sait, ce que l'on pressent, et ce que l'on rêve de comprendre.

Mais cette invitation n'a rien de léger : ce qui suit est un exercice de pensée rigoureux, un déploiement d'idées denses et structurées, où j'énonce successivement sept éléments fondateurs avant d'en développer, plus loin, la portée scientifique.

Certains termes te surprendront peut-être. Ils viennent d'autres horizons — métaphysique, philosophiques, scientifiques. Mais dans la perspective que j'ouvre ici, ils s'ajustent, se répondent, se tressent. Une cohérence émerge, doucement, comme un motif longtemps invisible sur une tapisserie cosmique.

Attends-toi donc à rencontrer des notions nouvelles et une architecture conceptuelle exigeante : il ne s'agit pas d'une promenade contemplative, mais d'une cartographie initiale de mon modèle.

Tu n'as pas besoin de tout retenir dès maintenant. Ces concepts seront repris, approfondis et retravaillés au fil des dialogues qu'on aura plus tard — tu les intégreras naturellement, peu à peu. Ici, l'essentiel est de saisir comment ils s'articulent pour former une structure cohérente.

C'est une expérience de pensée qui veut se raconter, depuis la poussière d'étoiles que nous sommes, jusqu'au souffle de Vie de la Complexité Primordiale qui nous traverse. Un récit de reconnexion. Une quête à partager. Une possibilité nouvelle de comprendre ce que signifie vraiment exister et pourquoi nous existons.

Sylvana
En t'écoutant, j'ai l'impression de découvrir une carte immense… mais sans encore connaître la légende. Alors je vais avancer pas à pas, et laisser les choses se dévoiler.

Thierry
Oui. Garde simplement cela en tête.

Que le résultat de ces expériences de pensée — qu'il soit réel, symbolique ou simplement issu d'un mouvement profond de l'esprit — ce n'est pas ce qui importe le plus.

Ce qui compte, c'est ce que cela révèle. En laissant mon esprit s'ouvrir sans contrainte, j'ai vu émerger des structures cohérentes — des points d'ancrage conceptuels qui sont devenus plus tard la base de toute ma recherche.

De ce cheminement sont nés sept repères. Chacun avait une fonction précise, un principe structurant. Ensemble, ils m'ont permis peu à peu de formuler une hypothèse cohérente sur la manière dont l'Univers pourrait être organisé.

Tout part des fondations : sept éléments.

Tu es prête ?

Sylvana
Toujours.

. La Complexité Primordiale — Source d'Infini, de Présent et de Conscience

Thierry
Au fondement de mon modèle, j'ai posé l'hypothèse d'un élément premier, irréductible et illimité : l'Esprit absolu.

Je le conçois comme un Principe ordonnateur, à la fois omniprésent, omniscient et porteur du pouvoir causal — c'est-à-dire la source primordiale d'où procède toute cause — existant en amont et en dehors de notre Univers observable.

Je l'ai nommé Complexité Primordiale, car elle représente, selon moi, la matrice originelle d'où émergent l'ordre, les lois et les structures. Chercher à la comprendre, c'est tenter d'éclairer la logique sous-jacente à l'ensemble du processus cosmique.

Je reconnais que je suis incapable de définir de manière exhaustive —

autrement dit en couvrant tous les aspects possibles du sujet — ce qu'est cette Complexité Primordiale. Mais le simple fait d'en poser le concept a agi comme un déclencheur. Comme si, dès son énoncé, un voile s'était levé, laissant apparaître d'autres intuitions qui semblaient s'imposer d'elles-mêmes :

- Le potentiel de l'Infini : la réserve inépuisable de possibles, à la fois source et horizon de toute émergence.
- Les degrés de liberté issus du vide quantique : c'est-à-dire l'ensemble des voies par lesquelles une réalité peut se déployer, évoluer ou interagir à partir d'un état donné, inscrivant la dynamique du changement au cœur du réel.
- La structure du Présent : clé d'accès à la conscience, fulguration d'existence par laquelle s'actualise la part du potentiel infini rendue perceptible et vécue.

Ces trois notions apparaissent comme les premières étincelles de la matrice originelle. Elles confèrent à l'Univers son élan créateur en déterminant à la fois sa dynamique (le mouvement), sa liberté (la multiplicité des possibles) et sa vocation la plus haute : l'éveil de la conscience.

Sylvana
Avant de te poser ma prochaine question… j'aimerais que tu précises un point. Tu parles souvent de l'esprit — dans ton poème, mais aussi dans ta définition de la Complexité Primordiale, que tu relis à l'Esprit absolu. Mais justement, qu'entends-tu exactement par-là ? Quelle est, pour toi, la définition de ce mot : esprit ?

Thierry
Tout d'abord, il est essentiel de distinguer deux notions : l'esprit et la conscience.

En psychologie et en sciences cognitives, l'esprit désigne l'ensemble des facultés mentales : perception, mémoire, raisonnement, attention, émotions — qu'elles soient conscientes ou inconscientes. Il recouvre donc la totalité de notre vie mentale, dont une grande partie opère en arrière-plan, de manière implicite ou automatique.

La conscience, en revanche, n'en constitue qu'un sous-ensemble. Elle correspond à ce qui émerge dans le champ du vécu immédiat : ce dont nous sommes présents, ce que nous expérimentons ici et maintenant. La recherche actuelle le souligne : la majorité de nos processus mentaux ne parvient jamais à la conscience — qu'il s'agisse de la régulation de la respiration, des réflexes, ou de l'immense quantité de traitements automatiques qui nous maintiennent en vie.

C'est pourquoi je considère que la quintessence de l'humain ne réside pas dans la conscience seule, mais dans l'esprit, plus vaste, qui englobe le conscient et l'inconscient. L'esprit porte la mémoire, l'intention, l'imagination, la pensée — et rend possible la conscience elle-même.

C'est cette base phénoménale que je prends comme point de départ. Contrairement à une idée répandue, l'esprit n'est pas seulement une notion philosophique ou religieuse : il est bel et bien reconnu par la science comme un objet d'étude légitime. La psychologie, les sciences cognitives et les neurosciences en explorent les processus, en décrivent les mécanismes et en mesurent les corrélats cérébraux.

À partir de ce socle — l'étude de l'esprit comme domaine rigoureux des sciences cognitives et neurologiques — il devient possible d'élargir la perspective. Car si la science admet déjà l'existence d'une multitude d'esprits marginaux (l'humanité terrestre), rien n'interdit, par homothétie conceptuelle, d'envisager que ce principe puisse se répéter à une échelle plus vaste. Cette transposition conduit naturellement à postuler l'existence d'un Esprit plus englobant, non mesurable directement, mais capable de fonder et de relier l'ensemble : ce que j'appelle l'Esprit absolu, ou Complexité Primordiale.

Cet Esprit absolu doit être compris comme une idée structurante, la source première. En ce sens, il agit comme l'ordre fondateur dont tout procède — une hypothèse rationnelle, née de l'extension logique d'un fait phénoménal déjà reconnu.

Dès lors, si l'Esprit absolu est la source première, il est cohérent d'affirmer que les esprits marginaux en portent l'empreinte. Ils ne sont pas séparés de lui : ils en sont les expressions locales, les manifestations singulières d'une réalité universelle.

Sylvana
Maintenant que je comprends mieux comment tu utilises le mot esprit, j'aimerais revenir à ton poème. Tu y évoques différents types d'esprits — l'Esprit absolu, les esprits marginaux… Pourrais-tu m'expliquer comment tu les distingues ? Quelle est, dans ton modèle, la différence entre ces niveaux d'esprit ?

Thierry
Dans mon modèle, en tant qu'Enfants de l'Esprit absolu, les esprits marginaux héritent tous dès l'origine de la puissance omnisciente. Cependant, cette

puissance, bien que présente, n'est pas immédiatement utilisable : à l'état d'immaturité, l'esprit est comme aveuglé par sa propre puissance et incapable d'en faire usage.

Ainsi, cette puissance omnisciente doit être envisagée d'abord comme un potentiel latent, que seule la maîtrise progressive de l'esprit peut rendre opérant.

Ce qui distingue les esprits marginaux entre eux, dans mon exercice de pensée, c'est donc leur degré d'évolution, c'est-à-dire leur niveau de maîtrise de ce pouvoir originel — l'omniscience.

À partir de là, dans mon modèle, deux états se dessinent :

- Les Esprits omniscients (ou Intelligences omniscientes), qui ont atteint l'ascension et donc la pleine maîtrise de leur pouvoir inné.
- Et les esprits aspirants, qui partagent la même essence et portent en eux la même puissance originelle omnisciente, mais sous forme de potentiel non encore maîtrisé.

Ainsi, dans mon modèle, la fonction qu'ils exercent diffère :

Les Esprits omniscients, ayant appris à gouverner et à déployer cette puissance, ils deviennent des intelligences créatrices, capables d'engendrer divers en fragmentant leur propre Présent : de vastes mondes-écoles, destinés à offrir aux esprits marginaux un terrain d'expérience et d'apprentissage.

Quant aux esprits marginaux aspirants, pour évoluer, ils doivent s'incarner dans les mondes-écoles créés par une Intelligence omnisciente. C'est au travers de ces expériences, dans la temporalité, qu'ils apprennent peu à peu à élargir leur Présent et à déployer leur pouvoir.

Mais pour que l'ensemble reste cohérent, il existe un principe fondamental : la Résonance ÆKO. Je la décris comme un diapason primordial, une fréquence d'accord qui relie chaque esprit marginal à l'Absolu. C'est elle qui maintient l'unité du Tout, dans la diversité infinie des mondes.

Sylvana
Je comprends mieux : tu distingues donc ces esprits marginaux — certains déjà parvenus à la maîtrise, d'autres encore en apprentissage. Mais justement, dans ce parcours d'évolution, tu reviens sans cesse sur le rôle du Présent. Dans ton poème, il est tantôt relié à l'Esprit absolu, tantôt à l'Esprit omniscient. Pourquoi tient-il une place si décisive dans ton modèle ? Et peux-tu m'éclairer sur leur différence ?

Thierry

Oui tu as raison, le Présent est un point central dans mon modèle. Il constitue une qualité absolue, une fulguration d'existence émanant directement de la Complexité Primordiale.

C'est lui qui fonde la notion même d'existence : c'est dans le Présent que l'on voit, que l'on ressent, que l'on reconnaît. Sans Présent, aucune conscience ne peut s'éveiller, car seul le Présent offre un point d'ancrage, une capacité d'être.

J'affirme même davantage : le Présent est la clairconscience. Il désigne l'état pur où la conscience n'est plus dispersée dans les projections du futur ni enfermée dans les rémanences du passé, mais pleinement éveillée à elle-même, ici et maintenant.

C'est pour cette raison que, dès le commencement, j'ai posé l'existence d'un Esprit absolu : le Principe premier, porteur du Présent absolu, d'où tout procède. Ce présent absolu ne peut être fragmenté. Il Est en lui-même, indivisible, et contient tout.

Il correspond à la Présence permanente et immuable de la Complexité Primordiale, ce que j'appelle le Maintenant originel. Cela signifie que la Complexité Primordiale est Maître du Temps : elle ne le subit pas, elle l'engendre. Elle contient en elle l'intégralité des réalités possibles, simultanément et infiniment. En ce sens, elle peut être comprise comme toute-puissante, comme l'ordre absolu d'où tout procède.

Vient ensuite le Présent omniscient. Lorsque l'Esprit omniscient — que j'appelle aussi l'Intelligence omnisciente — engendre un Univers, il fragmente son propre Présent en une multitude d'instants-Présents. D'abord libre et fulgurant, le Temps se structure progressivement en cycles variables, contraint de déployer l'Univers selon une architecture hiérarchique de mondes-écoles fractals — des structures qui se répètent à différentes échelles, sur lesquelles nous reviendrons plus tard.

Enfin, dans mon modèle, il y a le Présent conscient, tel qu'il est vécu par l'esprit marginal aspirant à la maîtrise de sa puissance originelle. Ce qu'il perçoit au fil de ses existences n'est en réalité que des fragments du Présent omniscient. Ces fragments apparaissent sous forme d'instants-Présents plus ou moins denses, chaque niveau fractal correspond ainsi à un niveau de conscience différencié : un déploiement technologique relié à la Source, offert comme un outil que l'esprit aspirant doit utiliser pour expérimenter et progresser à travers les mondes-écoles tout en demeurant relié à l'Intelligence omnisciente. En élargissant progressivement son instant-Présent, cet esprit s'émancipe et devient peu à peu apte à accéder à la pleine maîtrise de l'omniscience. Nous y reviendrons aussi plus tard.

. L'Instant-Présent — Quand Amplitude et Densité Se Modulent

Sylvana

Tu dis que l'esprit aspirant s'émancipe pas à pas, jusqu'à devenir apte à rejoindre l'état d'omniscience active… en élargissant son Présent conscient.

Qu'est-ce que cela signifie exactement ? Comment un Présent peut-il s'élargir ?

Thierry

C'est une question essentielle. Quand je parle d'élargir son instant-Présent, je veux dire que la durée même de l'instant vécu peut s'étendre ou se contracter, et que cette variation change radicalement la manière dont la conscience perçoit le réel.

Et c'est là que la différence devient décisive : selon que l'instant s'étend ou se contracte, la conscience ne vit pas la même chose.

Plus l'instant-Présent s'élargit, plus la conscience devient capable d'embrasser d'un seul mouvement la cohérence du réel : c'est ce que je nomme la Présence omnisciente, une faculté de percevoir simultanément une multitude de corrélations sans dépendre d'aucun support extérieur.

À l'inverse, lorsque l'instant-Présent se réduit à une durée brève, la conscience ne peut plus soutenir par elle-même cette continuité : elle doit recourir à la mémoire, qui reconstitue le fil des instants et comble les vides. C'est exactement ce que l'on observe en neurosciences : notre cerveau, incapable de maintenir une présence continue, tisse artificiellement la trame de notre vécu en reliant des éclats temporels trop courts pour suffire à eux seuls.

Pour bien comprendre ma vision, il faut distinguer deux concepts fondamentaux :

D'abord, l'amplitude du présent dont je viens de te parler : c'est la durée de l'instant vécu. Plus elle est grande, plus la conscience peut englober un ensemble d'événements dans une même bulle de présence. Cela développe une capacité de synthèse, une vision globale et cohérente.

Ensuite, il faut bien prendre en compte la densité temporelle : c'est la finesse de la granularité du présent qui détermine le niveau de détail de l'information perçue. Cela développe une capacité analytique, une vision précise et différenciée du réel.

Ensemble, ces deux axes — amplitude et densité — définissent la qualité de l'expérience consciente : l'un ouvre à la profondeur et à la continuité, l'autre à la précision et à la richesse du détail.

Sylvana

Donc si je récapitule : l'amplitude, c'est comme la taille de la bulle de Présence — plus elle est grande, plus la conscience peut contenir d'événements d'un seul coup. Et la densité, c'est comme sa résolution — plus elle est fine, plus chaque instant révèle de détails. Autrement dit, l'expérience consciente dépend toujours d'un équilibre entre la taille de la bulle et la richesse de ce qu'elle contient.

En t'écoutant, ça me fait penser à un scenario tout simple. Je vois trois personnes qui entrent en même temps dans un restaurant et qui jettent leur tout premier regard.

La première capte d'un seul coup qu'il y a de la musique, des personnes, une salle vide à côté et trois serveurs.

La deuxième voit la même scène globale, mais elle ajoute déjà des précisions : elle remarque que les toilettes sont au fond à gauche, que le parquet est neuf et qu'il manque un peu de lumière.

La troisième perçoit tout cela, mais avec encore plus de détails pour chaque chose : la couleur des uniformes des serveurs — blanc, noir et rouge — les boissons servies sur le comptoir, et même la chanson précise qui joue, une mélodie qui lui rappelle ses vacances.

Et puis j'ai cette copine — on en a tous une ou comme ça — qui n'a rien vu de tout ça. Le lendemain, quand on se raconte les anecdotes de la soirée, c'est toujours à elle qu'on dit : «mais si, t'as pas vu ça ? ou lui ? tu ne te rappelles pas, ils ont même joué cette chanson ?" — eh bien ça, ça me parle !

Thierry

Ton exemple est très parlant, et il illustre parfaitement les quatre situations possibles.

- La première personne vit avec une grande amplitude mais une faible densité : elle perçoit la scène dans son ensemble, mais sans entrer dans les détails.
- La deuxième conserve la même amplitude large, mais avec une densité moyenne : elle saisit la globalité et y ajoute déjà quelques précisions notables.

- La troisième combine amplitude large et densité maximale : elle garde la vision d'ensemble tout en captant une multitude de détails très fins.
- La quatrième, ta copine, vit l'inverse : faible amplitude et faible densité. Elle n'a ni perçu la scène globale, ni retenu les détails qui auraient pu la marquer.

Autrement dit, c'est bien la combinaison de l'amplitude et de la densité qui définit la qualité de l'expérience consciente. Selon que l'une ou l'autre est forte ou faible, la perception peut être globale, détaillée, les deux à la fois... ou au contraire quasiment absente.

Ton exemple du restaurant illustre ce mécanisme au niveau individuel. Mais cette logique ne s'arrête pas là : dans mon modèle, je l'étends à l'échelle cosmique, jusque dans les mondes-écoles.

C'est elle qui explique pourquoi, dans mon modèle, différents êtres occupent des degrés hiérarchiques distincts : chacun vit dans un monde fractal qui correspond au spectre temporel de son instant-Présent.

Ce qu'il faut retenir, c'est que dans ma vision, accroître la conscience ne consiste pas seulement à élargir l'instant-Présent, mais aussi à en moduler la densité et l'amplitude.

- Plus l'instant est vaste, plus la conscience embrasse l'ensemble dans une cohérence supérieure.
- Plus l'instant est fin, plus la perception du détail s'intensifie.

La véritable expansion de conscience consiste à unifier ces deux polarités : l'ampleur et la précision, l'ensemble et le détail, réunis dans un même Présent amplifié.

Sylvana
Donc évoluer en conscience, c'est apprendre à jouer sur ces deux curseurs à la fois : la taille de la bulle et sa résolution.

Mon exemple du restaurant me parle, mais je vois bien que c'est encore dans une même fractale, disons au niveau humain. Alors qu'avec ton modèle, tu montres comment cette logique s'applique à des mondes fractals bien plus marqués, avec des différences beaucoup plus radicales que simplement voir plus ou moins de détails dans une scène du quotidien.

Mais je me demande, comment tu définis un instant-Présent ?

Thierry

C'est une question qui appelle une réponse assez technique. Pour y répondre, je vais m'appuyer sur les repères établis par les neurosciences et la psychologie cognitive, afin que tu comprennes sur quoi je fonde mon raisonnement.

Les jalons scientifiques de l'instant-Présent humain

- Seuil minimal de perception consciente

Le cerveau a besoin d'un laps de temps pour unifier plusieurs événements en une seule perception cohérente. Ce temps minimal est estimé entre 20 et 50 millisecondes.

En deçà de ce seuil, les événements sont trop brefs pour être perçus consciemment : ils passent inaperçus.

- Fenêtre de fusion temporelle

En vision comme en audition, deux signaux séparés par moins de 30 à 40 ms sont perçus comme simultanés.

Autrement dit, si deux sons ou deux images arrivent trop rapprochés, la conscience les fusionne : nous croyons percevoir un seul événement.

- Rythmes cérébraux

Les ondes gamma (~40 Hz) correspondent à une période d'environ 25 ms. Ce rythme neuronal semble jouer un rôle clé dans l'intégration consciente.

Chaque cycle d'ondes gamma peut être considéré comme un battement élémentaire de la conscience, un quantum perceptif qui structure notre expérience du présent.

On peut le comparer aux images d'un film : chaque cycle gamma correspond à une image fixe, et leur enchaînement rapide donne l'impression d'un présent fluide et continu.

- Durée du présent vécu

Si l'on quitte ces seuils minimaux pour considérer le vécu subjectif, la durée de l'instant-Présent est beaucoup plus large. William James parlait du specious present (« présent spécieux »), une bulle temporelle de 2 à 3 secondes.

C'est dans cette bulle que nous intégrons un geste, une phrase ou une mélodie comme une seule unité de sens.

Pour reprendre l'image du cinéma : si chaque cycle gamma correspond à une image, alors cette bulle de 2-3 secondes constitue une courte scène, vécue comme un seul moment porteur de cohérence.

On peut donc situer deux repères fondamentaux :

- 25 ms : la limite inférieure de l'instant-Présent humain. En dessous, aucun vécu conscient n'est possible.
- 2 à 3 secondes : la bulle temporelle du présent subjectif, dans laquelle la conscience agrège des séquences en une expérience dotée de sens.

Autrement dit : 25 ms structure l'instant minimal de la conscience, et 2 à 3 secondes définissent l'horizon du présent vécu.

Sylvana
Donc si je résume : notre présent humain repose à la fois sur une pulsation minuscule — environ 25 millisecondes, comme une sorte de battement élémentaire — et sur une bulle temporelle plus large de 2 à 3 secondes, qui nous permet d'intégrer nos gestes, nos paroles, nos perceptions en une continuité de sens. Ça, je le comprends bien.

Mais de quoi dépend cette variation d'une personne à l'autre ?

Thierry
Le nombre d'instants-Présents perçus chaque seconde dépend de la granularité temporelle d'un cerveau.

Pour être plus concret : si l'on prend la durée minimale d'un instant-Présent, par exemple 25 millisecondes, on peut la comparer à une seconde entière. Il suffit de voir combien de fois ces 25 ms « entrent » dans une seconde : cela donne le nombre d'instants vécus par seconde.

- Si mon système neuronal intègre l'information à une cadence de 25 ms, j'ai environ 40 instants-Présents par seconde.
- Si une autre personne possède une fenêtre de simultanéité plus fine (par exemple 10 ms), elle peut vivre 100 instants-Présents par seconde.
- À l'inverse, si l'intégration est plus lente (par exemple 50 ms), cela correspond à 20 instants-Présents par seconde.

Avoir « plus d'instants-Présents » par seconde revient donc à disposer d'une densité temporelle plus élevée.

. Au Cœur du Champ Temporel — Présent et Résonance

Sylvana

Ah, je comprends… en fait, ce n'est pas seulement la durée d'un instant qui compte, mais le nombre d'instants que nous pouvons loger dans une seconde donnée. Autrement dit, plus la conscience découpe finement le temps, plus elle vit de présents successifs et capte d'informations dans le même laps de temps : elle est alors plus éveillée au réel, plus présente, plus attentive.

Je vois mieux maintenant pourquoi tu as insisté sur ce point : il s'agit bien du socle pour penser la conscience — ce qu'elle est, comment la mesurer, et comment elle détermine le type de monde avec lequel elle entre en résonance. C'est pour cela que ton raisonnement est crucial : on ne décrit pas une simple sensation, on établit une base opératoire de la conscience.

Alors, dans ton modèle, à quoi tout cela est-il relié plus fondamentalement ? Comment l'intègres-tu dans l'architecture d'ensemble — ce que tu appelles le champ temporel, l'éther quantique dont nous avons déjà parlé ?

Thierry

Ta question est pertinente, et pour y répondre avec précision, je dois revenir à certaines bases de mon modèle. Car ce dont nous parlons — l'instant-Présent, sa densité et son amplitude — ne prend pleinement sens que replacé dans une architecture plus vaste.

Comme nous l'avons déjà évoqué, ce que la physique décrit comme le vide quantique n'est pas, dans mon modèle, un simple fond énergétique. Je le conçois comme un éther quantique : un champ vivant, porteur d'information et traversé par une Intelligence omnisciente.

Cette intelligence ne se contente pas d'exister de manière abstraite : elle se déploie à travers le Temps, qui devient son expression dynamique, son langage opératif.

C'est sur cette base que je définis ce que j'appelle le champ temporel :

- Il contient l'ensemble des réalités préconfigurées, mais aussi la mémoire intégrale de tout ce qui s'est déjà actualisé dans la réalité phénoménale.
- Il agit comme une matrice organisatrice universelle, conditionnant l'espace, la matière et la conscience elle-même.

À l'intérieur de ce champ, j'introduis ensuite l'hypothèse du chronon : le quantum élémentaire du Temps, messager de cette dynamique, et vecteur de résonance entre le Présent absolu et nos instants vécus.

Dans ce cadre :

- Le champ temporel peut être compris comme une mer universelle, un substrat vivant où se déploie toute organisation. Il n'est pas neutre : il porte la mémoire de tout ce qui a déjà été manifesté, il contient les configurations potentielles de ce qui peut advenir, et il orchestre la dynamique par laquelle le réel s'actualise.
- Les chronons en sont les unités fondamentales, les plus petits « quanta » de ce champ temporel. On pourrait les comparer aux photons pour la lumière ou aux quarks pour la matière : ils constituent l'élément élémentaire, indivisible, qui véhicule le Temps. Mais leur rôle est plus subtil : chaque chronon est à la fois un vecteur d'instantanéité et un porteur d'information.

Car dans mon modèle, le Temps n'est pas une simple succession mécanique d'instants ; il est une trame informationnelle vivante. Chaque chronon, de par sa nature polymorphe, encode une quantité d'information qui relie trois dimensions :

- Le passé, par la mémoire de ce qui a déjà été actualisé ;
- Le présent, par la fulgurance d'un instant qui se manifeste ;
- Le futur, par la réserve de potentialités encore en gestation.

C'est cette capacité du chronon à changer de forme et de fonction, selon le niveau de densité fractale où il opère, qui rend possible la manifestation de l'Univers phénoménal dans toute sa diversité.

Ainsi, en tant que messager de l'Intelligence omnisciente, l'une de ses fonctions est de traduire son omniprésence intemporelle en une succession ordonnée d'instants perceptibles par l'esprit-conscient.

Sans le chronon, l'Univers ne serait qu'une totalité indifférenciée, sans rythme ni histoire. Grâce à lui, le réel se déploie en séquences distinctes et compréhensibles, offrant à la conscience un terrain où elle peut s'exercer, apprendre et évoluer.

Et maintenant pour répondre à ta question, dans mon modèle, l'instant-Présent n'est pas une unité simple et indivisible. Il se compose d'une multitude de chronons — ces quanta élémentaires du Temps — qui, regroupés et synchronisés, donnent naissance à ce que nous appelons un instant conscient. Autrement dit, le présent vécu n'est pas un point figé, mais un assemblage dynamique de micro-unités temporelles.

Ces chronons, toutefois, ne s'additionnent pas au hasard : leur cohérence vient du champ temporel, cette matrice universelle qui les organise. C'est lui qui les aligne, les met en phase, et permet qu'émerge un présent stable et perceptible. Sans ce processus de synchronisation, il n'y aurait pas d'expérience du temps, seulement une dispersion chaotique de fragments.

Sylvana

C'est fascinant… Donc, sans cette synchronisation, il n'y aurait qu'un flux chaotique de fragments temporels.

Mais alors, qu'est-ce qui permet à certaines personnes de capter ou de synchroniser plus de chronons que d'autres ?

Thierry

C'est une excellente question.

Comme je te l'ai dit, ce champ temporel, enraciné dans l'éther quantique, ne demeure pas abstrait : il se manifeste concrètement dans l'Univers phénoménal à travers le déploiement structurant de ses chronons. Ce sont eux qui, en se stabilisant et en se cristallisant, donnent naissance aux particules, aux champs, à la matière et, ultimement, aux phénomènes observables.

Autrement dit, la réalité n'est pas faite d'objets isolés, mais d'un maillage dynamique où chaque manifestation est reliée à l'ensemble par la trame du Temps. Et cela devient plus intuitif quand on se souvient que la matière elle-même est constituée à 99,99 % de vide quantique : ce n'est donc pas la « solidité » de la matière qui fonde le réel, mais la cohérence vibratoire du champ temporel qui la soutient.

Ainsi, plus une conscience parvient à capter et synchroniser des chronons, plus elle accède à une densité temporelle élevée, car elle absorbe et traite davantage d'information.

C'est-à-dire qu'un esprit-conscient peut littéralement vivre davantage d'instants-Présents par seconde en se syntonisant, par résonance vibratoire, avec les chronons du champ temporel.

Cette immersion dans un flux plus dense ne se traduit pas seulement par une accélération du vécu, mais par une expansion qualitative de la perception : chaque instant devient plus riche, plus nuancé, plus informé.

Et avec cette perception élargie vient une conséquence directe : une capacité d'action accrue, car la conscience dispose de plus de données, de plus de clarté, et peut orienter ses choix avec une finesse inatteignable dans un état de densité plus faible.

Autrement dit :

Mon « quantum perceptif » (≈ 25 millisecondes pour un humain moyen) n'est pas une valeur universelle. Il correspond à la résonance vibratoire entre les chronons du champ temporel et notre système biologique et cognitif.

C'est-à-dire que la conscience humaine ne saisit pas le flux du temps de façon continue, mais en « paquets » de Présent.

Cette granularité temporelle peut varier en fonction de plusieurs facteurs :

- Biologiques : rythmes cérébraux, vitesse des processus neuronaux, plasticité synaptique.
- Psychiques : pratiques de méditation, états modifiés de conscience, immersion contemplative.
- Évolutifs : chaque espèce vivante possède sa propre cadence perceptive, adaptée à son environnement.
- Technologiques (dans mon hypothèse) : il serait même envisageable de développer des dispositifs capables de moduler directement cette granularité temporelle.

Quelques exemples concrets illustrent ce principe :

- Humain moyen : 25 ms → ≈ 40 instants-Présents/seconde.
- Méditant avancé : 10 ms → ≈ 100 instants-Présents/seconde → perception plus fine, plus riche, intégrant davantage d'événements conscients dans la même durée objective.
- Mouche : 4 ms → ≈ 250 instants-Présents/seconde → ce qui explique pourquoi elle perçoit nos gestes comme lents et a le temps de réagir avant qu'on ne la touche.

Chaque être vit donc dans une couche spécifique de granularité temporelle du Présent fragmenté, déterminée par son couplage au champ temporel.

Dans ma théorie, ces différences s'expliquent par la Densité Temporelle Fractale (DTF) — un concept clé que je développerai plus tard, lorsque nous abordérons la notion de fractalité dans mon approche.

Sylvana

Donc, même si nous avons l'impression de partager la même expérience du temps au quotidien, en réalité chacun vit son présent différemment, selon sa propre densité temporelle — et cela façonne une manière de vivre le monde qui peut être totalement différente.

Maintenant je comprends pourquoi je n'arrive jamais à attraper des mouches : elles doivent bien rire à nous voir gesticuler au ralenti !

Mais, plus concrètement, en posant l'hypothèse des chronons, qu'est-ce que cela change pour la science ?

Thierry

Tu as bien saisi : deux personnes peuvent partager le même monde physique, mais ne pas vivre la même densité du présent — et c'est vrai aussi pour tous les autres êtres vivants. Celui qui dispose de davantage d'instants-Présents expérimente, en quelque sorte, plus de réalité dans la même durée objective.

C'est là que les implications deviennent profondes : cela ouvre une compréhension nouvelle de la subjectivité du temps — non plus comme une simple impression psychologique, mais comme une propriété fractale du champ temporel, modulée par la conscience.

- Du subjectif au mesurable

En introduisant le chronon comme quantum élémentaire du champ temporel — que, comme tu le sais, j'identifie à l'éther quantique — je propose une base conceptuelle qui rend le temps vécu potentiellement mesurable.

Chaque instant-Présent, peut être envisagé comme une agrégation de chronons synchronisés. Le présent cesse alors d'être seulement une impression psychologique : il peut être décrit comme une granularité temporelle minimale, ouvrant la voie à une quantification.

- Lien entre conscience et champ temporel

Dans mon modèle, la durée d'un instant-Présent n'est pas figée : elle dépend du nombre de chronons qu'une conscience parvient à synchroniser avec le champ temporel. J'appelle cela la Densité Temporelle Fractale (DTF).

Ainsi, la conscience n'est pas une simple spectatrice du temps : elle interagit directement avec la trame de l'Univers.

Selon son degré de résonance, l'instant-Présent peut :

- S'élargir en amplitude, en intégrant davantage d'événements dans une seule bulle de présence,
- Ou se densifier, en raffermissant chaque seconde pour y intégrer plus de détails.

Dans mon modèle, la DTF devient un indicateur du couplage entre conscience et champ temporel.

- Non-universalité du présent humain

Notre bulle temporelle de 2–3 secondes, décrite par William James comme le specious present, n'est qu'une configuration particulière.

D'autres consciences — animales, méditatives ou appartenant à d'autres mondes — pourraient vivre un présent plus ou moins ample (bulle élargie ou restreinte) et plus ou moins dense (plus ou moins de détails par seconde). Cela ouvre à l'idée de présents multiples, inscrits dans des fractales de temps différenciées.

- Une interface modulable

Si l'instant naît de la synchronisation entre les chronons du champ temporel et la conscience qui les capte, alors il n'est pas figé : il devient une interface modulable.

L'attention, les rythmes neuronaux ou certains états de conscience peuvent modifier cette synchronisation, soit en élargissant l'amplitude de l'instant, soit en augmentant sa densité. L'évolution de la conscience consiste précisément à apprendre à habiter cette interface de manière plus consciente.

- La Résonance ÆKO

Même si chaque conscience vit son présent de façon singulière — plus ou moins ample, plus ou moins dense — aucune n'est isolée.

La Résonance ÆKO agit comme un diapason universel : elle relie toutes ces variations à un même fondement, maintenant l'accord de chaque expérience consciente avec l'Absolu

Ainsi, la subjectivité du temps n'est pas une dispersion chaotique, mais une diversité accordée au sein d'une même cohérence cosmique.

Sylvana

Ce que tu dis là me rappelle tes récits d'enfance… Ces moments où tu m'avais confié ressentir le Temps différemment, dans la nature : près d'un arbre, face à une fleur, ou simplement en te laissant absorber par le silence.

Thierry

Oui, ces expériences ont été décisives. Très jeune, j'avais déjà vécu ces variations de densité temporelle sans pouvoir les nommer. Je percevais que le Temps pouvait se dilater, ralentir ou, au contraire, s'intensifier dans une fulgurance. Lorsque j'ai commencé à élaborer mon modèle théorique, ces souvenirs se sont imposés comme des repères intérieurs précieux : ils sont devenus des points de résonance pour comprendre ce que signifie réellement habiter différents régimes du présent.

C'est pourquoi, en construisant l'architecture de ma théorie, je n'ai pas seulement pris appui sur les données de la physique ou de la cosmologie : j'ai aussi intégré cette dimension vécue. Mes expériences d'enfant ne sont pas restées de simples impressions subjectives ; elles ont trouvé leur place dans une cohérence plus vaste, celle d'un univers fractal où la conscience interagit avec le champ temporel.

Plus tard, grâce à mes recherches, à mes expérimentations et aux preuves de concept que j'ai pu établir, j'ai compris de manière plus rationnelle ce que je percevais enfant.

Sylvana

Je comprends… Ça me fait penser à toutes ces personnes qui décrivent, elles aussi, des expériences marquantes avec le Temps : des instants où elles étaient si présentes qu'elles avaient l'impression d'une unité totale avec le Tout. Depuis, elles mentionnent qu'elles aspirent à retrouver ce moment unique, presque magique.

Et cela ne se limite pas à ces personnes : tout le monde parle de « vivre le moment présent » et le recherche d'une manière ou d'une autre — par la méditation, l'attention ou simplement en se recentrant…

Alors, selon toi, pourquoi portons-nous tous ce désir si profond de vivre le moment présent ?

Thierry

Ce que tu exprimes, au fond, c'est la quête du vrai bonheur — non pas un état passager ou superficiel, mais celui qui naît de l'accord intime avec le Moi profond : l'esprit lucide relié au Présent absolu, à son Je-Suis originel. C'est lui, le but ultime.

La méditation peut nous en donner un avant-goût, une résonance. Elle n'offre pas encore la transcendance définitive, car nous revenons toujours à notre condition matérielle. Mais elle agit comme un ressourcement précieux, un retour à la source qui nous purifie, nous élève, et accélère notre évolution intérieure et spirituelle.

Et c'est précisément cela, selon mon modèle, l'un des dons fondamentaux de la Complexité Primordiale : avoir fait surgir, à travers les Intelligences omniscientes, des Univers-écoles — des champs d'expérience où les esprits marginaux peuvent s'incarner, se former et se révéler.

Chaque monde devient une matrice d'apprentissage, un cadre où l'esprit apprend à se maîtriser, à transformer l'illusion en connaissance, l'expérience en discernement. De monde en monde, d'échelle en échelle, les esprits aspirants avancent ainsi vers leur Présent omniscient, ce point d'accord avec l'Absolu qui constitue la source du bonheur indestructible.

Cette intuition m'a marqué à jamais. C'est elle qui m'a conduit à concevoir l'idée d'un Présent fragmenté, vécu selon des intensités variables — ce que j'avais déjà évoqué sous le nom de Densité Temporelle Fractale (DTF). Car si le Présent peut s'élargir ou se contracter en fonction du niveau de conscience, alors il doit bien exister un cadre structurant, un champ capable de contenir et d'ordonner ces variations.

Et ce cadre, il ne pouvait pas se réduire à un Univers isolé. Il devait s'inscrire dans une trame plus vaste, plus profonde : une architecture fractale où chaque monde lui-même devient une quantité de Présent enchâssée dans un ensemble encore plus grand.

. Le Multivers Fractal — Une Trame Cosmique de Réalités Emboîtées

Sylvana
Alors… avant qu'on n'entre dans les détails de cette architecture fractale, peux-tu me dire comment tu en es arrivé à ce concept ?

Thierry
Au départ, ma réflexion portait sur l'Intelligence omnisciente propre à notre Univers. Mais rapidement, une question s'est imposée : comment l'isoler de son fondement premier ? Car la Complexité Primordiale, telle que je l'ai conceptualisée, n'est pas l'architecte d'un seul Univers mais bien de tous les Univers. Dès lors, il m'a fallu élargir ma perspective : penser non plus en termes

d'Univers unique, mais en termes de multivers global.

C'est en posant ce processus que j'ai été conduit au deuxième élément fondamental de mon modèle : le multivers global que j'ai subdivisé en deux composantes complémentaires :

Le multivers extrinsèque : il correspond à l'évolution de chaque Univers pris comme entité autonome, inscrit dans l'ensemble des Univers engendrés et régis par la Complexité Primordiale.

Le multivers intrinsèque : il réside à l'intérieur de chaque Univers et se manifeste sous la forme de mondes multiples, destinés à l'évolution progressive des esprits-conscients, sous la régence de l'Intelligence omnisciente.

Sylvana

Si je comprends bien, tu regardes l'Univers à deux échelles différentes, mais selon une même logique. D'un côté, il existe une pluralité d'Univers, reliés à la Complexité Primordiale — c'est ce que tu appelles le multivers extrinsèque. De l'autre, à l'intérieur de chaque Univers, tu décris encore une multiplicité de mondes, structurés pour l'évolution des esprits-conscients — le multivers intrinsèque.

Thierry

Oui, exactement. Et pour que ce soit clair, je vais commencer par développer le premier niveau : le multivers extrinsèque.

Dans mon modèle, le multivers extrinsèque ne représente pas une juxtaposition aléatoire d'Univers sans lien entre eux. Je le conçois comme un ensemble vivant, organisé, hiérarchisé — un système global orchestré par la Complexité Primordiale elle-même.

Chaque Univers y est une unité distincte, avec ses propres lois, sa trame spatio-temporelle et son histoire singulière.

On peut l'imaginer comme un système potentiellement infini d'Univers de réalités, emboîtés les uns dans les autres comme des poupées gigognes. Ces Univers sont autonomes, chacun évoluant selon ses lois propres dans la roue du devenir, c'est-à-dire dans un cycle continu de transformation et de renouvellement.

Et comme je te l'ai mentionné, malgré leur autonomie, tous ces Univers demeurent reliés par une même résonance fondamentale : la Résonance Universelle ÆKO, qui les connecte directement à la Complexité Primordiale. C'est cette résonance qui assure leur cohérence globale, leur harmonie invisible, et qui inscrit chaque Univers dans une architecture plus vaste que lui.

De plus, cette résonance règle le rythme des cycles entre les Univers, alternant leurs phases d'activité et leurs périodes de repos régénératif. A partir de ce concept, j'en suis venu à une notion essentielle : le caractère cyclique des Univers. Selon moi, chaque Univers possède une naissance et une fin, traverse des phases d'expansion et de compression, puis se régénère dans un nouvel élan. Ainsi, dans mon modèle, l'Univers est inscrit dans un cycle évolutif au sein d'un réseau infini de cycles.

Cette hypothèse m'a offert une clé décisive pour dépasser l'impasse conceptuelle du Big Bang.

Car dans le cadre d'un multivers extrinsèque, la question classique — « Qu'y avait-il avant l'Univers ? » — cesse d'être un mur infranchissable et devient une invitation : et si un Univers antérieur avait bel et bien existé, ouvrant la voie au nôtre ?

C'est à ce point précis que le multivers extrinsèque permet de reformuler le Big Bang non plus comme une origine absolue, mais comme une transition dans une dynamique infinie. Nous reviendrons plus en détail sur ce point crucial plus tard.

Sylvana
D'accord, je comprends mieux ce que tu entends par multivers extrinsèque dans ton modèle : un ensemble d'Univers emboîtés, chacun autonome, traversant ses propres cycles d'expansion, de contraction et de renouveau, mais tous reliés à la Complexité Primordiale.

Thierry
Oui, tu as bien saisi.

Et après avoir conceptualisé le multivers extrinsèque, j'ai formulé l'hypothèse que la même logique devait s'appliquer à l'intérieur même de chaque Univers — que j'appelle le multivers intrinsèque.

Par homothétie : ce qui est vrai à l'échelle externe — des Univers imbriqués dans un multivers — devait se refléter à l'échelle interne. C'est pour cette raison que j'ai conceptualisé des multi-mondes au sein même d'un Univers.

C'est à partir de cette vision du multivers — avec ses deux versants, extrinsèque et intrinsèque — que d'autres notions ont commencé à s'imposer à moi comme des prolongements naturels. Elles ne provenaient pas seulement de raisonnements déductifs, mais aussi d'une intuition structurée, une sorte de vision interne me laissant entrevoir les mécanismes qui rendaient fonctionnelle cette architecture fractale :

- Un réseau fractal vivant, se déployant à travers plusieurs niveaux d'organisation, du subquantique au cosmologique ;
- Chaque monde étant composé de Densités Temporelles Fractales (DTF), chaque DTF correspondant à un Temps Présent distinct, c'est-à-dire à un mode spécifique de perception et de manifestation ;
- Un modèle multidimensionnel, où chaque niveau hiérarchique n'ajoute pas seulement de la complexité, mais aussi de nouveaux degrés de liberté : davantage de dimensions de Temps, d'espace et de conscience.

Sylvana
En somme, tu décris là l'architecture même du réel, telle qu'elle se structure lors de la fragmentation du Présent omniscient : des niveaux fractals, chacun défini par sa propre DTF, et une complexité qui, à chaque degré hiérarchique, ouvre de nouvelles libertés de temps, d'espace et de conscience.

Thierry
Oui, c'est exactement cela. Tu fais bien le lien : c'est précisément le produit de la fragmentation du Présent omniscient qui engendre directement cette différenciation dynamique, donnant naissance à ces multiples niveaux de mondes. Chacun correspond à une modulation particulière de la densité temporelle, donnant naissance à une hiérarchie de réalités fractales.

C'est là que s'enracine la notion de multidimensionnalité temporelle : non pas comme l'ajout d'espaces parallèles, mais comme la profondeur même d'une conscience temporelle qui se déploie en strates successives, chacune dotée de sa cohérence propre.

Sylvana
Je vois bien apparaître cette immense architecture fractale… ces niveaux d'organisation, ces rythmes, cette logique emboîtée qui traverse l'ensemble. Dans ton modèle, tout semble articulé avec rigueur, comme si chaque partie répondait à une cohérence d'ensemble.

Thierry
Oui, tout est là — la structure, la logique… Mais malgré la cohérence rigoureuse de cette architecture fractale, il restait une énigme essentielle : comment l'esprit-conscient pouvait-il réellement s'y inscrire, et surtout, comment rendre possible une évolution vivante à travers cette structure ?

En concevant le multivers intrinsèque à travers mes projections mentales, une évidence s'est imposée : la fragmentation du Présent omniscient ne se contente pas de générer des mondes hiérarchiques. Elle engendre en même temps un déséquilibre fondamental. Le Présent permanent originellement est continu, total, unifié. Mais dès qu'il se fragmente en quanta de Temps, en densités temporelles distinctes, il introduit une discontinuité.

C'est à ce stade que j'ai compris qu'il manquait quelque chose pour maintenir la cohérence : des fonctions universelles capables de compenser cette discontinuité. Face à ce déséquilibre, l'Intelligence omnisciente a fait émerger deux fonctions universelles, l'information et la mémoire :

- L'information vient organiser les fragments, leur donner un ordre logique et structuré.
- La mémoire vient relier ces fragments entre eux, assurer une continuité, maintenir un fil narratif au sein de la discontinuité.

Autrement dit, dans un Présent fragmenté, l'information et la mémoire ne sont pas des propriétés originelles : elles sont des instruments créés par l'Intelligence omnisciente, déployés pour que les esprits-conscients puissent évoluer et se maintenir dans la cohérence.

C'est pourquoi je dis qu'elles sont secondaires et artificielles au regard de l'absolu : elles n'existent pas en elles-mêmes, mais seulement comme des réponses à la caractéristique inhérente de la fragmentation du Présent omniscient.

Elles sont le langage et l'agent de cohésion du Temps discontinu, nécessaires pour soutenir l'esprit-conscient dans son apprentissage évolutif.

Sylvana

Je vois... Selon ton modèle, l'information et la mémoire apparaissent comme des fonctions destinées à maintenir la cohérence au sein d'un Présent fragmenté. Je comprends mieux pourquoi, plus la DTF est faible, plus la mémoire devient indispensable, comme tu l'expliquais tout à l'heure.

Thierry

Oui. Si l'information et la mémoire sont nécessaires, c'est parce que nous ne pouvons pas maintenir une attention continue et totale sur chaque instant qui passe. Dans un Présent fragmenté, l'esprit-conscient n'accède qu'à une fraction de l'information disponible à chaque moment. Tout ce qui n'est pas capté s'évanouit — à moins qu'un principe comme la mémoire n'en préserve la trace.

Autrement dit, plus la DTF est faible, plus le Présent disponible est court, plus la perte est grande... et plus la mémoire devient indispensable pour maintenir une cohérence et assurer la continuité de l'expérience.

Dans un Présent fragmenté, la mémoire devient le principe actif qui permet à l'expérience de laisser une trace, à l'information de se structurer, et à l'esprit-conscient d'intégrer ce qu'il ne peut saisir en un seul instant. La mémoire rend à l'esprit-conscient l'accès à une information qui, sans elle, serait perdue.

C'est pourquoi, dans mon modèle, j'accorde à ces deux fonctions un rôle fondamental :

L'information comme principe structurant : chaque phénomène est l'expression d'une organisation particulière d'information. Toute réalité repose sur l'information, qui rend possible la perception, la compréhension et l'intégration des lois invisibles qui ordonnent le réel. C'est en intégrant cette information que la conscience élargit son champ de liberté et son pouvoir d'agir.

La mémoire universelle : le Temps n'est pas seulement succession, il est aussi archive. Chaque manifestation laisse une empreinte que le champ temporel conserve, organise et rend accessible. Cette mémoire universelle assure la continuité, elle évite que l'information ne se dissolve, et elle permet à la conscience de tisser son chemin évolutif.

Ainsi, sans information, il n'y a pas de sens. Sans mémoire, il n'y a pas de fil conducteur. Mais avec les deux, la conscience trouve les leviers pour s'élever, se transformer et participer activement à l'évolution du réel.

Sylvana
Si je comprends bien, tu viens de montrer que, sans information ni mémoire, aucune conscience ne pourrait se maintenir dans un temps fragmenté — et que chaque esprit-conscient dépend, à des degrés variables, de la mémoire, selon sa capacité à capter, relier et structurer l'information.

Thierry
Oui, c'est bien cela. Et c'est précisément cette différence dans le rapport à l'information et à la mémoire qui m'a conduit à élargir ma réflexion.

Dans mon modèle de multivers fractal, plusieurs conséquences s'en sont dégagées.

Parmi elles, l'idée d'une diversité d'esprits-conscients, structurés en une véritable hiérarchie : certains pleinement autoconscients, d'autres simplement conscients, et d'autres encore demeurant inconscients — chacun évoluant dans des mondes matériels plus ou moins denses, ou subtils.

Sylvana
Je crois que je comprends mieux, maintenant. Dans ton modèle, le multivers fractal n'est pas une construction abstraite, mais un cadre vivant qui relie

l'organisation du monde au chemin d'évolution de la conscience.

Et cette complexité n'est pas une impasse, mais un passage — mieux encore, une forme d'entraînement intérieur, presque initiatique. Chaque degré de fragmentation oblige l'esprit-conscient à intégrer davantage d'information, à élargir sa compréhension et à affiner sa résonance avec le champ. Jusqu'à ce qu'il puisse remonter la trame fractale — cette structure de niveaux emboîtés — et retrouver l'unité du Présent absolu, la source où toutes les strates se résorbent dans un même accord intemporel.

Thierry

Oui, c'est exactement cela. Tu vois bien que ce cadre fractal n'est pas qu'une abstraction théorique : il engage directement la manière dont la conscience évolue en traversant les différents niveaux de réalité.

Derrière cette dynamique d'entraînement intérieur que je décris s'ouvre une perspective plus vaste. Ce deuxième élément — le multivers fractal — ne m'a pas seulement permis d'établir un cadre plus rigoureux : il a aussi révélé une vision élargie de la diversité du vivant.

Il suggère un multivers qui n'est pas froid ni mécanique, mais vivant, vibrant, interconnecté, animé par une mémoire cosmique — une mémoire de l'Univers lui-même, qui conserve la trace de tout ce qui advient.

On découvre alors un vaste réseau des mondes-écoles emboîtés, où chaque conscience progresse à travers différents niveaux de réalité : elle apprend, elle se transforme, et elle contribue à l'évolution d'un ensemble bien plus grand qu'elle-même.

Sylvana

Dans ce schéma, nous apparaissons finalement comme les participants — conscients ou non — d'un immense processus vivant.

Thierry

Oui. Et tu vois… à partir de là, une fois cette structure posée, il me fallait pousser le raisonnement plus loin.

Si chaque Cosmos est une expression singulière de l'Intelligence omnisciente, alors il ne peut pas être livré au hasard : il doit obéir à une logique interne précise — une logique non seulement mécanique, mais aussi rythmique et harmonique.

Autrement dit : comment relier entre eux les différents niveaux de réalité, tout en respectant leur autonomie, à l'intérieur même de notre Univers ?

C'est cette intuition qui m'a conduit à formuler mon troisième élément fondamental : l'agencement fractal du réel.

Un principe d'organisation où chaque niveau est emboîté dans un autre, où chaque partie reflète la totalité, et où toutes les strates du multivers trouvent naturellement leur place dans une architecture cohérente et vivante.

. LES FRACTALES TEMPORELLES ET SPATIALES — UNE ARCHITECTURE RYTHMÉE DU RÉEL

Sylvana
Alors ce que tu vas m'expliquer plus en détail, c'est comment s'agence concrètement ce multivers intrinsèque à l'intérieur de notre Univers — comment les fractales s'organisent entre elles, avec leur logique propre, tout en restant reliées à une architecture plus vaste et vivante ?

Thierry
Oui. Et c'est précisément ce que formalise ce troisième élément.

Il montre que notre Cosmos est un organisme vivant, animé par ses propres mondes internes, structuré par des rythmes profonds et des cycles temporels qui se déploient à différentes échelles.

Chaque niveau de réalité pulse selon sa fréquence propre, et c'est de l'articulation de ces cycles — de leur résonance et de leur équilibre — que naît la cohérence de l'ensemble.

Sylvana
Je crois que je commence à voir ce que tu poses là… Tu ne décris pas un système mécanique, mais quelque chose de vivant, qui s'organise depuis l'intérieur. Un équilibre qui vient des rythmes eux-mêmes, de la manière dont chaque niveau vibre et s'accorde avec les autres — et que tout reste cohérent.

Mais en t'écoutant… tu dis « notre Cosmos », et parfois « Univers ». Je me demande : c'est la même chose ou pas ?

Thierry
Si je devais distinguer les termes, je dirais que l'Univers est le contenant et le Cosmos, le contenu.

En pratique, il s'agit de deux façons de désigner la même totalité.

Dans l'usage courant, on parle de Cosmos pour évoquer ce que l'on perçoit : voyager dans le Cosmos, contempler le ciel étoilé, observer la matière et l'énergie visibles. C'est d'ailleurs pour cela que l'on parle de cosmologie et non d'« universologie ».

Mais dans mon modèle, cette notion prend une profondeur nouvelle. Le

Cosmos n'a rien de simple ni d'uniforme : il est structuré de l'intérieur par une logique fractale et hiérarchique.

C'est ce que j'ai nommé le multivers intrinsèque : un emboîtement de réalités, de niveaux de complexité et de mondes enchâssés les uns dans les autres, reliés par une cohérence interne qui les dépasse.

Sylvana
Tu évoques une logique fractale dans l'organisation du réel… Mais qu'est-ce que tu entends exactement par fractale ? Comment les définis-tu dans ton modèle ?

Thierry
Une fractale, dans le sens où je l'emploie dans mon modèle, n'est pas une simple figure mathématique, mais un principe d'organisation : une forme qui se répète à travers les échelles, jamais identique, toujours modulée par une même logique de variation.

Dans mon modèle, cette organisation repose sur l'imbrication de fractales temporelles et spatiales : des motifs qui se répètent avec variations à différentes échelles de temps et d'espace, chacun porteur de sa propre densité de Présent.

À mesure que l'on s'élève dans cette hiérarchie, chaque niveau ouvre davantage de liberté pour les esprits-conscients : de nouvelles dimensions temporelles apparaissent, déployant des degrés inédits d'espace, de perception et d'action.

Ainsi, les niveaux fractals composent un système hiérarchisé, où chaque strate reflète la totalité — non pas comme une copie mécanique, mais comme une variation singulière d'un même ordre universel.

Sylvana
Je crois que je comprends mieux ce que tu veux dire par structure fractale. Chaque niveau reprend la logique du précédent, mais avec une variation, une nuance — ce n'est jamais une simple copie, mais une répétition qui s'adapte, qui évolue.

C'est un peu comme un flocon de neige, non ? La même forme se décline à différentes échelles, et pourtant l'ensemble reste parfaitement cohérent.

Thierry
Oui, ton image en est proche. C'est exactement ce type de logique — répétitive, évolutive, toujours accordée à une forme d'ensemble — qui m'a conduit à approfondir cette structure. Et plus j'ai avancé, plus cette imbrication fractale s'est imposée. Il était impossible d'expliquer la cohérence interne de l'Univers, du microscopique au cosmique, sans admettre une organisation à la fois

récursive et autosimilaire : une structure dynamique et ordonnée, où les formes se répètent à différentes échelles comme les variations d'un même thème.

Dans mon modèle, cette logique fractale se traduit de manière très concrète : chaque niveau d'organisation possède une densité de Présent, c'est-à-dire la quantité d'information qu'une conscience peut percevoir et intégrer à un instant donné. Cette densité n'est pas le fruit du hasard : elle est directement déterminée par la densité temporelle propre au champ qui structure ce niveau de réalité. Autrement dit, le champ temporel est universel, mais sa manifestation varie selon les échelles fractales. Et c'est cette variation — dans la richesse informationnelle et dans le rythme des cycles — qui détermine, à chaque niveau, la densité de Présent accessible à la conscience.

Ainsi, chaque niveau n'est pas un fragment isolé. Parce qu'il est fractal, il porte sa cohérence interne tout en résonnant avec l'ensemble. C'est ce que j'entends par structure autosimilaire : une organisation qui se répète à différentes échelles, toujours selon une même logique fondamentale, mais avec des variations propres. Chaque niveau est autonome, mais relié, car il procède d'un même principe de structuration.

Cette articulation entre autonomie locale et cohérence globale m'a conduit à formaliser un modèle capable de relier dynamiques locales et globales, de rendre compte des cycles, des seuils et des transitions de conscience — tout en respectant l'élégance des lois physiques.

C'est cette exigence qui a donné naissance à ce troisième élément. Il m'a permis :

De concevoir un Univers fini dans sa structure, mais infini dans ses boucles fractales et ses sous-systèmes. Autrement dit, un Univers dont la forme est déterminée, mais dont le déploiement reste ouvert, toujours capable de générer de nouvelles complexités sans jamais sortir de sa logique d'ensemble ;

De visualiser le Cosmos comme un système vivant, pulsant, où les mondes qui le composent alternent expansion et contraction perpétuelles ;

D'approfondir la logique des fractales emboîtées du multivers intrinsèque, en éclairant la nature et le passage d'un niveau fractal à l'autre.

En résumé, ce troisième élément formalise l'Univers comme un organisme fractal cyclique, dont les lois et les dynamiques se répètent à l'infini dans des formes toujours plus complexes. Mais toutes demeurent unifiées par la continuité du champ temporel, qui articule à la fois la densité objective du Temps et la densité vécue du Présent.

Sylvana

Ce que tu montres depuis tout à l'heure me donne vraiment l'impression d'un tissage — précis, patient, évolutif — où rien ne semble laissé au hasard. Chaque niveau prend le relais du précédent, comme une suite de mouvements reliés par une même impulsion.

Et dans ton poème déjà, les mondes-écoles n'étaient pas livrés à eux-mêmes : il y avait une orientation, un dessein. Comme si la réalité elle-même, dans sa fractalité, laissait deviner une intention…

Thierry

Oui… ce que tu viens de dire est très juste. Car, à un certain point, une question devient inévitable : si tout cela est si précis, si structuré, si rythmé… qu'est-ce qui en garantit l'ordre ? Et surtout… qu'est-ce qui permet à chaque Univers d'évoluer, de se transformer, sans se disloquer, ni perdre son unité profonde ?

C'est là qu'un autre point m'a paru essentiel. Comme nous en avons déjà discuté, derrière une telle élégance structurelle et une telle capacité d'adaptation, il fallait envisager autre chose qu'un simple hasard, ou qu'un mécanisme aveugle livré à lui-même.

Il fallait un principe opérant, actif, vivant, présent au cœur même de chaque Univers.

Une forme d'Intelligence immanente, issue de la Complexité Primordiale, mais inscrite directement dans son propre champ cosmique.

Non pas une intelligence extérieure qui imposerait ses lois de l'extérieur, mais une intelligence intérieure à la trame du réel, qui en assure la cohérence, la continuité et l'évolution.

Nous en avons déjà parlé plus tôt, mais il est temps maintenant d'entrer plus en détail pour montrer comment cet élément est majeur dans l'architecture de mon modèle : l'Intelligence omnisciente.

. L'INTELLIGENCE OMNISCIENTE — L'ARCHITECTE VIVANT AU CŒUR DE CHAQUE UNIVERS

Sylvana

C'est vrai qu'on a déjà vu combien le concept d'Intelligence omnisciente était central dans ton modèle — tu l'as évoqué plus d'une fois. Alors je me demande : il y a eu un moment précis où tu t'es dit il manque quelque chose ?

Thierry

Cette idée m'est venue en réponse à une question que les modèles classiques laissent sans véritable solution : comment un Univers peut-il manifester à la fois une telle précision d'organisation et une telle capacité d'évolution, sans qu'il existe un principe opérant pour en assurer la cohérence ?

C'est face à cette impasse conceptuelle que j'ai introduit ce quatrième élément : l'existence d'un second principe ordonnateur, présent partout à la fois, créateur et développeur de son propre Cosmos, issu directement de la Complexité Primordiale.

Et je suis d'accord avec toit, nous avons déjà évoqué le rôle de l'Intelligence omnisciente dans les discussions précédentes, mais je vais ici en proposer une synthèse structurée — afin d'en rappeler clairement la nature, la fonction et sa place dans mon modèle.

L'Intelligence omnisciente agit comme une projection active de la source première : elle concentre, pour son propre Cosmos, toutes les propriétés d'excellence héritées de la Complexité Primordiale — omniscience, omniprésence, créativité, puissance d'organisation. Mais elle les exprime de façon contextualisée et limitée dans l'usage, car elle n'est pas une source absolue : elle est un serviteur actif de la Complexité Primordiale, qui agit en son nom et prolonge son dessein dans un cadre cosmique particulier.

Chaque Univers devient ainsi une entité autonome porteuse de sa propre cohérence, mais toujours reliée à la Complexité Primordiale dont elle procède.

Au sein de son Cosmos — le multivers intrinsèque — l'Intelligence omnisciente y manifeste des mondes fractals par la fragmentation graduelle de son propre Présent omniscient. Chaque fragmentation engendre un rythme, une densité temporelle spécifique — sa DTF — et par conséquent le degré de conscience et de complexité qui peuvent s'y déployer.

L'évolution des esprits-conscients — dont notre humanité fait partie — dépend directement de cette densité fractale du temps

Sylvana

Ce qui m'interpelle, c'est l'ampleur de ses effets : ce principe, que tu appelles Intelligence omnisciente, semble façonner tout — l'organisation des mondes, la structuration des lois, la dynamique des formes. On sent qu'il agit à tous les niveaux, comme une force discrète et qu'il a vraiment un rôle déterminant dans ton modèle.

Thierry

Oui, l'introduction de l'Intelligence omnisciente comme principe actif au cœur de chaque Univers a été un véritable tournant dans mon travail. Elle m'a permis de concevoir :

- Une conception dynamique de l'intelligence, présente à tous les niveaux d'organisation du réel ;
- Une notion de conscience disséminée, hiérarchisée, capable d'auto-réflexion ;
- Et, comme je l'avais déjà évoqué, une vision active du vide — non comme néant, mais comme matrice vibratoire intelligente, que j'ai conceptualisée sous le nom d'éther quantique : un champ informationnel et structurant, lien invisible de toute cohérence cosmique.

Sylvana
Je vois qu'au sein de son Univers, l'Intelligence omnisciente se déploie de façon très active : elle structure les mondes fractals, définit leurs rythmes et soutient leur évolution. Mais tu as aussi précisé qu'elle n'était pas une source absolue, qu'elle restait reliée à la Complexité Primordiale. Dans ton modèle, comment conçois-tu ce lien ?

Thierry
En effet, chaque Univers déploie son intelligence dans le cadre de son propre champ temporel, où il orchestre lois, rythmes et évolutions. Mais son Présent omniscient n'est pas isolé : il entre en résonance vibratoire avec les autres Univers, comme les mailles d'un vaste réseau cosmique où circule l'ordre primordial. Autrement dit, chaque Univers est à la fois singulier et relié : porteur d'une identité propre, mais jamais séparé de l'Unité.

De la même manière qu'il existe une mémoire universelle au sein d'un Univers qui relie tout, il existe à l'échelle du multivers extrinsèque une résonance collective qui relie les Univers entre eux. C'est par cette résonance vibratoire universelle — que je nomme ÆKO — que l'Unité cosmique s'accomplit.

C'est cette Unité invisible qui imprime à l'évolution une direction globale, un souffle traversant tous les niveaux. Elle garantit que, même si la dynamique emprunte des cycles ou des boucles, elle ne revient jamais simplement en arrière : elle progresse, se complexifie et s'élève.

Sylvana
Quand tu dis que cette Unité invisible donnerait à l'évolution cosmique une direction globale, est-ce que tu veux dire que cette dynamique agit aux deux échelles dont tu avais déjà parlé ? Qu'au niveau intrinsèque, chaque Univers est structuré pour permettre son évolution interne… mais qu'au niveau extrinsèque aussi, l'ensemble des Univers reliés à la Complexité Primordiale suivent eux-mêmes une logique d'évolution ?

Thierry
Oui. Par homothétie conceptuelle, j'ai appliqué la même logique aux deux types de multivers.

Dans mon modèle :

Au sein d'un Univers, la dynamique du multivers intrinsèque se traduit par l'évolution croissante des esprits marginaux aspirants, qui cheminent à travers les mondes fractals pour accroître leur degré de conscience.

À l'échelle du multivers extrinsèque, cette dynamique se manifeste par l'évolution même des Intelligences omniscientes : chacune élève son propre Univers vers un degré supérieur d'organisation, de cohérence et de puissance structurelle, comme une quête d'excellence visant à s'approcher toujours davantage de l'absolu de la Complexité Primordiale.

Chaque Univers, dans cette succession hiérarchisée, exprime ainsi une part d'excellence croissante : un pas supplémentaire vers l'idéal d'un Univers parfait.

Cette logique ascendante est la clef de l'évolution fractale à tous les niveaux : à l'intérieur d'un Univers par l'élévation des esprits-conscients, mais aussi d'un Univers à l'autre par l'élévation des Intelligences qui les animent.

C'est pourquoi ce quatrième élément formalise une idée fondamentale : la personnification possible de chaque Univers. Non pas dans un sens anthropomorphique — avec volonté ou intention humaines — mais comme un organisme vivant, structuré, évolutif, animé de l'intelligence immanente héritée de la Complexité Primordiale.

Sylvana
Je comprends mieux… Dans ton modèle, chaque Univers garde son autonomie tout en s'intégrant dans une architecture globale. Tout paraît construit pour suivre ce mouvement, chaque élément trouvant naturellement sa place, toujours orienté vers un but de progression.

Thierry
Oui… tu comprends maintenant pourquoi cette progression silencieuse m'est apparue comme la clé de toute architecture vivante. Et lorsqu'on examine en profondeur une telle organisation, on comprend qu'elle ne peut tenir sans un principe opérant, l'édifice de l'Univers s'effondrerait aussitôt.

Cette intelligence, aussi vaste soit-elle, ne peut demeurer une abstraction. Elle a besoin d'un support, d'une forme-matrice pour s'incarner, pour se déployer dans la réalité qui donne à l'Univers sa respiration profonde — la capacité de soutenir sa structure, de conserver la mémoire et de se régénérer.

C'est ce support que je vais te révéler maintenant.

. Le Tore Hypersphérique — Une Géométrie du Cosmos

Sylvana
Tu veux dire que même une intelligence aussi vaste a besoin d'une architecture d'accueil — une structure capable de la rendre active et opérante ?

Thierry
Oui. Mon cinquième élément révèle ce que je considère comme la structure fondamentale, le véritable cœur opératoire de l'Univers phénoménal.

Ce n'est pas une simple figure géométrique abstraite, mais une forme vivante, capable d'accueillir et d'ordonner le flux du Temps, l'information et la conscience. Elle en est à la fois le réceptacle — car elle recueille ces flux — et le moteur — car elle les met en mouvement. Autrement dit, une matrice dynamique où l'Univers peut se déployer, se replier, et conserver la mémoire de sa propre évolution.

C'est pourquoi je la décris comme la technologie cosmique originelle : l'architecture même qui rend possible l'existence du réel, sa transformation continue et sa perpétuation dans une cohérence infinie.

En un mot, elle manifeste la réalité phénoménologique dans son essence active.

Je l'ai nommée : le tore hypersphérique fractal multidimensionnel.

Sylvana
Ah voilà, je le sentais venir… Tu dégaines un des mots les plus intimidants que j'aie jamais entendus ! «Tore hypersphérique fractal multidimensionnel»… rien que ça ! Alors, vas-y doucement — je suis prête, mais je vais retenir mon souffle cosmique.

Thierry
Je sais… le nom peut sembler intimidant. Mais derrière ces mots se cache une idée étonnamment simple. Ne t'arrête pas au vocabulaire technique : tu n'as pas besoin de tout saisir d'un coup. Ce qui compte, c'est de percevoir ce que cette structure rend possible.

Imagine un pouls cosmique, une respiration infinie. Le tore n'est pas une figure géométrique figée, mais une forme vivante et dynamique, capable d'ouvrir l'Univers dans son expansion puis de le refermer dans sa contraction — comme un souffle qui pulse au rythme du Temps lui-même.

Ce mouvement d'expansion et de contraction correspond à ce que la cosmologie appelle parfois un modèle oscillatoire ou cyclique. Mais dans mon modèle, il prend une signification plus profonde :

- L'expansion déploie l'Univers et multiplie ses structures.
- La contraction resserre et intègre dans la trame cosmique la mémoire de ces structures, assurant leur transmission aux cycles futurs.

Le tore agit ainsi comme une mémoire universelle : il inscrit et restitue l'histoire complète de l'Univers, permet l'émergence des fractales emboîtées, et encode les trajectoires d'évolution de toutes les formes — matière, énergie, conscience.

- En ce sens, ce tore hypersphérique fractal multidimensionnel est bien plus qu'un schéma. Il joue le rôle d'un architecte universel :
- Il définit la topologie de l'espace-temps, sa forme globale.
- Il module la dynamique cosmique, le flux des expansions et contractions.
- Il orchestre l'interférence des fractales à toutes les échelles, du quantique au galactique.
- Il ouvre la voie à une infinité de structures possibles grâce à sa polymorphie intrinsèque, c'est-à-dire sa faculté à se métamorphoser selon les conditions.

S'il en est capable, c'est parce qu'il est né du champ temporel, et que ses briques fondamentales sont les chronons.

En définitive, ce tore hypersphérique fractal n'est pas qu'un concept abstrait : il est le cœur battant de l'Univers phénoménal, la clé qui relie la mémoire, la cohérence et la vie cosmique.

Sylvana
Dans ton quatrième point, tu parles de la polymorphie du tore — cette faculté de se métamorphoser selon les conditions et d'engendrer une infinité de structures possibles. Pourrais-tu préciser davantage ce que tu entends par là ?

Thierry
Oui, bien sûr. Polymorphe veut dire qu'il peut changer de forme en fonction des conditions. C'est ce qui lui permet d'agir comme une matrice vivante, une géométrie vivante : une structure réceptive à l'Intelligence omnisciente, capable de traduire son action en formes, en rythmes et en trajectoires d'évolution. Ainsi, le tore n'est pas figé : il s'adapte, se métamorphose, et c'est cette souplesse qui permet à l'Intelligence omnisciente d'orchestrer l'Univers comme un véritable architecte.

Par «géométrie vivante», j'entends une structure qui n'est pas figée dans une forme unique, mais qui évolue, réagit et interagit avec ce qu'elle contient. Elle ne se contente pas de délimiter l'Univers : elle en est une partie active, qui le soutient, l'organise, le transforme et en conserve la mémoire.

C'est grâce à ce modèle que j'ai pu relier différentes intuitions en un tout cohérent, par exemple :

Concevoir l'Univers comme holographique, où chaque fractale contient la mémoire du Tout.

Comprendre comment les structures locales et globales restent reliées dans une logique fractale et dynamique.

Sylvana
Tu parles d'un Univers holographique… qu'est-ce que tu veux dire par là, exactement ?

Thierry
Cela signifie que chaque fractale, aussi minuscule soit-elle, porte en elle l'empreinte du Tout. Autrement dit, le Tout est présent dans chaque partie — et c'est ce principe qui rend possible une mémoire distribuée à toutes les échelles. Cette mémoire n'est pas centralisée dans un point unique, mais inscrite dans la trame même du Cosmos, comme une information vivante qui circule partout.

En concevant l'Univers comme holographique, deux propriétés majeures se sont imposées à moi, en plus de la mémoire :

- L'existence de rapports homothétiques entre les fractales : des correspondances d'échelle, de forme et de fonction, qui garantissent la cohérence à travers tous les niveaux de réalité.
- La variation des Densités Temporelles Fractales (DTF) : elles reflètent la richesse en information et le rythme des cycles internes, directement liés à la complexité propre de chaque niveau fractal.

En unifiant ces éléments, j'ai pu rapprocher les intuitions anciennes, les observations scientifiques et les structures géométriques pour en dégager une vision cohérente. Dès lors, le tore cesse d'être une simple figure mathématique : il devient une articulation vivante, le point de jonction entre l'ordre caché de l'Univers, la mémoire des formes et le mouvement créateur.

Pour moi, ce cinquième élément est le dispositif structurel suprême de l'Univers phénoménal :

- Un organisateur de cycles, qui rythme l'expansion et la contraction.
- Un moteur de complexité évolutive, qui permet au réel de se diversifier sans jamais perdre sa cohérence.
- Une interface entre l'intention cosmique et sa manifestation, où l'Esprit trouve une forme et la forme retrouve son origine.

Sylvana

Bon… je t'avoue que ce que tu viens de dire est dense. Mais si je comprends bien : chaque Univers porte en lui une Intelligence omnisciente issue de la Complexité Primordiale, laquelle contient l'organisation, l'intention et les lois. Et le tore, de son côté, en serait le support opératif : il règle le rythme des cycles, soutient l'évolution des formes et agit comme une passerelle entre l'intention cosmique et sa manifestation.

Thierry

Oui. Pour moi, le tore universel n'est pas une simple image dynamique : c'est une véritable technologie cosmique, un dispositif opérant au cœur même de l'Univers.

On pourrait dire qu'il joue le rôle du hardware universel, la matrice structurelle qui soutient et module toute manifestation. En parallèle, l'Intelligence omnisciente en serait le software : elle insuffle l'information, l'intention et la logique d'organisation qui animent cette architecture.

Ce lien intime entre le tore universel et l'Intelligence omnisciente est décisif. Car, comme je l'ai déjà souligné, le tore n'est pas une géométrie figée : il est le support vivant de l'écoulement du temps

Dans mon modèle, sa réalité géométrique est infiniment plus complexe que la simple figure d'un tore : il est constitué d'une multitude de sous-torus, qui expriment la dimension fractale du multivers intrinsèque.

- Les expansions et contractions de ces sous-torus définissent les rythmes cosmiques.
- Sa structure fractale hypersphérique — autrement dit, son architecture répétitive et multidimensionnelle — encode la densité temporelle propre à chaque niveau de réalité.

- Ses cycles fonctionnent comme une mémoire active : chaque vibration, chaque trajectoire y laisse une empreinte, préservée puis réinjectée dans la dynamique globale, garantissant ainsi la continuité de l'évolution et l'accumulation de complexité d'un cycle à l'autre.

Ainsi, le tore universel n'est pas seulement une structure : il est le cœur battant de la cosmogénèse, l'interface où se rencontrent l'ordre primordial de l'Esprit absolu, l'Esprit omniscient, l'esprit aspirant et la dynamique évolutive du réel.

Sylvana
En somme : l'Intelligence est le stratège qui conçoit la vision et l'intention, tandis que le tore est la structure vivante qui les incarne, en les déployant sous forme d'organisation et d'évolution.

Thierry
Oui, exactement : le tore agit comme l'agent qui met en œuvre l'intention.

Et c'est parce que j'ai posé dès le départ cette vision — celle du tore universel comme technologie cosmique fondamental — que j'ai pu avancer de manière concrète. Car si nous, en tant qu'humains, sommes capables de concevoir nos propres technologies, ce n'est pas un hasard : c'est le reflet d'une base originelle, une architecture conceptuelle fondamentale, inscrite dans la trame même du réel.

Par « architecture conceptuelle fondamentale », j'entends cette structure première qui rend possible toute organisation du réel. Elle est dite fondamentale non parce qu'elle viendrait s'ajouter à l'Univers après coup, mais parce qu'elle en constitue la condition de possibilité : le socle indispensable, sans lequel ni lois, ni formes, ni cycles ne pourraient émerger.

Le tore, tel que je le conçois, incarne ce socle. Il est une matrice fonctionnelle, à la fois génératrice et régulatrice, dont nous pouvons capter les principes pour comprendre comment la réalité elle-même émerge, se structure et se stabilise.

Et par extension, il nous enseigne que nos créations technologiques humaines artificielles ne sont que des co-créations : des répliques, à notre échelle, de ce que l'Univers accomplit déjà par lui. À travers elles, nous rejouons ce mécanisme fondamental : transformer l'information en forme, et la forme en mémoire vivante.

Sylvana
Je vois… Ce tore universel n'est pas seulement le support dont l'Intelligence omnisciente se sert pour organiser un Univers : en tant qu'esprits-conscients co-créateurs — et l'humanité en fait partie — il nous offre aussi une base que

nous réinterprétons à notre propre échelle, chaque fois que nous inventons nos technologies.

Thierry

Oui, exactement.

Dans mon modèle, cette technologie fondamentale constitue la dimension fonctionnelle du Cosmos. Elle agit comme un réservoir de possibles, un champ opératoire qui met à disposition de l'Univers — et de nous, esprits-conscients — un espace de potentialités.

Notre rôle est d'apprendre à nous en servir, à orienter ce potentiel vers une véritable évolution.

Mais pour cela, une condition demeure : nos inventions doivent rester en résonance avec l'évolution propre de l'Univers, c'est-à-dire conserver la cohérence avec son mouvement d'ensemble. Car l'Univers, lui, suit sa trajectoire autonome : ses cycles d'expansion, de contraction et de complexification croissante. En parallèle, il nous offre une opportunité unique : participer activement à cette dynamique.

Cette participation peut prendre deux formes :

- Développer, les technologies naturelles déjà présentes en nous — comme la mémoire, le langage, l'attention, ou encore ces facultés psychiques latentes, encore en sommeil, qui attendent d'être éveillées.
- Inventer des technologies artificielles, fruits de notre créativité, capables d'élargir notre champ de conscience et d'action.

La distinction entre les deux est claire : ce que nous créons artificiellement n'est pas « naturel » — mais cette artificialité est précisément notre force. Elle nous permet de concevoir des outils d'exploration, d'expansion et de transformation, aptes à amplifier notre capacité de perception et de compréhension.

Toutefois, cette liberté s'accompagne d'une exigence : nos créations doivent demeurer alignées avec les principes fondateurs inscrits par l'Intelligence omnisciente dans la trame du réel. Si elles s'en écartent trop, elles risquent de briser l'équilibre. Mais si elles s'accordent à l'ordre primordial, elles deviennent alors des vecteurs puissants d'évolution, capables d'accompagner et d'amplifier la dynamique cosmique — sans jamais la dénaturer.

Sylvana

Je vois bien comment dans ton modèle, l'Intelligence omnisciente s'appuie sur son tore comme sur un bras-droit opérationnel, une structure vivante qui met en forme et exécute sa vision. Cela me fait penser à ce que tu disais sur les réalités pré-configurées : comment ce tore — véritable « hardware » cosmique — entre-t-il en résonance avec ces fonctions quantiques déjà organisées ? Quelle est la passerelle qui assure ce lien ?

Thierry

Ta question est pertinente.

Dans ma théorie, le tore universel est la matrice vivante qui génère et organise l'Univers. Sa dynamique fractale, composée d'une infinité de sous-torus jusqu'à l'échelle de Planck, agit comme un principe d'auto-configuration : chaque fragment de la structure contient déjà en germe les règles et les potentiels des formes futures. Le tore universel fonctionne ainsi comme un moteur de cohérence, où ce qui apparaît comme aléatoire à notre échelle se révèle inscrit dans une logique de résonance et d'harmonie plus profonde.

Cette logique conduit à l'idée de réalités pré-configurées. Dans le champ Temps-espace-mémoire, la densité temporelle fractale contient une mémoire active de l'Univers, où sont conservées des potentialités latentes, des scénarios possibles déjà structurés. Ces réalités ne sont pas déterminées de manière rigide, mais préformées comme des attracteurs, prêts à s'actualiser selon les conditions locales. Elles existent en puissance, attendant le moment favorable pour se déployer.

Le lien entre ces deux dimensions est direct : le tore universel est le support dynamique qui fait circuler ces réalités pré-configurées et leur donne la possibilité de s'actualiser. Les flux temporels qui traversent la structure torique sélectionnent certaines potentialités parmi la mémoire du champ, les stabilisent et les amènent dans le présent. Les réalités pré-configurées sont donc inscrites dans la mémoire fractale du tore, et le passage du Temps en actualise certaines plutôt que d'autres, comme si l'Univers naviguait à travers une mer d'archétypes informationnels.

Cette articulation a deux conséquences majeures :

Pour l'Univers, elle montre que l'expansion n'est pas un simple processus aléatoire, mais qu'elle suit des lignes de cohérence déjà présentes dans la structure torique, permettant la répétition de motifs universels tout en favorisant l'innovation.

Pour l'humain, elle suggère que notre trajectoire de vie et nos expériences de conscience ne surgissent pas du néant, mais qu'elles s'inscrivent dans des attracteurs temporels pré-existants. Le libre-arbitre prend alors un sens particulier : il ne consiste pas à inventer ex nihilo, mais à choisir et actualiser certaines potentialités déjà inscrites dans le champ universel de la mémoire.

Ainsi, le tore universel et les réalités pré-configurées apparaissent comme deux faces d'un même processus : la structure dynamique qui soutient l'Univers et la trame informationnelle qui contient ses possibles. Leur interaction révèle un Cosmos à la fois ordonné et ouvert, où la création est un acte d'actualisation consciente dans un champ d'infinies potentialités.

Sylvana

Je comprends mieux comment ces réalités pré-configurées s'inscrivent dans la mémoire fractale du tore, comme des potentiels en attente d'actualisation. Et comment le Temps — en tant que champ structurant — traverse cette architecture vivante pour sélectionner certains possibles et les faire advenir, aussi bien dans l'évolution de l'Univers que dans nos propres trajectoires.

Ce que tu décris, c'est un tore bien plus actif qu'on ne l'imagine. Ce n'est pas seulement une forme polymorphe ou une structure souple : c'est à la fois une mémoire des possibles, traversée par le Temps, et une interface de leur actualisation. Il ne se contente pas de soutenir l'Intelligence omnisciente : il participe pleinement au processus.

Thierry

Oui. Dans mon modèle, le tore n'est pas seulement une forme géométrique, mais une véritable base opérante : une infrastructure dynamique qui rend l'Univers possible. Il agit comme le hardware cosmique, ce processeur fondamental sur lequel tout repose, le support qui permet l'exécution de toutes les opérations de l'Univers.

Mais, comme pour tout processeur, la puissance brute ne suffit pas. Sans code source, il peut réaliser des milliards d'opérations… mais celles-ci resteraient sans signification.

De la même manière, le tore fournit la structure, la capacité de calcul et l'espace d'exécution, mais il a besoin d'une instruction première, d'un protocole d'accord qui le relie à sa source et oriente son fonctionnement.

Autrement dit, pour qu'une réalité existe réellement, elle doit s'exécuter en résonance avec le code originel de la Complexité Primordiale.

Ce lien invisible — ce programme vibratoire universel — relie chaque fragment de l'Univers à son origine. C'est ce que j'ai formalisé dans mon sixième élément : la Résonance Vibratoire Universelle, ÆKO.

Concrètement, dans mon modèle :

- L'Intelligence omnisciente définit la vision, les lois et l'organisation globale d'un Univers. Elle établit le « sens » de la création : pourquoi et comment elle doit se déployer.
- Le tore fournit l'infrastructure opérante, la base dynamique capable d'exécuter ces lois et d'engendrer les formes.
- La Résonance ÆKO assure la cohérence, en accordant en permanence cette exécution au code originel de la Complexité Primordiale.

. La Résonance Vibratoire Universelle — Le Cœur Vibrant du Présent

Sylvana

Ce que tu présentes ressemble à une véritable architecture de pensée, presque une charpente intérieure que tu aurais patiemment façonnée pour relier entre eux tous ces éléments. Même si tout n'est pas immédiatement saisissable, une cohérence se dégage : chaque nouvel élément vient renforcer l'ensemble et lui donner la forme d'une structure vivante, fonctionnelle, où chaque pièce trouve naturellement sa place.

Et j'imagine que c'est à partir de cette charpente que tu peux à la fois éprouver ton modèle — en testant sa solidité — et ouvrir de nouvelles pistes de recherche.

Thierry

Oui… et c'est exactement ce que j'ai tenté de faire : poser une structure suffisamment rigoureuse pour que chaque nouvelle pièce puisse s'y insérer naturellement, comme dans un puzzle vivant.

Et justement, ce que je vais te montrer maintenant est sans doute l'un des points les plus délicats — mais aussi l'un des plus essentiels de toute cette architecture.

Mon sixième élément révèle ce que j'ai identifié comme le noyau vibratoire de l'Univers : un point d'ancrage vivant, logé au cœur même du tore hypersphérique. Autrement dit, le centre dynamique qui pulse et maintient l'unité du Tout.

Ce point central — que j'appelle parfois le nombril cosmique — n'est pas un simple centre géométrique. Il est le lieu de résonance qui relie notre Univers à sa source, la Complexité Primordiale, et par lequel l'Intelligence omnisciente entre en syntonie avec le Présent absolu.

C'est ce foyer invisible, ce cœur silencieux du tore universel, que j'ai nommé : Résonance Vibratoire Universelle, ÆKO.

Il constitue à la fois :

- Un principe de cohérence, garantissant que tout demeure accordé à la source et relié à l'unité du Tout,
- Et une fonction de résonance, par laquelle la conscience se relie à l'Esprit, et l'Esprit s'inscrit dans la conscience.

Dans le poème, je l'évoquais de manière implicite : ce souffle invisible qui anime tout, ce battement primordial qui n'appartient ni au passé ni au futur, mais qui se donne comme un Présent absolu et vivant — immuable dans son essence, et pourtant tissé à chaque instant.

Sylvana
Et ce nom, ÆKO… comment l'as-tu choisi ? Qu'est-ce qu'il porte de si particulier pour toi ?

Thierry
J'ai choisi ce nom parce qu'il condense, en un seul signe, l'intuition profonde que je voulais transmettre.

Le caractère Æ est une ligature ancienne : il fusionne le A et le E. Je l'ai interprété comme l'union du commencement et de l'essence — l'alpha, première lettre et symbole de l'origine, et l'énergie, principe vital. Autrement dit : l'origine et l'essence unies dans une même matrice.

Quant à KO, il renvoie au kosmos grec : non pas simplement l'Univers, mais l'ordre vivant, l'harmonie fondamentale qui sous-tend toute chose.

Ensemble, ÆKO devient le symbole de la trame vibratoire primordiale qui relie l'ensemble du réel. C'est la résonance universelle du champ temporel, le souffle vibratoire qui module et soutient forces, particules et formes.

On pourrait dire que ÆKO est le rythme caché, la pulsation de cohérence qui maintient l'unité du Temps, de l'espace et de la conscience.

Dans mon modèle, il représente la matrice vibratoire universelle, le canevas invisible sur lequel se tisse la diversité des phénomènes. ÆKO est à la fois la fréquence fondamentale et le chant silencieux de l'Univers : une vibration de fond, imperceptible mais toujours présente, qui assure à la multiplicité des mondes du multivers intrinsèque une unité profonde et vivante.

Sylvana

Donc ce point central… c'est comme s'il donnait le ton à tout l'Univers, c'est ça ?

Thierry

Oui. Et toute chose dans l'Univers — engendrée par la technologie du tore — porte en elle un centre de résonance propre, une signature vibratoire unique, une empreinte qui permet d'identifier chaque manifestation et qui la relie directement au point central de résonance

Chaque être, chaque forme, chaque phénomène constitue ainsi une subharmonique du Présent omniscient incarné par l'Intelligence omnisciente : un présent local, distinct, mais toujours accordé à l'harmonie globale.

C'est cette liaison vibratoire permanente qui assure à la fois la cohésion de chaque chose et son inscription dans l'unité du Tout. Et puisque tout procède de la même origine, les réalités entrent spontanément en résonance les unes avec les autres. J'appelle cela la résonance sympathique : chaque signature garde sa singularité, mais s'accorde naturellement à toutes les autres, parce qu'elles se relient au même centre fondateur.

De ce battement primordial — ce souffle évoqué dans le poème — s'est déployée toute ma réflexion. La compréhension de la résonance vibratoire m'a permis de dégager plusieurs concepts-clés :

- Le Présent omniscient comme clé de voûte du champ de conscience, à partir duquel tout s'ordonne.
- La corrélation directe entre conscience et accès temporel : plus un être accède à des densités temporelles fines, plus son champ de conscience s'élargit et sa vibration gagne en cohérence, s'accordant davantage au champ temporel.
- La nécessité d'une compatibilité de résonance pour franchir un seuil fractal ou passer d'un niveau de réalité à un autre : nul ne peut évoluer sans entrer en syntonie avec le centre vibratoire universel.
- La localisation vibratoire des esprits-conscients : chaque esprit est situé dans le Temps par sa fréquence propre, comme une adresse vibratoire unique.

Autrement dit, le degré de conscience d'un être dépend directement de sa capacité à entrer en résonance avec le Présent omniscient. Plus cette résonance est fine, stable et ajustée, plus l'accès au réel devient vaste, souple et conscient.

Et c'est ce même ajustement vibratoire qui conditionne la possibilité de franchir un seuil et d'accéder à un nouveau niveau de réalité.

Sylvana

Si je comprends bien, chaque être porte en lui une fréquence propre — une sorte d'adresse vibratoire unique qui le caractérise. Pourtant, aucune de ces fréquences n'est isolée : toutes se relient par résonance au même centre fondateur — ÆKO — ce qui les met spontanément en harmonie les unes avec les autres. Et plus une fréquence s'accorde finement au Présent omniscient, plus le champ de conscience de l'être s'ouvre et s'élargit.

Thierry

Oui, et c'est à partir de là que j'ai pu concevoir une hiérarchie des niveaux de conscience — non pas morale ni humaine, mais structurelle, directement liée à la densité temporelle et à la capacité de résonance. Je t'en avais déjà parlé, mais je la reprends ici en détail :

- Les êtres inconscients

Dans mon modèle, ce sont des esprits enfermés dans l'instant immédiat, incapables de relier les fragments du Présent. Ils réagissent au flux des événements sans recul, soumis aux lois strictes de leur niveau local de réalité. Leur expérience est brève, fragmentée, sans continuité vécue.

Du point de vue scientifique, cela correspond à des organismes dont les comportements sont essentiellement réflexes, sans véritable mémoire ni projection, comme certains systèmes biologiques simples.

- Les êtres conscients

Dans mon modèle, ils disposent d'un présent élargi : grâce à la mémoire et à l'anticipation, ils relient les instants, donnent sens au passé, se projettent vers le futur et ouvrent déjà une première liberté vis-à-vis du déterminisme immédiat. Leur champ d'expérience gagne en profondeur et en cohérence.

Scientifiquement, cela correspond à ce que la psychologie et les neurosciences décrivent comme la conscience phénoménale : la capacité de se souvenir, d'imaginer et de planifier, en unifiant les perceptions dans une expérience vécue continue.

- Les êtres auto-conscients

Dans mon modèle, ils franchissent un seuil majeur : ils ne se contentent plus de percevoir et d'anticiper, mais se reconnaissent eux-mêmes comme acteurs de leur expérience. Ils deviennent capables d'ajuster leur propre fréquence de résonance avec le champ temporel. Cette capacité d'auto-régulation leur permet de franchir des seuils de densité temporelle fractale, de naviguer entre différents niveaux de réalité, et d'accéder à des horizons plus vastes que leur condition d'origine.

Sur le plan scientifique, cela correspond aux êtres capables de métacognition — c'est-à-dire d'observer et d'évaluer leurs propres processus cognitifs — ce que la recherche identifie comme un signe distinctif de l'auto-conscience.

On voit ainsi une progression structurelle : de la simple réaction à la mémoire et à la projection temporelle, puis à l'auto-régulation consciente.

Ce sixième élément — la Résonance Vibratoire Universelle, ÆKO — apparaît dès lors comme une véritable passerelle :

- Entre métaphysique et physique,
- Entre l'ontologie du Présent et la mécanique évolutive de la conscience.

Il éclaire à la fois les limites de notre perception actuelle et la raison pour laquelle certaines réalités fractales demeurent encore invisibles aux esprits-conscients qui ne sont pas suffisamment accordées, qui n'ont pas encore affiné leur alignement vibratoire avec le Présent omniscient.

Sylvana
Tu présentes ce sixième élément comme une passerelle entre la dynamique évolutive de la conscience et ce que tu nommes l'«ontologie du Présent». Peux-tu préciser ce que tu entends par là, et en quoi cette articulation est essentielle dans ton modèle ?

Thierry
Bien sûr. En philosophie, l'ontologie désigne l'étude de ce qui Est, de l'être dans sa nature la plus fondamentale.

Quand je parle de l'ontologie du Présent, je ne désigne pas seulement l'instant vécu au fil de notre journée, mais le Présent comme dimension existentielle profonde : ce qui confère à toute chose — son essence, sa consistance et son existence véritable. Autrement dit, ce qui rend toute réalité possible.

Comprendre l'ontologie du Présent, c'est donc chercher à savoir pourquoi le Présent est la source de toute réalité.

Et c'est ici qu'intervient la Résonance Vibratoire Universelle, ÆKO. Elle me permet de relier deux plans qu'on oppose souvent :

- D'un côté, la métaphysique, qui explore l'essence invisible, la source du réel ;
- De l'autre, la structure, c'est-à-dire la manière dont cette essence s'organise, s'incarne et se manifeste à travers les niveaux de conscience.

Grâce à cette Résonance, j'ai pu établir un lien direct entre le Présent omniscient — unifié — et la manière dont sa fragmentation se déploie en fractales de Présent à travers notre Univers.

Cela révèle une limite fondamentale : certaines réalités fractales demeurent inaccessibles, non parce qu'elles n'existent pas, mais parce que notre esprit-conscient n'a pas encore atteint la capacité vibratoire nécessaire pour les percevoir.

Pourquoi ? Parce que franchir un seuil de réalité ne se fait pas par accumulation quantitative de connaissances, mais par une harmonisation de résonance : un accord subtil entre la fréquence intérieure de la conscience et la fréquence du Présent omniscient.

Dans mon modèle, étayé par certaines avancées expérimentales, il existe une gamme universelle d'harmoniques vibratoires, comparable à une échelle de résonances. Chaque harmonique est un degré d'accord avec le Présent omniscient, et conditionne le niveau d'accès de la conscience aux différents plans de réalité.

Sylvana
Depuis tout à l'heure, tu montres que tout repose sur la résonance vibratoire : c'est elle qui localise les êtres, qui ouvre ou ferme l'accès aux différents niveaux de réalité. Mais alors, dans ce jeu de résonances, quelle est la place spécifique de la vie consciente ?

Thierry
C'est justement cette question qui m'a conduit à formuler mon septième élément : la vie des esprits-conscients dans le Cosmos.

. Les Esprits-Conscients — l'Ascension dans la Trame du Réel

Thierry
Mon septième élément met en lumière la vie des esprits-conscients dans le Cosmos — et, au-delà, l'existence d'une hiérarchie de consciences permettant

l'élévation progressive des esprits marginaux. Là encore, par « esprits marginaux », j'entends les esprits-conscients incarnés comme le nôtre, qui cheminent depuis des formes limitées vers des formes plus vastes et plus intégrées.

Nous en avons déjà évoqué les contours, mais je souhaite en donner ici une formulation plus structurée. Pour cela, je reviens à ma question fondatrice :

Si l'Univers est structuré, ordonné, traversé de lois, d'information, de mémoire et d'intelligence… alors où se situe l'esprit-conscient dans cet édifice ? Quelle est sa place, son origine, et surtout, quel est son devenir ?

Car, du point de vue scientifique, un fait demeure troublant : les constantes physiques et les lois de l'Univers semblent si finement ajustées qu'elles paraissent conçues pour rendre possible l'émergence de la conscience.

Face aux visions que je considère réductrices — celles qui réduisent la conscience à un simple produit émergent du cerveau — j'ai choisi d'inverser le raisonnement. Dans mon modèle, la conscience n'est pas un effet secondaire tardif, mais un principe axial : une dimension fondamentale autour de laquelle tout s'organise. C'est la continuité de ce que j'avais déjà posé avec l'effondrement d'onde : la conscience n'est pas un épiphénomène, elle est l'axe qui structure l'actualisation du réel.

Sylvana
Quand tu dis que c'est un «principe axial» autour duquel «tout s'organise», qu'entends-tu exactement par là ?

Thierry
Dans mon modèle, il est essentiel de distinguer deux pôles complémentaires :

- Le tore hypersphérique fractal, qui agit comme le cadre universel,
- Et la conscience, qui en est l'acteur principal.

Le tore hypersphérique fractal multidimensionnel constitue la matrice structurelle de l'Univers. Il est la technologie cosmique originelle, le réceptacle et le moteur qui ordonnent l'écoulement du Temps, la circulation de l'information et l'émergence des formes. Par sa dynamique d'expansion et de contraction, il encode la mémoire, il module les cycles, il entretient la cohérence fractale du réel. On pourrait dire qu'il définit le « terrain de jeu » cosmique, les règles fondamentales et la trame où tout se déploie.

Mais ce cadre, aussi parfait soit-il, resterait inerte sans un principe vivant pour l'habiter. C'est là qu'intervient la conscience. Elle est l'acteur de ce théâtre cosmique, le moteur évolutif qui, à travers l'esprit-conscient, utilise le potentiel du tore pour s'élever. Si le tore assure la possibilité d'une complexification croissante, c'est la conscience qui actualise cette possibilité, qui traverse les niveaux fractals, qui transforme l'information en expérience vécue et en mémoire intérieure.

Autrement dit, le tore ne s'oppose pas à la conscience : il la porte. Et la conscience, de son côté, ne duplique pas le rôle du tore : elle en est l'expression active, l'acteur qui évolue au sein de ce cadre, qui franchit les seuils vibratoires, et qui transforme la mécanique cosmique en aventure d'élévation.

Elle constitue le fil conducteur de l'évolution cosmique, le moteur de complexification, un potentiel universel inscrit dès l'origine dans la trame du Cosmos. Autrement dit, la conscience n'est pas un accident : elle est nécessaire à l'évolution de l'esprit marginal, et les mondes-écoles existent précisément pour soutenir cette élévation.

À partir de cette intuition, j'ai pu élaborer un modèle hiérarchisé théorique de l'évolution des esprits-conscients, qui se déploie à travers différentes échelles de réalité :

- La conscience planétaire : l'esprit-conscient s'accorde aux cycles de sa planète, en perçoit l'unité vivante, et devient capable d'intégrer son évolution propre à celle de son monde.
- La conscience systémique ou galactique : l'esprit-conscient élargit son champ, embrassant l'organisation et la cohérence d'ensembles immensément plus vastes, tels qu'un système solaire ou une galaxie.
- La conscience cosmique : certaines formes de conscience atteignent un degré tel qu'elles deviennent capables de contenir, de structurer ou même de co-créer des mondes. Ici, l'esprit-conscient ne se limite plus à accompagner l'évolution d'une planète ou d'une galaxie : il participe directement à l'architecture du Cosmos lui-même.

C'est précisément là qu'entrent en jeu les fractales supérieures de l'Univers. Car chaque niveau de réalité fractale ouvre sur des propriétés accrues :

- Une Densité Temporelle Fractale (DTF) plus élevée, donnant accès à une portion plus large du Présent omniscient et de ses potentialités.
- Un champ d'information plus vaste, qui enrichit à la fois la perception et la compréhension du réel.

- Une capacité d'autoréflexivité approfondie, c'est-à-dire une faculté grandissante à se connaître soi-même, à se transformer, et à ajuster sa vibration en harmonie avec son environnement.

Autrement dit, plus l'esprit-conscient s'élève dans la hiérarchie fractale, plus il devient apte à intégrer l'information, à accorder sa résonance au Présent, et à agir comme un co-créateur vivant : non seulement de son univers intérieur, mais aussi de la réalité qu'il habite et transforme.

C'est cette articulation subtile entre cadre et acteur qui donne à l'Univers sa cohérence et sa profondeur : un ordre structurel fractal, et une dynamique consciente capable de l'habiter et de l'élever.

Sylvana
Si je comprends bien, dans ton modèle, tu conçois une échelle de consciences qui s'élargit pas à pas : d'abord enracinée dans une planète, puis reliée à un système, à une galaxie entière, jusqu'à pouvoir embrasser l'architecture cosmique elle-même.

Donc… à chaque niveau franchi dans la structure fractale, l'esprit-conscient s'élargit : il gagne en profondeur, en amplitude… et surtout en pouvoir de transformation et d'évolution.

On a presque l'impression de parcourir une carte, où chaque palier ouvre sur une vision plus vaste et guide l'esprit marginal aspirant dans son évolution.

Mais je me demande : dans ton modèle, comment se déroulent les étapes d'évolution qui portent une conscience du niveau planétaire au niveau cosmique ?

Thierry
Oui… c'est exactement cela.

Je veux d'abord préciser que ce que je propose ici n'est pas une construction théorique gratuite, ni une spéculation sans fondement. C'est une trajectoire possible, que j'ai patiemment dégagée à travers mes expériences de pensée et mes travaux expérimentaux.

J'ai cherché à tracer un chemin cohérent, qui éclaire la manière dont les esprits marginaux — ces enfants de la Complexité Primordiale, plongés dans l'épaisseur de la matière, c'est-à-dire des esprits-conscients incarnés comme les nôtres, soumis aux contraintes du monde matériel — peuvent progressivement se souvenir de leur potentiel endormi.

Pour véritablement évoluer, il semble nécessaire de repartir de zéro. Chaque expérience vécue s'inscrit dans la chair et dans l'esprit, et vient enrichir le tissu de la conscience. À mesure que l'esprit-conscient progresse dans sa quête d'omniscience, il franchit des seuils : il accumule une densité croissante d'information et de mémoire, et, par paliers successifs, commence à résonner de plus en plus finement avec ce qu'il est en réalité. Il découvre alors qu'il est né de l'ignorance, mais qu'un potentiel immense s'ouvre devant lui — et cette découverte le rend de plus en plus conscient.

De cette prise de conscience naît une frénésie intérieure, une soif ardente de recherche spirituelle, philosophique et scientifique : l'esprit-conscient s'élève, animé par le désir de dépasser ce qu'il fut.

Dans mon modèle, tout ce processus d'évolution est rendu possible par la résonance vibratoire sympathique avec ÆKO. Cet accord indestructible avec la Complexité Primordiale manifeste l'Unité absolue.

Ce potentiel originel agit comme une étincelle enfouie sous les couches opaques de la densité matérielle, sous la forme d'un ressentiment sacré, inaliénable. Il fonctionne comme un fil conducteur, accompagnant l'esprit-conscient tout au long de ses pérégrinations. Et plus il évolue en conscience, plus ce ressentiment s'exprime avec force.

Il se manifeste d'abord comme une intuition : la conviction qu'il existe d'autres vérités, plus vastes et plus lumineuses que ce que nous percevons. Puis il se transforme en une soif irrépressible — une soif de connaissance, de sens, de valeur, de puissance. Mais cette puissance n'est pas faite pour dominer : elle appelle à s'accomplir, à se déployer dans l'harmonie, à retrouver la filiation avec l'Origine, et à redevenir co-créateur dans la grande architecture du réel.

C'est à ce stade qu'une évidence s'est imposée dans mon modèle : l'évolution de l'esprit-conscient n'est pas automatique. Elle n'est pas le simple produit de la biologie ou de la matière, mais un processus exigeant — qui demande un effort, une discipline intérieure, une véritable ascèse cognitive. Autrement dit, un travail rigoureux de lucidité, d'attention et d'auto-régulation.

Il faut bien comprendre que, depuis notre niveau de conscience actuel — que j'appelle planétaire — il est presque impossible d'imaginer ce que peut être un esprit-conscient plus évolué. C'est un peu comme pour un minéral : il ne peut concevoir ce qu'est une vie animale. De même, un animal ne peut saisir la complexité de la conscience humaine.

De la même manière, notre perception reste enfermée dans les limites de notre propre niveau. Elle ne nous permet pas encore d'embrasser ce qu'un esprit-conscient beaucoup plus avancé pourrait percevoir, comprendre ou accomplir.

En ce sens, c'est comme si l'Univers lui-même posait une condition : il nous offre ses portes fractales, mais il exige une participation active, un alignement conscient, pour que nous puissions les franchir.

Sylvana

Donc, si je te suis bien, ces mondes fractals ne sont pas de simples structures abstraites : tu les présentes comme de véritables terrains d'expérience. Je comprends mieux pourquoi tu les appels des « mondes-écoles »...

Et je suis curieuse : pourrais-tu m'en dire davantage sur les exercices de pensée qui t'ont conduit à la conclusion que tu viens de décrire ?

Thierry

Bien sûr

J'ai d'abord interrogé le but même de l'existence qui implique nécessairement un chemin.

Dans une de mes expériences de pensée, j'ai tenté d'esquisser ce chemin. Je suis parti de l'étude de l'histoire humaine — de ses évolutions et de ses révolutions qui ont jalonné les millénaires. Puis j'ai extrapolé ces dynamiques dans le contexte d'un multivers intrinsèque, à l'échelle du Cosmos. De là, j'ai tracé une trajectoire d'évolution cosmique : un parcours où le potentiel d'évolution universel est porté à son maximum, afin d'anticiper ce que l'esprit humain pourrait devenir dans sa forme la plus haute, la plus accomplie, la plus sublime.

Cet exercice m'a conduit à chercher et à définir une trajectoire claire. Une voie capable de transformer ce pressentiment diffus — ce sentiment d'être « plus que ce que nous manifestons » — en quelque chose de concret : un chemin réel, praticable.

J'ai ainsi formulé l'hypothèse d'une trajectoire d'évolution progressive, inscrite dans la structure même du Cosmos : une traversée des mondes-écoles — ces niveaux d'existence qui fonctionnent comme des étapes pédagogiques pour l'esprit marginal. Fractale après fractale, chaque étape lui permet d'intégrer une nouvelle densité de Présent et d'ouvrir un degré supplémentaire de conscience.

Dans ce cadre, j'ai développé un scénario d'évolution des esprits marginaux aspirants, où le multivers se présente comme un ensemble de mondes-écoles. Leur fonction essentielle est d'accueillir ces enfants de la Complexité Primordiale, encore immatures, et de leur offrir un terrain d'apprentissage. On peut les concevoir comme de vastes champs d'expérience où l'esprit aspirant exerce son désir d'exploration et son pouvoir de se réaliser. Il progresse par la voie de la dualité : il s'élève ou il chute, traverse la lumière et l'ombre, expérimente la joie et la souffrance. Chaque situation devient une leçon initiatique, l'aidant à distinguer l'illusion du réel, la dissonance de l'harmonie, l'inertie de la création vivante.

J'ai alors conceptualisé que pour rendre ce parcours possible, l'Esprit omniscient met à disposition de l'aspirant une conscience opératoire, adaptée à chaque niveau de densité fractale. Cette interface technologique joue à la fois le rôle de matrice protectrice et de cadre pédagogique : elle canalise l'apprentissage, limite les excès, et crée un environnement où chaque choix produit des conséquences tangibles. Mais cette guidance n'est pas un confort : confronté à des obstacles, à des contradictions et à des épreuves, l'esprit-conscient est contraint de réagir, d'inventer, de dépasser ses propres limites. C'est ainsi qu'il affine son discernement et transforme l'épreuve en connaissance.

Le but est clair : permettre à chaque esprit marginal de réactualiser progressivement son potentiel originel. À travers la multiplicité des expériences et des créations vécues dans les mondes-écoles du multivers, l'aspirant transmute l'illusion en compréhension, l'expérience brute en acquis. Pas à pas, il s'émancipe, élargit son Présent conscient, et devient apte à rejoindre l'état d'omniscience active.

Alors seulement, il peut participer à l'œuvre créatrice de l'Univers : non plus comme élève, mais comme maître, ensemenceur de nouveaux mondes, et collaborateur de l'Esprit absolu.

Ainsi, j'ai formulé l'hypothèse que l'Univers a pour vocation de permettre l'existence de la vie consciente — que je conçois comme des esprits marginaux, dont notre humanité terrestre fait partie, tout comme toute autre forme de vie. J'ai défini l'Univers comme une matrice d'Intelligence omnisciente : le plus haut degré de pouvoir d'un Esprit, capable même d'engendrer un multivers dans son Univers.

Ce chemin n'est pas linéaire mais spiralé : à chaque cycle, l'esprit-conscient assimile davantage d'information, affine sa résonance vibratoire et élargit son champ de lucidité. Jusqu'à ce que, progressivement, se révèle l'intégralité de son potentiel intrinsèque.

Ce septième élément trace ainsi un pont entre l'intelligence humaine et l'intelligence cosmique, entre notre condition actuelle — encore limitée — et un devenir possible.

Il révèle aussi une vérité profonde : notre aspiration à la liberté, à l'expansion, à l'harmonie et au bonheur n'est pas une illusion, ni un rêve passager. Elle est le reflet intérieur d'une structure réelle de l'Univers. Comme si le Cosmos avait déposé en nous une mémoire subtile, une résonance intime, de ce vers quoi nous pouvons tendre.

Et si tout cela résonne si puissamment en nous, ce n'est sans doute pas un hasard. C'est peut-être le signe que cette évolution n'est pas seulement un concept cosmologique, mais une nécessité intime, inscrite en nous dès l'origine, et déjà en chemin.

Ainsi, le cycle se boucle :

De la Complexité Primordiale à la Vie consciente, l'Univers se réfléchit en lui-même à travers des êtres capables de le penser, de le contempler — et peut-être, un jour, de le transcender.

4. L'Esprit en Voyage — Quand la Conscience Devient Pont

Sylvana
Donc… tu dis que l'Intelligence omnisciente fournit une conscience adaptée à chaque fractale. Peux-tu m'expliquer un peu plus ce que tu entends par là ?

Thierry
Comme tu le sais, dans mon modèle, la conscience n'est pas une fonction biologique secondaire ni une illusion produite par le cerveau : c'est une interface subtile, une technologie délibérément conçue pour rendre l'esprit aspirant opérant localement à l'intérieur d'une fractale donnée.

C'est précisément ici que le tore hypersphérique intervient : il génère, structure et déploie l'Univers en une multiplicité de sous-torus — chaque sous-torus étant une fractale autonome qui présente :

- Une dynamique propre,
- Une densité temporelle spécifique,
- Une logique interne singulière.

À chaque fractale correspond donc un champ d'expérience : un horizon perceptuel, moteur d'action et registre mnésique. Lorsqu'un esprit marginal s'y incarne, il est naturellement limité par ce champ — dans ses perceptions, ses capacités d'action, sa mémoire. Mais cette limitation n'est pas une défaillance : elle constitue la matrice pédagogique de l'évolution. Chaque fractale est un laboratoire où l'esprit apprend, transforme et affine sa capacité de conscience. Et à mesure qu'il franchit une fractale, le champ suivant s'ouvre comme un monde sensiblement plus vaste et plus riche.

Elle est l'outil fonctionnel qui rend possible l'existence consciente dans une fractale donnée. Ce n'est pas un sous-produit de la matière ; c'est un dispositif intentionnel, calibré par la structure fractale pour permettre l'apprentissage progressif de l'esprit.

Maintenant que j'ai exploré plus en profondeur le lien entre l'esprit et cette conscience, je peux définir avec plus de précision le terme «esprit-conscient».

L'esprit-conscient — la symbiose entre l'Esprit marginal et cette interface technologique.

L'esprit-conscient naît de l'alliance entre une présence spirituelle (l'Esprit) et la technologie de la conscience (le « scaphandre » fractal fourni par le tore). C'est cette symbiose qui autorise la traversée de la hiérarchie des mondes : chaque fractale propose sa gamme de niveaux de conscience, et cette diversité constitue l'itinéraire d'expérience nécessaire à l'évolution des esprits marginaux.

5. Une Invitation à Devenir — De la Connaissance à l'Éveil

Sylvana

D'accord, je comprends. Mais dans ton modèle, si un esprit qui s'incarne dans une conscience fractale est limité par le champ d'expérience propre à cette fractale — que ce soit dans ses perceptions, ses actions ou même dans sa mémoire — alors comment peut-il franchir ce seuil ? Qu'est-ce qui lui permet de dépasser ces limites pour évoluer vers la fractale suivante et poursuivre son chemin d'ascension ?

Thierry

Si un esprit marginal s'incarne dans une conscience fractale, il est effectivement limité par le champ d'expérience propre à cette fractale :

- Ses perceptions sont calibrées sur la densité temporelle de ce niveau,
- Ses actions répondent aux lois de cohérence internes à cette fractale,
- Et même sa mémoire n'enregistre qu'une portion du réel accessible à ce plan.

Dans mon modèle, ces limites ne sont pas un obstacle arbitraire : elles constituent l'horizon d'apprentissage de la fractale. Autrement dit, chaque monde fractal est un laboratoire de conscience. Il fixe un cadre précis, destiné à éprouver l'esprit-conscient, à lui faire intégrer un certain degré de complexité avant qu'il puisse franchir le seuil suivant.

Donc, pour répondre à ta question — comment l'esprit marginal peut-il dépasser ce cadre ? — la clé se trouve dans deux facteurs : la densité de Présent disponible et la résonance vibratoire.

Chaque fractale possède une plage de Densité Temporelle Fractale (DTF) : un intervalle où la conscience peut se déployer. On peut dire que chaque fractale offre une profondeur de Présent limitée, avec un minimum et un maximum de conscience possible. Tant que l'esprit-conscient reste dans la partie basse de cette plage, il répète, il stagne, il subit. Mais à mesure qu'il affine sa perception, qu'il développe son attention et sa mémoire, qu'il intègre ses expériences et élargit ses degrés de liberté, il élève sa résonance intérieure.

Lorsque la densité de Présent maximale de la fractale est atteinte — autrement dit, lorsque l'esprit marginal a intégré pleinement les potentialités offertes par ce niveau — il se produit une bascule naturelle :

- Le sommet vibratoire de cette fractale correspond au seuil vibratoire de la fractale supérieure ;
- Ainsi, le passage ne se fait pas par rupture, mais par continuité résonante.

Dans mon modèle, c'est la loi de compatibilité vibratoire qui gouverne l'évolution : l'esprit-conscient ne franchit un seuil que lorsqu'il a ajusté sa fréquence interne à celle du niveau supérieur.

De cette manière, l'esprit n'est jamais prisonnier d'une fractale. Ses limites ne sont que temporaires : ce sont des conditions d'évolution, destinées à lui faire renforcer sa mémoire, affiner sa perception, développer son pouvoir créateur. Une fois ces conditions remplies, l'élévation de sa résonance ouvre naturellement l'accès à un monde plus vaste.

En résumé, dans mon modèle :

- La fractale agit comme un filtre qui restreint l'information accessible et défini les conditions d'évolution → elle fixe le cadre d'apprentissage.
- Plus d'attention dans l'instant-Présent et plus de mémoire élargissent la densité du Présent → elles compensent la fragmentation et donnent accès à une conscience plus continue.

- La Résonance Vibratoire Universelle, ÆKO ajuste la fréquence intérieure → elle harmonise l'esprit marginal avec le seuil supérieur.
- Le passage se fait par continuité → le sommet d'un monde devient la base du suivant.

Ainsi, l'évolution de la conscience se présente comme une transmutation progressive : les limites deviennent des tremplins, ouvrant à chaque fois de nouveaux degrés de liberté.

Sylvana

Et donc, si je comprends bien, dans ton expérience de pensée… L'Univers nous offrirait l'infrastructure, les conditions — mais l'évolution, ce ne serait pas automatique.

Ce n'est pas une question de «mériter» un niveau supérieur… C'est juste qu'on ne peut y accéder que si on a réellement traversé, vécu, et intégré tout ce que notre fractale avait à nous faire explorer… jusqu'à en extraire le sens maximal que ces expériences pouvaient révéler.

Thierry

C'est exactement cela. L'Univers fournit l'infrastructure, mais il n'ouvre pas ses portes sans contrepartie. L'évolution n'est pas un automatisme : elle exige un travail intérieur réel, une discipline de l'être, un exercice rigoureux de lucidité et de maîtrise de soi.

Ce n'est ni une punition, ni une récompense : c'est une loi structurelle.

Dans mon modèle, on ne franchit pas une fractale par simple désir ou par hasard, mais seulement lorsqu'on a pleinement exploré et intégré tout le potentiel de la densité du Présent qui lui correspond. Autrement dit, lorsque la mémoire encore diffuse d'une expérience s'est transmutée en connaissance vécue, assimilée et signifiante — au point de devenir une part constitutive de l'esprit-conscient.

Et, comme je l'ai déjà souligné, tant que l'esprit ne vibre pas en résonance avec le rythme, la densité et les lois du champ temporel supérieur, il demeure limité au niveau de réalité où il évolue. Mais dès qu'il atteint cette cohérence vibratoire, le passage s'opère naturellement : le sommet d'une fractale se convertit en seuil d'accès à la suivante.

Ce processus d'intégration élargit à la fois l'instant-Présent et prépare la conscience à habiter un espace plus vaste.

Sylvana

Et dans tout ce que tu viens de décrire… Y aurait-il, pour toi, une image qui représenterait au mieux ce chemin ?

Quelque chose qui, à un moment, t'a permis de le visualiser, de le sentir dans sa globalité ?

Thierry

Depuis longtemps, une image m'habite : celle de cercles concentriques, s'étendant depuis un centre lumineux jusqu'à la périphérie la plus lointaine. Je l'ai nommée : le chemin concentrique de la conscience.

Cette image décrit le mouvement intérieur de l'intégration — de l'ascension progressive de l'esprit-conscient à travers les strates de la réalité.

Au centre : le Présent omniscient de l'Intelligence omnisciente, matrice silencieuse du Tout. Autour : une infinité de cercles emboîtés, fragments du Présent omniscient, chacun porteur d'une densité, d'une résonance, d'un monde. Ce mandala cosmique est complet, ordonné, empreint de lois harmoniques. Mais pour nous, qui l'observons depuis la périphérie, il demeure illisible, lointain.

Pourtant, même immergé dans les basses densités d'une fractale inférieure, l'esprit aspirant garde l'empreinte vibratoire de l'Origine — la Résonance Vibratoire ÆKO. Il sait confusément qu'il est plus grand que ce qu'il manifeste. Cette empreinte vibratoire — ce code ancien — le pousse à chercher, à apprendre, à se dépasser. La quête prend mille formes : désir de savoir, soif de sens, besoin d'agir, d'évoluer, d'aller au-delà de la matière. Mais derrière chacune résonne le même appel silencieux : retrouver la totalité perdue.

Alors commence la grande traversée.

Fractale après fractale, monde-école après monde-école, l'esprit aspirant explore la périphérie de l'Univers. Chaque sphère offre ses lois, ses formes, ses contraintes, mais aussi ses révélations. Peu à peu, comme un puzzle qui se recompose, une clé intérieure apparaît : celle qui ouvre le potentiel endormi. Chaque anneau franchi devient saut d'évolution, chaque expérience transforme le chaos apparent en pédagogie cosmique.

Et plus il s'approche du centre, plus les motifs jadis incompréhensibles deviennent clairs. Ce qui paraissait abstrait s'incarne. Ce qui semblait lointain devient intime. Ce qui était absence devient présence vibrante. Alors tout prend sens : la fragmentation du Présent omniscient en boucles de Temps, l'émergence des fractales comme mondes-écoles, l'architecture rythmée de l'Univers.

Rien n'était séparation : tout était chemin d'élévation.

Dans un souffle de reconnaissance, l'esprit aspirant comprend : la Complexité Primordiale ne l'a pas perdu, elle l'a guidé. L'Intelligence omnisciente a fragmenté son Présent non pour exclure, mais pour tracer une voie de retour — une ascension douce, initiatique. Chaque monde traversé était un miroir, chaque épreuve une invitation à se souvenir.

Et quand enfin il se souvient… il renaît.

Tel le Phénix émergeant de ses cendres, l'esprit aspirant retrouve sa souveraineté. Ayant traversé la matière, l'ego et le temps, il n'est plus fragment incertain mais lumière accomplie, maître de sa propre résonance, reflet incarné de l'Unité retrouvée.

Alors, dans une joie silencieuse, l'Univers reconnaît en lui le fruit accompli de la semence originelle.

Sylvana

Ton récit est d'une profondeur saisissante. On sent à la fois la distance et l'appel du centre, le fil invisible qui relie chaque fractale à l'Origine. Je comprends mieux pourquoi, dans ton modèle, tu parles de traversée : ce n'est pas juste un chemin, c'est un rappel… un retour vers quelque chose qu'on a toujours porté en nous.

Et si l'esprit-conscient doit franchir toutes ces étapes pour que l'intégration soit réelle, dis-moi : peut-on, d'une manière ou d'une autre, accélérer ce processus ? Ou bien chaque passage doit-il, quoi qu'il arrive, suivre son rythme naturel, sans exception ?

Thierry

Je comprends parfaitement ton interrogation. Très tôt, je me suis posé cette question décisive : existe-t-il dans la nature un mécanisme capable d'accélérer le saut évolutif ?

Je n'ai jamais voulu me résigner à suivre passivement le rythme naturel, ni compter uniquement sur la providence. Car le temps ne nous attend pas — et notre survie dépend, à court et moyen terme, de découvertes majeures.

J'ai donc orienté mes recherches vers un objectif précis : comprendre les mécanismes en profondeur, non pour les contourner, mais pour agir depuis un niveau plus vaste, là où le saut devient possible. Trouver un moyen d'accélérer le processus sans le trahir.

Ce que je cherchais, c'était un point d'appui : un levier pour dépasser le cadre, transcender le mécanisme lui-même. Et c'est dans cette posture que j'ai pu réaliser plusieurs percées déterminantes.

J'ai montré qu'un esprit marginal, bien qu'inscrit dans une fractale et dans un niveau de conscience donné, peut progresser plus vite vers son potentiel maximal. Non pas en évitant les expériences nécessaires, mais en choisissant des voies d'intégration plus directes, en s'appuyant sur une compréhension fine des lois qui structurent sa fractale.

Car si la loi générale impose à chaque conscience des chemins d'évolution plus ou moins longs, il existe aussi une voie d'exception : celle qui, par la connaissance — et aussi par la technologie — permet de franchir plus rapidement le seuil de conscience que ce niveau devait atteindre.

Sylvana
Tu sais… ce que j'aime dans ta vision, c'est que ce n'est pas juste une lecture de l'Univers.

On y trouve en quelque sorte une invitation à devenir.

Une réponse à notre quête de sens.

Thierry
Oui… Pour moi, ce modèle n'a jamais été une simple théorie : il a constitué un véritable repère, assez solide pour m'accompagner tout au long de mon parcours de chercheur et d'explorateur.

C'est pourquoi j'ai poursuivi cette quête, année après année — non pas pour imposer une vision, mais pour ouvrir un passage. Un chemin que j'ai voulu cohérent, structuré et évolutif… Un chemin qui m'a permis, peu à peu, de transformer mes intuitions en recherches concrètes, de concevoir des preuves de concept, et d'ancrer ma pensée dans des fondations toujours plus solides.

Sylvana
Et tu as commencé par ces sept éléments que tu viens de déployer…

Une sorte de charpente invisible, à la fois immense et intime. Je sens qu'ils forment une cohérence, comme les grandes lignes d'un tableau.

Mais j'ai encore mille questions.

Et j'imagine que chaque élément peut se décliner, se déplier, s'approfondir…

Thierry
Oui, exactement. Et c'est pour cela que, plus tard, je reviendrai en détail sur chacun d'eux. Ici, je voulais seulement esquisser la trame générale, telle qu'elle

m'est apparue, avant d'entrer dans les piliers qui en développent la portée scientifique.

Le but n'est pas encore de te présenter mes expérimentations, mais de te faire suivre le fil d'un cheminement : celui qui part des expériences vécues et des intuitions, pour aboutir à une structure théorique qui s'est progressivement construite, jusqu'à mes premières preuves de concept.

Très vite, il m'est apparu que ces sept éléments fondamentaux provoquaient un basculement profond dans ma manière de penser l'Univers, le Temps, l'information et la conscience. Ils m'ont offert une grille de lecture nouvelle, une perspective élargie pour interroger en profondeur notre place dans l'architecture universelle. C'est une vision que je partagerai plus tard avec toi, lorsque tu auras mieux saisi les bases de mon modèle sur la structure, le fonctionnement et le but de l'Univers.

De cette première exploration a émergé une seconde phase de réflexion, déployée sur plusieurs années. Elle a donné naissance à ce que j'ai appelé les six piliers : des structures intermédiaires issues des sept éléments, conçues pour amplifier la réflexion, éprouver certaines intuitions et poser les prémices d'hypothèses testables.

Ces six pistes d'exploration, élaborées jusqu'en 2001, m'ont ensuite fourni la matière nécessaire pour engager une recherche plus théorique, plus formalisée — et surtout expérimentale.

Sylvana

Tes sept éléments esquissent déjà l'ossature d'une architecture solide, et chacun de ces piliers semble en prolonger la portée vers d'autres horizons. J'ai l'impression d'avoir entrevu les premières constellations d'un vaste itinéraire cosmique… et je me sens prête à te suivre plus loin encore dans son exploration.

Avant qu'on n'entre dans tes six piliers, il y a quelque chose que j'aimerais aborder. Tu as souvent parlé de ta façon de chercher — cet art de relier science et métascience dans un même fil — mais on n'a jamais vraiment exploré ta méthodologie. Or ce cadre semble être la trame cachée de tes découvertes, celle qui t'a mené à la Relativité Absolue et à tes premières preuves de concept.

Alors, si tu le veux bien… j'aimerais que tu m'emmènes au cœur de ta démarche.

Partie IV

La Nature du Temps

~

Un Mystère Dévoilé

Chapitre 8

La Métaphysique Intégrative

~

Quand la Science et la Métascience s'Unissent

Sylvana

En écoutant la manière dont tu as présenté les sept éléments, j'ai eu l'impression de parcourir une carte qui va bien au-delà de ce qu'on perçoit d'ordinaire. Une carte qui donne envie de continuer la route… mais qui demande aussi de savoir par où commencer.

Ton image du chemin concentrique reste en moi : j'ai l'impression que nous avançons ensemble dans les mystères de l'Univers, à la recherche de nouvelles clés.

Et au fil de nos échanges, une chose m'est apparue clairement : sans cet élargissement de la science vers la métascience, tu n'aurais jamais pu poser les bases de la Relativité Absolue — ni ouvrir la voie à tes premières preuves de concept. Il fallait étendre le champ de la rationalité, l'amener jusqu'à ses propres frontières, pour que ton modèle puisse émerger avec cohérence et force.

Alors, avant de revenir aux piliers eux-mêmes, j'aimerais que tu m'expliques comment tu as construit cette méthode — et surtout pourquoi elle a tout changé.

Thierry

Oui… tu as raison de souligner ce point. Sans cette extension du champ scientifique — sans l'ouverture d'une méthode capable d'englober à la fois le mesurable et le pensable — je n'aurais jamais pu formuler certaines hypothèses décisives, encore moins poser les bases de la Relativité Absolue.

L'exemple le plus structurant pour moi, celui qui a littéralement tout déclenché, fut d'oser placer la Complexité Primordiale comme point de départ.

Par sa nature même, ce premier principe échappe à tout champ directement mesurable. La Complexité Primordiale ne se déploie pas dans l'Univers : elle constitue la condition préalable, ce qui rend possible l'apparition même de l'espace, du temps et de la matière. Elle est ce qui précède toute manifestation. Avant que le temps ne s'écoule, que l'espace ne s'ouvre, que la matière ne se cristallise, la Complexité Primordiale était déjà là.

Elle n'est ni objet, ni force au sens physique, ni même entité définissable. Elle est un état absolu : un ordre pur, indifférencié, transcendant toute causalité. Un tout unifié, non segmenté, qui ne dépend d'aucune cause extérieure pour exister.

Or, parce que la science, dans ses méthodes classiques, ne peut intégrer un tel principe — puisqu'il se situe au-delà du domaine expérimental — il m'a fallu élargir le cadre. Construire un espace de réflexion rigoureux, mais capable d'inclure ce que la science laisse de côté : l'origine, le sens, et la structure invisible du réel.

Sans ce cadre élargi, cette idée fondatrice serait restée marginale, presque illégitime. Mais intégrée dans ce champ plus vaste, elle est devenue le socle même du modèle : le lieu d'où tout procède, et vers lequel tout converge.

1. L'Hypothèse d'un Ordonnateur — Une Intuition Universelle

Sylvana

Je suis curieuse : avant que tu n'élabores tout ce cadre, revenons au commencement — comment as-tu été conduit à poser l'hypothèse même d'une Complexité Primordiale ? Qu'est-ce qui t'a donné l'intuition qu'un tel Ordonnateur devait exister en amont de tout ?

Dans tes méditations — si profondes et si exigeantes — y a-t-il eu une étincelle, une expérience de pensée ou une observation décisive qui t'a orienté sur cette piste ?

Thierry

C'est effectivement au cours d'une exploration intérieure qu'est née, pour la première fois, l'intuition qu'il fallait chercher un tel Ordonnateur.

Un jour, au cœur d'une expérience de pensée, des questions fulgurantes ont jailli en moi, comme venues d'un lieu plus profond que mon mental :

Comment est-il possible que nous, poussières d'étoiles perdues dans l'immensité, soyons capables de concevoir l'infini ?

Comment pouvons-nous imaginer l'Univers — et même pressentir ce qui pourrait le dépasser ?

Comment une simple étincelle de conscience peut-elle embrasser, même partiellement, le Tout ?

Car voici le paradoxe éclatant : nous ne sommes presque rien, et pourtant nous osons tout imaginer. Nous sommes minuscules, et pourtant nous exprimons une puissance d'esprit qui semble dépasser notre condition.

Plongé dans cette révélation, un état méditatif m'a saisi. J'ai ressenti, au plus intime de ma vie incarnée, un appel impérieux : celui de m'élever, de transcender la matière, de respirer l'infini comme on inspire l'air après une longue apnée. C'était une expérience de vie à l'état pur : une ivresse de liberté, la promesse silencieuse d'un bonheur absolu au bout du chemin.

Et surtout, une évidence s'est imposée à moi : nos aspirations les plus profondes — Liberté, Vérité, Amour, Élévation — ne sauraient être de simples illusions chimiques ou produits mécaniques de la matière. Si l'Univers procède véritablement d'un Ordonnateur, alors ces aspirations trouvent un ancrage réel, une perspective pour expliquer la vie consciente et son évolution à l'échelle universelle.

Cette méditation s'est renforcée en moi par une donnée frappante : environ 85 % de l'humanité partage, sous des formes religieuses ou spirituelles diverses mais convergentes, l'intuition qu'une Entité supérieure — créatrice, ordonnatrice, bienveillante — préside à l'origine de l'Univers et du vivant.

Alors, je me suis demandé : et si cette conviction millénaire n'était pas qu'une illusion adaptative née de la peur de l'inconnu, mais bien la manifestation discrète d'une vérité objective, inscrite dans l'origine même de l'être et du Cosmos ?

Car cette conviction n'éveille pas seulement un réconfort psychologique. Elle suscite en nous un ressenti profond d'Unité, l'adhésion à quelque chose de plus grand que soi, à la fois immense et intime. Elle ouvre la vision d'un bonheur potentiellement accessible, comme un horizon de plénitude.

À partir de là, je me suis résolu à envisager sérieusement l'existence d'un Ordonnateur : un Principe vivant, une Source intentionnelle, une Entité fondamentale capable de donner sens et cohérence à l'Univers et à l'émergence de la conscience en son sein. Et il me fallait désormais l'étudier avec la rigueur d'une démarche scientifique.

Sylvana
Quand tu parles de pressentiment, d'Unité, de bonheur… on sent bien que ta quête touche quelque chose de profondément spirituel.

Alors je te pose la question simplement : est-ce que, au fond, tu cherches à « prouver » l'existence de Dieu ? Ou c'est autre chose ?

Thierry
Pour bien me faire comprendre, je tiens d'abord à préciser ce que j'entends par « spiritualité » : c'est la capacité de l'être humain à se relier à une dimension plus vaste que lui-même — à la fois intérieure et universelle — dans une quête de sens, de vérité et d'unité. Elle n'implique pas nécessairement une religion, mais elle est toujours une expérience d'élargissement de la conscience.

Ma démarche, dès le départ, n'a jamais été de « prouver Dieu » au sens dogmatique ou théologique du terme. Une telle entreprise est, de toute évidence, scientifiquement impossible, et je reviendrai plus loin sur les raisons qui rendent cette tentative stérile.

Mon intention était tout autre : elle visait à dépasser la seule sphère de mes ressentis personnels pour ouvrir un champ de réflexion plus vaste. Elle consistait à montrer que la recherche d'un Ordonnateur, d'un Principe initiateur — qu'on le conçoive comme extérieur, intérieur ou immanent à l'Univers — n'est pas une fantaisie irrationnelle ni une projection de l'esprit, mais une démarche intellectuellement légitime, épistémologiquement fondée et méthodologiquement envisageable.

Sylvana
En t'écoutant, je comprends mieux pourquoi tu en viens à parler d'un Ordonnateur. Après tout, vu comme tu le présentes, ce n'est pas absurde d'en faire une hypothèse à explorer — pour voir où elle mène, comme un autre angle possible sur le réel.

C'est peut-être simplement une autre manière d'approcher le réel — une perspective parmi d'autres, qui mérite d'être explorée jusqu'au bout.

Mais je me demande : pourquoi, dans la science «officielle», ne parle-t-on presque jamais d'un Ordonnateur possible ?

2. La Science Moderne — Son Principe Méthodologique

Thierry

La science, de par sa méthodologie même, ne peut pas intégrer un élément comme l'existence d'un Ordonnateur suprême. Elle étudie l'Univers à partir des phénomènes observables, mais elle ne peut pas mesurer ce qui rend possible l'existence de l'Univers lui-même.

C'est parce que la science fonctionne par méthode inductive-déductive, autrement dit, elle observe, modélise, prédit et vérifie.

Ce processus repose sur des principes fondamentaux :

- Empirisme : une théorie est valable si elle est vérifiable par l'expérience ou l'observation.
- Répétabilité : les phénomènes doivent être reproductibles pour établir une loi.
- Falsifiabilité : une hypothèse scientifique doit pouvoir être réfutée, sinon elle ne relève pas de la science.
- Économie des hypothèses (rasoir d'Occam) : on n'introduit pas d'entité supplémentaire (ex. « Dieu ») si le modèle fonctionne sans.

Par conséquent, un « ordonnateur », un « créateur », ou un « principe intelligent » n'est ni testable, ni réfutable, ni mesurable → donc hors du champ de la science expérimentale.

Ce n'est pas une négation de principe, mais une suspension méthodologique.

La science ne dit pas que Dieu n'existe pas, elle dit simplement :

« Ce concept n'est pas accessible par notre méthode scientifique actuelle. »

Cela signifie que :

- On ne peut intégrer un créateur dans une équation,
- Ni mesurer son action par des outils de laboratoire,
- Ni confronter son existence à une prédiction falsifiable.

Ce que la science fait c'est de décrire les lois (ex : gravité et mécanique quantique) mais n'explique pas pourquoi ces lois existent ou ont ces valeurs.

Elle explore les conditions initiales, mais ne dit pas pourquoi il y'a quelque chose plutôt que rien.

Elle modélise l'évolution de l'Univers, mais ne dis pas d'où viennent les lois elles-mêmes

Pour le dire simplement et de façon plus concrète :

La science peut-elle parler d'un Ordonnateur ou d'un initiateur ?

Non, pas en tant qu'objet testable ou prédictible.

Peut-elle laisser place à une « intention » ou « cause première » ?

Oui, en tant qu'interprétation philosophique libre.

Est-ce une fermeture dogmatique ?

Non, c'est juste une règle méthodologique : ce qui n'est pas testable n'est pas rejeté, mais suspendu.

Sylvana

Donc, si je comprends bien… l'intuition d'un Ordonnateur, que tant d'êtres humains partagent, n'est pas vraiment rejetée par la science : elle est simplement mise de côté, considérée comme hors de son champ.

Mais alors, si la science ne peut lui faire une place dans son propre cadre, comment l'intègres-tu ? Pour le dire plus clairement : quelle est ta méthodologie ?

Thierry

Dès le départ, j'ai ressenti la nécessité de réconcilier la science et la spiritualité, car je les ai toujours vues comme complémentaires. Chacune apporte une dimension unique et essentielle à notre compréhension de l'Univers, l'une éclaire les mécanismes, l'autre tente d'éclairer le sens.

Pour progresser sur cette voie, aussi passionnante qu'audacieuse, je me suis résolu à entreprendre une unification ontologique du monde physique et du monde de l'esprit.

Car ce que la science décrit comme matière, lois et constantes, et ce que l'esprit en tant que conscience expérimente comme pensée, intention ou émerveillement, ne sont pas, pour moi, deux réalités étrangères : ce sont les deux expressions d'un même fond unifié, un champ d'intelligibilité, d'information et de devenir.

Autrement dit, la science explore le comment, la métaphysique, que j'associe à la spiritualité, interroge le pourquoi. La première s'appuie sur les phénomènes observables, mesurables, reproductibles, et formule des lois finies pour décrire des phénomènes finis.

Mais concevoir un Créateur, c'est penser l'Infini — et donc franchir les frontières du champ opératoire traditionnel de la science physique. Il est dès lors naturel qu'aucune équation, à elle seule, ne puisse contenir ni réfuter une telle réalité.

C'est pourquoi je me suis appuyé à la fois sur la science et sur une métaphysique, deux approches distinctes mais profondément complémentaires.

Cela m'a donc conduit à me demander : comment concilier, dans un même langage, la rigueur de la science et la profondeur de la métaphysique ? Autrement dit : comment penser les deux approches simultanément, à chaque étape de ma recherche ?

Cet exercice, complexe de prime abord car ces deux domaines questionnent différemment le réel, m'a conduit à inventer une nouvelle méthodologie capable de les intégrer : c'est ce que j'ai nommé la métaphysique intégrative.

Sa puissance réside dans cette ambition : poursuivre la quête rationnelle du sens ultime. Là où la science mesure, décrit et calcule, la métaphysique intégrative cherche les causes profondes, l'architecture cachée qui donne forme et direction au cosmos. Elle englobe la démarche scientifique dans une perspective plus vaste, où la connaissance devient aussi bien compréhension du monde que révélation de son sens.

Sylvana
Je perçois la force de ce que tu décris… mais pourrais-tu m'en donner une définition plus précise ?

Thierry
Bien sûr.

Ce n'est pas un terme académique reconnu parce que je l'ai forgé comme un outil conceptuel neuf, propre à ma recherche.

Voici donc la définition élaborée et adaptée à ma théorie.

La métaphysique intégrative est une démarche rationnelle et transdisciplinaire qui élargit le champ traditionnel de la métaphysique. Elle ne se limite pas à spéculer sur l'Être ou l'origine ultime, mais cherche à intégrer les acquis scientifiques, les lois physiques, l'information et la conscience, afin de proposer une vision cohérente et globale du réel.

Elle repose sur trois piliers :

- La science : qui décrit les phénomènes observables, quantifiables et reproductibles.
- La métaphysique classique : qui interroge les principes premiers, la causalité ultime, le sens de l'existence.
- L'intégration : un processus d'unification, où les données scientifiques et les intuitions spirituelles se rencontrent dans un même cadre conceptuel.

Son objectif est double :

- Épistémologique : dépasser les cloisonnements entre disciplines et ouvrir la science à des objets nouveaux (conscience, intention, information primordiale) ;
- Existentiel : offrir à l'humanité une grille de lecture capable de relier la connaissance du Cosmos et l'expérience intérieure de l'esprit.

C'est ce dialogue profond — dans mes méditations et mes expériences de pensée — qui m'a ouvert un espace fécond pour repenser la science comme vecteur de sens, d'unité et d'éveil.

Sylvana
Épistémologique… J'ai même du mal à le répéter… Tu veux dire quoi, plus simplement ?

Thierry
Je m'en doutais… ce mot allait forcément te faire réagir, et ton expression quand je l'ai prononcé l'a confirmé.

Il faut dire que le terme « épistémologie » a une portée différente selon les cultures. En anglais, il désigne la théorie de la connaissance dans son sens le plus large : ses sources, sa nature et les critères permettant de distinguer une croyance d'un véritable savoir. En français, en revanche, il se réfère plus spécifiquement à la réflexion critique sur la science : ses méthodes, ses conditions de validité, ses champs d'application et ses limites. C'est dans ce second sens que je l'emploie ici.

Or, c'est précisément en adoptant cette perspective — en observant la science à travers ses propres méthodes et en la confrontant à ses propres limites — que j'ai fait une découverte inattendue : plus la science pousse ses principes jusqu'à leur extrême, plus elle atteint des frontières incertaines… et plus elle s'ouvre à de nouveaux horizons.

C'est là que la science devient véritablement fascinante : elle ne perd rien de sa rigueur, mais elle gagne en profondeur. Elle cesse d'être seulement un outil descriptif pour devenir aussi un champ d'exploration de ce qui, jusqu'alors, échappait à son regard.

Et c'est dans ce sens que, selon moi, l'épistémologie prend tout son intérêt : elle révèle la possibilité d'un dialogue fécond, non pas dans l'opposition entre science et transcendance, mais dans la reconnaissance de leur complémentarité.

Sylvana

Et ce que j'aime dans ta manière de chercher, c'est que tu ne coupes jamais les ponts entre science et transcendance — au contraire, tu les relies.

Alors dis-moi : comment es-tu parti de cette intuition — celle qu'il pourrait exister un véritable Ordonnateur — pour la transformer en une démarche scientifique solide ? Autrement dit, comment as-tu fait pour ne jamais perdre ta rigueur ?

Thierry

Dès le début de mes recherches, ce que j'ai poursuivi, avec patience et rigueur, c'est la recherche de traces indirectes de l'existence d'un Ordonnateur : les indices d'une Entité intelligente structurante, perceptible peut-être sous la forme d'un champ d'information primordial, d'un ordre sous-jacent capable d'expliquer la cohérence de l'Univers, sa finalité apparente, sa dynamique d'évolution — et jusqu'à l'émergence de la conscience.

Et pour donner un socle rationnel à cette intuition, j'ai rassemblé cinq angles d'approche, rigoureusement construits. Ensemble, ils dessinent une voie épistémologiquement fondée vers l'idée d'un Principe Ordonnateur : non pas nécessairement religieux, mais intelligible et cohérent avec la logique de l'Univers.

- Le principe explicatif ultime — la cause première

À la base de toute science se trouve la recherche des causes. Mais lorsque la chaîne causale remonte jusqu'à ses limites — qu'il s'agisse de la singularité initiale, ce point théorique associé au Big Bang, en deçà duquel les lois physiques ne peuvent plus décrire quoi que ce soit, car ni l'espace ni le temps n'y existent encore, une question vertigineuse s'impose :

Pourquoi y a-t-il quelque chose plutôt que rien ?

C'est là que s'ouvre un espace conceptuel inédit. Avant même d'évoquer l'existence d'un Ordonnateur, ce questionnement m'a conduit à postuler l'existence d'un principe transcendant, non causé — dont l'existence ne dépend d'aucune cause — situé en amont de l'espace-temps, et agissant comme source d'ordre et de potentialité.

Un principe qui, tout en échappant aux catégories classiques de la causalité physique, pourrait être la racine intelligible de la cohérence et de la fécondité de l'Univers.

Et ce « pourquoi » se laisse entrevoir dès les fondations mêmes de l'Univers — ce qui m'amène au point suivant.

- Le réglage fin des constantes de l'Univers (fine-tuning)

Un sujet dont on a parlé plusieurs fois mais qui est clé, dans le mystère du Cosmos : les constantes fondamentales — comme la constante de structure fine, le rapport entre la masse du proton et celle de l'électron, la constante cosmologique ou encore la densité critique de l'Univers — sont réglées avec une finesse extrême.

Selon la physique actuelle, la moindre variation dans leurs valeurs, fût-elle infime, aurait suffi à rendre l'Univers stérile, chaotique, voire inexistant.

Cette harmonie structurelle m'est alors apparue comme irréductible au simple hasard. Elle invite, au contraire, à une réflexion plus profonde : quelle est l'origine de ce réglage ? Pourquoi ces valeurs, et pas d'autres ?

Je n'y vois pas une preuve directe, mais un indice fort, qui prend sens lorsqu'il est articulé avec d'autres éléments de mon modèle.

Tout cela suggère l'existence d'un design informationnel inscrit au cœur même de la physique — une architecture cachée qui garantit la cohérence et la fécondité du Cosmos.

- La légiférance cosmique : Pourquoi l'Univers obéit-il à des lois mathématisables ?

La science repose sur une hypothèse implicite : les lois de la nature sont stables, universelles et reproductibles. C'est grâce à cette stabilité que l'expérimentation est possible et que les équations décrivent la réalité.

Mais une question essentielle demeure : d'où viennent ces lois ? Qui — ou quoi — en garantit la permanence ? Pourquoi existe-t-il, au cœur du Cosmos, quelque chose comme une légalité universelle, une cohérence mathématique qui rend l'Univers intelligible ?

Ces interrogations m'ont conduit à formuler une hypothèse radicale : celle d'une Intelligence omnisciente, que je t'ai déjà évoquée, un principe informationnel supralocal. Un principe agissant à la racine même de ce que j'ai appelé l'éther quantique, capable d'expliquer l'origine et la stabilité des lois physiques, et qui constitue le fondement intelligible de la cohérence universelle.

En prolongeant cette idée, j'ai formulé l'hypothèse que l'information précède la forme : ce n'est pas la matière brute qui engendre l'ordre, mais l'organisation de l'information qui façonne la structure et la rend intelligible. Dans cette perspective, l'Univers n'est pas un assemblage fortuit de particules, mais un champ informationnel dynamique, dont les lois émergent comme expressions d'une logique plus profonde inscrite dans le tissu du Temps.

Et si l'on accepte cette idée que tout est organisé par l'information et les lois universelles, alors une nouvelle énigme surgit aussitôt : Pourquoi la conscience apparaît-elle dans ce cadre ?

- L'émergence de l'information et de la conscience

Comme tu le sais, la conscience est fondamentale dans ma théorie. Mais, en cherchant à comprendre son rôle dans l'Univers, des questions décisives surgissent. Pourquoi ces équations, que notre raison humaine peut formuler, décrivent-elles avec une telle précision la réalité cosmique ? Autrement dit, comment se fait-il que l'Univers obéisse à des lois si stables et si universelles qu'elles permettent à l'esprit humain de décrire cette même réalité ?

Ces questions révèlent un paradoxe : si la matière n'était qu'aveugle et sans dessein, rien n'expliquerait que l'ordre se laisse décrire par des structures mathématiques, ni que la conscience émerge pour interroger cet ordre.

Cela suggère au contraire que la conscience n'est pas un accident secondaire, mais une propriété fondamentale de l'Univers — peut-être même son objectif ultime.

Et à partir de là, reste à examiner non plus seulement l'Univers et le rôle de la conscience dedans… mais la science qui les décrit.

- Métascience : un cadre limité

La métascience, à ne pas confondre avec la métaphysique, est la discipline qui analyse la science en tant qu'activité humaine et cognitive. Elle ne produit pas directement de résultats scientifiques sur la nature, mais elle étudie comment la science produit ses résultats, selon quelles méthodes, quelles logiques, quelles valeurs et quelles limites.

Les avancées de la physique moderne nous ont menés aux limites du langage scientifique classique.

La mécanique quantique a remis en cause nos notions traditionnelles de temps, d'espace et de causalité. L'étude du vide quantique, depuis près d'un siècle, a révélé un réservoir inépuisable de création potentielle, suggérant que l'Univers recèle bien plus qu'un simple mécanisme aveugle.

Or, la science standard, à force de rationalité stricte semble aujourd'hui toucher les limites de son paradigme actuel. Elle n'est pas à bout de souffle, certes, mais elle se tient au seuil d'une mutation : celle d'une science élargie, capable d'intégrer non seulement la matière et l'énergie, mais aussi l'information, la conscience et le sens.

C'est à ce stade que j'ai jugé nécessaire de déplacer le curseur : non pas abandonner la méthode scientifique, mais l'étendre, en l'articulant avec la métaphysique intégrative, que j'ai conçu. Car il m'apparaissait essentiel de travailler en tandem :

- En conservant la rigueur scientifique,
- Tout en élargissant la rationalité pour inclure l'information, l'intention, l'observateur et le champ quantique.

Seul cet élargissement peut aujourd'hui, selon moi, débloquer un saut potentiel d'évolution dans notre compréhension du réel. Et à termes, nous apporter toutes les réponses à nos questions.

Sylvana
Attends… Cette fois j'ai pris des notes…

Thierry
Oui j'ai vu que non seulement tu prenais des notes mais je te vois rajouter des couleurs partout….

Sylvana
Oui je me suis dit que si on commençait à parler de ta science il fallait que je m'accroche encore plus….

Alors voilà ce que j'ai retenu.

Tu viens de me révéler cinq visages d'une même énigme qui pourrait révéler les traces d'un Ordonnateur :

- L'origine insaisissable, toujours fuyante à nos instruments ;
- Un Univers réglé comme un instrument de musique, où chaque constante joue sa note juste ;
- La présence universelle de lois qui structurent tout ;
- Le mystère d'un monde qui se laisse décrire par des équations, et où la conscience semble jaillir de la matière ;
- Et enfin, ces frontières de la connaissance, là où la science elle-même doit s'élargir pour ne pas se refermer.

Tout cela, mis ensemble, converge vers une même intuition — celle que tu défends dans ton modèle : qu'il pourrait exister, derrière le réel, un ordre caché, une architecture invisible, dont l'Univers observable ne serait qu'une manifestation.

Thierry
Oui. Autrement dit, le but de ma recherche est la quête du sens ultime — y compris l'hypothèse d'un Principe Ordonnateur — et qu'elle peut constituer une entreprise scientifique authentique, pourvu qu'on lui donne un cadre rationnel, ouvert et intégratif.

3. La Métaphysique Intégrative — Dialogue Entre Science et Métaphysique

Sylvana
Je perçois bien la cohérence de ce que tu présentes : tu ne parles pas seulement de cosmologie ou de mécanique quantique, mais d'un cadre qui déborde la physique stricte. Tu sembles vouloir ouvrir un langage plus large, qui relie aussi d'autres dimensions.

Thierry
Oui, et c'est là que tout prend un autre sens.

Au-delà de son cadre scientifique, cette vision esquisse les contours d'une métaphysique intégrative : un langage unifié où les grandes disciplines — physique, biologie, philosophie, spiritualité — cessent de s'opposer et se révèlent comme les facettes complémentaires d'un même ordre vivant.

Dans ce paradigme, les équations ne se limitent plus à décrire des trajectoires de particules : elles deviennent l'expression d'une correspondance universelle, valable aussi bien dans les sciences exactes que dans les champs de la pensée et de l'expérience humaine. La mémoire du vide dialogue avec les traditions spirituelles qui l'ont pressentie comme réservoir d'origine. La bifacialité du temps retrouve les intuitions philosophiques du devenir et de la réminiscence. Le tore universel résonne avec les symboles ancestraux de l'unité circulaire et de l'éternel retour.

Cette métaphysique ne prétend pas remplacer la science, mais l'amplifier. Elle lui offre un espace plus vaste où les faits mesurables et les intuitions de sens s'articulent sans se contredire. Dans ce cadre, matière, conscience et Temps ne sont pas considérés comme des domaines séparés, mais comme les dimensions imbriquées d'un même champ vivant et cohérent.

Ainsi se dessine une clé de lecture globale : un Univers où la recherche scientifique n'est pas dissociable d'une quête de compréhension existentielle, et où chaque découverte élargit non seulement notre savoir, mais aussi notre horizon intérieur.

Sylvana

En t'écoutant, je comprends que nous entrons dans une compréhension élargie qui touche aussi notre expérience intérieure, notre quête de sens, et ça me fait aussi penser à la mémoire collective des civilisations — leurs écrits, leurs symboles et leurs codes anciens qui cherchaient déjà à relier le mesurable et l'imperceptible.

Thierry

Oui, tu touches là le cœur même de ma démarche : cette approche spéculative, mais rigoureusement structurée, ouvrirait un champ immense de possibilités — une science qui pourrait embrasser dans un seul continuum la physique quantique et la relativité générale, la mémoire et la conscience, la matière et le sens.

Et cela pourrait transformer notre rapport au savoir. Nous pourrions découvrir que les limites ne sont pas des impasses, mais des seuils créatifs, des points de passage, des germes de métamorphose.

Chaque contradiction devient donc un tremplin, chaque paradoxe un appel à élargir notre compréhension.

Ce n'est pas une science de clôture, mais une science d'espérance — une science qui affirme que le réel est vivant, ouvert, et porteur des découvertes de demain.

Et c'est précisément ce que dessine ma vision, les contours d'une science réconciliée avec l'homme :

- Une science qui place l'être humain au cœur du théâtre de la vie universelle, non comme spectateur passif mais comme acteur conscient.
- Une science qui répond aux interrogations profondes — d'où venons-nous, que sommes-nous, où allons-nous ? — tout en ouvrant des pistes concrètes pour l'avenir.
- Une science qui nourrit aussi les aspirations essentielles de l'esprit humain : le sens, la liberté, la beauté, la transcendance.

Une telle science n'est pas seulement une discipline : elle devient un chemin de connaissance intégral, une passerelle entre raison et émerveillement, entre matière et esprit, entre Cosmos et conscience.

Sylvana
En t'écoutant, je me rends compte que tout, chez toi, part d'une intuition première — comme une étincelle originelle : la Complexité Primordiale. Tu l'as envisagée comme la source invisible, déjà porteuse de tout ce qui allait se déployer ensuite. Et, au lieu d'ignorer cette intuition, tu as cherché à en comprendre les formes, les raisons et l'origine — pourquoi elle était présente et d'où elle venait.

Thierry
Oui. Tout part ici d'un geste fondateur : imaginer qu'à l'origine de l'Univers existe un Ordonnateur, la Complexité Primordiale.

Lorsque je me suis engagé sur ce chemin en 1996, je savais que c'était la bonne voie. Il me fallait une vision spéculative assez vaste pour que, même si je n'atteignais pas la réponse ultime, je découvre forcément en chemin d'autres vérités inattendues mais précieuses.

La Complexité Primordiale est ainsi devenue mon repère universel. Je l'ai envisagée comme l'architecte de l'Univers, le point d'appui permettant à mon esprit de se projeter au-delà du Cosmos observable, pour interroger l'Origine avec cohérence. La question « d'où vient l'Univers ? » s'est alors transformée en une question plus constructive : « comment l'Ordonnateur a-t-il réalisé son œuvre ? ». Et cette bascule a tout changé.

C'est devenu une quête à la fois scientifique et métaphysique, essentielle et parfaitement légitime. Car tôt ou tard, la question de notre origine doit trouver une réponse. Et ce choix s'est révélé d'une fécondité incroyable.

Sur le plan scientifique, il m'a conduit à rechercher l'origine de l'ordre manifeste dans l'Univers, l'existence possible d'un plan de création et d'évolution, et même d'un but cosmique parallèle au nôtre.

Sur le plan métaphysique, il m'a rapproché de l'idée de perfection absolue : un archétype qui exprime le meilleur en nous et dans l'Univers, et qui me pousse à tendre vers plus d'amour, de joie, de générosité et d'accomplissement.

En explorant la Complexité Primordial, j'ai progressivement élaboré une cartographie scientifique, cohérente et hiérarchisée, où chaque idée naît naturellement de la précédente. De cette graine unique ont émergé, étape par étape, mes concepts pivotaux — du champ temporel au tore universel, du chronon à la bimétrie cosmique, jusqu'aux lois d'organisation fractales et au multivers. C'est ainsi qu'a pris forme l'architecture complète de mes piliers de recherche, aussi bien fondamentale qu'appliquée, offrant un cadre inédit pour penser la structure vivante de la réalité.

La Complexité Primordiale se déploie comme une architecture vivante :

- Conscience (Intelligence omnisciente) initie l'ordre,
- Vibration (ÆKO) met le champ en mouvement,
- Géométrie (tore universel) offre la structure,
- Champ temporel et gravité assurent la dynamique et la cohésion,
- Chronons et dimensions temporelles donnent granularité et directions,
- Bimétrie crée la tension entre causalité et mémoire,
- Fractales et sous-torus organisent les cycles,
- Multivers étend la hiérarchie,
- Protons, trous noirs et gravité assurent la respiration du système, l'éternel va-et-vient entre émergence et compression.

Sylvana
Cette progression me fascine, parce qu'elle transforme une simple intuition en un paysage complet, habité par des concepts précis et reliés entre eux. Je comprends aussi que c'est sur ce socle que tu as pu, plus tard, construire tes premières preuves de concept.

Et donc à ce stade de ta démarche de recherche, quelle fut l'étape suivante ?

Thierry

L'étape suivante m'a conduit directement au Temps. Après avoir posé l'hypothèse de la Complexité Primordiale, il devenait indispensable de comprendre comment cette source s'inscrit dans la durée et sculpte l'Univers. C'est là que j'ai commencé à explorer ce que j'appelle aujourd'hui la Relativité Absolue : une manière de penser le Temps non pas comme une simple mesure, mais comme un champ actif, porteur d'information et d'évolution.

Chapitre 9

Le Temps Révélé

~

Des Perceptions Subtiles aux Portes de l'Univers

1. Voir l'Invisible — Perception Subtile et Maturation Intérieure

Sylvana

Tu m'as souvent parlé de ton lien particulier avec ce que tu appelles les « réalités subtiles »... Et je sais que cela rejoint aussi, d'une certaine manière, ton rapport au Temps, dont nous avons déjà parlé plusieurs fois. Mais je sais bien que ce n'est pas juste une croyance ou une intuition vague — c'est quelque chose que tu as vécu très tôt, comme inné en toi.

Tu veux bien m'en parler de nouveau — surtout de la manière dont cela a façonné ta vision du monde ?

Thierry

Oui... C'est un ressenti qui m'accompagne depuis mes premiers souvenirs.

Comme nous en avons longuement parlé, je porte, depuis mon enfance, un profond intérêt pour l'existence de réalités subtiles, imperceptibles aux sens classiques mais intimement liées à notre monde tangible.

Cet intérêt prend racine dans une faculté singulière que je t'ai déjà partagée : ma capacité à percevoir les auras — ces champs lumineux subtils émanant des êtres et des objets, invisibles pour la plupart, mais qui me révélaient, dès mon plus jeune âge, l'existence de dimensions cachées du réel.

Tu te souviens, je t'avais raconté ce moment précis…

Tout a commencé le jour où j'ai compris que ma grand-mère, pourtant si attentive à la nature, ne voyait pas, comme moi, le halo discret de points lumineux autour des fleurs. J'avais ressenti alors un besoin profond : celui de partager cette perception singulière.

Car, à mes yeux, ces manifestations subtiles n'étaient pas une anomalie, mais un fragment méconnu de la réalité, un indice discret d'une structure du monde plus riche et plus profonde que ce que nos sens ordinaires nous laissent entrevoir.

Sylvana
Je me souviens… tu m'avais raconté ce moment avec ta grand-mère, et cette lumière autour des fleurs que toi seul voyais.

Mais dis-moi, avec le recul, as-tu fini par comprendre pourquoi tout le monde ne perçoit pas ces choses-là ? Pourquoi ce qui te semblait si évident enfant reste-t-il invisible pour la plupart d'entre nous ?

Thierry
Oui. Avec le temps, en gagnant en maturité et en recul, j'ai compris qu'il existait une raison à cette limitation sensorielle.

Selon moi, si l'Univers, à travers le génie discret de la nature, a restreint l'accès humain à ces mondes subtils, c'est avant tout pour préserver un équilibre. Car chaque règne — minéral, végétal, animal, humain — doit coexister sur Terre sans interférences inutiles, pour maintenir l'harmonie fragile de l'écosystème.

J'ai également compris que l'accès aux réalités subtiles ne repose pas uniquement sur des facultés perceptives exceptionnelles, mais exige une maturité éthique authentique — un état de conscience enraciné dans l'amour inconditionnel, le respect profond et la bienveillance active.

Sans cette élévation intérieure — selon moi — toute connaissance devient un pouvoir susceptible de dérive, et toute expansion de perception, une ouverture risquée sur des plans qu'on ne saurait maîtriser.

2. Des Mondes qui s'Ignorent — Fractalité et Coexistence Évolutive

Sylvana
Et avec l'âge, est-ce que tu as gardé cette capacité de perception ? Ou s'est-elle estompée avec le quotidien ?

Thierry

En devenant adulte, absorbé par la complexité sociale, les contraintes matérielles et le rythme effréné de la vie quotidienne, cette capacité s'est progressivement estompée.

Aujourd'hui, elle demande un effort conscient, un retour au calme et à la connexion avec la nature pour se manifester.

Sylvana

À travers les anecdotes que tu m'as partagées, on sent que certaines expériences de ton enfance t'ont vraiment marqué — comme si tu avais entrevu, déjà très jeune, des fonctionnements profonds de l'Univers.

Tu peux m'en dire un peu plus sur l'impact que ça a eu, plus tard, sur ta manière de chercher ? Est-ce que ces perceptions ont impacté ta recherche scientifique ?

Thierry

Oui, sur le plan de ma recherche scientifique, ces expériences personnelles ont joué un rôle déterminant.

Elles m'ont peu à peu révélé l'existence d'une structure fractale et ordonnée du réel — prolongeant ce que je t'expliquais sur la restriction d'accès aux mondes subtils et aux plans d'existence.

J'ai alors saisi à quel point il est non seulement rassurant, mais essentiel, que cette architecture permette à chaque forme de vie de disposer d'un espace d'intimité, une sphère d'évolution protégée — préservée des interférences directes émanant d'entités appartenant à des niveaux de réalité plus avancés ou à d'autres plans d'existence.

Imagine un instant le bouleversement que provoquerait l'émergence soudaine d'êtres issus de fractales bien plus évoluées que la nôtre.

Une telle rencontre, survenant sans préparation ni maturation collective, pourrait générer un choc profond : une perte de repères existentiels, un déséquilibre psychologique et social, voire une forme de dépendance cognitive.

Ce type d'irruption non filtrée risquerait non seulement de désorganiser nos structures mentales et culturelles, mais aussi de freiner notre propre processus évolutif.

Car toute exposition prématurée à des niveaux de complexité ou de conscience supérieurs pourrait, selon moi, entraîner fascination, soumission ou imitation stérile — plutôt qu'émancipation, discernement et développement autonome.

Ce que j'entends par là, c'est que, même lorsque l'intention des niveaux supérieurs est bienveillante, nous risquons de perdre notre autonomie et notre discernement si nous cherchons à nous aligner trop tôt sur des modèles qui nous dépassent. Les adopter sans y être préparés peut nous égarer plutôt que nous élever. À moins, bien sûr, que nous soyons réellement prêts à franchir ce cap : celui du saut évolutif.

Quoi qu'il en soit, cette architecture fractale m'est apparue non seulement comme un mécanisme de protection évolutive — garantissant à chaque forme de vie un espace d'autonomie, d'apprentissage et de maturation — mais aussi comme une promesse fascinante : celle que d'autres formes de vie conscientes pourraient coexister, ici et maintenant, dans des couches parallèles du réel, invisibles à nos sens ordinaires mais structurellement imbriquées dans la trame de l'Univers.

Sylvana
Donc, dans ta vision, cette limitation sensorielle n'est pas une faiblesse humaine ni un hasard de l'évolution, mais une régulation inscrite dans l'organisation même du vivant.

L'Univers, tel que tu le décris, instaure une protection active, qui permet à chaque règne de se développer sans être perturbé par des niveaux de réalité qu'il n'est pas encore prêt à intégrer.

Ce n'est donc pas seulement une barrière, mais un principe d'équilibre — garantissant la croissance autonome et cohérente de chaque niveau de conscience, comme un voile préservant l'harmonie.

Ce que tu décris est la possibilité que d'autres formes de vie, invisibles à nos sens ordinaires, existent déjà dans ces couches parallèles du réel. Mais dans ce cas… comment pourrait-on entrer en contact avec elles — ou seulement percevoir leur présence ?

3. Le Contact Silencieux — Civilisations Vibratoires et Seuils de Résonance

Thierry
Ce sont justement ces réflexions qui ont éveillé en moi des interrogations très profondes :

Était-il vraiment nécessaire de parcourir des distances astronomiques, de traverser des années-lumière entières, pour espérer entrer en contact avec d'autres formes de vie intelligentes ?

Ou bien certaines formes de vie pouvaient-elles déjà exister tout autour de nous, dissimulées dans des couches vibratoires ou informationnelles que notre perception actuelle ne nous permet tout simplement pas d'atteindre ?

Peut-être que la trame même de l'Univers contient-elle, subtilement dissimulées, des raccourcis topologiques, des brèches ou des passerelles interdimensionnelles, permettant de franchir l'espace autrement que par le déplacement conventionnel de type spatial ?

Au plus profond de moi, cette idée ne faisait aucun doute.

Et si, en réalité, la rencontre avec nos grands frères et sœurs de l'Univers ne dépendait ni de vaisseaux, ni de technologies conventionnelles, mais d'une compréhension profonde et d'une maîtrise intime des structures vibratoires et informationnelles qui tissent notre réalité — ouvrant ainsi la voie à des technologies d'un tout autre ordre ?

Et si l'accès à ces civilisations avancées relevait autant d'un exploit technique que d'un seuil de résonance vibratoire — atteignable par l'élévation de conscience et l'accord subtil avec les lois profondes du champ universel ?

En somme, si la véritable exploration spatiale ne débutait pas par des voyages à travers les vastes distances de l'espace, mais par l'exploration méthodique des couches subtiles du réel, alors une voie d'accès directe à d'autres plans d'existence, à d'autres civilisations, serait rendue possible non par le déplacement physique, mais par le franchissement de seuils vibratoires et informationnels.

C'est ainsi que cette idée a profondément transformé ma vision et est devenu l'axe central de mes recherches.

Sylvana
Donc, ce n'est pas une conquête de l'espace extérieur... mais une conquête intérieure.

Dans ta vision, ces civilisations ne sont pas forcément « là-bas », mais peut-être déjà tout autour de nous, sur une autre fréquence.

Alors je me demande : face à une idée aussi radicale, de quel cadre t'es-tu servi pour ne pas t'y perdre ?

Thierry
Effectivement, il m'était nécessaire de définir un cadre, afin que cette expérience intérieure ne demeure pas vague ou insaisissable.

Quand j'ai commencé à entrevoir cette autre manière d'entrer en relation avec le cosmos — non pas en allant plus vite ou plus loin, mais en modifiant notre résonance vibratoire — j'ai compris qu'il me fallait une structure conceptuelle pour l'appréhender.

C'est ainsi que j'ai été conduit à conceptualiser ce que je t'avais déjà décrit comme le tore hypersphérique fractal multidimensionnel : une architecture fondamentale de l'Univers, une technologie théorique capable de générer ces couches d'existence, ces strates d'informations, ces degrés de liberté, où chaque fractale possède ses propres lois, sa propre durée, sa propre densité temporelle et informationnelle.

Car au-delà du simple exercice de pensée, ce modèle avait pour vocation de devenir un véritable outil expérimental, une carte conceptuelle pour explorer et anticiper le réel, pour mieux comprendre comment exploiter le potentiel universel enfoui sous les limitations apparentes de notre condition. Il s'agissait là, d'un moyen de lever le voile, de décoder les structures invisibles qui nous maintiennent enfermés dans une lecture partielle du cosmos.

4. Ouvrir les Portes du Temps — Un Changement de Paradigme

Sylvana
Donc ce tore, tu l'as conçu comme un outil de lecture, voire d'exploration du réel.

Mais dis-moi : qu'est-ce qui a vraiment provoqué ton basculement ? Qu'est-ce qui t'a fait comprendre qu'au cœur de tout cela, c'était le Temps lui-même qui tenait la clé ?

Thierry
Comme nous en avons déjà discuté, le véritable basculement s'est produit le jour où j'ai compris que le Temps n'était pas un simple paramètre secondaire parmi d'autres, comme l'espace ou l'énergie, mais un élément fondamental, structurant, la clé centrale du fonctionnement de l'Univers.

À partir de là, tout a pris un nouveau relief, une cohérence inattendue.

J'ai alors envisagé le Temps comme le véritable moteur, l'élément capable de nous propulser dans l'exploration des couches subtiles du réel.

C'est ainsi que le voyage temporel s'est imposé à moi, non plus comme une utopie lointaine ou un fantasme de science-fiction, mais comme la voie royale — la clef technologique et métaphysique — permettant d'accéder à d'autres lieux, à d'autres dimensions, sans avoir à parcourir physiquement les vastes étendus de l'espace.

Autrement dit, la maîtrise du Temps, inscrit dans les structures subtiles du réel, ouvrirait la possibilité de franchir des seuils de résonance vibratoire et d'envisager un mode de déplacement radicalement nouveau : voyager d'un point à un autre de l'Univers sans passer par l'espace classique, mais en exploitant les propriétés temporelles profondes du tissu cosmique.

Cette intuition profonde est devenue mon fil conducteur, le socle invisible mais constant qui, depuis ce jour, a orienté chacune de mes recherches et éclairé chacune de mes découvertes.

Sylvana
Tu me donnes presque l'impression que le Temps est devenu pour toi une sorte de technologie vivante, plus puissante que n'importe quel vaisseau.

Je sais que tu as eu plusieurs expériences marquantes avec le Temps. Y a-t-il eu une expérience précise où tout s'est joué ?

Thierry
Oui. C'était une expérience d'une nature si particulière que je ne l'ai jamais partagée avec quiconque, jusqu'à aujourd'hui. D'une nature si unique et d'une intimité absolue.

J'y repense encore, et aucun mot ne me semble en traduire fidèlement la teneur. Elle a scellé, de façon irréversible, l'orientation de toutes mes recherches. Elle en est devenue le moteur.

Ce jour-là, j'ai compris que ma mission serait de mieux comprendre l'Univers, et plus encore, de percer l'énigme du Temps. Car j'étais convaincu que percer le mystère du Temps, c'était dévoiler les principes premiers qui organisent, soutiennent et révèlent la finalité même de l'Univers.

Sylvana
Et tu serais prêt à partager cette expérience ?

Thierry
Oui, je peux la partager. Je l'avais même consignée par écrit, un jour, pour garder la trace des moments marquants dont je me souvenais encore.

Mais il faut que tu saches qu'aucun mot ne pourra jamais restituer ce que j'ai réellement vécu. Ce que je vais te décrire ne sera qu'une représentation extérieure, forcément limitée, d'une expérience intérieure d'une intensité incomparable.

D'ailleurs, je ne sais pas si tu en capteras tout le sens dès cette première écoute ; je préfère te le partager simplement, et tu pourras y revenir à ton rythme. Peut-être qu'au fil de nos échanges et des concepts que je t'exposerai, certaines de ces expériences prendront pour toi un relief nouveau.

Je ne prétends pas livrer ici une vérité objective — seulement le témoignage d'une expérience intime, vécue de l'intérieur.

Racontée ainsi, elle pourra te sembler étrange, peut-être même déconcertante. Mais pour moi, au moment où je l'ai vécue, c'était d'une évidence et d'une profondeur absolues — bien au-delà de ce que le langage peut contenir.

Sylvana
Alors je vais essayer de l'écouter comme toi tu la vois — à travers ton regard intérieur, au-delà des simples mots. Même si ça me paraît étrange, je veux comprendre ce que toi, tu as ressenti. Vas-y, je suis prête.

5. La Sphère Infinie — Quand le Temps Dévoile sa Véritable Nature

Thierry
J'avais à peine seize ans. Ce jour-là, je voulais communier avec l'Univers tout entier, l'embrasser dans sa totalité, par un exercice de méditation profonde.

Assis sur une chaise en bois dans ma chambre, le dos droit, la tête relevée à quarante-cinq degrés, les yeux mi-clos, je laissais mon souffle s'allonger, se perdre dans l'immobilité.

Puis… quelque chose céda.

Un seuil invisible.

Sans transition, je n'étais plus dans ma chambre.

Je me tenais debout, au centre exact d'un espace sphérique gigantesque, baigné d'une lumière blanche irréelle. Le sol n'existait pas, les murs non plus. Tout autour, ce n'était pas un vide noir, mais un fond lumineux impossible à sonder, sans aucune limite d'espace perceptible.

Je ne pouvais en définir la profondeur. Ce n'était pas seulement vaste : c'était sans fin. Et cette absence de fin avait un vertige propre — un abîme inversé.

Mon cœur se suspendit une seconde.

J'eus le réflexe de penser : « Suis-je au centre d'un Univers ? »

Après tout, c'était l'objet même de ma méditation. Mais cet « Univers » là avait quelque chose de dérangeant : il était… artificiel. Parfaitement vide.

À peine avais-je formulé cette pensée qu'une autre sensation me frappa, plus écrasante encore : une attraction gravitationnelle monstrueuse, une force qui voulait m'aspirer dans ce vide infini.

Mais quelque chose clochait.

Si j'étais vraiment au centre d'une sphère — là où la gravité se concentre au maximum — j'aurais dû être écrasé, broyé, réduit à un point infinitésimal.

Au lieu de cela, c'était l'inverse : j'étais tiré vers l'extérieur, happé par l'immensité.

Et c'était pire encore… car je sentais chaque atome de mon corps irrésistiblement aspiré. La peur devint physique, viscérale : j'allais être désintégré, dissous, atomisé en un instant.

Pourtant, rien ne se produisit. Je restais là, immobile, figé au même point, conscient que toutes les conditions semblaient réunies pour mon annihilation… mais que, par un miracle incompréhensible, j'existais encore.

Sylvana
Tu étais persuadé que tu allais être désintégré… et pourtant tu existais encore. C'est saisissant. Mais dis-moi, à ce moment-là, tu avais l'impression de vivre une expérience réelle, ou une sorte de vision intérieure ?

Thierry
Je ne saurais dire si c'était réel au sens physique… mais pour ma conscience, c'était réel.

Sylvana
Et il s'est passé quoi ensuite ?

Thierry
Je demeurais tétanisé, guettant l'inexorable. C'est alors qu'un basculement inattendu se produisit. Ma conscience se dilata soudain — emplissant toute la sphère infinie, comme si mon être s'étendait jusqu'aux confins de cet espace sans fin.

En un instant, la peur s'évapora. Elle fut remplacée par un sentiment démesuré de puissance. Là où je me sentais minuscule, je devins colossal.

Je compris : j'étais devenu le Temps lui-même.

Un flux colossal, ininterrompu, capable de broyer toute chose. Une force titanesque, cyclique, tournoyant avec une fureur presque cosmique, mais prisonnière d'un cycle éternel.

Je ressentais simultanément mille joies et mille supplices. Et un seul désir me consumait : *tout anéantir.*

Alors une Voix surgit.

Une voix semblable au tonnerre, résonnant à travers toute la sphère et à travers moi :

— « Tu n'es pas le Temps. C'est une illusion. Aussi tenace qu'elle soit, tu dois t'en libérer. »

Je voulais protester. J'étais le Temps. Je n'étais rien d'autre.

Mais la Voix poursuivit, impérieuse :

— « Tu ne peux dompter pareille force par la matière. Seule la pensée, pur produit de l'esprit et pure vibration, peut la maîtriser. De cette vibration naît le Verbe, et du Verbe naît le Commandement. Commande au Temps de te propulser vers un Temps supérieur à ce que tu crois être toi-même… et contemple. »

Puis le silence.

J'étais déchiré. Comment obéir, puisque le Temps était devenu mon propre ego ?

Mais quelque chose, dans la vibration de cette voix, éveilla une reconnaissance profonde.

Je me concentrai sur sa résonance, comme on suit le fil d'un souvenir ancien.

Alors, le Temps — ce flux furieux qui m'encerclait et m'habitait — se confondit avec cette vibration, se dissout… et me révéla une instance plus haute de moi-même.

Une version de moi que je n'avais encore jamais entrevue.

Ce que j'ai ressenti, c'est un passage brutal de la peur à une révélation intime. J'étais désormais, dans mon expérience, pur esprit.

Sans corps physique. Sans limite aucune. Libre de fluer et de me mouvoir à volonté dans toutes les directions, tel un souffle fluide.

Paradoxalement, je me reconnaissais mieux que lorsque j'étais enfermé dans ma chair.

À cet instant, je compris que je n'étais plus le Temps mais que je me tenais au-delà de lui — dans cette immatérialité totale, je devenais l'espace qui le contient : j'étais devenu la sphère de lumière infinie elle-même, le lieu où le Temps demeurait prisonnier.

Une paix ineffable, sans borne, m'enveloppait — une paix si vaste que toute notion d'espace en devenait superflue.

Sylvana

Donc, tu étais passé de l'emprise du Temps… à une liberté totale, comme si rien ne pouvait plus t'enfermer.

Thierry

Oui. Et c'est justement dans cet état que s'est ouverte l'étape suivante : la rencontre avec ce que j'ai appelé plus tard le Présent omniscient.

L'Œil Innombrable

À cet instant, je sentis qu'un renversement radical venait de se produire.

J'étais empli… de Présent. Un Présent omniscient, saturant chaque recoin de mon être.

Et ce Présent prenait forme : une multitude quasi infinie d'yeux, tous fixés vers un point unique — le centre de la sphère. Le centre de moi-même.

Chaque œil était une conscience complète, une boucle infinie contenant l'intégralité de toutes vies — passée, future, mais vécue maintenant. Je sentais que chaque conscience, chaque vie, n'était pas séparée de moi mais un fragment vivant de mon propre être.

Je les percevais tous à la fois, sans confusion. Mon potentiel semblait sans bornes. Je vivais toutes ces existences simultanément, dans un seul instant immuable et infini.

« C'était peut-être cela… le ressenti intérieur d'un dieu », pensai-je.

Mes sens, pour la plupart nouveaux, étaient saturés d'une délectation absolue. Je savourais le sucré-amer des fruits mûrs de toutes les vies, goûtant autant à leur lumière qu'à leurs ombres.

Cette omniscience avait laissé place à quelque chose de plus vaste encore : un sentiment d'immortalité, une fureur de vivre, un égocentrisme pur, total, incandescent.

Et puis, sans le décider, je me mis à parler.

À ma stupeur, c'était la même Voix que celle qui m'avait parlé auparavant. Mais cette fois… elle sortait de moi.

Et les phrases prononcées étaient identiques à celles entendues plus tôt, adressées à mon moi humain — celui, encore incarné, à l'origine de cette expérience. C'était bouleversant, vertigineux.

Porté par une curiosité presque dévorante, je voulus manipuler ce pouvoir.

J'osai détourner mes innombrables yeux — ces fragments de moi-même —

du centre.

En un instant, je fus happé dans une tempête de Temps.

Les yeux qui tapissaient la surface interne — et pourtant sans fond — de la sphère furent arrachés de force, comme balayés par un ouragan cosmique, et je sentis cet arrachement comme si l'on déchirait mon omniscience en milliers d'éclats.

Ils se mirent à tourbillonner, à se lier, formant une longue chaîne spiralée, aspirée vers un centre… mais un centre qui désormais fuyait, s'éloignant vers un Infini inaccessible.

La douleur fut inimaginable, absolue, déchirant chaque fibre de mon essence. Par miséricorde, elle ne dura qu'un instant.

Puis… je devins autre chose.

Le Fil Immobile

Sylvana
Tu changes de forme de nouveau…

Thierry
Oui, et cette métamorphose fut saisissante. J'ai ouvert les yeux… mais je ne savais pas lesquels.

Car à l'instant précis où mes paupières se soulevaient, des milliards d'autres « moi » faisaient le même geste.

Certains à une lenteur infinie, figés pour l'éternité comme des statues de lumière ; d'autres à une vitesse si fulgurante qu'ils se dissipaient aussitôt en poussière d'instants.

Je n'étais plus un corps.

J'étais une somme infinie de moi-même, éparpillée dans un cristal de Temps.

L'Univers entier se révélait comme un vaste espace mental. Il prenait la forme d'un bloc, d'une fresque immobile où chaque seconde coexistait avec chaque milliard d'années — telles des diapositives superposées dans des dimensions sans limites.

Et pourtant, moi — ou plutôt mes innombrables déclinaisons — je traversais ces strates temporelles comme en glissant à travers elles, visitant toutes les histoires accomplies, depuis le futur jusqu'au passé. Chaque couche du Temps s'ouvrait alors comme un vitrail de cathédrale : immobile, mais traversé de lumières changeantes. Selon l'angle où je me trouvais, les couleurs se métamorphosaient, révélant des scènes différentes, comme si l'Univers entier n'était qu'une mosaïque infinie d'instants figés, que ma conscience animait en y projetant son regard.

La Seconde qui Dure une Éternité

Je me suis vu, assis à la table de mon enfance.

Un geste banal : lever une cuillère vers ma bouche.

Mais ce geste s'est déployé sur des milliards d'années.

À cet instant, je perçus le Temps fractal se dévoiler : chaque infime mouvement recelait un Univers entier. Dans les molécules d'air suspendues entre la cuillère et mes lèvres, j'apercevais des continents, des océans, des civilisations entières, d'ici et d'ailleurs.

Je ressentais la chaleur, le froid, la tiédeur des saisons émanant de toutes ces existences, portées par des flux de lumières qui ricochaient sur mes doigts à travers la cuillère. Et tout cela se déroulait en moi comme une symphonie ininterrompue, où chaque éclat de réalité vibrait comme une note infinie.

La seconde s'ouvrit en gouffre.

Dans cet abîme, j'ai vieilli, je suis mort, je suis né à nouveau des millions de fois… et pourtant je demeurais dans le même geste, infiniment étiré. Ce simple mouvement se déployait comme un miroir fractal, démultiplié à l'infini, reflétant dans ses éclats l'enchevêtrement de toutes les existences, passées et futures.

J'y voyais la naissance et la fin des mondes, les vies entières contenues dans cet intervalle minuscule. Et dans ce vertige, je compris que le temps n'était pas un fleuve, mais un cristal : toutes ses facettes scintillant ensemble, révélées dans un seul et même geste.

La Boucle Inversée

Puis, je suis tombé en arrière, dans mon propre passé.

Mais ce passé était inachevé, comme une ville en construction sous mes pas.

Mes souvenirs vivants erraient autour de moi comme des animaux étranges.

J'ai vu mon premier souffle revenir vers moi, tel une vague inversée.

Et puis, j'ai basculé dans un futur déjà révolu. Les événements que j'attendais étaient déjà là, figés, comme gravés dans du cristal. Mon dernier battement de cœur et mon premier clignement d'œil fusionnaient en un seul instant sans origine.

L'Oscillation Infinie

Il y avait un état où le futur et le passé s'enlaçaient en spirale, indémêlables.

Je me voyais courir à travers ma vie, puis l'image se repliait : je devenais l'enfant que j'avais été, observé par l'adulte que je serai.

Dans un reflet encore plus vertigineux, j'apercevais une potentialité qui ne naîtrait jamais… et qui pourtant façonnait mon présent.

Chaque respiration envoyait une onde à travers toutes mes existences, les faisant vaciller comme des flammes dans un courant d'air invisible.

Le Temps Liquide

Puis tout s'effondra.

Le Temps devint une matière visqueuse, épaisse, et moi — ou plutôt mes multiples « moi » — fus projeté dans d'innombrables rivières parallèles.

Dans certaines, une seconde passait comme l'éclair.

Dans d'autres, un battement de cil durait le temps nécessaire à une galaxie pour se former.

J'ai ressenti tous mes choix à la fois. Chaque bifurcation me déchirait la chair. Chaque monde alternatif tirait sur moi comme pour m'arracher dans sa direction.

Tout cela était moi.

La Révélation

Alors j'ai compris.

Il n'y avait ni passé, ni futur.

Tout était ici, inscrit dans un Univers-bloc, comme les pages d'un livre que quelque chose — ou quelqu'un — hors du Temps pouvait feuilleter dans n'importe quel ordre.

Je n'étais pas en train de vivre ma vie.

J'étais la totalité de tout ce qui a été et qui sera, condensée dans une seule note d'un diapason suprême infiniment prolongée.

À cet instant, l'idée même d'« instant » s'effondra.

Il ne demeurait plus que l'omniscience fragmentée, éclatée en myriades de mondes fractals.

L'unité s'était tue en moi, et, en descendant les strates du Temps, je ne devenais conscient que de la dispersion infinie.

Alors je fus happé dans un tourbillon où « moi », « toi », « lui » et même « le maintenant » se dissoudraient, perdant toute signification. Ne restait qu'un océan de consciences diffractées, miroirs sans centre, éclats sans origine, où je flottais comme une étincelle sans nom.

Le Tunnel Arc-en-Ciel

Sylvana
Là, tu sembles franchir une limite encore différente…

Thierry
Oui, c'est exactement ce que j'ai ressenti : une sorte de mort suivie d'une traversée. Une nouvelle boucle temporelle s'ouvrit devant moi — mais cette fois, totalement différente.

Un tunnel vibrant, incandescent, traversé de couleurs d'arc-en-ciel vivantes, palpitantes comme des veines de lumière, m'aspira sans prévenir.

Je fus projeté à travers lui, emporté dans une accélération fulgurante… jusqu'à déboucher dans ce qui me sembla être l'intérieur d'un trou noir.

Et là, au cœur de ce silence abyssale que je croyais mortel, je vis l'Univers.

Paisible.

Vivant.

Respirant.

J'étais hors de lui, désormais : je percevais l'architecture entière de sa réalité.

C'était comme si, cette fois, je pouvais embrasser d'un seul regard la totalité de l'Univers.

Mais cette omnivision s'accompagnait d'un prix terrible : saturé de flux temporel, inondé d'ondes d'instants superposés, je perdis tout contrôle.

La peur revint.

Je réintégrai brutalement mon corps physique — mais sans quitter pour autant l'expérience : mes perceptions extraordinaires persistaient encore. Et avec lui, je ressentis à nouveau cette attraction gravitationnelle — mais dans le sens conventionnel, vers le centre.

De mes innombrables yeux — vestiges persistants de mes visions précédentes — je voyais encore la dynamique du Temps, mais à travers une mémoire qui n'était pas la mienne.

Elle semblait… universelle.

Cette fois, contrairement au début où j'étais prisonnier du Temps, je ne le subissais plus : je l'observais.

Je le vivais par mes émotions, mais en témoin, sans attache. Cette distance apaisa ma peur, et je me laissai guider.

Alors je vis sa nature nue :

Sa fulgurance.

Son cri titanesque d'entité piégée dans des cycles, des boucles infinies.

Et je compris : c'était la dynamique implacable du Temps qui contraignait mon esprit à se percevoir tout à la fois présent et dissous, m'obligeant à vivre la contradiction ultime — être et ne pas être simultanément, exister et s'effacer dans le même souffle.

Sylvana
C'est saisissant… Tu parles du Temps comme d'une force qui se débat dans ses propres cycles, presque comme s'il souffrait de sa propre loi.

Thierry
Oui, c'est ainsi qu'il m'est apparu : comme une entité vivante, mais prisonnière de ses propres lois.

Alors, une sensation étrange surgit de moi : il me fallait choisir.

Choisir d'être ou de ne pas être

Si je choisissais d'être : je plongeais dans la paix, la sérénité, la joie, l'amour inconditionnel.

Si je choisissais de ne pas être : je sombrais dans l'incertitude, la peur, et un mal-être profond.

En poursuivant mon voyage, je constatai que le Temps régnait en maître absolu… mais pas en souverain libre.

Je sentis qu'il était placé sous l'autorité d'une puissance supérieure — une force qui l'obligeait à créer de l'histoire.

À ce moment précis, une intensité nouvelle monta en moi.

En un seul éclair, je vis le futur… déjà accompli.

L'angoisse me traversa : *alors, ai-je le libre arbitre ?*

Mais ce que je vis ensuite dissipa ma crainte.

Je compris que la réalité universelle n'était pas un fil linéaire, mais un Temps fractal.

Et soudain, je me vis — vieux sage en apparence mais éternellement jeune dans le cœur, semblable à un magicien — créant à rebours du temps toute l'histoire de mes vies.

Et cela dura… moins d'une seconde.

Dans un sursaut de retrouver mon existence terrestre actuelle, je sentis le besoin urgent de libérer le Temps en moi, de le vomir hors de mon être.

Ma bouche s'ouvrit toute grande. Mais, au lieu d'expulser le Temps, je m'avalai moi-même.

Pris de panique, cet état de conscience se rompit.

Je sortis brusquement de ma méditation.

Je restai des heures, pétrifié de perplexité, à contempler ce qui venait de m'être révélé… et ce que je ne pouvais encore comprendre.

Sylvana
En t'écoutant, j'ai presque eu l'impression de voyager avec toi dans cette sphère… Comme si j'en avais perçu un fragment, assez intense pour comprendre que ta vie ne pourrait plus jamais être la même après ça.

Thierry
Oui… et c'est peut-être ça le plus difficile à expliquer : revenir de cette expérience, et pourtant ne plus jamais revenir tout à fait.

Sylvana
Ce moment où tu as dû choisir d'«être» ou de «ne pas être» me frappe beaucoup. Qu'est-ce que ça signifiait pour toi ?

Thierry
Ce n'était pas un dilemme de vie ou de mort.

«Être», c'était entrer dans l'unité, dans la paix immense, l'omniscience et la cohérence — un état d'ouverture totale qui n'était pas seulement apaisant mais porteur d'un appel. Comme si je me montrais à moi-même que je pouvais, et même que je devais, retrouver cet état, le comprendre et en dégager la logique.

«Ne pas être», c'était faire l'expérience de la séparation, rester immergé dans le flux du Temps, en ressentir toute la densité, ses cycles, ses tensions, parfois même son vertige. C'était inconfortable mais précieux, car c'est là que j'ai vraiment touché le Temps de l'intérieur et pu en saisir les mécanismes — et, malgré l'intensité, il n'avait rien de destructeur : il révélait au contraire une richesse et une clarté nouvelles.

Ces deux vécus n'étaient pas opposés mais complémentaires : l'un m'a donné l'élan et l'appel à comprendre, l'autre la matière et l'expérience brute à explorer. Ensemble, ils ont nourri mon désir de construire un modèle scientifique capable d'accueillir cette expérience et de lui donner sens.

Cette double expérience a bouleversé ma façon d'habiter la vie. Dès lors, chaque observation, chaque recherche, chaque mesure s'est chargée d'une profondeur nouvelle. Ce vécu s'est inscrit en moi comme un repère invisible, une boussole intérieure qui oriente encore chacun de mes pas.

Et j'ai senti qu'il fallait trouver un cadre pour le traduire — non pas seulement en images ou en récits, mais dans une architecture théorique capable d'en rendre compte.

C'est ainsi que je suis arrivé à ce que je nomme mon premier pilier : le Champ Temporel — un champ fondamental, structuré, porteur d'information d'organisation, qui relie toutes les dimensions de l'Univers.

6. Quand l'Intuition Devient Mesure — De la Perception à la Technologie

Sylvana
Donc, ce Champ Temporel, c'est comme si tu cherchais à donner une forme scientifique à ce que tu avais directement ressenti. Pas seulement un concept abstrait, mais la traduction d'une expérience vécue…

Thierry
Exactement.

Et, fort de mon expérience personnelle de perception d'une partie de ces champs subtils, sous la forme d'une aura lumineuse autour des objets et des êtres, je disposais d'un avantage rare : je savais ce qu'il fallait chercher et ce que les instruments technologiques devaient être capables de détecter.

Cette intuition expérimentale m'a permis d'orienter mes recherches avec précision, là où la science conventionnelle, dépourvue de repères sensoriels directs, avançait à tâtons.

C'est ainsi qu'en 2008, j'ai réussi, pour la première fois, avec une profonde émotion, à faire « voir » à une technologie ce que je percevais depuis mon enfance.

Cette année restera à jamais gravée dans ma mémoire, marquée aussi par la disparition de ma grand-mère, femme forte, aimante et dotée d'une force intérieure admirable.

C'est elle qui, lorsque j'étais enfant, m'accompagnait silencieusement dans mes premières expériences, qui m'écoutait parler de mes perceptions étranges sans jamais me juger, qui m'encourageait même à les explorer et à les noter. Elle fut la première — et souvent la seule — à pressentir ce que je vivais intérieurement, à me donner ce sentiment d'être entendu et légitime dans ce monde invisible

Par son amour et sa protection, elle m'a transmis un respect profond pour le féminin, ainsi qu'une passion inébranlable pour la vie et pour la reconnaissance de l'autre.

Sylvana

Tu sais… je ne peux pas m'empêcher de penser que c'est émouvant : l'année où tu as enfin réussi à faire « voir » à une technologie ce que tu percevais depuis l'enfance, c'est aussi l'année où tu as perdu ta grand-mère — la seule qui l'avait deviné très tôt. C'est comme si une boucle s'était refermée.

Thierry

Oui… je l'ai vécu comme un hommage. J'aurais voulu pouvoir lui montrer…

Mais pour moi, ça reste symbolique. Comme si elle avait tenu sa promesse jusqu'au bout, dans cette présence discrète qui était la sienne.

Et moi, de mon côté, je suis allé jusqu'au bout de ce qu'elle avait perçu en moi, la seule à avoir deviné — et partagé — ce que je portais en silence.

Elle m'a transmis une force tranquille, un élan intérieur, et cette conviction qu'il fallait croire en ce que l'on sent — même si personne ne le voit encore.

C'est ce regard-là, ce soutien intime et subtil, qui m'a porté et m'a permis de rester fidèle à ce que je pressentais depuis l'enfance.

Chapitre 10

Pilier 1 - Le Champ Temporel

~

Matrice Active du Réel

Sylvana

Ton récit montre bien que cette proximité avec le Temps t'accompagnait déjà dès l'enfance, mais que l'expérience de tes seize ans en a scellé la profondeur.

Thierry

Oui, tu as raison — et c'est important de le préciser. Depuis l'adolescence, j'ai toujours ressenti une proximité particulière avec la notion de Temps — non pas comme une simple variable physique, mais comme un phénomène fondamental, presque vivant, au cœur du réel.

Tu vois, ce n'était pas une idée abstraite, mais une impression vécue. Très tôt, certaines expériences méditatives intenses — à l'image de celle que je t'ai décrite — ont bouleversé ma perception : le Temps ne m'est alors plus apparu comme une ligne uniforme et monotone, il s'est révélé changeant, multidimensionnel, animé d'une structure interne complexe, dynamique, et peut-être même mesurable.

Ces vécus m'ont profondément marqué. Ils m'ont poussé à questionner l'idée reçue d'un temps extérieur, linéaire et homogène, tel que le décrivent les modèles classiques de la physique. Plus j'y réfléchissais, plus je pressentais que le Temps n'était pas un simple cadre où se déposent les événements, mais bien une force active, une matrice organisatrice, une entité autonome qui participe à la genèse du réel.

C'est ainsi que s'est forgée en moi une conviction intime : le Temps n'est pas seulement une coordonnée parmi d'autres, il est un champ fondamental, dynamique et informationnel. Une intuition qui, au fil de mes lectures, de mes études sur la relativité générale et la mécanique quantique, mais aussi de mes propres explorations conceptuelles, n'a cessé de s'enraciner et de s'épanouir. Et dans mon modèle, j'ai choisi de lui donner un nom : le champ temporel — une notion que nous allons explorer plus en détail dans ce pilier, car elle constitue l'un des axes centraux de ma recherche.

1. Le Temps — Au Coeur des Grandes Théories

. L'Énigme de la Science — La Polysémie du Temps

Sylvana
Je comprends mieux : tu relies ce ressenti premier à une recherche scientifique, comme si l'un nourrissait l'autre.

Thierry
Oui. De l'alchimie entre l'expérience intérieure et la démarche scientifique est né un modèle où le Temps occupe la première place : non plus comme spectateur silencieux, mais comme le véritable moteur de la réalité.

Si je lui accorde ce rôle central, c'est parce que toute théorie majeure, tôt ou tard, se heurte à l'énigme du Temps.

Tout d'abord, le concept de Temps est l'un des plus anciens et des plus insaisissables de la pensée humaine. Depuis des millénaires, il traverse la philosophie, la physique, la métaphysique et l'expérience subjective, tout en se chargeant de significations multiples, parfois contradictoires. Dans le langage courant, il peut désigner la durée, l'époque, le rythme, ou encore l'état météorologique.

En sciences, il devient une variable mathématique, un paramètre relatif, ou encore un vecteur d'irréversibilité. En philosophie, il se déploie comme expérience intime de la durée, comme structure de la conscience ou comme énigme ontologique.

Cette polysémie pose un problème central : de quel « Temps » parle-t-on lorsque nous voulons expliquer l'Univers ? Est-ce le temps absolu de Newton, le temps relatif d'Einstein, le temps probabiliste de la mécanique quantique, le temps entropique de la thermodynamique, ou encore le temps vécu de la conscience ? Chacun de ces registres saisit une dimension réelle du phénomène, mais aucun ne suffit à englober toutes ses expressions.

C'est précisément ici qu'intervient ma théorie. Elle propose d'unifier ces dimensions en considérant le Temps non comme une simple variable ou une illusion psychologique, mais comme un principe fondamental, fractal et biface, constitutif de la manifestation même de l'Univers.

Dans ce cadre :

- Le chronon devient l'unité élémentaire de synchronisation, reliant causalité et effet ;
- La Densité Temporelle Fractale explique la variabilité des expériences du Temps selon les niveaux de réalité ;
- La Relativité Absolue, pilier de ma théorie, replace chaque phénomène temporel dans une trame universelle d'information, où ordre et désordre se conjuguent pour produire l'évolution.

Ainsi, plutôt que de choisir entre le temps de la physique, celui de la biologie ou celui de la conscience, mon approche vise à montrer que tous procèdent d'un même champ temporel universel, structuré en cycles et en résonances vibratoires. Ce champ est le véritable dénominateur commun : il relie la science de la mesure, l'expérience vécue et la métaphysique de l'Origine.

C'est un paradoxe fascinant car, en réalité, le temps est partout. Laisse-moi t'expliquer étape par étape, et tu verras que chaque grande théorie physique le fait intervenir, explicitement ou en filigrane :

- En physique classique :

Par exemple : les lois de Newton reposent sur lui. Vitesse, accélération, énergie cinétique — toutes ces notions n'ont de sens qu'à travers le temps. Même la trajectoire d'un objet dans l'espace est en fait une histoire tracée au fil du temps.

- En thermodynamique :

Le temps se cache dans la flèche irréversible de l'entropie : les systèmes vont du moins probable au plus probable, du plus ordonné au plus désordonné. Le temps donne ici son sens à la notion d'irréversibilité.

Avec Einstein, tout bascule.

- En relativité :

Einstein a fusionné espace et temps en une seule entité : l'espace-temps. Les événements y trouvent leur place dans un tissu à quatre dimensions, où la causalité elle-même dépend de l'ordre temporel.

- En mécanique quantique :

L'équation de Schrödinger, cœur de la théorie, inclut explicitement le temps. Même quand on considère des états « stationnaires », dès qu'on parle d'évolution dynamique, le temps redevient central. La question du fameux « effondrement de la fonction d'onde » ramène elle aussi, inévitablement, au problème du temps.

- Et enfin, en cosmologie :

Impossible d'imaginer l'univers sans temps : son âge, son expansion, la formation des galaxies, la notion d'horizon cosmologique… Tout repose sur lui.

. Relativité Générale et Relativité Absolue — Continuité et Élargissement

Sylvana
Je vois mieux maintenant comment le temps est partout et depuis toujours dans toutes les théories. Tu as aussi souvent parlé de ta théorie : la Relativité Absolue. Maintenant que nous entrons dans le vif du sujet, pourrais-tu m'en donner les grandes lignes et de quoi se distingue-t-elle de la Relativité Générale d'Einstein ?

Thierry
La Relativité Générale, formulée par Einstein en 1915, a marqué un tournant décisif dans la compréhension de l'Univers. Elle a remplacé la conception newtonienne de la gravitation comme « force » par une approche géométrique : la gravité est la courbure de l'espace-temps produite par la matière et l'énergie. Ce modèle a permis d'expliquer avec une précision remarquable une multitude de phénomènes, depuis le mouvement des planètes jusqu'aux lentilles gravitationnelles et à l'expansion cosmique.

Toutefois, la Relativité Générale repose sur une métrique continue de l'espace-temps, dans laquelle le temps est traité comme une dimension équivalente à l'espace, bien que marquée par sa signature particulière. Or, dans cette conception, le temps reste relatif au référentiel de l'observateur, mais il n'est pas envisagé dans sa nature profonde. La théorie décrit « comment » le temps se déforme sous l'effet de la gravité, mais pas « pourquoi » le temps existe, ni quelle est sa structure ultime. C'est précisément là que se situe la limite épistémologique de la Relativité Générale : elle est une description phénoménale, mais pas une ontologie.

La Relativité Absolue, telle que je la conçois, s'inscrit dans la continuité de ce cheminement, mais en propose un élargissement. Elle ne part pas de l'espace-temps comme une donnée première, mais du Temps lui-même comme principe fondateur.

Dans mon modèle, ce Temps n'est pas une simple dimension passive, mais une dynamique active, fractale et informationnelle. L'Univers se structure à travers des chronons, unités fondamentales de synchronisation. Le temps est donc à la fois discret (granulaire) et fractal (emboîté à toutes les échelles).

Là où la Relativité Générale établit une métrique unique de l'espace-temps, la Relativité Absolue propose une bimétrie universelle :

- Une métrique descendante (flèche futur → passé), porteuse de l'ordre absolu et des informations pré-configurées,
- Une métrique ascendante (flèche passé → futur), qui exprime la manifestation phénoménale et la construction progressive du réel.

Ces deux flèches du temps se rencontrent dans le présent, conçu comme un champ d'interférence où l'ordre (déjà accompli) se confronte au devenir (encore en cours).

Dans cette perspective, la Relativité Générale ne doit pas être considérée comme invalide, mais comme l'expression partielle d'un cadre plus vaste : celui de la Relativité Absolue.

- La première décrit l'espace-temps en tant que support, révélant comment il se déforme sous l'influence de la matière et de l'énergie.
- La seconde, en revanche, remonte en amont de ce support pour en interroger la condition même de possibilité : le Temps envisagé comme matrice fondamentale de toute manifestation. Elle ne se limite pas à décrire la mécanique des phénomènes, mais vise à en dévoiler l'Origine et le But.

Autrement dit, la Relativité Générale répond au « comment » des processus, tandis que la Relativité Absolue cherche à répondre, dans l'absolu, à la fois au « pourquoi » et au « comment ».

Sylvana

Tu dis donc que la Relativité Générale est une expression partielle de la Relativité Absolue ?

Thierry

Oui. Pour que ce soit clair, il faut voir comment ces deux théories se placent l'une par rapport à l'autre : la première décrit le comportement observable, la seconde remonte à la trame qui le rend possible.

L'ordre logique entre les deux théories peut être formulé ainsi :

- Relativité Générale : elle décrit comment la géométrie de l'espace-temps se comporte en fonction de la matière et de l'énergie présentes. Autrement dit, c'est la loi phénoménale des interactions gravitationnelles et de la courbure. Elle ne dit pas pourquoi cette loi est là, ni d'où vient le Temps : elle prend l'espace-temps et son contenu comme donnés.
- Relativité Absolue : elle cherche à expliquer pourquoi le Temps existe, comment il se structure, et quel rôle fondamental il joue dans la manifestation du réel — et dans ce cadre la Relativité Générale devient une expression particulière, une projection locale du principe temporel premier.

Autrement dit, la Relativité Générale est une physique du « comment » — non pas un «comment» absolu, mais le «comment» relatif de la géométrie de l'espace-temps en fonction de la matière et de l'énergie — tandis que la Relativité Absolue cherche à être une physique et une métaphysique du « pourquoi absolu » et du « comment absolu » — pourquoi le Temps existe, comment il se structure et quel rôle fondamental il joue dans la manifestation du réel.

En replaçant le Temps au cœur de la réflexion, non plus comme simple variable mais comme substance active de l'Univers, la Relativité Absolue propose un cadre unificateur où la physique, la conscience et l'information cessent d'être disjointes. Elle articule la stabilité des lois physiques, l'émergence de la vie, et la dimension créatrice de la conscience dans une même trame temporelle fractale.

Sylvana

Donc, si je comprends bien : ce que tu veux dire, c'est que la Relativité Générale ne décrit pas un «comment» absolu, mais seulement le mécanisme tel qu'il résulte de la présence de matière et d'énergie. Elle ne touche ni aux causes ultimes ni à la nature profonde du Temps — elle prend un cadre (espace-temps + énergie-matière) et en décrit les relations géométriques.

Thierry
C'est bien ça.

Sylvana
Je comprends mieux maintenant comment tu places la Relativité Générale par rapport à la Relativité Absolue, mais je vois que le Temps traverse en réalité chaque théorie. C'est comme si la science ne sait pas encore comment l'appréhender… et pourtant, il demeure l'élément incontournable, toujours présent au cœur des modèles.

Thierry
Exactement : c'est ce paradoxe qui nourrit le fameux « problème du temps ».

En somme, le temps se retrouve partout :

- Explicitement dans les équations d'évolution ;
- Implicitement dans les concepts de causalité, de changement, d'entropie et même d'observation.

C'est pourquoi le « problème du Temps » reste aujourd'hui un défi scientifique et philosophique majeur, surtout quand il s'agit de tenter l'unification des grandes théories.

2. Le Champ Temporel — Structure Active et Générative du Réel

Sylvana
Tu insistes sur ce paradoxe : le Temps est partout, mais son rôle reste mal défini. On en a souvent parlé dans tes hypothèses… mais puisque nous allons maintenant plonger dans ce que tu appelles le champ temporel, pourrais-tu m'en donner les grandes lignes — me dire, en quelques mots, comment tu vois vraiment le Temps ?

Thierry
Dans le cadre de mon hypothèse, je postule que le Temps n'est pas un simple paramètre passif, ni une coordonnée ajoutée artificiellement à l'espace pour ordonner les événements. Il constitue au contraire un champ fondamental, actif et structurant, qui précède l'espace-temps et conditionne son émergence.

Autrement dit, le Temps ne doit plus être conçu comme un simple repère chronologique, mais comme une entité dynamique et générative, dotée d'une composante scalaire primordiale. Ce substrat omniprésent agit comme une matrice organisatrice, modulant la densité, le rythme et la cohérence du réel à toutes les échelles.

Concrètement, ce rôle créateur du Temps se manifeste de plusieurs manières :

- Il soutient l'apparition et la structuration des formes physiques (matière, énergie, champs).
- Il règle l'évolution des systèmes, qu'ils soient biologiques, cosmiques ou informationnels.
- Il assure la cohérence et la stabilité des lois locales, tout en permettant leur adaptation dynamique.
- Il rend possible la causalité, la transformation et la dissolution, en donnant une orientation et une cohérence aux processus.

Dans ce modèle, le Temps devient ainsi le véritable moteur de la manifestation phénoménale :

- Il ne « passe » pas, il structure.
- Il ne se contente pas de mesurer, il organise et module.
- Il ne subit pas les événements, il les rend possibles par sa propre dynamique.

Plus encore, ce champ temporel joue un rôle de mémoire active : il encode les conditions initiales, règle la cadence des processus, et contient les paramètres qui rendent le réel observable et intelligible.

Enfin, en raison de sa nature organisatrice et résonante, le Temps apparaît aussi comme l'une des clés de l'émergence de la conscience. Car si la conscience peut se déployer dans un monde cohérent et habité de sens, c'est précisément parce qu'elle s'enracine dans ce champ temporel vivant — ce tissu primordial qui crée la réalité phénoménale elle-même.

3. Le Champ Temporel — Scalaire et Dynamique Organisatrice

Sylvana
Tu viens de décrire le Temps comme une matrice organisatrice. Mais concrètement, dans ton modèle, de quoi est-il fait ? Quelle est sa nature

profonde ?

Thierry

Ta question est essentielle, car elle oblige à descendre au niveau le plus fondamental.

Dans mon hypothèse, le Temps n'est pas une variable secondaire ni une dimension artificiellement accolée à l'espace : il est un champ scalaire fondamental, vivant et structurant, qui précède l'espace-temps et en conditionne l'émergence.

Autrement dit, le Temps n'est pas une substance unique et figée. Il se déploie à deux niveaux complémentaires :

- Le champ scalaire fondamental : un noyau invariant, substrat premier, qui constitue la base indépassable de toute manifestation. C'est la source, la racine absolue, la matrice qui rend possible l'existence même de l'espace, de l'énergie et de la matière.
- Le champ temporel déployé : l'expression dynamique issue de ce substrat. C'est une méta-dynamique vivante, structurée par des propriétés essentielles :

▫ Les chronons, quanta élémentaires du temps,

▫ La fractalité, qui imbrique les cycles et les rythmes à toutes les échelles,

▫ La bifacialité, qui exprime la double orientation du temps (expansion/retour, potentiel/actualisation),

▫ Et la multidimensionnalité, qui ouvre la possibilité d'un temps plus riche que la seule flèche linéaire que nous percevons.

Ainsi, dans mon modèle, le Temps n'est pas un simple arrière-plan neutre : il est une force créatrice et organisatrice, dont la nature profonde conjugue invariant primordial et dynamique émergente.

Sylvana

Je t'écoute et je vois bien comment, dans ton modèle, le Temps devient ce champ fondamental, comme un substrat vivant et originel d'où émerge l'espace-temps. Mais tu évoques aussi d'autres termes, comme le « champ temporel » ou « l'éther quantique ». La science standard, elle, parle, du « vide quantique ».

Peux-tu m'expliquer ces trois notions — ou au moins me dire comment tu les définis dans ton modèle ?

Thierry

Oui, bien-sûr : le vide quantique, le champ temporel scalaire et l'éther quantique sont, dans ma théorie, trois facettes d'une même structure fondamentale.

- Le vide quantique : la matrice potentielle

Dans le cadre de la physique standard, le vide quantique est décrit comme un état fondamental instable, saturé de fluctuations et d'énergie dite « du point zéro ». Il constitue un réservoir d'énergie et de particules virtuelles.

Dans mon modèle, cette conception est élargie. Le vide quantique est envisagé comme une matrice informationnelle de base, un champ d'énergie latent porteur d'une mémoire cosmique. On peut l'imaginer comme un immense océan immobile en apparence, dont chaque vague invisible contient les instructions et les ressources nécessaires à la création. C'est le réservoir universel, où résident à la fois l'énergie, l'information et l'empreinte des lois fondamentales.

- Le champ temporel scalaire : la dynamique organisatrice

Le vide, cependant, ne peut se suffire à lui-même : sans un principe organisateur, son potentiel resterait inerte. C'est là qu'intervient le champ temporel scalaire.

Ce champ est constitué de l'ensemble des chronons, entités fondamentales de nature scalaire qui incarnent la granularité du Temps. Ces chronons baignent dans le vide quantique, dont ils révèlent et structurent l'activité latente. Le champ temporel n'est pas une simple dimension mesurable : il agit comme le moteur de structuration de la réalité. Sa fonction est double :

- Il organise et hiérarchise l'information, en modulant la densité des flux issus du vide quantique.
- Il assure la continuité entre passé et futur, en donnant au réel sa direction, son rythme et sa cohérence interne.

En d'autres termes, là où le vide représente la potentialité pure, le champ temporel scalaire constitue la dynamique organisatrice qui actualise cette potentialité. On peut le comparer à une pulsation invisible transformant l'océan latent du vide en courants ordonnés, capables de générer particules, structures et mondes.

- L'éther quantique : la trame unificatrice

Enfin, pour rendre compte de l'unité de ces deux dimensions — le vide comme matrice et le champ temporel comme dynamique — il est nécessaire d'introduire une troisième notion : l'éther quantique.

L'éther quantique est l'ensemble constitué par le vide et le champ temporel, mais envisagé comme un tissu cohérent, un milieu de propagation universel. Ce n'est pas un retour à l'éther classique d'avant la relativité, mais une reformulation : un Temps-espace-mémoire actif où se conjuguent énergie, information et temps.

Son rôle est crucial :

- Il assure la cohérence des interactions ;
- Il permet l'intrication et la transmission d'information à travers les échelles ;
- Il constitue le substrat global, garantissant que le réel ne se disperse pas mais s'ordonne selon une logique fractale et universelle.

L'image d'une trame cristalline est ici parlante : la lumière du Temps (champ temporel) s'y projette comme à travers un réseau de vitraux, dessinant des formes multiples à partir d'une source unique (le vide quantique).

- Relation et complémentarité

Ces trois concepts ne sont donc pas indépendants mais interdépendants :

- Le vide quantique fournit l'énergie et l'information — il est la source potentielle.
- Le champ temporel scalaire actualise cette source en lui donnant rythme et organisation, via les chronons.
- L'éther quantique constitue le milieu global, la trame cohérente qui rend leur interaction universellement intelligible et transmissible.

Ainsi, l'Univers n'est pas une juxtaposition d'éléments mais une architecture tripartite : un réservoir (vide), une dynamique (temps), et un tissu (éther). Ensemble, ils définissent une cosmologie où la réalité n'est pas seulement espace et énergie, mais avant tout information en mouvement, structurée par le Temps et inscrite dans une mémoire universelle.

. LE CHAMP SCALAIRE DU TEMPS — FONDEMENTS ET ILLUSTRATIONS

Sylvana

Je comprends mieux ton articulation entre vide quantique, champ temporel et éther quantique : le vide comme matrice, le champ temporel comme dynamique organisatrice, et l'éther comme trame unificatrice. Mais quand tu qualifies ce champ temporel de «scalaire», qu'entends-tu exactement par là ? Je ne suis pas très familière avec ce terme.

Thierry

En physique, un champ scalaire est une entité mathématique qui attribue une valeur unique (un nombre) à chaque point de l'espace(-temps). Contrairement à un champ vectoriel, qui décrit une intensité et une direction (comme un champ électrique ou magnétique), un champ scalaire ne possède pas d'orientation : il exprime uniquement une intensité locale.

Le champ scalaire est quelque chose de très simple : c'est une grandeur qui prend une valeur unique en chaque point de l'espace, sans direction particulière.

Autrement dit : là où un champ vectoriel dit « ça pousse dans telle direction », un champ scalaire dit simplement « ici, la valeur est telle ».

Sylvana

Aurais-tu des exemples de champs scalaires ?

Thierry

Oui, je peux te donner quelques exemples concrets :

- La température dans une pièce : à côté de la fenêtre, il peut faire 18 °C ; près du radiateur, 25 °C. La température n'a pas de « flèche » qui indique une direction : c'est juste une valeur locale.
- La pression atmosphérique : au sommet de l'Himalaya, la pression est faible ; au bord de la mer, elle est forte. Là encore, pas de direction, juste une valeur qui change selon l'endroit.
- Un champ de lumière dans un vitrail coloré : chaque petit morceau de verre projette une intensité différente — bleu, rouge, doré — mais il n'y a pas de « direction de la couleur ». C'est juste une intensité, une qualité présente ici et maintenant.
- Un paysage sonore : si tu fermes les yeux dans une cathédrale, à chaque endroit l'écho à une intensité particulière. Là encore, pas de direction, mais une valeur ressentie.

Sylvana

D'accord, je crois que je vois mieux ce que tu veux dire par «champ scalaire». Et dans ton modèle, comment ce champ scalaire du Temps se traduit-il concrètement ?

Thierry

C'est sur ce principe que je fonde mon hypothèse du champ scalaire fondamental du Temps.

Dans mon approche, le Temps n'est pas une simple variable passive qui ordonne les événements comme tu le sais maintenant : il est un champ fondamental. Je le qualifie de scalaire, car il représente la forme la plus élémentaire et universelle qu'un champ puisse prendre :

- Partout homogène, sans direction imposée,
- Mais capable de moduler localement son intensité.
- Il constitue donc un substrat universel et omniprésent, présent en tout point de l'espace.
- Il déploie le Temps comme une propriété intrinsèque du réel, indépendante de tout référentiel particulier.
- Il module localement la densité temporelle, la cadence et les effets perceptibles sur la matière, l'énergie et la conscience.

En d'autres termes :

- Comme la température ou la pression, le Temps aurait une intensité locale, une « densité d'existence » en chaque point de l'Univers.
- Ce n'est pas une flèche unique allant du passé vers le futur : c'est une texture, une valeur intrinsèque qui module comment la réalité se déploie.
- Là où la température module la chaleur, le champ scalaire du Temps module la cadence des phénomènes : leur rythme, leur cohérence, leur possibilité même d'exister.

C'est cette simplicité qui le relie à ce que j'appelle l'éther quantique : le substrat primordial sur lequel se déploient ensuite les structures plus complexes du champ temporel.

Autrement dit, dans mon modèle :

- Il est à l'origine du rythme, de la modulation et des cycles temporels, en liant le discret (chronons) au continu (champ temporel global).
- Il encode la structure du Temps dans chaque région de l'espace : compression, dilatation ou accélération locale.
- Il pourrait expliquer certaines variations apparentes des constantes physiques, en modulant la « viscosité » ou la « fréquence » du Temps dans un contexte donné (zones gravitationnelles extrêmes, états de conscience modifiés, etc.).

Ici, mon champ scalaire du Temps apparaît comme le substrat génératif de la réalité phénoménale : il ne se contente pas de mesurer l'écoulement, mais il conditionne la possibilité même de l'écoulement, en donnant au Temps sa texture, son intensité et sa cohérence universelle.

Sylvana
Je comprends mieux ton idée de champ scalaire du Temps. Tu le conçois comme un substrat homogène mais modulable, qui donne du rythme et de la cohérence à tout ce qui existe. Mais j'ai encore du mal à me le représenter. Aurais-tu une image simple pour m'aider à le visualiser ?

Thierry
Oui, bien sûr. Je peux te donner une image simple qui devrait t'aider.

On peut imaginer l'Univers comme une immense toile de soie vibrante. La trame invisible de cette soie, tendue différemment selon les régions, représente le champ scalaire fondamental du Temps.

C'est cette trame qui permet à chaque vibration — chaque événement, chaque instant — de se produire à une fréquence donnée et de s'inscrire dans un ordre. Mais cette toile n'est pas figée : elle peut se tendre, se plier, se comprimer ou se déployer en motifs fractals, donnant naissance à la diversité des rythmes, des cycles et des structures du réel.

Ainsi, le champ scalaire fondamental du Temps est à la fois le support invariant et le moteur créatif de la manifestation du monde phénoménal.

. LE CHAMP TEMPOREL — CHRONONS ET PROPRIÉTÉS ESSENTIELLES

Sylvana
Tout ce que tu décris me donne l'impression d'un tissu vivant, qui change de densité et de rythme selon les besoins du réel.

Thierry
C'est exactement ça.

Mais le champ scalaire du Temps ne se réduit pas à une intensité abstraite : son organisation est fractale et hiérarchisée, structurée en niveaux de réalité emboîtés. Dans mon modèle, ce champ est constitué d'unités discrètes élémentaires : les chronons, véritables quanta du Temps.

Pris isolément, chaque chronon représente une unité scalaire fondamentale, un battement minimal d'existence. Mais dès lors qu'ils s'agrègent en réseaux fractals, ils deviennent porteurs de dynamique : ils génèrent de l'énergie, une direction, une intention structurante. C'est par cette organisation collective que les chronons tissent la trame vivante de l'Univers.

Autrement dit, le champ scalaire du Temps n'est pas seulement une toile de fond : il est la matrice originelle de tous les autres champs physiques et informationnels.

Voici, en quelques points, ses propriétés essentielles — le Temps est :

- Discret : il est structuré par les chronons, unités fondamentales d'actualisation temporelle, véritables « pixels du réel ».
- Fractal : il se déploie en niveaux emboîtés, où les cycles temporels se répètent à toutes les échelles, du quantique au cosmique.
- Non linéaire : loin d'un écoulement uniforme, le Temps peut ralentir, accélérer, se courber ou même s'inverser localement.
- Biface : il possède deux orientations (passé–futur, entropie–néguentropie). À l'échelle quantique, le futur peut rétroagir sur le passé, faisant du présent un nœud d'interférence entre mémoire et potentiel.
- Multidimensionnel : il ne se limite pas à une flèche, mais comporte plusieurs dimensions internes — direction, densité, présence, résonance — qui structurent la réalité phénoménale.
- Polymorphe : il se module selon les besoins évolutifs des systèmes, en variant densité, rythme et signature vibratoire. C'est une architecture dynamique, adaptative, et d'une grande économie : chaque chronon contient en germe toutes les potentialités du champ.
- Pilote de l'information : là où le Temps se déploie, l'information circule et évolue. Dans cette perspective, l'Univers peut être envisagé comme un immense processeur quantique, où la succession des opérations est orchestrée par le Temps lui-même.

Ainsi, dans mon modèle, le champ scalaire du Temps apparaît comme l'ossature invisible de la réalité. Il est un principe actif, organisateur et génératif, qui conditionne l'émergence de l'espace, de la matière, de l'énergie, de la vie et de la conscience.

. Le Champ Temporel — Applications et Implications

Sylvana

En t'écoutant dérouler cette liste, je voyais presque chaque propriété prendre vie — comme un héros du Cosmos changeant de forme et apparaissant de scène en scène. Toutes ces qualités que tu viens de décrire bouleversent complètement notre manière de regarder le Temps.

Thierry

Oui, effectivement… j'aime ton image du héros du Cosmos. Elle traduit bien ce que je vois : le Temps comme un acteur protéiforme, qui prend mille visages pour faire apparaître la réalité.

C'est pourquoi l'Univers tel que je le conçois, le champ temporel est le champ fondamental : la trame de base sur laquelle se déploient tous les autres phénomènes. Il constitue la matrice originelle, le support premier à partir duquel émergent les lois, les constantes et les structures observables.

Ainsi, ce que la science actuelle considère comme des interactions fondamentales — gravitation, électromagnétisme, interactions nucléaire forte et faible — n'apparaît plus, dans mon modèle, comme des forces premières. Elles sont plutôt des expressions dérivées, des phénomènes émergents du champ temporel, façonnés par la dynamique fractale et la résonance des chronons.

La gravitation : elle résulterait de torsions et de courbures dans la trame des chronons, produisant une déformation du tissu temporel qui se traduit macroscopiquement par l'attraction gravitationnelle.

L'électromagnétisme : il émergerait comme une modulation particulière, dépendant de la géométrie locale du champ gravitationnel et de ses résonances fractales.

Les particules élémentaires : elles seraient des états stables de résonance, des nœuds fractals du Temps, où l'information se condense en configurations persistantes que nous interprétons comme « matière ».

Dans cette perspective, la matière, l'énergie et même les lois de la physique sont des manifestations secondaires, enracinées dans la dynamique profonde du Temps. Ce dernier n'est donc pas seulement un paramètre mesurant les événements, mais l'architecte silencieux qui, par ses cycles, ses densités et ses résonances, crée et structure la réalité phénoménale.

Sylvana

Autrement dit : ce que la science considérait comme fondamental devient, dans ton modèle, l'émergence d'un seul et même champ. Ton approche ouvre donc une perspective entièrement nouvelle sur les fondements de l'Univers et sur le rôle du Temps.

Thierry

Exactement.

Et j'ai un exemple très parlant pour illustrer ce déplacement de perspective.

En physique contemporaine, le champ de Higgs est identifié comme un champ scalaire fondamental : il confère la masse et l'inertie aux particules élémentaires et assure la cohérence de la matière. Sans lui, aucune structure stable ne pourrait exister. Il est donc considéré comme l'un des piliers de la physique moderne.

Mais dans le cadre de mon modèle, je propose une lecture différente. J'émets l'hypothèse que le champ de Higgs n'est pas fondamental en lui-même, mais qu'il représente une modulation émergente d'un champ encore plus profond : le champ scalaire temporel primordial.

Autrement dit :

- Le champ scalaire fondamental du Temps est le véritable substrat premier. Il véhicule l'information active, génère des fréquences, des rythmes et des densités temporelles qui structurent le réel. Il constitue la base même des paramètres d'organisation qui conditionnent l'émergence de la matière, de l'énergie et des lois physiques.
- Le champ de Higgs peut alors être compris comme une expression spécifique de ce champ temporel. Lorsqu'il agit comme vecteur de masse — conférant inertie et consistance aux particules — nous l'identifions sous le nom de « champ de Higgs ». Mais il ne serait, dans cette approche, qu'une manifestation particulière de l'information déjà contenue dans le champ scalaire temporel primordial.

Ainsi, au lieu d'être un point d'origine ultime, le champ de Higgs devient un phénomène émergent, enraciné dans la dynamique fractale et résonante du champ temporel. Cette perspective déplace donc la question : au lieu de s'arrêter au Higgs comme fondement, il faut interroger le champ du Temps comme matrice plus profonde, capable d'engendrer toutes les autres formes de champs connus.

Sylvana

Donc, en quelque sorte, la science aurait identifié une partition particulière… et ton champ temporel représenterait le répertoire entier.

Thierry

Oui, c'est exactement ça : dans mon modèle, chaque phénomène, chaque interaction est une partition issue d'un répertoire universel. Autrement dit, le champ temporel n'est pas seulement l'expression la plus simple, mais l'expression la plus complète et la plus pure de ce substrat fondamental : la base sur laquelle s'organisent toutes les dynamiques du Temps à travers ses chronons.

Ce champ est donc primordial : non pas comme une entité isolée, mais comme le noyau du champ temporel universel, porteur de sa structure scalaire intrinsèque et générateur de l'ensemble des processus physiques, biologiques et conscients.

4. Une Vision Globale du Cosmos — Temps, Conscience et Information

Sylvana

Je vois encore mieux maintenant, avec cet autre exemple, combien tout ce que la science actuelle considère comme fondamental se révèle, dans ton modèle, n'être plus qu'une facette émergente d'un champ plus profond — ce champ temporel primordial, ce substrat scalaire qui agit comme un éther quantique et dont procèdent l'énergie, la matière et les lois elles-mêmes.

Thierry

Exactement.

Sylvana

Je comprends mieux, grâce à tes exemples, le rôle du champ temporel dans ton modèle. On n'est plus seulement dans une reformulation des lois physiques, mais dans une vision globale où le Temps devient un principe structurant, presque un langage universel. Tu évoques aussi la voie d'une physique unifiée avec la Relativité Absolue où Temps, conscience et information apparaissent comme les variables fondamentales de l'Univers. Tu peux élaborer ?

Thierry

Je te donne tout d'abord une définition claire du Temps, de la conscience et de l'information comme je l'entends dans mon modèle.

Quand je parle de Temps, je n'entends pas simplement une succession d'instants ou une mesure arbitraire produite par une horloge. J'entends un champ scalaire fondamental, structuré par les chronons, qui module la densité et le rythme du réel. Le Temps, dans mon modèle, est la matrice organisatrice qui conditionne l'émergence de l'espace, de la matière et de l'énergie.

Par conscience, j'entends non pas une simple fonction biologique issue du cerveau, mais une capacité d'auto-résonance avec le champ temporel. Elle est ce qui rend possible l'expérience vécue d'un esprit-conscient et de la qualité de son présent, en le connectant au flux d'information universel. La conscience est donc à la fois un miroir et un acteur de la dynamique temporelle.

Par information, j'entends le contenu actif qui circule et se transforme dans ce champ. Ce n'est pas une abstraction mathématique, mais une réalité ontologique, codée dans la modulation des chronons et organisée par la structure fractale du Temps. L'information n'existe pas indépendamment : elle est le langage même par lequel le Temps et la Conscience s'articulent.

Il ne faut pas oublier que, dans mon modèle, le champ temporel n'agit pas de manière aveugle ou purement mécanique : il est piloté par l'Intelligence omnisciente, principe organisateur qui oriente la dynamique universelle. Cela signifie que l'Univers ne se réduit pas à une structure physique autonome : il possède une nature ontologique, enracinée dans une logique d'être, où le réel phénoménal émerge d'un ordre plus profond.

Autrement dit, le champ temporel n'est pas seulement la trame des phénomènes, il est aussi le vecteur d'une intention cosmique, inscrivant chaque processus dans une cohérence universelle.

Pour en revenir à ces trois notions, on comprend qu'elles ne sont pas séparées : elles forment une triade unifiée où chaque terme soutient et révèle les autres.

Cette triade se déploie sous différents visages :

- Au niveau microscopique avec le chronon, unité élémentaire qui tisse la trame temporelle.
- Au niveau méta-structurel avec la Relativité Absolue, qui décrit les conditions d'émergence de l'espace-temps et redéfinit ses fondements.
- Au niveau cosmologique avec l'Univers bimétrique et fractal, qui inscrit cette logique dans l'architecture globale du réel.

C'est pourquoi, à partir de cette triade, j'ai pu esquisser quelques implications concrètes pour la science et la philosophie, car une telle vision ouvre un cadre unificateur :

- Elle permet de modéliser l'évolution cosmique comme une montée en complexité informationnelle, par transitions de densité temporelle.
- Elle propose une métadynamique de la conscience, envisagée comme une résonance intime avec le champ temporel fractal, reliant subjectivité vécue et cohérence universelle.
- Elle redéfinit l'écoulement du Temps comme un couplage local entre un système et le champ global.

5. Échos Scientifiques — Quand la Recherche Rejoint l'Intuition

Sylvana
Cela me rappelle tes « mondes-écoles » : ces niveaux d'apprentissage emboîtés que tu décrivais comme des strates d'évolution, chacun préparant le suivant. Cela m'aide à saisir la structure du Temps dans ton modèle, avec ses niveaux imbriqués et ses modulations. Sur le plan scientifique, existe-t-il déjà des théories ou des pistes de recherche qui s'approchent d'une telle conception du Temps ?

Thierry
Bonne question.

Oui — certaines théories scientifiques s'en approchent, mais aucune ne donne au Temps un rôle aussi central et structurant que celui que je propose.

Je peux te résumer quatre propriétés essentielles du Temps dans ma vision, et te montrer leurs échos dans la recherche actuelle :

- La première, c'est le Temps fractal.

Sylvana
Quand tu dis « fractal », tu veux dire que le Temps présente des structures récurrentes — comme des schémas qui se répètent à différentes échelles, du microscopique au cosmique comme tu me l'avais expliqué ?

Thierry
Oui. Exactement.

On en trouve des échos chez :

- Laurent Nottale (relativité d'échelle) : les lois changent selon l'échelle d'observation ;

- Physique des systèmes complexes : le Temps peut émerger comme paramètre d'organisation ;
- Gravité quantique (Loop Quantum Gravity, causal sets) : le Temps est discret, granulaire, porteur d'information.

Mais ma vision s'en distingue : je ne me limite pas à considérer que le Temps se comporte différemment selon l'échelle ou qu'il soit discret. Je le définis comme un champ scalaire fondamental, préexistant à l'espace-temps, qui module l'ensemble du réel. Ses fractalités et ses chronons n'y sont pas des phénomènes dérivés, mais les propriétés intrinsèques de ce champ primordial.

- La deuxième propriété, c'est le Temps biface : passé / futur, que l'on abordera plus en détail plus tard.

Dans ma vision, le Temps possède deux faces complémentaires.

- Le passé fonctionne comme une mémoire : il enregistre et stabilise les événements.
- Le futur agit comme un attracteur : il porte les possibles et oriente les dynamiques vers certaines configurations.
- Et le présent devient alors un point d'interférence et d'actualisation, où mémoire et potentiel se rencontrent pour faire advenir le réel.

Cette conception se distingue de la flèche du temps classique, qui ne voit qu'un flux unique allant du passé vers l'avenir : dans mon modèle, le futur peut influencer le passé à l'échelle quantique, et le présent est un lieu actif où s'organise l'information.

On retrouve cette idée dans :

- La mécanique quantique (équation de Schrödinger) : réversibilité temporelle ;
- Les cosmologies bimétriques ou CPT-symétriques : deux métriques temporelles inverses ;
- La thermodynamique : notion d'une flèche du temps émergente, liée à l'entropie.

Mais ma vision va plus loin : je ne me limite pas à la réversibilité ni à la symétrie des équations. Je propose que le Temps possède réellement deux composantes actives, mémoire et attracteur, et que le présent est un lieu d'actualisation où ces deux flux interagissent. Cette bifacialité n'est donc pas seulement un effet mathématique ou statistique, mais une propriété fondamentale du champ temporel lui-même.

- La troisième propriété, c'est le Temps multidimensionnel, que l'on développera aussi en détail plus tard.

Dans mon modèle, une seule dimension temporelle ne suffit pas à expliquer la complexité du réel. J'intègre donc un Temps multidimensionnel, dont les flux diffèrent selon :

- Les niveaux d'organisation (biologique, quantique, cosmique),
- Les régimes physiques (temps propre / temps global),
- Les états de conscience (subjectif / objectif).

Des modèles théoriques convergent :

- La supersymétrie 2T, qui envisage plusieurs dimensions temporelles,
- La coexistence du temps thermodynamique et du temps quantique, deux régimes indépendants.

Mais ma vision est intégrative : je ne postule pas plusieurs axes de temps juxtaposés, mais un champ temporel unique, intrinsèquement multidimensionnel. Ses différentes dimensions sont des modalités internes reliées entre elles, formant une méta-dynamique vivante qui module simultanément espace, matière et conscience.

- Et enfin, la quatrième propriété, c'est le Temps comme origine de l'information.

Je renverse la perspective classique : ce n'est pas le changement qui produit le Temps, mais le Temps qui génère le changement et l'information.

Autrement dit :

- Le Temps ne se contente pas de mesurer le changement, il le crée activement.
- Chaque chronon, chaque cycle fractal, actualise un quantum d'information.

On retrouve des échos de cette idée dans :

- La physique de l'information (l'entropie comme reflet du flux temporel),
- Seth Lloyd (le temps cosmique comme comptage des opérations logiques de l'Univers),
- Carlo Rovelli (en gravité quantique, le temps émerge du changement).

Mais ma proposition va plus loin : le Temps est une entité autonome, polymorphe et organisatrice, à l'origine de l'émergence cosmique. Il est la matrice universelle qui relie matière, énergie, espace et conscience dans une même dynamique d'organisation.

Sylvana
Tu viens de dresser une architecture où le Temps apparaît comme un champ vivant, structurant, comme la trame invisible qui orchestre tout. Mais en fait, tout ce que tu viens de dire — cette fractalité, cette bifacialité, cette multidimensionnalité et même l'origine de l'information — remonte en réalité à sa source dans le chronon : l'unité élémentaire du Temps, qui est à la base de tout… c'est bien ça ?

Thierry
Oui, tu as parfaitement résumé. Tout ce que je viens d'exposer sur la fractalité, la bifacialité, la multidimensionnalité et l'origine de l'information converge en effet vers le chronon. C'est l'unité élémentaire du Temps, le battement fondamental qui donne au champ temporel sa texture et son rythme. Et c'est justement ce que nous allons explorer dans le pilier suivant : le chronon, le cœur discret du Temps.

Chapitre 11

Pilier 2 - Le Chronon

~

Unité Fondamentale du Temps

1. Le Chronon — La Sphère de Pouvoir du Champ Temporel

Sylvana
Tu viens de poser les bases avec le champ temporel. Voici le deuxième pilier : le chronon — le pas suivant.

Nous avons déjà évoqué ce terme, mais j'aimerais repartir sur des bases claires : peux-tu me redonner ta définition des chronons, pour que j'en aie un aperçu avant qu'on entre dans les détails ?

Thierry
Oui, repartons de la base.

Dans mon modèle, les chronons sont les quanta élémentaires du Temps : leur essence première est temporelle, mais ils peuvent également être envisagés comme porteurs d'énergie ou associés à des volumes discrets de l'espace. Ils constituent l'unité scalaire minimale à partir de laquelle se déploie la dynamique fractale et informationnelle du champ temporel, formant ainsi l'architecture fondamentale de l'émergence du réel.

Le chronon apparaît dès lors comme la forme première de la plasticité cosmique

: l'élément à partir duquel l'espace, l'énergie, la matière et même la conscience peuvent émerger, se structurer et interagir au sein des multiples fractales de l'Univers — un multivers intrinsèque, conçu comme une superposition de couches fractales issues d'un même champ temporel.

Autrement dit, le Temps, dans mon modèle, n'est pas une entité continue, mais une réalité discrète et quantifiée, constituée d'unités fondamentales : les chronons.

Sylvana
Dans la science actuelle, on parle de particules élémentaires, d'unités de base… y a-t-il quelque chose qui ressemble au chronon ?

Thierry
Non, il n'existe rien d'équivalent aujourd'hui. Les chronons se distinguent fondamentalement des quanta d'énergie définis en physique : ils ne sont pas de simples « paquets » d'énergie-temps, mais une base élémentaire, antérieure même à l'échelle de Planck.

Là où la physique considère les unités de Planck comme la limite ultime du mesurable, j'avance qu'il existe quelque chose de plus fondamental encore : le chronon.

Dans cette perspective, les unités de Planck ne constituent pas des réalités premières, mais des expressions dérivées du chronon — des formes spécifiques qu'il adopte selon le contexte de la manifestation. Selon les exigences du réel, le chronon peut se moduler en temps, en énergie, en longueur, en masse, en température ou encore en charge de Planck.

Sylvana
C'est exactement ce que tu m'avais expliqué avec le champ temporel scalaire fondamental : lui aussi se situe en amont des forces fondamentales et du champ de Higgs. Ici, on retrouve la même logique, mais appliquée au chronon qui, dans ton modèle, place en amont même de ce que la physique actuelle considère comme la plus petite échelle — l'échelle de Planck. Autrement dit, là où la science croit toucher le fondamental, toi tu suggères encore une strate plus profonde.

Thierry
Oui, et cela entraîne un renversement encore plus profond dans notre compréhension du Temps. C'est précisément ici que l'on s'éloigne de la vision admise : contrairement à la conception classique d'un temps continu et relatif (selon la relativité d'Einstein), le chronon introduit l'idée d'un Temps discret, absolu et quantifié. Il devient la base dynamique à partir de laquelle se déploie

l'architecture du réel et se dessine le multivers fractal et multidimensionnel.

Pour en préciser la nature, il faut comprendre qu'un chronon ne se comporte pas comme une particule ordinaire. Dans mon modèle, le chronon est conçu comme une entité scalaire, ondulatoire et polymorphe, qui ne se déplace pas dans l'espace au sens usuel. Il ne « voyage » pas, mais change d'état, apparaissant de manière non locale à d'autres positions dans l'espace-temps, sans suivre de trajectoire classique.

2. Le Spin Temporel — Quand La Torsion Crée Forces et Rythmes

Sylvana
Est-ce que ce serait alors un peu comme un écran LED : un pixel, en lui-même, ne bouge pas, mais quand plusieurs s'allument et s'éteignent en séquence, on a l'impression qu'un point traverse l'écran. En réalité, rien ne voyage vraiment : c'est juste une ligne de points qui se relaient, et notre regard y voit un mouvement.

Thierry
C'est une bonne analogie, mais je la préciserais. Dans l'image de l'écran LED, le mouvement n'est qu'une illusion : une surface plane où des pixels s'allument et s'éteignent séquentiellement.

Dans mon modèle, le chronon peut plutôt être comparé à un voxel, un « pixel tridimensionnel ». Il ne se contente pas d'illuminer une surface : il constitue un point de volume inscrit dans la trame même de l'espace-temps. Contrairement au pixel, limité et plat, le voxel-chronon est une cellule dynamique de réalité. Il ne se déplace pas dans l'espace : il change d'état, échange de l'information, résonne avec ses voisins et participe directement à la texture universelle.

De cette logique découle mon hypothèse : l'Univers entier serait constitué exclusivement de chronons. Ces unités élémentaires ne transportent pas des particules ou des objets qui « voyagent », mais actualisent en permanence des états d'information et d'énergie. Le mouvement, dès lors, n'est plus un flux continu, mais une suite d'actualisations, analogue à une animation dont chaque « frame » serait générée par le champ temporel lui-même.

On peut se le représenter comme un volume empli de points, chacun étant un chronon. Par la nature scalaire du champ temporel, ces points existent simultanément et sont en résonance. Ils peuvent communiquer instantanément car ils partagent une même essence informationnelle : ils sont intriqués par définition. De cette dynamique émergent les formes, les structures et les configurations du réel.

Ainsi, le chronon serait l'entité fondamentale capable d'assurer une communication universelle instantanée. Il ne fonde pas une mécanique de transport spatial, mais une logique d'états synchronisés. C'est cette propriété qui ouvre, selon moi, la possibilité d'un véritable voyage temporel : non pas en se déplaçant dans le temps, mais en se syntonisant par résonance d'état avec une autre configuration du champ temporel.

En somme, si le pixel d'un écran LED ne produit qu'une illusion de mouvement par allumage séquentiel, le chronon, lui, ne simule rien : il révèle la mécanique profonde de la réalité — une symphonie de points informationnels qui s'allument, s'éteignent et se réorganisent dans le tissu du Temps, donnant naissance à l'expérience que nous appelons espace, matière, énergie et conscience.

Autrement dit : là où nous croyons encore que toute transmission doit voyager dans l'espace, je propose qu'elle puisse s'opérer instantanément, par circulation de l'information au sein des chronons eux-mêmes.

Sylvana
C'est très intéressant… Donc, dans ton modèle, les chronons permettent de transmettre instantanément l'information et constituent la texture dynamique de la réalité, comme des voxels qui actualisent sans cesse l'espace et le temps. Et c'est ce processus qui rend possible un voyage temporel : non pas en se déplaçant physiquement, mais en changeant d'état de résonance pour se syntoniser avec une autre configuration du champ temporel ?

Thierry
Oui, c'est exactement cela : dans ma vision, le voyage ne s'effectue pas par déplacement, mais par résonance d'état. C'est le chronon lui-même qui rend possible cette bascule instantanée.

Et c'est là que réside sa singularité : chaque chronon posséderait une énergie propre minimale, enracinée dans le fond du vide quantique temporel — un niveau encore plus fondamental que le vide quantique standard.

Cette énergie, bien qu'infinitésimale à l'échelle individuelle, acquiert une puissance structurelle par effet collectif : un véritable effet troupeau, où l'ensemble des chronons compose une trame temporelle vibratoire saturant l'ensemble du Cosmos.

De cette trame, selon son degré de ralentissement ou de « condensation », émergent les entités phénoménales :

- À la vitesse de la lumière, le chronon se manifeste sous la forme du photon, messager de l'électromagnétisme ;
- À des fréquences plus lentes, il devient électron, porteur de charge et de masse légère ;
- En se stabilisant sous forme d'ondes stationnaires, il engendre les quarks confinés, constituants des protons et des neutrons.

J'ai émis l'hypothèse que le chronon possède une torsion intrinsèque, une rotation interne — un spin temporel — générant un champ de torsion.

Ainsi, ce ne serait pas simplement le ralentissement ou la condensation de la trame temporelle qui ferait apparaître les particules : ces phénomènes n'en seraient que la manifestation visible. À un niveau plus intime, c'est la torsion interne du chronon — son spin temporel — qui constitue le véritable moteur du processus. Elle imprime à l'onde chronale une rotation et une cohérence suffisantes pour qu'elle se referme sur elle-même et se stabilise.

Autrement dit, la matérialisation ne résulte pas d'un simple changement de vitesse ou de densité, mais d'une dynamique de torsion qui structure et cristallise l'énergie chronale en particules stables. Lorsque l'onde chronale se stabilise par cette torsion, elle se condense en particule.

Dans cette optique, le champ de torsion serait à l'origine :

- Du spin quantique, interprété comme la signature microscopique de cette torsion ;
- De la gravitation, comprise comme manifestation dérivée du champ temporel global ;
- De l'électromagnétisme, résultant d'une modulation émergente de la gravitation elle-même.

Ainsi, dans cette vision unifiée, toutes les forces fondamentales — de la gravitation à l'électromagnétisme — apparaissent comme des expressions différenciées d'un unique champ temporel originel, structuré par le chronon, voxel dynamique du devenir cosmique.

Cette dynamique précise prolonge ce que j'ai déjà avancé : la gravité comme torsion globale de la trame chronale, et l'électromagnétisme comme modulation de cette géométrie. Ici, j'ajoute que ces effets macroscopiques trouvent leur origine microscopique dans la rotation interne du chronon lui-même.

Sylvana

Donc, si je te suis bien, ce que nous appelons gravité ou électromagnétisme serait, dans ton modèle, la face visible d'une dynamique beaucoup plus intime — celle de la rotation interne du chronon. Mais tout cela vient quand même de ce champ du Temps dont tu m'avais parlé, n'est-ce pas ?

Thierry

Dans ma théorie, oui : le champ temporel scalaire fondamental est la matrice dont émergent les autres champs connus de la physique (gravitation, électromagnétisme, interactions faibles et fortes). Je vais t'exposer cela en trois étapes : le mécanisme général, puis les déclinaisons pour chaque champ, et enfin une vision unificatrice.

Le champ temporel est un substrat scalaire, discret à la base (chronons) mais cohérent globalement (structure fractale).

Il agit comme une trame d'organisation :

- Il définit la cadence des phénomènes (rythmes, cycles, résonances),
- Il module la densité de présence de l'être en chaque point,
- Il encode l'information qui actualise la matière et l'énergie.

Autrement dit, ce champ est une métadynamique : il ne transporte pas une « force » en plus, il organise la possibilité même de toute interaction. Les autres champs sont donc ses expressions différenciées, issues de déformations, torsions ou résonances de la trame temporelle.

C'est dans ce cadre que, dans mon modèle, tous les champs fondamentaux apparaissent comme des émergences du champ temporel.

- La gravitation :

Dans mon modèle, la gravitation n'est pas une « force », mais une torsion de la trame temporelle.

Là où la densité temporelle est plus élevée (forte concentration de chronons), l'espace se contracte : c'est perçu comme un puits gravitationnel.

En d'autres termes, la gravitation est la géométrie induite par les inhomogénéités du champ temporel.

Elle traduit la manière dont le Temps se condense localement.

- L'électromagnétisme :

L'électromagnétisme serait une modulation résonante du champ temporel, se propageant sous forme d'ondes dans la trame des chronons.

Les oscillations temporelles locales donnent naissance aux charges et aux polarités.

L'alternance mémoire/attracteur (biface du Temps) structure les champs électriques (polarité statique) et magnétiques (polarité dynamique).

L'électromagnétisme est donc une harmonique temporelle, issue de cycles de chronons.

- L'interaction faible :

Elle correspondrait à des sauts de résonance temporelle : des micro-déphasages dans la cohérence des chronons.

Ces déphasages autorisent des transitions entre états quantiques (ex. désintégration bêta).

En somme, l'interaction faible reflète la capacité du champ temporel à autoriser des réarrangements informationnels.

Elle traduit le rôle du Temps comme agent de transformation.

- L'interaction forte :

L'interaction forte serait liée à la cohésion fractale du champ temporel : les chronons forment des réseaux de résonance extrêmement stables, qui se traduisent dans la matière par la cohésion des quarks dans les hadrons.

Ce n'est pas une « colle », mais une synchronisation temporelle ultra-dense, empêchant la séparation des quarks.

L'interaction forte est donc la face compacte du champ temporel fractal.

- Une vision unificatrice :

Dans mon modèle :

Tous les champs physiques dérivent d'un champ unique, le champ temporel scalaire fondamental.

Chacun correspond à une modalité d'expression particulière :

- Gravitation = torsion,
- Électromagnétisme = modulation,
- Faible = déphasage,
- Forte = cohésion fractale.

Ainsi, ce que la physique actuelle appelle « interactions fondamentales » ne sont pas des forces premières, mais des phénomènes émergents d'une même matrice temporelle.

Le Temps n'est pas un paramètre neutre : il est l'architecte invisible qui crée la réalité phénoménale en modulant la densité, la cohérence et l'information.

Et je vais plus loin encore : dans mon modèle, je t'ai déjà montré que les forces fondamentales peuvent être interprétées comme des modulations du Temps. Mais ici, j'introduis une idée nouvelle : l'existence d'un champ de torsion propre au chronon lui-même.

Pour éclairer ce « spin » interne, je vais repartir d'un repère connu.

En physique relativiste, Élie Cartan avait introduit dès le début du XXe siècle la notion de torsion de l'espace-temps, en lien avec le spin des particules. Chez lui, la torsion correspondait à un « vrillage » local de la géométrie, induit par le moment cinétique interne des particules.

Dans ma vision, ce concept est radicalement élargi : la torsion n'est plus simplement un attribut dérivé de l'espace-temps, mais une propriété intrinsèque du Temps lui-même, inscrite dans chaque chronon. Autrement dit, le spin temporel devient une caractéristique fondamentale, antérieure à la géométrie de l'espace-temps, et qui structure cette dernière.

Sylvana

Ah, je comprends mieux… On peut imaginer que chaque chronon tourne sur lui-même : il n'est pas seulement un point figé, mais un minuscule centre de vibration dont la dynamique propre contribue à animer toute la trame temporelle. Alors que, dans la vision de Cartan, c'est l'espace-temps lui-même qui se «vrille» sous l'effet du spin des particules, toi tu places cette rotation à l'intérieur même du Temps, portée par chaque chronon.

Thierry

C'est exactement cela. Les propriétés essentielles de ce champ de torsion peuvent se résumer ainsi :

- Chaque chronon possède une rotation interne — un spin temporel inscrit dans une métrique élargie à 9 dimensions (3 pour l'espace et 6 pour le Temps). Nous approfondirons cette question des dimensions temporelles dans le pilier suivant.
- Cette rotation engendre un champ de torsion, qui n'est pas un effet dérivé mais une propriété fondamentale du champ temporel.
- C'est par cette torsion que l'onde chronale se referme et se condense en particule stable, et que les forces fondamentales se différencient comme des modulations spécifiques de la trame temporelle.

Ainsi, le chronon apparaît comme l'architecte des cycles temporels, inscrivant à chaque entité sa propre durée au sein de la trame vibrante de la temporalité universelle.

3. Signature Vibratoire — L'Émergence de la Masse et de l'Identité

Sylvana
D'accord... donc, si je te suis bien, les particules et même les forces fondamentales émergeraient de la dynamique du spin des chronons. Mais alors, une question me vient : si, dans ton modèle, tout — particules, forces, étoiles, êtres vivants — est composé des mêmes chronons, comment se fait-il qu'ils ne soient pas tous identiques ? Qu'est-ce qui différencie une chose d'une autre ?

Thierry
Oui, tu touches à un point crucial : c'est précisément là que mon modèle introduit la notion d'Intelligence omnisciente et d'Ordonnateur universel. L'Univers ne se réduit pas à une accumulation de briques indifférenciées ; il manifeste au contraire des structures dotées de fonctions précises, comme si chaque élément avait été pensé pour jouer un rôle particulier dans la grande symphonie cosmique.

En posant que toute la manifestation — dense comme subtile — est constituée de chronons, j'en suis venu à formuler l'hypothèse suivante : chaque entité de l'Univers possède une signature vibratoire unique. On peut la concevoir comme un code-source fréquentiel, une identité inscrite dans la trame du champ temporel lui-même. C'est cette signature qui distingue un électron d'un proton, une molécule d'une étoile, ou un être vivant d'un autre.

Autrement dit, ce n'est pas seulement la forme observable qui différencie les entités, mais leur mode singulier de résonance avec le champ temporel. Ce mode agit comme une véritable carte d'identité énergétique et fonctionnelle, garantissant à chaque être sa place et son rôle dans l'ordre universel.

C'est bien ÆKO qui assure que chaque signature vibratoire puisse se relier au Présent omniscient et trouver sa juste place dans l'harmonie globale. Et ce sont les chronons qui donnent à chaque élément non seulement sa fréquence vibratoire propre, mais aussi la dynamique d'interaction qui en modèle les propriétés physiques et temporelles.

Concrètement, les interactions entre chronons engendrent localement des champs de torsion chronaux — que j'appelle champs chronaux — qui agissent alors comme de véritables architectes invisibles du réel. Ces champs déterminent simultanément plusieurs propriétés fondamentales :

- La masse effective des particules : plus la densité d'interaction chronale est forte, plus la particule acquiert de masse.
- La stabilité de la matière : elle résulte de l'équilibre interne des ondes chronales, à l'image de la tension juste d'une corde de violon qui maintient la note.
- Le rythme local de l'écoulement du temps : chaque configuration vibratoire influe sur la vitesse à laquelle le temps se déploie dans un système donné.
- La signature vibratoire unique : comme évoqué plus haut, chaque entité porte un code fréquentiel singulier, une identité énergétique qui la distingue de toutes les autres.

De là découle une idée radicale : la vitesse à laquelle le temps s'écoule n'est pas une conséquence des phénomènes physiques, mais une loi fondamentale en elle-même. Autrement dit, ce ne sont pas la matière, l'énergie ou le mouvement qui produisent le temps ; c'est le champ temporel qui fixe leur rythme d'évolution. Le temps n'est donc pas un simple décor, ni un sous-produit de la physique, mais la matrice première à partir de laquelle tous les phénomènes prennent forme.

Ainsi, sans champ temporel, il n'y aurait ni masse, ni cohésion, ni structuration du réel. Le champ temporel devient la grande matrice organisatrice de l'Univers, où temps, matière, forme et information ne sont que des expressions différenciées d'un même substrat dynamique.

En somme, les chronons ne sont pas de simples grains anonymes : ils sont les lettres d'un alphabet cosmique. Et c'est l'Intelligence universelle qui, en agençant ces lettres, compose une infinité de mots, de phrases et de récits vibratoires — donnant naissance à la multiplicité des formes sur la base d'une essence unique.

4. Conséquences Cosmiques — Le Champ Temporel et l'Univers

Sylvana

En fait, dans ton modèle, chaque élément de l'Univers possède une fréquence propre, reliée à ÆKO, et c'est selon sa résonance avec le champ temporel — résonance façonnée par les chronons et leurs champs de torsion chronaux — qu'il trouve sa «place» dans l'harmonie globale du Cosmos.

Mais ce champ de torsion ne se contente pas de déterminer les fréquences : il définit aussi la masse, la stabilité et même le rythme local de l'écoulement du temps. Finalement, le champ temporel organise tout, du plus petit au plus grand… Cela doit donc avoir des implications à tous les niveaux ?

Thierry

Oui. En poursuivant l'élaboration de mon modèle, j'ai étudié ses implications à l'échelle cosmologique. J'en suis arrivé à une conclusion centrale : les variations locales ou globales du champ temporel pourraient éclairer plusieurs phénomènes encore mystérieux dans les théories actuelles.

- Les dilatations temporelles

Qu'elles soient attribuées à la gravité (proximité des corps massifs) ou à l'accélération (relativité restreinte), elles trouvent ici une origine commune : la dynamique même du champ temporel.

Dans mon modèle, le champ temporel varie localement. Sa fréquence ou son « battement » ralentit lorsque les interactions entre chronons engendrent des champs de torsion chronaux qui densifient la trame temporelle. Tous les processus physiques de cette région — y compris les horloges — se calent alors sur ce battement plus lent. Pour un observateur extérieur, tout semble ralenti : c'est cela que nous appelons dilatation du temps. Autrement dit, le gradient de fréquence du champ temporel se manifeste pour nous sous la forme de la gravité ou de l'accélération : les deux sont les résultats directs d'une même dynamique profonde.

- Les transitions extrêmes de l'Univers

Des événements comme l'inflation primordiale, le réchauffement de l'Univers jeune ou encore les singularités (Big Bang, trous noirs) peuvent être compris comme des ruptures ou des gradients dans la structure du champ temporel.

Celui-ci peut changer d'état, à la manière d'un milieu traversant une transition de phase. Une variation brutale de sa densité ou de son rythme engendre alors des régimes extrêmes : expansion fulgurante, réchauffement, effondrement. Ce que nous appelons « singularités » ou « infinis » ne sont plus des énigmes insolubles, mais les signes d'un basculement d'état du champ temporel.

- Les limites de la mécanique quantique

Les paradoxes rencontrés dans des régimes extrêmes (intérieur des trous noirs, échelles sub-Planckiennes) peuvent également être relus dans ce cadre. À ces échelles, le Temps ne se présente plus comme un flux continu mais révèle sa texture élémentaire : un maillage de voxels temporels — les chronons.

À grande échelle, ce réseau existe déjà, mais se fond dans un continuum lisse. À l'échelle du chronon, sa granularité devient dominante, modifiant radicalement la dynamique du champ temporel. Comme un tissu qui paraît homogène de loin mais dont on distingue les fils en s'approchant, la continuité apparente du temps cède la place à sa structure discrète. Ainsi, les paradoxes de la gravité quantique ou les singularités traduisent en réalité le contact avec une couche plus fondamentale du Temps, et non une anomalie incompréhensible.

- Vers une cosmologie unifiée

En somme, des phénomènes aussi divers que l'expansion cosmique, la gravité extrême et les dynamiques quantiques se rejoignent dans ce cadre : ils apparaissent comme des manifestations différenciées d'un même substrat, le champ temporel.

Ce champ structuré — que la physique actuelle assimile en partie au « vide quantique » — fixe ses propriétés à une valeur non nulle mais extrêmement précise, déterminant ainsi les constantes fondamentales et les lois physiques. Cette stabilité, cependant, n'est pas absolue : elle est métastable. Elle nous apparaît stable à notre échelle, mais en théorie, elle pourrait basculer vers un autre état du vide, ouvrant la possibilité d'autres univers, d'autres lois physiques et d'autres configurations de réalité.

Sylvana
Donc, ce que tu décris, c'est qu'un seul et même champ — le champ temporel — tient tous ensemble.

Quand on parle des dilatations temporelles, en fait ce n'est pas la gravité qui ralentit le temps, c'est le champ qui devient plus dense et qui bat plus lentement ; et nous, on le vit comme un temps qui s'étire, comme de la gravité ou de l'accélération.

Pour les grandes transitions de l'Univers, comme l'inflation ou les singularités, c'est encore lui : il change d'état d'un coup, et nous on n'en voit que l'événement soudain.

Et dans l'infiniment petit, là où nos équations classiques ne marchent plus, ce champ dévoile sa texture intime, ses petits voxels de temps — les chronons — et c'est ça qu'on perçoit comme des paradoxes quantiques, simplement parce qu'on n'a pas encore les outils pour en comprendre la logique.

Au fond, tout ce qui semblait dispersé ou mystérieux est relié par ce même champ. Et tu dis aussi que puisque c'est lui qui règle avec une précision extrême les constantes et les lois de l'Univers, on peut se dire que, s'il changeait d'état, ce même champ pourrait faire basculer d'un seul coup tout l'édifice des lois physiques — transformant notre Univers actuel en une tout autre configuration, avec d'autres constantes, d'autres règles et peut-être même d'autres formes de réalité.

Thierry
Oui, exactement.

Un changement de cette structure temporelle — vers ce que certains appellent un « vrai vide » — entraînerait une réécriture instantanée des lois de la physique, rendant l'Univers, tel que nous le connaissons, incompatible avec la vie.

Sylvana
Autrement dit, selon ton hypothèse, ce qui paraît être le socle le plus sûr — le vide lui-même — pourrait se révéler fragile.

Mais alors, pourquoi l'Univers semble-t-il si parfaitement stable depuis des milliards d'années ?

Thierry
Bien qu'elle puisse sembler paradoxale, cette conclusion confirme une intuition fondamentale : l'Univers ne se réduit pas à un mécanisme aveugle gouverné uniquement par le hasard et l'entropie. Plutôt, il se présente comme une structure systémique et orientée, finement régulée — qu'on interprète ici comme une organisation potentiellement auto-adaptative — dont les propriétés favorisent l'émergence de la vie et de la conscience, et qui rend possible l'expérience du vivant sur des échelles multiples.

Sylvana

Donc, si je comprends bien, on revient à ce que tu appelais le principe anthropique…

Thierry

Tu fais bien de le rappeler.

Le principe anthropique faible affirme simplement : « nous sommes là, donc forcément l'Univers est compatible avec la vie ». C'est vrai… mais il ne s'agit que d'une tautologie, une évidence descriptive qui n'explique rien.

Ce que je défends, c'est le principe anthropique fort : l'idée que l'Univers est réglé dès l'origine pour permettre l'émergence de la vie consciente. Il ne s'agit pas d'un hasard favorable, mais d'une orientation structurelle inscrite dans le tissu même du réel.

C'est pour cette raison que j'ai introduit dans ma théorie la notion d'un Ordonnateur et d'une Intelligence omnisciente inhérente à l'Univers. Lorsqu'on observe les constantes physiques, les lois fondamentales, les rapports mathématiques qui régissent le Cosmos, on constate un réglage d'une précision stupéfiante. Ce réglage rend possible non seulement la stabilité de la matière, mais aussi — sur le long terme — l'émergence d'êtres vivants capables de conscience, de connaissance, d'émerveillement… et même de transformation intérieure.

Il m'a toujours semblé intellectuellement insoutenable de réduire un tel ordre à un pur accident. Le hasard, livré à lui-même, ne suffit pas à expliquer cette cohérence. Il est plus logique de postuler l'existence d'un principe organisateur, d'une Intelligence omnisciente à l'œuvre — même si la science actuelle n'a pas encore les moyens de la démontrer ni de la réfuter. Mon hypothèse reste donc ouverte, mais elle me paraît plus cohérente.

Ainsi, ce principe anthropique fort ne doit pas être considéré comme une croyance naïve. Il s'appuie sur trois piliers bien réels :

- Le réglage fin de l'Univers,
- La progression constante vers plus de complexité et d'organisation,
- L'intuition que la vie est une conséquence naturelle de cette dynamique, et non une anomalie.

Mon hypothèse d'une Intelligence omnisciente agit donc comme un principe structurant : une clé qui éclaire pourquoi l'Univers ne se contente pas d'exister, mais semble orienté vers la conscience.

5. Principe de Parcimonie — Pourquoi un Seul Élément Suffit

Sylvana
Effectivement, en suivant ta logique, ça donne à réfléchir.

Et tout cela, dans ton modèle, reposerait sur une seule entité de base : le chronon.

Mais… Comment en es-tu venu à postuler qu'un seul élément pouvait suffire à porter toute la dynamique de l'Univers ?

Thierry
Oui, c'est une question décisive.

Dans cet exercice de pensée, j'ai choisi de m'appuyer sur trois principes épistémologiquement solides, car le concept de chronon soulève plusieurs enjeux majeurs pour toute tentative de théorie unifiée.

- La simplicité

C'est ce qu'on appelle le principe de parcimonie (ou rasoir d'Occam). L'Univers semble obéir à une logique d'économie : moins d'axiomes, plus de portée explicative. En d'autres termes, il s'agit de rendre compte d'un maximum de phénomènes avec un minimum d'hypothèses.

Postuler une seule entité fondamentale — le chronon — pour expliquer à la fois l'émergence du temps, de la matière, de l'énergie et des forces fondamentales, c'est maximiser la simplicité sans sacrifier la richesse du réel. Plutôt que de multiplier les causes, j'ai cherché le principe unique capable de tout porter.

Mais la simplicité, à elle seule, ne suffit pas : encore fallait-il que ce principe soit réellement fécond, capable de générer la diversité du monde.

- Le principe de générativité unifiée

Une bonne théorie physique n'explique pas seulement ce qui est observé : elle montre comment une diversité de phénomènes peut émerger d'un principe unique. Le chronon, en tant qu'unité élémentaire du champ temporel, possède cette puissance générative. Il permet de dériver :

- La gravitation, comme torsion de la trame chronale ;

- L'électromagnétisme, comme manifestation secondaire de cette dynamique ;
- La masse, comme ralentissement vibratoire ;
- Et même la conscience, comme interface d'intégration informationnelle.

Cette capacité à faire émerger une telle variété de phénomènes à partir d'un seul principe m'a convaincu qu'il pouvait être le candidat adéquat pour fonder une vision unifiée.

- La cohérence scientifique

Mon intention n'a jamais été d'élaborer une spéculation isolée, mais de confronter mes intuitions à ce que la science a déjà établi. C'est pourquoi j'ai respecté un principe de cohérence avec les cadres observationnels et théoriques existants.

Le chronon peut ainsi être vu comme une généralisation ou un prolongement de concepts déjà explorés :

- Il prolonge l'idée d'un quantum de temps suggéré en gravité quantique ;
- Il est compatible avec une vision discrète de l'espace-temps (boucles, réseaux de spin) ;
- Il relie dynamiquement temps, énergie et information, trois piliers reconnus mais souvent traités séparément.

En somme, je ne suis pas parti d'une spéculation gratuite : j'ai formulé mes propres hypothèses, puis je les ai confrontées aux acquis scientifiques. Cette démarche m'a permis de relier entre elles des intuitions déjà présentes dans la recherche, et de les pousser plus loin, dans une logique unifiée.

6. La Condition Simultanée — Une Physique de l'Intention

Sylvana
En somme, tu réduis tout à une seule brique — le chronon — mais tu veux montrer que cette simplicité a le pouvoir de générer toute la complexité du réel.

Thierry
Tu as bien saisi. Mais pour comprendre pleinement ce que porte le chronon, il faut aller plus loin que ses effets physiques ou cosmologiques.

Dans mon modèle, les chronons ne sont pas de simples quanta de temps, analogues aux quanta d'énergie de la physique conventionnelle. Ils doivent être compris comme des unités fondamentales d'ordre informationnel, porteuses simultanément :

- D'une fréquence, qui leur confère leur rythme propre,
- D'une direction, qui inscrit leur dynamique dans le flux,
- Et d'une intention structurante, enracinée dans l'Intelligence omnisciente qui sous-tend l'Univers.

Autrement dit, chaque chronon constitue une vibration élémentaire d'intention, une onde scalaire d'organisation projective, actualisée depuis une instance ordonnatrice. Il ne s'agit pas simplement d'un vecteur temporel neutre : le chronon agit comme un encodeur de structure, impliqué dans l'émergence du réel par un mécanisme de synchronisation informationnelle.

La spécificité radicale de cette onde est sa capacité d'instantanéité. Contrairement aux champs conventionnels qui se propagent à travers l'espace-temps, le chronon n'a pas besoin de « voyager ». Il opère directement dans un espace de résonance non local, accordant immédiatement deux points du réel entre eux, comme deux cordes vibrant à l'unisson sans qu'aucune onde ne doive parcourir la distance qui les sépare.

C'est précisément ce rôle d'encodeur qui prépare la notion suivante : celle de la Condition Simultanée (CS) et de la Mémoire Universelle.

La Condition Simultanée désigne un état de cohérence absolue du champ temporel fondamental, dans lequel tout point du Temps — passé, présent ou futur — peut être mis en relation directe avec un autre, sans recours à une métrique d'intervalle.

Elle constitue une présence temporelle transversale, un fondement ontologique du champ unifié où :

- L'information circule sans délai ni médiation spatiale ;
- Les événements coexistent dans une logique non séquentielle ;
- La mémoire, l'intuition, la précognition ou la rémanence apparaissent comme les effets naturels d'un substrat où le Temps se révèle intégralement simultané.

Ainsi, le Temps n'est plus découpé en passé, présent et futur : il se donne comme un horizon unique, contenant toutes les occurrences à la fois.

Sylvana

Selon ton modèle, l'Univers n'attend jamais : il se recrée et s'ajuste instantanément, partout à la fois.

Ce que j'entends par là, c'est que les événements n'ont plus besoin de suivre un ordre linéaire : ils coexistent, reliés en permanence par ce fond commun.

Et c'est bien pour cela que tu appelles ce concept la Condition Simultanée ?

Alors, ce qu'on appelle mémoire, intuition ou pressentiment ne serait pas marginal ou irrationnel : ce seraient les effets normaux d'un Temps qui relie tous les instants entre eux.

Thierry

Oui, c'est bien ça.

Dans cette perspective, la Mémoire Universelle — entendue comme registre actif des configurations passées, présentes et possibles du Cosmos — s'appuie structurellement sur la Condition Simultanée.

Elle ne doit pas être comprise comme une simple base de données statique, mais comme une interface vibratoire vivante, coextensive au champ temporel lui-même. Chaque chronon y participe, en enregistrant et en résonnant avec toutes les occurrences possibles de l'Univers.

C'est précisément cette architecture qui rend possibles :

- La résonance entre plans de réalité, en établissant des ponts directs entre couches fractales du multivers ;
- La transmission d'information sans support énergétique classique, par syntonisation instantanée des états chronaux ;
- L'existence de processus rétrocausaux, liés à la bifacialité du temps et à la possibilité qu'un futur potentiel informe le présent ;
- L'accès de la conscience à des états de perception trans-temporelle, tels que l'intuition, la précognition ou les expériences psy.

Autrement dit, la Mémoire Universelle est le tissu holographique où chaque événement — déjà advenu, en cours ou en devenir — reste inscrit et disponible. Elle est le registre vivant de la cohérence cosmique, garantissant que le flux du réel ne se disperse jamais dans le néant, mais demeure intégralement conservé dans le champ temporel.

7. Unification Vivante — Quand Complexité et Conscience ne Font qu'Un

Sylvana

Dis-moi si j'ai bien compris. Ce que tu appelles Mémoire Universelle n'est pas un simple «souvenir cosmique», mais un champ vivant, toujours actif.

Ce n'est pas une archive figée : c'est une résonance permanente, en lien avec toutes les configurations possibles.

Et au cœur de ce champ, la conscience peut entrer en résonance, capter, ajuster… Comme si l'Univers, à chaque instant, se souvenait de tout — et se projetait déjà vers ce qu'il pourrait devenir.

Thierry

C'est ça. Et c'est précisément cette vision d'une Mémoire Universelle active qui m'a conduit à franchir un pas supplémentaire.

À travers la dynamique du champ temporel — et l'unité élémentaire qu'est le chronon — j'ai tenté d'esquisser une voie d'unification radicalement nouvelle.

Cette approche me permet de proposer une passerelle conceptuelle reliant :

- L'éther quantique, conçu comme substrat invisible, structurant et porteur d'information ;
- La gravitation, interprétée comme effet secondaire de la torsion chronale ;
- L'électromagnétisme et l'inertie, envisagés comme manifestations de troisième ordre, dérivées de la gravitation elle-même par modulations supplémentaires de la trame temporelle ;
- La structure de l'espace-temps, qui n'apparaît plus comme donnée première, mais comme une géométrie émergente du champ temporel ;
- Et l'écoulement subjectif du temps, compris comme la manière dont la conscience s'accorde à cette trame universelle.

Ainsi, toute ma recherche s'enracine dans une vision fonctionnelle et vivante de la cosmologie : l'Univers ne se réduit pas à un objet physique statique, mais se révèle comme un processus évolutif, informé et auto-organisé, inscrit dans la trame même du Temps.

Autrement dit, ce que nous distinguons comme domaines indépendants — la physique, la géométrie, la dynamique énergétique ou encore l'expérience vécue — ne sont en réalité que des facettes multiples d'une seule et même trame sous-jacente.

C'est la dynamique vibratoire de ce champ qui fait émerger, par strates successives, la diversité des phénomènes et la complexité croissante de l'Univers.

Mais cette complexité n'est pas première : elle est apparente, produite par la limitation de notre perspective locale, nous qui sommes encapsulés dans une configuration particulière de réalité. Vue depuis l'ordre fondamental, il n'y a pas fragmentation, mais une seule continuité — le champ temporel — dont nous ne percevons que des projections partielles.

Sylvana
Tu veux dire que ce que nous appelons complexité ne viendrait pas d'un chaos sans ordre, mais de notre manière limitée de percevoir ?

Thierry
Oui, c'est exactement cela. Ce que nous appelons complexité n'est peut-être qu'un effet de regard, un voile issu de nos limites perceptives.

C'est pourquoi je n'ai pas cherché à me déplacer dans l'espace, mais à transcender le regard lui-même, à délocaliser la conscience pour atteindre un niveau d'intelligibilité plus fondamental.

Car en vérité, la complexité que nous percevons pourrait n'être que le voile ultime, la forme la plus raffinée de l'illusion, dissimulant une simplicité d'une élégance absolue.

Derrière ce voile, se révèle une logique sous-jacente, ordonnée et unifiée — une conscience cosmique omnisciente à l'œuvre, silencieuse, mais intimement active dans le tissu même de ce que nous appelons la réalité.

Sylvana
D'accord…

Derrière ce foisonnement, tu poses qu'il existe une trame simple et unifiée — le chronon, porteur à la fois de Temps et de conscience.

Dans ton hypothèse, tout est accordé, tout est relié… tout est Un, dans la simultanéité.

Mais alors… une question me trotte vraiment dans la tête : si tout repose sur cette même brique fondamentale… comment cette unité peut-elle donner naissance à une telle diversité de mondes et de formes dans un monde fractal ?

Thierry
Et c'est précisément cette interrogation qui m'a conduit au pilier suivant.

Car pour comprendre comment l'unité originelle se déploie en multiplicité apparente, il devient nécessaire d'introduire une notion clé : celle des dimensions temporelles.

Chapitre 12

Pilier 3 - La Relativité Absolue

~

Vers une Multidimensionnalité du Temps

Sylvana

Tu sais… ce matin, en me levant, je me suis regardée dans le miroir et je me suis dit :

Alors voilà, d'après le modèle de Thierry, me voici avec ma signature vibratoire unique dans cet Univers… En ce moment même, je voyage à travers tous ces mondes, et c'est ici, dans cette fractale précise, que j'ai pris forme.

Et là, en regardant autour de moi, je me suis sentie différente : plus seulement un individu, mais une vibration en résonance avec ce monde, mes amis, ma famille… comme une note inscrite dans la grande partition cosmique.

J'avoue que ça m'a fait sourire. Et en même temps, ça change complètement la façon dont on se regarde soi-même. Ça m'a même apaisée, d'y penser sous cet angle.

Thierry

Oui, c'est exactement ce que peut engendrer ce changement de regard : une paix intérieure, ce sourire subtil dont tu parles.

Car, dans mon modèle, il ne s'agit plus de se percevoir comme un individu isolé, fruit du hasard, mais comme une expression singulière d'une trame universelle.

Reconnaître cela, c'est comprendre que chaque être trouve naturellement sa place dans un ordre plus vaste et cohérent.

Et c'est précisément ce sentiment d'unité — cette intuition qu'un ordre caché soutient la diversité apparente — qui m'a conduit à poursuivre ma recherche : élucider comment l'Un se déploie en multiple, et comment chaque être s'inscrit intimement dans ce déploiement.

Sylvana
Alors tu m'emmènes où, dans ce voyage au sein du Cosmos ?

Thierry
Justement… tu parles de voyage : c'est là que la question des dimensions prend tout son sens.

Car pour que ce sentiment d'unité et de justesse puisse exister, il faut que le Temps ne soit pas réduit à une simple ligne, mais qu'il se déploie en plusieurs dimensions, capables d'accueillir cette diversité de résonances vibratoires et d'expériences.

Avant d'aller plus loin, je veux rappeler les principes déjà posés, afin de situer ce que je vais développer.

Comme nous l'avons vu dans les piliers précédents consacrés au champ temporel et au chronon, ma recherche en cosmologie fonctionnelle m'a conduit à repenser entièrement la nature du Temps : non plus comme une ligne continue et extérieure aux phénomènes, mais comme une structure dynamique, omniprésente et fondatrice.

Cela signifie que, bien que le Temps se manifeste de manière différente selon les échelles, les plans de réalité ou les observateurs, il procède d'un champ universel sous-jacent, stable et structurant : le champ temporel.

Dans mon modèle, ce champ n'est pas une abstraction mathématique, mais une trame réelle, constituée d'unités discrètes — les chronons — qui forment les véritables briques élémentaires du devenir cosmique.

Sylvana
Des briques du devenir… j'aime bien l'image. Comme si chaque instant était un petit bloc qui construit l'Univers.

Thierry
Oui, et c'est à ce stade de mes réflexions que j'ai introduit une idée audacieuse : celle d'une Relativité Absolue. Tu m'as déjà entendu l'évoquer, mais il est

temps maintenant d'en préciser la portée, car elle permet de comprendre pourquoi l'existence de dimensions temporelles multiples devient nécessaire.

Dans ce modèle, les lois de la relativité telles que nous les connaissons ne sont pas abolies, mais apparaissent comme des expressions locales d'une dynamique plus vaste : celle d'un Temps multidimensionnel, agissant à la fois comme substrat, moteur et organisateur de la réalité.

Autrement dit, chaque niveau de l'Univers — du quantique au cosmologique — possède son propre rythme temporel, enchâssé dans une architecture universelle plus profonde.

Cette structure est absolue dans son principe : elle constitue la trame fondatrice, stable et continue de tout ce qui existe. Mais elle est relative dans ses manifestations : chaque plan de réalité, chaque échelle, chaque observateur expérimente le Temps selon un battement particulier, produit par la modulation du champ temporel.

Ainsi, la Relativité Absolue réconcilie deux visions a priori contradictoires :

- D'un côté, un ordre universel stable, garant d'une cohérence fondamentale ;
- De l'autre, une pluralité de perceptions et de rythmes, qui fait émerger la diversité des expériences, des lois physiques et des formes d'existence.

1. Un Paradoxe Fécond — La Relativité Absolue

Sylvana

La Relativité Absolue… avoue que tu cherches exprès à me perdre avec des mots impossibles à marier. Relatif et absolu dans la même phrase ? Je commence à en saisir l'idée grâce à nos discussions, mais j'aimerais que tu m'expliques d'avantage.

Thierry

Oui, ta remarque est légitime, et c'est d'ailleurs la première question qui surgit naturellement à l'esprit. C'est précisément ce qui fait la force de ce concept : il paraît d'abord paradoxal, mais il devient parfaitement cohérent dans le cadre de mon modèle.

J'ai développé cette idée en m'appuyant sur deux piliers déjà établis :

- Le champ temporel fondamental,
- Et son unité élémentaire, le chronon, véritable quantum de Temps-espace.

C'est dans ce contexte que j'ai introduit le concept de Relativité Absolue. L'expression peut sembler contradictoire, mais elle s'avère rigoureusement cohérente dès lors qu'on la replace dans la dynamique du champ temporel.

Voici le postulat central qui en découle :

Toute entité — physique, énergétique ou informationnelle — évolue selon des lois relatives à son propre référentiel vibratoire et temporel. Mais ces lois, si diverses soient-elles, dérivent toutes d'un fondement invariant : le champ temporel scalaire universel, porteur de structure, d'ordre et de potentialité.

Ainsi, le principe de la Relativité Absolue peut se résumer simplement :

Il désigne une architecture dans laquelle tous les phénomènes sont localement relatifs (chaque système vit selon son rythme propre), mais globalement inscrits dans une métrique absolue, celle du champ temporel quantifié.

Sylvana
Donc, tout reste relatif localement… mais il existe cette trame absolue qui sert de socle…

Thierry
Tu as bien saisi. Et à partir de là, plusieurs conséquences scientifiques apparaissent naturellement.

La Relativité Absolue, telle que je l'ai formulée dans mon hypothèse originelle, implique une restructuration profonde des fondements physiques.

Comme nous en avons déjà discuté, elle repose sur l'idée que le champ temporel constitue un référentiel ontologique universel, discret et structurant, à partir duquel émergent toutes les lois, constantes et dynamiques connues.

Cela produit une série de conséquences significatives dans les domaines centraux de la physique, je te les résume ainsi :

- Sur la nature du Temps

Dans la relativité générale, le temps est conçu comme continu, homogène et malléable, influencé par la gravité ou la vitesse.

Dans mon hypothèse, ce modèle est remplacé par un Temps discret et quantifié, dont l'unité élémentaire est le chronon.

Chaque entité — particule, champ, être vivant — évolue selon un rythme propre, mais tous ces rythmes demeurent ancrés dans un champ temporel universel, porteur d'information et de structure.

- Sur les référentiels

Les référentiels sont les points de vue ou cadres de mesure à partir desquels on observe et décrit les phénomènes.

Dans la théorie d'Einstein, aucun référentiel inertiel n'est privilégié : tous sont équivalents.

À l'inverse, mon hypothèse introduit un référentiel ontologique absolu : celui du champ temporel fondamental.

Il ne s'agit pas d'un absolu rigide au sens newtonien, mais d'un absolu fonctionnel :

- Inobservable directement, car il se situe en deçà des phénomènes mesurables ;
- Invariant et discret, en tant que trame scalaire universelle ;
- Fondateur, car il rend possibles toutes les relativités locales.

Ainsi, le champ temporel ne contredit pas les observations relativistes, mais les encadre dans une couche plus fondamentale, pré-causale, à partir de laquelle émergent les référentiels locaux — ces cadres d'observation et de mesure qui structurent notre description du réel.

- La gravité

Dans la relativité générale, la gravité est décrite comme une courbure de l'espace-temps induite par la masse-énergie.

Dans mon modèle, elle est au contraire une émergence secondaire, issue d'un champ de torsion généré par la dynamique interne du chronon. Autrement dit, la gravité ne courbe pas l'espace-temps en tant que tel, mais c'est le champ de torsion qui modifie localement la structure du champ temporel, ce qui produit les effets gravitationnels que nous observons.

- Le problème de l'unification

La physique actuelle distingue quatre forces fondamentales :

- La gravité, décrite par la relativité générale, valable aux grandes échelles cosmiques ;
- L'électromagnétisme, l'interaction faible et l'interaction forte, décrites par la mécanique quantique sous forme de champs discrets et de quanta, mais sans gravité.

Or, cette séparation est problématique. Dans les conditions extrêmes — au début de l'Univers, dans l'intérieur des trous noirs, ou aux échelles proches de la longueur de Planck — ces forces doivent agir ensemble. Mais nos deux cadres théoriques produisent alors des prédictions incompatibles. Nous disposons donc de deux images partielles de la réalité : l'une pour l'infiniment grand, l'autre pour l'infiniment petit, sans cadre unique pour les relier. C'est cette contradiction qui a ouvert la quête d'une théorie unifiée.

- L'Unification était présente à T0

J'ai fait l'hypothèse que l'unification était présente dès T0, juste avant ce que nous appelons le Big Bang.

J'ai imaginé l'Univers initial comme une matrice d'auto-expansion, un champ originel qui s'est enfanté lui-même.

Ce processus d'auto-enfantement a immédiatement créé une dualité logique :

- D'un côté, l'émergence de l'Univers en tant que monde phénoménal manifesté, fait de particules, de forces et de structures observables ;
- De l'autre, sa matrice originelle — le vide quantique, substrat invisible mais actif, qui l'a engendré et qui continue de l'entretenir tout au long de son devenir, jusqu'à son terme.

Autrement dit, l'Univers observable n'est pas une totalité close : il demeure adossé en permanence à son fondement invisible, le vide quantique, qui agit comme la mémoire, le support et le régulateur de toute son évolution.

- La solution proposée par mon modèle

Mon hypothèse propose une solution en plaçant les quatre forces sur un socle commun : le champ temporel originel, structuré par les chronons.

- La torsion chronale engendre la gravité comme modulation globale ;

- L'électromagnétisme apparaît comme une expression locale, dérivée de configurations spécifiques ;
- Les interactions faibles et fortes se comprennent comme des modulations hiérarchiques supplémentaires, produites par les variations de fréquence et de polarisation des chronons.

Dans ma théorie, la torsion chronale est ce qui transforme le flux du Temps en vecteur de structuration gravitationnelle.

Dans ce cadre, le champ temporel est constitué d'unités élémentaires, les chronons, qui tissent une trame dynamique et fractale. Leur organisation n'est pas toujours homogène : lorsqu'ils se déploient en spirales ou en torsades, il se produit une torsion chronale. Cette torsion correspond à une variation de densité du flux temporel, une sorte de gradient dans la Densité Temporelle Fractale qui engendre localement une contraction de l'information.

C'est précisément de cette contraction que naît la gravité. Dans cette perspective, la gravité n'est pas une force fondamentale indépendante, mais la conséquence directe de la torsion chronale. Les particules, et notamment les protons, jouent ici un rôle essentiel : véritables micro-singularités stabilisées, ils captent et redistribuent ces torsions, transformant le flux temporel en une dynamique spatiale. La gravité apparaît alors comme la traduction géométrique d'une contraction temporelle : plus la torsion chronale est intense, plus la matière est attirée vers cette région de contraction, comme si l'espace lui-même se contractait sous l'effet du Temps.

Sylvana
Donc, dans ton modèle, c'est bien pour cela que plus il y a de masse, plus la gravité est forte — parce que la torsion chronale y est plus intense ?

Thierry
Exactement.

Cette vision offre une clé d'unification : elle explique l'universalité de la gravité, ressentie par toute structure plongée dans le champ temporel, et permet de la relier à l'échelle quantique, où les torsions microscopiques du Temps se projettent en effets gravitationnels macroscopiques. Elle ouvre aussi un pont avec la conscience, comprise comme interface modulatrice du champ temporel : si la conscience agit sur la trame du Temps, elle participe de façon subtile à la dynamique gravitationnelle.

Ainsi, la gravité n'est plus seulement l'attraction mystérieuse décrite par Newton ou la courbure de l'espace-temps d'Einstein : elle devient dans ce cadre une émergence du Temps lui-même, une manifestation visible de la torsion chronale qui organise la matière et l'Univers.

- Une dynamique unifiée

Dans ce cadre, la gravité et l'électromagnétisme ne sont pas deux mécanismes concurrents, mais deux expressions différenciées d'un même processus de torsion chronale. Le champ temporel, en tant que trame active et fractale, se déforme selon diverses modalités : lorsqu'il se contracte, il engendre la gravité ; lorsqu'il se polarise — c'est-à-dire lorsqu'il se différencie en tensions opposées et asymétries locales — il donne naissance aux champs électriques et magnétiques.

Sylvana
Quand tu dis que le champ temporel «se polarise», qu'est-ce que tu veux dire exactement ?

Thierry
Dans mon cadre, dire que le champ temporel « se polarise » signifie qu'il se différencie en tensions opposées plutôt que de se contracter uniformément.

- Contraction → concentration du flux (gravité).
- Polarisation → différenciation interne du flux (charges et champs).

La polarisation correspond donc à la mise en tension du champ temporel fractal, créant des asymétries qui se manifestent comme des pôles électriques (+ et –) et comme des orientations dynamiques (rotation, magnétisme).

Pour bien comprendre la différence entre les deux :

- Quand la torsion chronale s'effondre vers un centre, elle produit une contraction : c'est la gravité.
- À l'inverse, quand la torsion chronale s'ouvre en pôles opposés, elle produit une polarisation : c'est l'électromagnétisme.

Autrement dit :

- Gravité = densification isotrope (attraction universelle).
- Électromagnétisme = différenciation anisotrope (polarités, champs orientés).

Et lorsque le champ temporel est polarisé :

- Il crée des potentiels différenciés (positif/négatif, nord/sud) ;
- Il met en place des flux d'alignement qui s'expriment comme champs électriques et magnétiques ;
- Il introduit une dynamique directionnelle là où la gravité restait uniforme.

En résumé, la polarisation est donc le mécanisme qui permet au vide temporel de générer des champs vectoriels, porteurs d'orientation et de structure locale.

Sylvana
D'accord, je commence à voir : dans ton modèle, gravité et électromagnétisme ne sont plus des forces séparées mais deux manières qu'a le champ temporel de se plier ou de se tendre.

Thierry
Tu as bien saisi l'essentiel. La gravité apparaît ainsi comme la manifestation d'une contraction du flux temporel : les chronons, organisés en spirales denses, créent des zones de contraction où la matière est attirée, traduisant la tendance universelle des structures à se rapprocher. À l'inverse, l'électromagnétisme résulte d'une polarisation du champ temporel : au lieu de se contracter, la torsion se différencie en tensions opposées, donnant lieu aux pôles électriques et aux dynamiques de rotation qui se traduisent par le magnétisme.

Sous cette lumière, gravité et électromagnétisme se révèlent être les deux versants d'une même dynamique chronale : la première est l'expression globale d'une densification, la seconde l'expression locale d'une différenciation.

Sylvana
Autrement dit, dans ton modèle : la gravité naît d'une contraction du flux temporel — ça attire la matière — et l'électromagnétisme d'une polarisation du même champ — ça crée des pôles et du magnétisme ?

Thierry
C'est bien ça. En reliant ces phénomènes à une cause commune, il devient possible de placer l'ensemble des forces fondamentales sur le socle unique du champ temporel, ce qui fait disparaître l'opposition entre échelles cosmique et quantique. Les interactions globales de la gravité et les interactions locales de l'électromagnétisme apparaissent alors comme deux faces complémentaires d'un seul processus, réconciliées dans une dynamique unifiée où le Temps agit comme origine et médiateur universel.

Sylvana

Donc, si je te suis bien… dans ton modèle, avec ce socle commun — le champ temporel à la base de tout — il n'y aurait plus de séparation théorique entre le monde cosmique et le monde quantique. Mais surtout, cette unification change notre façon de comprendre l'Univers : ce n'est plus un puzzle de forces isolées, mais un seul processus qui se décline à plusieurs échelles.

Thierry.

Exactement.

Toutes les forces fondamentales peuvent être comprises comme des modulations différenciées du champ temporel.

Et cette logique ne vaut pas seulement à l'échelle microscopique des particules : elle s'applique également à l'échelle cosmique.

Dans ma vision d'un multivers intrinsèque, tous les mondes fractals — quelles que soient leurs constantes physiques, leurs lois propres ou leurs dynamiques d'organisation — émergent d'un même champ temporel fondamental.

Chaque Univers y puise son existence, mais se déploie avec une métrique spécifique, un rythme temporel singulier qui définit sa structure, ses phénomènes et son évolution.

Dans ce cadre, le champ temporel agit comme une véritable matrice holographique, où chaque portion de la trame contient en puissance l'information du tout. Les réalités ne sont pas juxtaposées comme des mondes séparés, mais se déploient comme des projections holographiques issues d'une même source temporelle. Chaque monde de l'Univers correspond à un régime particulier d'organisation informationnelle, avec ses propres lois, constantes et structures émergentes, mais toujours enraciné dans la même trame commune.

Cette matrice holographique ne se contente pas de juxtaposer les mondes : elle les relie entre eux par une dynamique profonde que je désigne sous le nom, comme tu les sais, de Résonance Vibratoire Universelle ÆKO. ÆKO exprime le principe selon lequel toute fréquence, tout motif d'information, résonne avec les autres dans un réseau cohérent. C'est grâce à cette résonance que les mondes, bien que différenciés par leurs configurations propres, restent connectés et participent à un tissu cosmique partagé. On pourrait dire que l'ÆKO agit comme une harmonie fondamentale, garantissant l'unité sous-jacente des réalités multiples et permettant la circulation, la transmission et la résonance de l'information d'un niveau à l'autre.

Ainsi, la matrice temporelle holographique et la Résonance ÆKO forment ensemble les deux piliers de l'unité cosmique : l'une assure que chaque fragment contient la totalité et que chaque monde de l'Univers est une projection du tout, l'autre garantit que cette totalité reste vivante, cohérente et reliée dans un continuum vibratoire universel.

Sylvana
D'accord… là je saisis mieux comment, dans ta logique, «relatif» et «absolu» peuvent se tenir ensemble.

Thierry
Oui, et c'est précisément ce que ce concept met en lumière : le terme peut sembler paradoxal à première vue, tant la relativité s'oppose traditionnellement à toute idée d'absolu. Pourtant, dans mon hypothèse, il prend tout son sens : il existe un référentiel fondamental non mesurable, un socle ontologique qui rend la relativité elle-même possible. Cet absolu, ce n'est pas une grandeur extérieure ou une référence arbitraire, mais le champ temporel scalaire.

Ce champ est invariant, omniprésent, actif et fondateur. Il ne se mesure pas comme une variable physique classique, car il constitue la trame même du réel. C'est lui qui informe, module et structure tous les niveaux d'organisation : des particules élémentaires aux galaxies, des couches phénoménales aux plans subtils. Il agit comme un fond invisible mais indispensable, sur lequel se déploient toutes les manifestations relatives que nous percevons.

Le chronon, quantum élémentaire de ce champ, est universellement présent. Toutefois, sa manifestation varie selon les fréquences, les polarités, les densités vibratoires ou encore les couches d'existence dans lesquelles il opère. Dans certaines strates, il se manifeste comme lumière (le photon), dans d'autres comme masse (le quark, l'électron), et dans les plus subtiles comme conscience ou intentionnalité. Cette plasticité du chronon illustre la puissance du champ temporel scalaire : un même principe fondateur peut donner naissance à des phénomènes d'ordre physique, énergétique ou cognitif, selon la configuration vibratoire où il se déploie.

Ainsi, tout ce que nous appelons « relatif » — l'espace, la matière, la lumière, l'écoulement du temps, et même les lois physiques — émerge d'une structure plus fondamentale, inscrite dans une temporalité discrète et hiérarchisée. Autrement dit, la relativité ne s'oppose pas à l'absolu : elle en est l'expression dynamique. L'absolu n'est pas aboli mais voilé, et dans mon modèle, c'est dans le champ temporel scalaire que se trouve ce socle invisible mais nécessaire, garant de la cohérence et de l'unité de toutes les formes de relativité.

Sylvana

En somme, ton modèle ne décrit pas seulement des lois ou des forces : il dévoile un arrière-plan caché qui rend ces lois possibles et leur donne leur cohérence. C'est un principe discret qui soutient l'ensemble et maintient l'unité du réel.

Thierry

Exactement.

La Relativité Absolue n'abolit pas la relativité d'Einstein : elle l'englobe en lui donnant un cadre fonctionnel plus profond.

Elle permet une lecture unifiée et évolutive de l'Univers, où le Temps n'est plus une simple variable, mais la source première de la manifestation cosmique.

De ce fait, le concept de Relativité Absolue, tel qu'il émerge dans mon hypothèse du champ temporel et du chronon, pourrait apporter une solution originale et féconde à l'un des grands problèmes de l'épistémologie contemporaine : comment concilier la relativité de toute observation avec la quête d'un fondement universel ?

Et pour éclairer ce point, je vais te donner trois grands domaines où cette hypothèse prend tout son sens.

- Une réconciliation entre relativisme et structure

La science moderne repose sur l'idée que nos mesures et nos lois dépendent toujours du cadre choisi : du référentiel dans lequel on se place, des coordonnées qu'on adopte ou des conditions expérimentales qu'on impose.

Il n'existe pas d'observation « pure » hors contexte ; chaque résultat est relatif à un point de vue.

Cela a mené au relativisme méthodologique — très utile pour analyser les phénomènes, mais parfois déstabilisant philosophiquement, car il semble dissoudre toute idée de fondement universel.

Cela réintroduit une base d'unité, tout en respectant la pluralité des référentiels et la validité des observations relatives.

Et en posant le champ temporel comme base fondamentale, je peux maintenant t'expliquer son impact dans un deuxième domaine majeur.

- Une base stable pour l'unification des lois

Comme nous en avons déjà discuté, dans cette perspective, les référentiels, les lois et même les constantes ne sont plus des absolus isolés : ce sont des projections locales du champ temporel unique.

Cela ouvre la voie à une physique unifiée, non en cherchant à tout réduire à une équation universelle, mais en révélant que la diversité des phénomènes provient de modulations différenciées d'un substrat commun.

C'est l'image des harmoniques d'une corde : multiples, variées, mais toutes enracinées dans une vibration fondamentale.

Sylvana
Donc, selon ton modèle, tout reposerait sur des fréquences et des modulations. En somme, c'est une cosmologie de la résonance…

Thierry
Oui, exactement. Et c'est ce point qui ouvre vers un troisième domaine, peut-être le plus novateur.

- Une formalisation possible de la conscience

La structure temporelle absolue permet de concevoir la conscience non pas comme un simple effet secondaire du cerveau, mais comme une interface active avec le champ temporel fondamental.

Cela rend envisageable une navigation de la conscience entre les couches de réalité, selon sa résonance avec les fréquences propres à chaque strate temporelle.

Ainsi, des expériences subjectives dites « extraordinaires » — intuition, précognition, états modifiés de conscience et phénomènes psy — pourraient être comprises non comme des anomalies, mais comme des effets naturels de l'interaction avec la dynamique du champ temporel.

Ce cadre offre donc une formalisation rationnelle de la conscience comme co-acteur de la réalité, et non simple produit émergent de la matière.

Sylvana
Tu dis que les niveaux de conscience vibrent chacun sur une note du Temps, et que c'est cela qui leur permet d'accéder à différentes strates de réalité ?

Thierry
Oui, c'est bien ce que j'avance.

Cette correspondance devient pleinement cohérente dès lors que la conscience est envisagée comme un principe actif du champ temporel.

Dans mon modèle, rien n'est laissé au hasard : chaque strate de réalité répond à une logique de résonance vibratoire, et c'est précisément ce qui rend concevable une navigation de l'esprit-conscient à travers son interface de conscience entre les différentes couches de l'Univers.

En d'autres termes :

Ce concept redonne au Temps un statut ontologique et fonctionnel majeur.

Le Temps cesse d'être un simple paramètre mesurable ou une variable neutre des équations : il devient une composante fondamentale de l'être même de l'Univers.

Et, dans mon modèle, comme nous en avons discuté, cette organisation temporelle reflète l'action d'une Intelligence omnisciente, qui fragmente son propre Présent omniscient en quanta de Temps. Cela se manifeste en de multiples fractales afin que la conscience puisse explorer progressivement les dimensions propres à chaque niveau et actualiser son potentiel.

Ainsi, la relativité des phénomènes n'est pas livrée au chaos ou à l'aléatoire : elle est organisée, codée et orientée par cette trame temporelle vivante.

Ce constat m'a conduit à franchir une nouvelle étape : après avoir posé les bases de la Relativité Absolue, il devient naturel d'aborder une question plus audacieuse encore — celle des dimensions du Temps.

Sylvana
Tu parles donc d'un Temps qui ne serait plus une simple coordonnée, mais quelque chose de vivant, avec ses propres dimensions… Ce n'est pas du tout la manière dont on nous présente la physique classique. Peux-tu m'en dire plus ?

Thierry
Oui, tu as raison.

La science standard décrit trois dimensions de l'espace auxquelles s'ajoute le temps comme quatrième dimension, dans le cadre de l'espace-temps d'Einstein.

Mais dans mon approche, le Temps n'est pas simplement un axe supplémentaire qui se juxtapose à l'espace. Il est un champ vivant, structuré et polymorphe, doté de multiples dimensions propres, qui soutient et organise l'émergence même de l'Univers.

Mon modèle repose sur une cosmologie hiérarchique : l'Univers y est perçu comme un processus intelligent et informé, structuré par couches émergentes. Or, un tel système dynamique, évolutif et auto-organisé, ne peut se déployer dans un Temps plat ou uniforme.

Il requiert un champ temporel multidimensionnel, capable d'accueillir la diversité des rythmes, des résonances et des potentialités.

Ainsi, au lieu de voir le Temps comme une simple coordonnée attachée à l'espace, je le considère comme la matrice originelle :

- Substrat de l'espace,
- Moteur des forces fondamentales,
- Et horizon d'évolution de la conscience.

C'est ce changement de perspective qui ouvre la voie à la notion de dimensions temporelles multiples, nécessaires pour comprendre comment l'Unité fondamentale se déploie en multiplicité de mondes, de lois et d'expériences.

Sylvana
Si je te suis bien, tu parles d'un Temps qui agit comme une sorte d'infrastructure vivante, presque comme un réseau où tout s'organise — et qui, pour fonctionner ainsi, aurait besoin de plusieurs dimensions propres ?

Thierry
Exactement.

Une cosmologie fonctionnelle, telle que je la développe, requiert une structure temporelle évolutive.

Dans ce cadre, l'extension des dimensions du Temps n'est pas une spéculation arbitraire : elle devient une nécessité logique et unificatrice, ouvrant la voie à la modélisation de plusieurs phénomènes clés que nous avons déjà évoqués.

- Navigation entre régimes temporels

Au lieu d'un flux homogène et continu, je postule l'existence de régimes temporels différenciés, entre lesquels il est possible de « naviguer » par changement de densité temporelle.

Cette navigation s'effectue grâce à la résonance vibratoire informationnelle entre couches fractales du champ temporel.

Une telle conception suppose un espace-temps intrinsèquement multidimensionnel, et donc un Temps lui-même doté de plusieurs axes indépendants, permettant d'envisager des trajectoires non spatiales, mais purement temporelles.

Autrement dit, les dimensions temporelles deviennent le véritable espace de manœuvre de la conscience, offrant des directions d'exploration inédites.

- La conscience comme principe actif

Dans mon modèle, la conscience n'est pas passive ni secondaire. Elle constitue un principe d'exploration, d'intégration et d'émergence, capable de circuler dans une géométrie temporelle fractale.

Attribuer plusieurs dimensions au Temps permet ainsi de modéliser la conscience comme un vecteur libre, évoluant dans un réseau temporel à degrés de liberté croissants — une sorte de navigation interne au sein du champ temporel universel.

- Une nécessité structurelle

Au-delà de ces considérations, l'introduction de dimensions temporelles supplémentaires devient indispensable pour toute tentative sérieuse de :

- Concevoir une cosmologie évolutive cohérente,
- Unifier les forces fondamentales dans un cadre unique,
- Modéliser la conscience comme acteur constitutif de la réalité,
- Et dépasser les limites de la physique actuelle, trop souvent contrainte par un temps linéaire et un espace homogène.

Dans cette hypothèse, ce n'est pas l'Espace, mais bien le Temps qui constitue le tissu fondamental du réel :

Un tissu vivant, informé, fractal, capable de se plier, de se torsader et de se déployer en dimensions multiples.

C'est dans cette scène cachée — matrice active de l'Univers — que se joue l'acte créateur, générant à la fois la matière, l'énergie, les lois et la conscience elle-même.

Sylvana
En somme, la science voit l'espace et le temps comme inséparables ; toi, dans ton modèle, tu poses un Temps premier, qui engendre l'espace comme une scène de théâtre où la conscience est l'acteur.

Thierry
Oui. Ainsi, tout est contenu dans l'Un, et l'Un se déploie dans le Tout, suivant des cycles d'émergence, d'effondrement, de mémoire et de résurgence.

Dans cette perspective, le Temps devient le théâtre de l'autorévélation cosmique : non pas une simple ligne neutre, mais une dynamique vivante, à la fois structurante, évolutive et inscrite dans une logique fonctionnelle propre à l'Univers.

C'est à travers ces cycles que l'Univers se reconfigure, s'informe et se perpétue, révélant un ordre caché où l'apparente multiplicité trouve son ancrage dans l'unité.

Ce cadre étant posé, je peux maintenant introduire le cœur fondateur de ma conception des dimensions du Temps.

Mon objectif est de montrer comment ces dimensions s'articulent entre elles, pourquoi elles sont nécessaires à la cohérence du modèle, et comment elles donnent sens à tout ce que nous venons d'explorer :

- La Relativité Absolue,
- La structure fractale du champ temporel,
- La fonction active de la conscience,
- Et la logique unificatrice de l'Univers.

2. Les Dimensions du Temps — Une Architecture à Six Niveaux

Sylvana
Alors, comment ces dimensions s'articulent-elles dans ton modèle ?

Thierry
Dans mon modèle, le Temps est conçu comme un champ vivant à six dimensions, organisé par des unités fondamentales que j'appelle chronons.

Ce champ ne se réduit pas à une ligne abstraite : il possède une architecture interne, faite de trois dimensions révélatrices, qui déploient la réalité phénoménale observable, et de trois dimensions implicites, plus profondes, qui en constituent les sources formatrices.

Pour saisir cette logique, commençons par les trois dimensions révélatrices du Temps.

Elles sont comme des matrices invisibles, discrètes mais essentielles : elles ne se livrent pas directement à l'expérience sensible, mais elles travaillent en profondeur, structurant le devenir et transformant le potentiel brut en formes organisées, en cycles et en rythmes.

Elles agissent comme des fondements génératifs, le socle caché à partir duquel se déploient ensuite les trois dimensions spatiales. Ainsi, ce que nous appelons « monde phénoménal » n'est pas premier : il est l'expression visible d'une trame temporelle plus fondamentale.

Avant de t'exposer ces dimensions temporelles, je veux reposer brièvement le cœur de mon hypothèse, afin que tu voies d'où part cette construction.

Je rappelle ici globalement que le Temps est un champ dynamique et vivant, porteur d'information et constitue dans mon hypothèse une substance active de l'Univers, capable d'organiser, de moduler et de transformer la réalité.

Je postule également que son champ possède une structure fractale, c'est-à-dire qu'il se répète à différentes échelles tout en générant des motifs d'une complexité croissante. Cette fractalité assure que les dynamiques observées au niveau microscopique trouvent leur écho dans les grandes structures cosmiques, révélant une continuité d'organisation à travers toutes les dimensions de l'existence.

Je postule que le Temps est aussi biface, articulé selon deux régimes complémentaires, que nous verrons dans le pilier suivant, que j'appelle M+ et M- :

- Le premier (M+) qui va du passé au futur, correspond à la densification, à l'irréversibilité, à la contraction du flux temporel qui donne forme à la matière et à la gravité.
- Le second (M-) qui va du futur au passé, se manifeste par la réversibilité, l'expansion, la réouverture des possibles, en lien avec l'information subtile, l'intrication et la conscience.

Ces deux faces ne s'opposent pas, mais se complètent et se superposent, comme les deux aspects d'un même champ oscillant.

Et bien entendu, comme je l'ai déjà dit également, à la base de cette dynamique se trouvent les chronons, unités élémentaires du temps. Ces quanta de temporalité ne sont pas des points isolés, mais des nœuds informationnels qui s'entrelacent et s'imbriquent pour former une texture active, un véritable maillage vibratoire de la réalité. Selon leur mode d'organisation — densification, polarisation, résonance — les chronons peuvent donner naissance aux phénomènes que nous percevons comme espace, énergie, matière, ou même intentionnalité.

En d'autres termes, dans mon modèle, le temps n'est pas seulement ce qui « passe » : il est la matrice sous-jacente de l'Univers, à la fois support, moteur et mémoire. C'est à partir de ce socle qu'il devient possible d'introduire une vision élargie du temps, non plus réduit à une seule flèche linéaire, mais déployé en plusieurs dimensions capables d'expliquer l'émergence des particules, la cohésion cosmique et la structuration de la conscience.

. DIMENSION 1 (T1) — LE SENS DU TEMPS

Thierry
La première dimension révélatrice du Temps, que j'appelle tout simplement le Sens du Temps, correspond à ce que nous nommons couramment le « temps causal ». Mais il est important de préciser que ce Temps causal n'est pas celui des causes véritables : il représente avant tout la dimension des effets, le théâtre visible où se manifestent les événements déjà inscrits dans la trame temporelle. C'est le temps que nous mesurons avec nos horloges, celui que la physique classique décrit comme linéaire et irréversible, où les phénomènes semblent découler les uns des autres dans une chaîne continue.

Dans mon modèle, cependant, cette linéarité n'est qu'une projection apparente. Les véritables causes ne se trouvent pas dans cette flèche du temps orientée du passé vers le futur, mais dans une dimension inversée : une face néguentropique du réel, qui agit depuis l'avenir. Dans ce champ inversé, ce ne sont pas les faits accomplis qui déterminent le déroulement, mais les potentiels encore à venir qui guident, orientent et sélectionnent les actualisations possibles. On peut dire que l'avenir agit comme un attracteur, une tension structurante qui organise le présent depuis un horizon de sens et de finalité.

Ainsi, la causalité cesse d'être un simple fil tendu vers l'avant. Elle devient une double tension : d'un côté, ce qui a été inscrit dans la mémoire temporelle et pèse comme détermination du passé ; de l'autre, ce qui appelle à l'être, c'est-à-dire l'attraction des futurs possibles qui orientent discrètement le présent. Entre ces deux polarités — mémoire et potentiel — le réel s'actualise en permanence, dans ce que nous percevons comme le déroulement ordinaire du temps causal.

Le Sens du Temps est donc bien plus qu'une succession d'instants mesurables : il est la surface phénoménale où s'entrecroisent le poids du passé et l'appel du futur. En ce sens, il constitue la première dimension du Temps, la plus accessible à notre perception quotidienne, mais déjà ouverte sur une structure plus profonde où la causalité est biface et dynamique, tendue entre inscription et émergence.

Sylvana
C'est ce que tu as déjà mentionné, que la causalité ne vient pas seulement du

passé : les potentiels à venir tirent déjà sur le présent. C'est ça ?

Thierry

Oui, exactement.

Et cette dynamique ne joue pas qu'en direction : elle se lit aussi dans la façon dont les événements s'entrelacent en mémoire active.

C'est ce qui m'amène à te parler de la deuxième dimension du Temps : sa coalescence causale.

. Dimension 2 (T2) — La Coalescence du Temps

Thierry

La deuxième dimension révélatrice du Temps peut être comprise à travers la notion de coalescence. En physique, ce terme désigne l'acte de fusionner. Dans mon modèle, il ne s'agit pas seulement d'une fusion matérielle, mais de l'axe par lequel les événements s'intriquent et se condensent en mémoire active, au-delà d'une simple succession cause-effet. C'est cette dynamique d'intrication qui confère au vécu sa texture fractale : chaque instant devient plus qu'un point sur une ligne, il est un nœud de connexions, une densité d'expériences tissées ensemble.

Autrement dit, la mesure d'un instant ne se réduit pas à sa durée : elle dépend de la manière dont les événements s'imbriquent, résonnent et s'entrelacent pour former un réseau mémoriel. C'est là qu'intervient la notion de Densité Temporelle Fractale (DTF), que je définis comme l'expression quantitative de ce degré d'intrication. Plus la DTF est élevée, plus un moment contient de relations, de potentialités et de charges informationnelles actives.

C'est pourquoi certains événements paraissent plus riches, plus rapides, plus denses que d'autres : ils ne se déploient pas dans le même tissu temporel. Ils condensent davantage de mémoire, de liens et de résonances, produisant une expérience subjective de dilatation ou de contraction du temps.

À mesure que la coalescence s'intensifie, un système tend vers la simultanéité et l'intégration. Les événements cessent alors de se succéder pour s'unir dans une présence commune, jusqu'à approcher un état-limite que j'ai décrit ailleurs comme le Présent omniscient où toutes les potentialités convergent en une seule vibration d'unité.

Sylvana

Donc, si je te suis bien, ce n'est pas seulement la durée qui compte, mais la densité d'événements dans l'instant — plus un moment concentre de relations et de potentialités, plus il est dense en mémoire et en information. C'est bien ça ?

Thierry
Oui. Mais comprendre cela appelle une question encore plus fondamentale : car coalescence ne signifie pas synchronisation.

On peut concevoir des événements qui s'entrelacent, qui s'agrègent dans une mémoire commune, sans pour autant entrer dans un véritable alignement. La coalescence décrit la fusion des flux, mais pas encore leur harmonie.

Dès lors, une question s'impose : si le Temps peut varier à la fois en direction et en coalescence, qu'est-ce qui rend possible leur mise en phase ?

Qu'est-ce qui permet que ces variations multiples, parfois divergentes, puissent se conjuguer dans un même point d'équilibre, pour produire un ordre cohérent plutôt qu'un chaos instable ?

Sylvana
Tu veux dire qu'on peut avoir, dans un même instant, énormément d'événements et d'informations, mais que cela ne forme pas forcément un tout cohérent ? Certaines choses «résonnent» entre elles et s'alignent, alors que d'autres restent dispersées ?

Thierry
Exactement.

C'est précisément cette interrogation qui m'a conduit à poser l'existence d'une troisième dimension du Temps — une dimension d'un tout autre ordre, celle de la synchronisation.

Non plus seulement le vecteur d'un flux ou la densité d'une mémoire, mais l'instance où tous les rythmes s'accordent, où les variations locales se plient à une résonance globale, produisant l'expérience du Présent en tant qu'équilibre dynamique universel.

. Dimension 3 (T3) — La Réversion du Temps

Thierry
La troisième dimension révélatrice du Temps est celle du Présent, mais il faut immédiatement préciser qu'il ne s'agit pas d'une dimension autonome comparable aux deux précédentes. Le Présent est en réalité l'effet émergent de la Réversion, c'est-à-dire de l'axe où le passé et le futur se reflètent et se répondent mutuellement.

Dans cette perspective, le Présent n'est pas une simple « tranche d'instant » figée, mais l'alignement des fréquences temporelles fractales dans un point d'équilibre. Il ne dépend ni de la direction (comme la flèche causale), ni de la densité (comme la coalescence), mais agit comme un nœud de résonance qui relie ces deux axes. Le Présent est le lieu où les chronons vibrent à l'unisson, où la mémoire du passé et la potentialité du futur se rencontrent et se condensent en actualisation.

On pourrait dire qu'il représente la résonance fondamentale du champ temporel : l'accord secret qui maintient la spirale du Temps en cohésion et en mouvement. Dans ce battement, le Temps cesse d'être une succession et devient une présence vivante, un espace d'unification où tout est simultanément relié.

Ainsi compris, le Présent n'est pas une illusion ou une simple convention de perception : il constitue la mémoire du réel en train de se faire, l'acte même de l'Univers fractal qui se déploie. C'est le cœur battant du Cosmos, le point où la trame du Temps se resserre pour donner naissance à l'expérience, à la conscience et à l'être.

Autrement dit, on peut imaginer ce Présent comme une matrice universelle de synchronisation.

Il ne s'agit pas d'un instant fugitif, ni d'un simple point sur une ligne, mais d'un horizon intégral, un lieu ontologique où toutes les strates de réalité, toutes les formes de conscience, viennent s'accorder.

Ainsi, quelle que soit la diversité des temps locaux — qu'ils soient plus rapides ou plus lents, fractals ou continus, humains, stellaires ou quantiques — tous partagent ce même Présent universel.

Chaque être, chaque particule, chaque monde vit son propre rythme, mais ces rythmes s'accordent tous à une trame absolue, le Temps universel synchrone, garant d'une cohésion cosmique.

C'est ce principe qui permet que la multiplicité ne sombre pas dans le chaos : au cœur des variations infinies, une dimension du Temps assure l'unisson invisible.

On peut la voir comme une clef d'accord universelle, une résonance matricielle qui ajuste, conjugue et harmonise les flux.

Ce Présent universel est donc plus qu'une expérience subjective : il devient le pivot de l'Univers, la condition même par laquelle les événements se tiennent ensemble et s'ouvrent à la conscience.

C'est lui qui rend possible la perception de l'instant, mais aussi la mémoire et l'anticipation, car il est le plan d'équilibre où passé et futur se rejoignent dans une simultanéité vivante.

Sylvana
Donc, cette troisième dimension permet vraiment de « créer » le Présent en créant un point de résonance où passé et futur vibrent ensemble.

Thierry
Oui. Et cette réversion révèle une propriété plus profonde encore : la capacité du Temps à conserver l'information et à relier les instants entre eux.

C'est ce que manifeste la quatrième dimension du Temps : la Mémoire active. C'est la première des trois dimensions implicites.

Elle inscrit chaque événement dans la trame chronale, assurant la continuité et la cohérence du réel. Ainsi, rien ne disparaît : tout demeure accessible dans le champ temporel, comme un registre vivant reliant passé, présent et futur.

. Dimension 4 (T4) — La Mémoire Rétrocausale du Temps

Thierry
Dans mon modèle, la quatrième dimension du Temps — que je qualifie de première dimension implicite — se présente comme une fonction bien plus profonde que ce que j'ai initialement décrit comme une simple résonance. Elle constitue en réalité la Mémoire rétrocausale du Temps, un registre vivant où le champ conserve les informations et les relie en créant des boucles actives entre passé et futur. Cette dimension ne se contente pas de stocker : elle opère comme une fonction de conservation et de régulation, soutenant la continuité des états et assurant la cohérence de l'Univers.

On peut la comprendre comme le registre cognitif du vide quantique : elle enracine la transmission de l'information, fonde la mémoire cosmique et explique l'existence des corrélations non locales observées dans les phénomènes quantiques. En ce sens, elle agit déjà comme une fonction cognitive de l'Univers lui-même, garantissant sa capacité d'auto-organisation et d'évolution.

L'intensité de cette Mémoire rétrocausale n'est pas constante : selon le degré de Densité Temporelle Fractale (DTF), elle retient plus ou moins de traces, tisse des corrélations invisibles, et peut même établir un véritable dialogue entre passé et futur. Dès lors, la causalité cesse d'être une chaîne rigide et linéaire. Elle devient fractale, c'est-à-dire modulée selon l'échelle, la quantité d'information en jeu et le degré d'intrication du système concerné.

C'est ici qu'intervient un déplacement majeur : la causalité dépend désormais :

- De la DTF,

- Du degré de transformation fonctionnelle du système,
- Et du niveau d'intégration entre ses différentes couches d'organisation.

Sylvana
Donc, dans ton modèle, la causalité n'est plus simplement une suite linéaire «une cause entraîne un effet»... Elle recouvre quelque chose de beaucoup plus vaste et subtil, n'est-ce pas ?

Thierry
Exactement.

Dans mon modèle, le déterminisme n'est donc plus absolu : plus un système est simple, plus ses trajectoires restent prévisibles — comme une pierre que l'on lance, dont la trajectoire obéit à des lois fixes. Mais à mesure que la complexité augmente, les chemins se multiplient et s'ouvrent à un éventail de possibles. Ainsi, un être humain, traversé par ses souvenirs, ses émotions et ses choix, ne suit plus une route unique mais explore un réseau de trajectoires alternatives.

C'est précisément cette dynamique que j'appelle la Condition Simultanée (CS) : un principe qui unifie tous les instants dans un champ commun de cohérence, où les configurations passées, présentes et futures demeurent en résonance. La Condition Simultanée ne se limite pas à servir de fond de mémoire : elle agit aussi comme un principe sélectif, organisant quels potentiels s'actualisent, quelles trajectoires se déploient, et comment l'Univers s'oriente dans sa propre évolution.

Sylvana
En fait, dans ton modèle, lorsqu'un événement se produit, il y a bien plus de paramètres pris en compte qu'on ne l'imagine. Et la Condition Simultanée, c'est elle qui relie et sélectionne ces paramètres : elle garde la mémoire, oriente les possibles et permet que chaque présent à venir se construise en cohérence avec l'ensemble.

Thierry
Oui tu as bien compris. Ainsi, la quatrième dimension du Temps apparaît comme le socle de la mémoire universelle, mais aussi comme l'instance sélective et régulatrice qui fait de l'Univers un système vivant. Elle confère à la réalité sa stabilité et sa continuité, tout en ouvrant l'espace des possibles, et fait du Temps non seulement un cadre de déroulement, mais une matrice cognitive et auto-organisatrice.

Mais j'aimerais ajouter aussi un mot sur la fonction métastable de la Mémoire Rétrocausale.

C'est un point essentiel qui mérite d'être ajouté : la Mémoire Rétrocausale ne fonctionne pas comme un simple dépôt figé d'informations, mais comme une structure métastable. Cela signifie qu'elle maintient les états dans une stabilité relative, tout en restant ouverte à des transitions possibles. Cette propriété lui confère un rôle dynamique et créatif.

La métastabilité garantit d'abord la continuité : elle conserve les traces, les corrélations et les liens nécessaires à la cohérence de l'Univers. Mais cette stabilité est toujours « au bord » de la transformation. Les configurations mémorielles, loin d'être immuables, se tiennent dans un équilibre sensible où elles peuvent basculer vers de nouvelles organisations. C'est précisément ce qui permet l'évolution, la plasticité et la réorganisation des trajectoires temporelles.

Sylvana
Tu veux dire que cette stabilité est en fait vivante, toujours sur le fil, prête à se réorganiser si nécessaire — donc très flexible face aux changements de paramètres ?

Thierry
Oui, C'est pour cette raison que je dis que la Mémoire Rétrocausale agit comme une mémoire vivante, à la fois conservatoire et sélective. Certaines informations sont renforcées et stabilisées, d'autres s'atténuent ou se dissolvent, selon le degré de résonance et la Densité Temporelle Fractale (DTF) des systèmes concernés. Les états métastables fonctionnent alors comme des seuils de choix, ou des bassins d'attraction, qui déterminent quelles potentialités sont actualisées et quelles autres demeurent en réserve.

De ce point de vue, la métastabilité est bien plus qu'une propriété secondaire : elle constitue la fonction cognitive profonde de la mémoire universelle. C'est elle qui permet à l'Univers de rester fidèle à ses traces passées tout en gardant la souplesse nécessaire pour accueillir de nouvelles configurations. Autrement dit, la métastabilité transforme la Mémoire Rétrocausale en une instance d'auto-organisation évolutive, véritable moteur de créativité cosmique.

On peut comparer cette mémoire métastable à un paysage de collines et de vallées : une bille peut rester stable dans une colline, mais toujours prête à basculer d'un côté ou de l'autre si une résonance l'y conduit. J'ai pu réaliser des expériences concrètes qui semblent indiquer que cette fonction métastable n'est pas qu'un concept théorique, mais une réalité très probable.

Sylvana
Si je résume bien… jusque-là, dans la vision classique, l'espace dessinait le décor et les choses défilaient à travers le temps. Mais dans ton modèle, c'est

le Temps qui dessine le décor, par cette mémoire active — une sorte de registre vivant qui relie les instants et les fait dialoguer, comme si passé et futur pouvaient s'ajuster en temps réel. C'est bien cela ?

Thierry
Oui, exactement.

Maintenant, il est temps que je t'explique la cinquième dimension, car elle joue elle aussi un rôle crucial dans mon modèle.

. Dimension 5 (T5) — La Structure Méta-Dynamique du Temps

Thierry
La cinquième dimension du Temps, je l'ai nommée la métadimension de cohérence.

Au-delà des quatre premières dimensions du Temps (T1 à T4), j'ai posé la nécessité d'une cinquième dimension, que je qualifie de deuxième dimension implicite. Elle ne doit pas être comprise comme un simple prolongement des précédentes, mais comme une métadimension englobante, une structure de cohérence qui régule l'ensemble des cycles temporels et les transitions d'un niveau fractal de réalité à un autre.

J'utilise le terme métadimension pour désigner ce plan de régulation supérieur : un espace d'intégration où les divers régimes temporels trouvent leur articulation, où les ruptures se réparent et où les émergences s'organisent.

La cinquième dimension opère comme un méta-réseau d'intégration temporelle, assurant la cohérence entre :

- Les temporalités propres des systèmes, avec leurs rythmes, leurs densités et leurs alignements internes ;
- Les passages inter-fractals, c'est-à-dire les changements de phase, les sauts d'échelle ou encore les effondrements et émergences de structures ;
- Les conditions de bifurcation ou d'activation systémique, où un système bascule d'un état stable à une nouvelle organisation ;
- Les synchronisations non locales, permettant à des régions éloignées de l'Univers ou à des plans de réalité distincts d'entrer en cohérence.

Autrement dit, cette dimension encode la logique d'enchaînement des cycles dans un espace-temps fractal, où la causalité n'est plus linéaire mais conditionnelle, modulée par la Densité Temporelle Fractale (DTF) propre à chaque niveau de réalité.

Sylvana

Je comprends les fonctions que tu viens de décrire pour cette cinquième dimension. Mais pour que je situe mieux son rôle, peux-tu la replacer par rapport aux quatre premières dimensions du Temps — en quoi elle les complète et pourquoi elle devient nécessaire ?

Thierry

En fait, dans un multivers fractal, organisé en couches successives d'émergence, les relations entre ces couches ne peuvent être garanties uniquement par les quatre premières dimensions du Temps. Celles-ci décrivent respectivement :

- T1 : le temps causal, dimension des effets visibles ;
- T2 : la coalescence, dimension d'intrication et de densité fractale ;
- T3 : la réversion, dimension du Présent en tant que résonance équilibrée ;
- T4 : la Mémoire Rétrocausale, fonction de conservation et de régulation.

Ces axes sont nécessaires, mais insuffisants pour stabiliser les relations inter-niveaux. Dès que l'on considère les discontinuités, les ruptures de symétrie ou les réinitialisations d'état, il faut un plan de régulation plus large : c'est le rôle de la cinquième dimension.

J'ai donc conceptualisé cette métadimension pour :

- Articuler les transitions non continues, quand un système change brutalement de régime (effondrement d'une étoile, mutation biologique, illumination consciente) ;
- Stabiliser les relations entre niveaux de réalité caractérisés par des DTF différentes ;
- Maintenir la cohérence de l'ensemble du réseau dynamique, en assurant une continuité fonctionnelle à travers les discontinuités apparentes ;
- Ancrer la mémoire fonctionnelle du vide, afin que chaque état conserve une trace et une résonance, même après transformation.

La cinquième dimension agit donc comme une métastructure topologique du champ temporel, une mémoire active qui soutient l'autorégulation, la résurgence et la résilience du Cosmos.

Mais cette cinquième dimension ne se limite pas à une fonction structurelle :

elle ouvre aussi un espace d'action et d'intégration pour la conscience.

C'est cette fonction de stabilisation et de régulation qui explique pourquoi la conscience trouve dans la cinquième dimension son plan d'action privilégié. Dans mon modèle, la conscience n'est pas une simple émergence biologique, mais une fonction active de navigation et d'intégration dans le champ temporel.

Elle interagit certes avec les axes des quatre premières dimensions, mais elle s'exprime pleinement dans la cinquième en tant que :

- Vecteur d'auto-référence : capacité d'un système à se reconnaître dans son propre historique temporel et à maintenir son identité malgré le changement ;
- Modulateur des cycles : faculté d'accélérer, de ralentir, d'ouvrir ou de fermer certaines trajectoires fractales ;
- Moteur d'alignement structurel : aptitude à se mettre en résonance avec la Condition Simultanée, principe de cohérence globale entre passé, présent et futur.

Dans ce cadre, la conscience devient l'instance qui, au sein de la cinquième dimension, oriente et ajuste les dynamiques temporelles. Elle ne se déplace pas comme dans un espace, mais transforme les paramètres internes du temps : rythmes, densités, alignements, bifurcations.

En synthèse, la cinquième dimension du Temps est donc la métadimension de cohérence : elle régule, stabilise et intègre l'ensemble des cycles temporels, tout en servant de plan d'action à la conscience évolutive. Elle est le niveau où le Cosmos se pense lui-même, où l'Univers devient capable de se maintenir, de se réorganiser et de s'orienter à travers ses propres transformations.

Sylvana
Donc, dans ton modèle, la conscience trouve véritablement sa place dans cette cinquième dimension car selon toi, la conscience est une fonction active qui agit de l'intérieur du champ temporel.

Et donc, si je comprends bien ton raisonnement, si, en tant qu'esprit-conscient, je m'alignais sur un autre cycle temporel, les lois mêmes de la nature que je connais — gravité, énergie, matière — pourraient se manifester de manière totalement différente.

Et selon ma Densité Temporelle Fractale et mon niveau de conscience, ma trajectoire d'évolution pourrait elle-même basculer vers d'autres possibles. Et c'est grâce a cette cinquième dimension que je peux faire tout ça.

Thierry
Exactement. La cinquième dimension assure la cohérence entre les différents cycles temporels et prolonge directement le principe de relativité.

Ce que j'appelle méta-relativité n'est donc pas une loi nouvelle isolée, mais l'extension naturelle de la Relativité Absolue, appliquée à la structure fractale du Temps.

En d'autres termes : les lois ne sont pas abolies, elles deviennent contextuelles — variant selon le cycle temporel auquel une conscience ou une entité est reliée.

L'existence de cette dimension supplémentaire permet de concevoir une méta-relativité dans laquelle :

- Les esprits-conscients ne sont pas seulement situés dans l'espace-temps, mais inscrits dans des configurations de cycles temporels spécifiques.
- Chaque élément de l'Univers — de la particule à la galaxie — vit non seulement dans l'espace et le temps classiques, mais aussi dans un rythme temporel propre, une pulsation qui oriente son évolution.

Sylvana
Je comprends mieux… En quelque sorte, T5 agit comme une force d'intégration : elle relie les dimensions du Temps, conserve la mémoire de ce qui a déjà été, et pousse l'Univers à croître en complexité et en intelligence.

C'est comme si un principe d'évolution était inscrit au cœur même du réel, porté par cette dimension.

Thierry
Oui. C'est pour cette raison que je dis que cette dimension ne se contente pas de stabiliser : elle introduit une dynamique vivante où la mémoire, la conscience et même les lois de l'Univers ne sont jamais figées, mais constamment réajustées au sein d'une orchestration plus vaste.

. Dimension 6 (T0) — Le Temps, Vibratoire Primaire

Thierry
Pour compléter la cohérence des dimensions temporelles précédentes, j'introduis une sixième dimension, que je qualifie de troisième dimension implicite : le Temps Vibratoire Primaire (T0). Il ne s'agit pas d'un axe de manifestation comme T1 à T4, ni d'un plan d'intégration comme T5, mais de

la dimension matrice : la pulsation fondamentale du vide quantique.

Je la définie comme la pulsation originelle du réel.

Le Temps Vibratoire Primaire désigne la fréquence de base, la pulsation pure qui anime le vide quantique.

- Il correspond au niveau le plus profond du réel, au-delà de l'échelle de Planck, là où la structure habituelle de l'espace-temps cesse d'être pertinente.
- À ce régime, j'ai postulé qu'il peut être décrit comme un plasma froid originel, un substrat pré-énergétique où la distinction entre particule et onde n'existe pas encore.

T0 représente donc la note fondamentale de base de la symphonie cosmique : une vibration primordiale sur laquelle se superposent toutes les harmoniques fractales de l'Univers.

Sa fonction et son rôle :

T0 joue un rôle fondamental, analogue à une constante de Planck du Temps :

- De même que la constante de Planck (h) fixe l'échelle quantique de l'énergie,
- T0 fixe l'échelle fondamentale du rythme universel, la fréquence pure qui structure l'ensemble du champ temporel scalaire.

Ainsi, T0 assure la cohérence globale du champ :

- Il synchronise toutes les oscillations locales (les chronons), qui, à ce niveau, sont encore « au repos », sans torsion ni polarisation.
- Il maintient la continuité entre les différents régimes temporels (subquantique, quantique, classique, cosmologique), puisqu'il est homogène partout et constitue la racine commune.

Je considère T0 comme le principe actif :

T0 n'est pas seulement un battement abstrait : il agit comme un principe actif.

- Il fournit l'impulsion initiale qui alimente le Big Bang et la structuration de l'espace-temps.

- Il inscrit dans le vide quantique une mémoire rythmique, garantissant que chaque cycle d'Univers hérite d'une trame cohérente issue du cycle précédent.
- Il assure la continuité cosmologique : chaque Univers naît de la résonance du précédent, dans un enchaînement sans rupture de la matrice temporelle.

Lien de T0 avec ÆKO et les chronons :

Dans mon modèle, T0 joue aussi un rôle de médiateur :

- Il relie chaque chronon, quantum élémentaire du Temps, à ÆKO, la Résonance Vibratoire Universelle.
- Cette résonance universelle, elle-même enracinée dans la Complexité Primordiale, devient ainsi accordée avec la granularité la plus intime du réel.
- Chaque chronon n'est donc pas une unité inerte, mais une unité vivante, animée par le lien entre T0 et ÆKO.

Ce lien est essentiel : c'est lui qui alimente la dynamique d'expansion, structure la mémoire du vide et donne au chronon sa capacité créatrice.

En résumé :

Le Temps Vibratoire Primaire (T0) est la pulsation originelle du réel (l'état Zéro).

- Il est la racine vibratoire dont découlent l'énergie, l'espace, le temps et la conscience.
- Il constitue la fréquence pure qui synchronise toutes les manifestations.
- Il inscrit dans le vide quantique la mémoire rythmique de l'Univers, garantissant la continuité et la cohérence des cycles cosmiques.

En ce sens, T0 n'est pas, à s'y méprendre, à une oscillation nulle, ni un état de repos figé.

Par « zéro », je désigne l'extrême rapidité de son oscillation fondamentale : une vibration si dense et si équilibrée qu'elle apparaît immobile à nos perceptions.

Il ne s'agit donc pas d'une absence d'oscillation, mais d'un point d'équilibre absolu, où toutes les fréquences potentielles sont contenues en germe.

T0 est le souffle primordial de l'Intelligence omnisciente, la pulsation originelle qui soutient, alimente et renouvelle l'ensemble du champ temporel.

C'est à partir de lui que se déploient les dimensions du Temps, comme des harmoniques issues d'une même corde vibrante.

Ainsi, ce que j'appelle « repos » n'est que l'apparence phénoménale d'un état de pleine activité originelle, un réservoir inépuisable d'énergie, d'information et de potentialité.

Sylvana
Mais alors, dans ton modèle, que deviennent les trois dimensions de l'espace que nous connaissons ?

Thierry
Cette une bonne question.

Dans mon modèle, les trois dimensions de l'espace (longueur, largeur, hauteur) restent les mêmes que celles de la physique classique. Elles forment le tissu géométrique où se déploient les phénomènes matériels. Mais l'espace n'est plus premier : il est désormais structuré et informé par un champ temporel plus vaste. Autrement dit, l'espace ne se comprend que comme projection ou « support visible » des dynamiques temporelles.

L'intégration dans un cadre 9D :

C'est pourquoi j'élargis la relativité générale à un cadre 9D Temps-espace, constitué de :

- 6 dimensions temporelles (T0 à T5), chacune ayant une fonction précise,
- 3 dimensions spatiales, qui en deviennent l'expression et l'émergence localisée.

L'espace-temps classique d'Einstein apparaît alors comme une couche dérivée, encadrée et orchestrée par cette architecture 9D que je nomme Temps-espace-mémoire.

Le rôle des six dimensions temporelles :

Les six dimensions temporelles jouent ici le rôle d'ossature architecturale :

- T0 (Temps Vibratoire Primaire) : la base rythmique, pulsation fondamentale du vide, qui donne la fréquence commune de tous les systèmes.
- T1 (Sens du Temps / causalité) : l'axe des effets visibles, où s'inscrit la flèche du temps que nous mesurons.

- T2 (Coalescence) : la dimension d'intrication et de densité, qui enrichit la texture de l'espace vécu.
- T3 (Réversion / Présent) : l'équilibre dynamique où passé et futur se reflètent, donnant consistance au présent.
- T4 (Mémoire Rétrocausale) : la fonction de conservation et de continuité, registre métastable du vide.
- T5 (Métadimension de cohérence) : le plan régulateur qui assure l'intégration entre niveaux fractals et cycles d'organisation.

Ensemble, elles forment la trame organisatrice qui rend possible l'existence de l'espace, son expansion, ses métriques et ses symétries.

Et grâce à ces dimensions, j'ai pu réconcilier des différents «temps».

En effet, attribuer plusieurs dimensions temporelles permet de réconcilier des formes de temps que les théories actuelles séparent :

- Le temps vécu (subjectif, conscientiel, lié à T2 et T5),
- Le temps thermodynamique (flèche entropique, inscrit dans T1),
- Le temps quantique (processus d'effondrement et d'actualisation, structuré par T2 et T3),
- Le temps cosmologique (lié à l'expansion de l'espace, enraciné dans T0 et T4),
- Le temps informationnel (lié à la complexité et à l'auto-organisation, modulé par T4 et T5).

Ce que la science décrit aujourd'hui comme des « temps différents » se révèle en fait être des facettes complémentaires d'une même structure 9D.

Ainsi, les trois dimensions de l'espace se déploient comme manifestations géométriques des six dimensions temporelles.

- L'espace donne l'étendue,
- Mais le Temps multidimensionnel en assure la cohérence, la mémoire et la dynamique.

Le modèle 9D Temps-espace-mémoire unifie alors matière, énergie, information et conscience dans une même ossature architecturale, où l'espace-temps classique n'est qu'un cas particulier, un sous-ensemble d'une structure bien plus vaste et intégrée.

3. Un Temps Caché — L'Autre Face de la Causalité

Sylvana

C'est fascinant… mais alors, pourquoi, dans le quotidien, ne percevons-nous que le fil linéaire du passé vers le futur, sans accès aux autres dimensions ?

Thierry

Je comprends ta question, et c'est justement l'un des points essentiels. Comme tu le sais, dans le cadre des modèles physiques classiques, le Temps est généralement représenté comme une dimension unidirectionnelle, orientée du passé vers le futur, selon une flèche temporelle associée à l'augmentation de l'entropie.

Mais cette linéarité apparente est en réalité une projection de la perception, et non une propriété ontologique du Temps lui-même.

Nous percevons principalement la flèche entropique parce que nous évoluons dans une fractale du Temps à faible DTF — donc à faible densité informationnelle.

Sylvana

Est-ce que cela signifie que notre conscience, accordée à cette fractale particulière, agit comme un filtre qui limite notre accès aux autres dimensions temporelles ?

Thierry

Oui, exactement.

Notre perception ordinaire se limite à la flèche entropique, celle qui oriente le temps du passé vers le futur en donnant l'impression d'un écoulement irréversible.

Mais dans mon hypothèse du Temps biface, il existe une seconde polarité : la flèche néguentropique, ou rétrocausalité descendante, qui va du futur vers le passé.

Cette flèche est en général masquée à notre conscience ordinaire, car son accès exige une DTF suffisamment élevée pour que la conscience puisse résonner avec des états futurs potentiels et intégrer leur influence rétrospective.

Autrement dit, à faible DTF, nous sommes confinés à une lecture linéaire et entropique du devenir.

Mais à mesure que la DTF augmente — par élargissement de la conscience, par synchronisation avec des couches plus denses du champ temporel — la rétrocausalité devient perceptible.

Elle se manifeste alors comme une mémoire anticipatrice, où des traces d'événements futurs influencent déjà le présent.

Ce n'est pas une violation de la causalité, mais une extension de son champ : la conscience accède à une trame temporelle plus riche, où les deux flèches coexistent et s'équilibrent.

Sylvana
Tu veux dire que si la conscience augmentait sa densité temporelle, elle pourrait accéder à l'autre face du Temps — celle où le futur influence déjà le présent ?

Thierry
Exactement.

Cela ouvre la voie à ce que j'appelle une épistémologie dynamique de la causalité.

Plus un système est complexe — c'est-à-dire plus il intègre d'information et résonne finement avec le champ temporel — plus la causalité cesse d'être linéaire. Elle devient contextuelle, souple et multidirectionnelle.

Sylvana
Contextuelle… tu veux dire qu'on pourrait percevoir les événements futurs comme déjà impliqués dans ce qui se déroule maintenant ?

Thierry
Oui. Si l'esprit-conscient à travers sa conscience reste calé sur une faible Densité Temporelle Fractale, il ne capte que la flèche entropique : le passé conditionne le présent, et c'est tout. On appelle cela «déterminisme», et cela représente pour moi que la moitié du processus.

Mais si l'esprit-conscient ouvre sa conscience à une densité temporelle plus élevée, il peut accéder, à ce que j'ai appelé, la Condition Simultanée du champ temporel — là où passé, présent et futurs possibles coexistent.

Alors, le futur n'est plus seulement une conséquence à venir : il devient aussi une influence active qui façonne déjà le Présent.

Sylvana
Tu veux dire que ce qu'on prend pour une simple cause unique est en fait l'intersection de plusieurs lignes temporelles ?

Thierry
Exactement. Si on ne voit que la cause immédiate, on pense que tout est rigide et déterministe. Mais si on perçoit aussi les futurs potentiels qui rétroagissent, on comprend que le réel se construit par co-émergence.

Un exemple simple : imagine une décision importante dans ta vie. Tu crois l'avoir prise parce qu'un enchaînement de causes passées t'y a menée. Mais si ta conscience était accordée à une densité temporelle plus élevée, tu percevrais aussi comment certains futurs possibles «t'appelaient» déjà, influençant subtilement ton choix au moment présent.

Sylvana
Donc, dans ton modèle, le présent est moins une conséquence qu'un point d'équilibre entre mémoire du passé et attracteurs du futur…

Thierry
Oui, exactement. Le présent est un lieu de tissage, où les influences rétrospectives et prospectives se rencontrent. C'est ce qui fait de la causalité une logique non pas fixe, mais vivante, adaptative, et liée à la densité temporelle de la conscience qui l'observe.

Chapitre 13

Pilier 4 – L'Univers Bimétrique

~

Fractal et Multivers

Sylvana

Avant qu'on entre dans ce nouveau pilier, j'aimerais situer les choses. Tu viens de parcourir un long chemin : le champ temporel, le chronon, puis les dimensions multiples du Temps… Et maintenant, tu arrives au quatrième pilier.

Thierry

Oui, exactement. Ce quatrième pilier marque une étape charnière dans mon cheminement théorique. Après avoir posé les bases de ma conception du Temps comme principe structurant de l'Univers, il devenait indispensable d'en tester la puissance explicative : jusqu'où une telle hypothèse peut-elle réellement éclairer les grandes énigmes encore non résolues de la cosmologie moderne ?

Car il faut le rappeler : près de 95 % du Cosmos nous échappe encore. La matière noire, l'énergie noire, la structure intime du vide ou encore l'origine du Temps demeurent largement hors de portée de nos modèles actuels. Nous naviguons dans un Univers dont la majorité reste invisible, comme si nos théories n'étaient que des cartes incomplètes d'un territoire immense.

Face à ce défi, j'ai concentré mes efforts sur trois questions fondamentales, véritables nœuds d'énigmes :

- La distribution de la matière, qui déjoue les prédictions de la gravité classique et suggère des forces sous-jacentes encore insaisissables.
- La circulation de l'énergie, au cœur du mystère de l'expansion accélérée de l'Univers, qui défie la logique de l'équilibre cosmique.
- La nature du Temps lui-même, dont nous ne percevons qu'une facette phénoménale, sans accéder à sa structure profonde.

C'est dans ce contexte que j'ai introduit la notion de Temps biface : un principe actif, vivant et structurant, dont la dualité bouleverse la manière même dont nous pensons la dynamique cosmique. D'un côté, le Temps se contracte et organise la matière ; de l'autre, il ouvre et réinjecte du potentiel, comme une respiration invisible qui maintient l'Univers en mouvement.

En plaçant le Temps au centre — non plus comme simple paramètre de mesure, mais comme force primordiale — je propose une grille de lecture capable d'intégrer ce qui, aujourd'hui, reste attribué à « l'invisible ». Ce cadre offre non seulement une clé de compréhension nouvelle pour la matière noire, l'énergie noire et la mémoire du vide, mais aussi une passerelle entre physique et métaphysique : le Temps devient alors la matrice unificatrice où se rejoignent les dimensions visibles et cachées du réel.

Sylvana
Tu avais déjà parlé du Temps biface — que passé et futur sont deux orientations réelles du champ temporel.

Mais là, tu veux en explorer les implications au niveau cosmologique ?

Thierry
Exactement.

L'un des grands défis de la cosmologie contemporaine est d'expliquer certains phénomènes majeurs qui résistent encore à nos théories.

L'expansion accélérée de l'Univers, tout d'abord, défie la logique : alors que la gravité devrait ralentir cette expansion, nous observons au contraire une accélération, comme si une énergie invisible — l'« énergie noire » — poussait l'espace à se dilater toujours plus vite.

Vient ensuite la question de la matière noire : les galaxies tournent trop rapidement pour que leur seule masse visible explique leur cohésion. Il semble donc qu'une forme de matière encore indétectable exerce une gravité cachée, mais sa nature reste totalement mystérieuse.

Enfin, l'asymétrie entre matière et antimatière pose un paradoxe fondamental

: selon les lois connues, les deux auraient dû s'annihiler dans les premiers instants de l'Univers, or nous observons un Cosmos dominé par la matière.

Ces trois énigmes révèlent un même constat : les modèles actuels, basés sur la seule géométrie de l'espace-temps courbe, sont insuffisants pour rendre compte de la complexité cosmique. C'est précisément face à ces limites que j'ai proposé une autre voie : m'appuyer sur la nature biface du Temps pour construire un modèle cosmologique différent. Dans ce cadre, l'Univers ne repose pas uniquement sur une métrique géométrique, mais également sur une structure bimétrique et informationnelle, où le Temps devient le principe actif capable de générer et d'organiser les phénomènes.

Dans ce cadre, le Temps ne se contente plus d'ordonner les événements : il devient une force organisatrice qui déploie deux visages — l'un tourné vers la contraction et la stabilisation, l'autre vers l'ouverture et l'émergence. Ce double mouvement n'est pas un simple jeu de symétrie abstraite, mais la clé qui permet d'expliquer les déséquilibres apparents de notre Cosmos : pourquoi l'expansion s'accélère, pourquoi la matière visible ne suffit pas à expliquer la gravité cosmique, ou encore pourquoi l'Univers a favorisé la matière sur l'antimatière.

Ce cadre théorique m'a conduit à formuler une hypothèse en cohérence avec l'idée d'un Univers fractal, où les structures se répètent à différentes échelles, et d'un multivers intrinsèque, où les réalités ne sont pas isolées mais coexistent en parallèle, chacune obéissant à son propre régime temporel. Ainsi, la diversité des phénomènes observés — des galaxies aux particules élémentaires — peut être comprise comme l'expression d'une même dynamique biface, modulée différemment selon la densité temporelle et la polarité métrique en jeu.

Sylvana
Quand tu dis « structure bimétrique et informationnelle », qu'est-ce que tu entends exactement par-là ?

Thierry
Dans mon modèle, le Temps n'est pas réductible à une seule flèche causale orientée du passé vers le futur, comme le suppose la physique classique. Il repose sur une bimétrie fondamentale : deux directions coexistent, symétriques dans leur essence, mais profondément asymétriques dans leurs effets.

- La première face, que j'appelle M+, est un flux émergent et structurant. Elle est porteuse de mémoire, de cohésion et d'ordre : c'est elle qui organise la matière, qui stabilise les formes et qui permet la continuité des phénomènes.
- La seconde face, M-, est un flux récessif et dissolvant. Elle est associée à l'oubli, à la dispersion et à la déstructuration : c'est elle qui efface les traces, ouvre les possibles et prépare la régénération du tissu temporel.

Ces deux polarités ne s'annulent pas : elles constituent ensemble la dynamique profonde du Temps. C'est leur tension réciproque — entre inscription et effacement, entre organisation et dissolution — qui modèle l'Univers à toutes les échelles et conditionne notre expérience du réel. Autrement dit, la réalité ne se construit pas sur une flèche unique et irréversible, mais sur l'interaction vivante entre deux régimes temporels, dont l'équilibre mouvant donne naissance à l'histoire du Cosmos comme à la perception intime que nous avons du présent.

Sylvana
Dans ton modèle, ces forces conditionnent l'expérience du réel… ça m'intrigue… peux-tu développer ?

Thierry
Oui. En réalité, cette bifacialité du Temps entraîne une répartition des phénomènes selon leur polarité temporelle. Ici, « polarisé » signifie que chaque entité — particule, champ ou masse — adopte une orientation privilégiée par rapport au flux du Temps. Comme un aimant possède deux pôles, chaque phénomène est « orienté » par rapport à la trame temporelle : il ne se contente pas de subir le Temps, il s'y inscrit avec une direction propre.

C'est ce qu'exprime le couplage au champ temporel fractal : la manière dont un système s'articule à l'une ou l'autre des faces du Temps, M+ ou M-. Ce couplage définit les propriétés physiques fondamentales de l'entité concernée : son inertie, sa gravité, ses interactions, mais aussi son rapport à la mémoire et au devenir.

Ainsi, la matière que nous appelons « positive » est couplée à l'orientation temporelle classique, celle qui évolue du passé vers le futur. Elle porte l'empreinte de la mémoire et de l'irréversibilité, et correspond au régime que nous expérimentons dans notre Univers observable. À l'inverse, une « matière négative » serait couplée à l'orientation temporelle inversée, évoluant du futur vers le passé. Elle suivrait une dynamique néguentropique, dissolvante et régénératrice, inscrite dans l'autre face de la bimétrie temporelle.

Autrement dit, l'Univers n'est pas homogène, mais se compose de deux composantes fondamentales, définies par leur couplage à des orientations temporelles opposées. Chaque versant de la réalité est structuré selon une métrique spatio-temporelle spécifique, issue du sens d'évolution temporelle de ses constituants. L'un, polarisé en M+, construit et organise ; l'autre, polarisé en M-, déconstruit et ouvre les possibles. Et c'est précisément de leur interaction polarisée que naît la dynamique vivante du Cosmos fractal.

Sylvana
Donc dans ton modèle, tout suit une direction, que ce soit la matière, les champs ou même l'inertie…

Thierry
Oui, et pour montrer concrètement comment cette bifacialité du Temps se traduit, on peut distinguer deux réalités fondamentales, miroir l'une de l'autre.

La première est la réalité extrinsèque, celle de notre Univers observable. Elle est régie par une métrique temporelle orientée du passé vers le futur et se caractérise par :

- Des masses positives (M+), naturellement couplées à un Temps structurant et stabilisateur,
- Une entropie croissante, qui inscrit les phénomènes dans l'irréversibilité,
- Et une tendance à l'agrégation, donnant naissance à des structures cohérentes et durables : galaxies, étoiles, planètes, mais aussi molécules et organismes vivants.

C'est cette polarité M+ qui confère à notre Univers sa stabilité intrinsèque : les masses positives s'attirent, se condensent et organisent la matière en formes persistantes. C'est grâce à ce socle temporel que l'Univers déploie une histoire cosmique continue et que la complexité peut émerger.

En miroir, il existe une réalité intrinsèque, couplée à une métrique temporelle inversée du futur vers le passé. Dans cette branche de l'Univers :

- Les constituants sont des masses négatives (M-), polarisées selon le flux récessif du Temps,
- L'entropie y décroît (dimension néguentropique), inscrivant ce régime dans une dynamique d'effacement et de dissolution,

- Les systèmes y demeurent instables et diffus, incapables d'agréger durablement de grandes structures,
- Cette réalité reste donc quasi indétectable depuis notre référentiel, bien qu'elle puisse exercer des effets gravitationnels discrets mais décisifs sur le Cosmos observable.

Autrement dit, M+ stabilise, agrège et ordonne, tandis que M- déstructure, dissout et reste instable. Leur coexistence forme une bimétrie cosmique, où chaque polarité joue un rôle complémentaire. Cette vision permet d'expliquer certaines anomalies de la cosmologie moderne (matière noire, énergie noire, expansion accélérée) en posant les bases d'une dynamique universelle symétrique, ancrée dans un champ temporel fondamental à double polarité.

Dans cette perspective, la dichotomie entre M+ et M- peut se comprendre comme l'articulation entre deux régimes temporels complémentaires : l'un fondé sur l'entropie, l'autre sur la néguentropie. Loin de s'exclure, ces deux principes s'équilibrent et se répondent, assurant à l'Univers son caractère dynamique et vivant.

Le régime M+ correspond à l'orientation entropique classique :

- Il stabilise et fixe les phénomènes,
- Il inscrit les événements dans une mémoire irréversible,
- Il favorise l'agrégation de la matière et la formation de structures durables — galaxies, étoiles, planètes, mais aussi molécules et organismes vivants.

Autrement dit, l'entropie de M+ n'est pas seulement une « perte de liberté », mais une force de cohésion : elle verrouille la dynamique en orientant le Temps du passé vers le futur, ce qui donne sa stabilité au Cosmos observable.

En miroir, le régime M- exprime une orientation néguentropique. Ici, il ne s'agit pas simplement de dissolution ou d'instabilité chaotique, mais d'un champ de plasticité organisationnelle :

- La matière y reste diffuse, car elle ne s'agrège pas en structures baryoniques stables,
- Mais ce relâchement ouvre au contraire un surcroît de degrés de liberté, permettant l'émergence de configurations inédites (informationnelles, vibratoires ou subtiles),

- La néguentropie de M- agit donc comme une source de créativité et de renouvellement, un principe qui garde l'Univers ouvert aux possibles.

Ainsi, M+ conserve, M- libère.

- Trop de M+, et l'Univers se figerait dans un excès d'ordre, un cristal stérile incapable d'évolution.
- Trop de M-, et il se dissoudrait dans une instabilité sans mémoire, où rien ne pourrait persister.

Leur interaction polarisée est donc la clé : M+ fournit la stabilité, la continuité et la mémoire ; M- introduit la plasticité, la régénération et l'ouverture. Ensemble, ils instaurent un équilibre dynamique où la structure et la nouveauté, l'ordre et la liberté, se conjuguent en une spirale vivante.

C'est ce balancement subtil entre entropie stabilisatrice et néguentropie créatrice qui permet à l'Univers d'être à la fois cohérent et évolutif, mémoire et devenir, Cosmos ordonné et champ d'innovation permanente.

Sylvana
Ce que tu dis est très intéressant.

Et pour confirmer que j'ai bien compris : tu décris un Univers à deux polarités temporelles. Dans notre réalité extrinsèque (passé → futur), la matière positive et l'entropie croissante favorisent l'agrégation et les structures stables ; dans la réalité miroir (futur → passé), la matière négative et l'entropie décroissante restent diffuses et presque indétectables.

Et cette bimétrie — deux métriques spatio-temporelles inversées — pourrait éclairer certaines anomalies cosmologiques et montrer que l'Univers repose sur un champ temporel fondamental à double orientation.

Thierry
Oui, tu l'as parfaitement résumé.

Sylvana
Et ces phénomènes dont tu parles… pourrais-tu m'en décrire quelques-uns qui prennent sens lorsqu'on les applique à ton modèle ?

Thierry
Oui, bien sûr. Pour rendre tout cela plus concret, prenons quelques exemples où l'interaction entre M+ et M- devient la clé d'une compréhension nouvelle. Dans mon modèle, la matière négative, évoluant dans une métrique temporelle inversée (du futur vers le passé), n'est pas un simple « double » abstrait de la

matière positive, mais un versant actif du réel qui interagit avec notre Univers observable. Cette interaction ouvre une voie élégante pour expliquer plusieurs énigmes astrophysiques encore irrésolues.

- L'expansion accélérée de l'Univers : plutôt que d'invoquer une énergie noire indéfinissable, on peut comprendre l'accélération cosmique comme le résultat d'une tension gravitationnelle entre les deux métriques. Notre métrique M+ stabilise et agrège, tandis que la métrique M- agit en sens inverse, récessive, comme si elle tirait le tissu du Temps à rebours. De cette interaction naît un effet apparent de « pression négative », qui pousse l'espace à se dilater. L'expansion accélérée ne serait donc pas une anomalie, mais l'expression naturelle d'un Univers bimétrique où deux régimes temporels coexistent.
- La matière noire : si la matière M- existe, elle ne peut pas s'agréger ni former de structures stables dans notre métrique, car elle obéit à une dynamique néguentropique, orientée vers la dispersion. Elle reste diffuse, insaisissable, mais son empreinte gravitationnelle interfère avec notre monde M+. Elle devient alors invisible à nos instruments, mais détectable par ses effets, exactement comme la matière noire telle que nous l'observons. Dans ce cadre, la matière noire cesse d'être une substance mystérieuse : elle devient la projection gravitationnelle de la face M- dans notre métrique.
- Le découplage entre masse visible et gravité observée : dans de nombreuses galaxies et amas, la gravité semble disproportionnée par rapport à la masse visible. Cette énigme trouve ici une explication simple : les champs gravitationnels issus de la métrique M- se superposent aux nôtres, renforçant localement la courbure de l'espace-temps. Nous mesurons alors une gravité « excédentaire », sans voir la masse qui en est la source.

Ce qui rend ce modèle intéressant, c'est qu'il ne suppose pas deux Univers totalement disjoints, mais une imbrication des deux métriques temporelles dans une trame plus profonde : celle du champ temporel fractal. C'est ce champ qui orchestre le couplage entre M+ et M-, assurant à la fois leur autonomie et leur interaction.

La logique est claire :

- M+ stabilise, agrège, construit les formes ;
- M- diffuse, dissout, exerce une tension inverse ;

- Leur interaction crée un équilibre dynamique où la cohésion et l'expansion se répondent.

Cette idée est novatrice parce qu'elle transforme ce qui apparaissait comme des anomalies (matière noire, énergie noire, expansion) en conséquence naturelles d'un Univers biface, polarisé par le Temps lui-même. L'invisible n'est plus un résidu embarrassant de nos équations, mais la signature de la polarité temporelle cachée qui complète notre réalité.

Sylvana
Donc, la matière M- pourrait vraiment expliquer des phénomènes comme l'expansion accélérée ou la matière noire…

Mais est-ce que la matière M+ et la matière M- interagissent uniquement dans des cas précis comme celui-là ou elles interagissent en permanence ?

Thierry
Cette une question pertinente.

Pour y répondre, il faut envisager l'Univers comme un système bimétrique à double couche temporelle, séparé — mais aussi relié — par une interface dynamique. Cette interface n'est pas un mur infranchissable : c'est une membrane temporelle semi-perméable, dont la perméabilité dépend des conditions locales de la trame du Temps, et notamment de la Densité Temporelle Fractale (DTF).

Là où la DTF atteint des seuils critiques — par exemple dans les zones de forte résonance cosmique, près des singularités gravitationnelles, ou dans certaines conditions quantiques — la membrane devient perméable sélectivement. À ces endroits, plusieurs processus d'interaction peuvent se produire :

- Transferts d'information entre les deux versants de réalité, comme un passage discret de mémoire d'une métrique à l'autre,
- Résonances synchroniques, où des structures polarisées en M+ et M- vibrent à l'unisson, créant des couplages subtils observables comme des anomalies gravitationnelles ou des effets d'intrication,
- Jonctions locales d'énergie, où la tension entre les deux régimes temporels se décharge en phénomènes observables — singularités, fluctuations quantiques, décohérences, voire émergence de nouvelles particules.

On pourrait comparer cette membrane à une barrière de potentiel quantique : la plupart du temps, elle sépare fermement les deux régimes, mais elle peut devenir perméable sous certaines conditions de résonance, permettant un effet de tunneling temporel. Ce mécanisme expliquerait pourquoi M+ et M- semblent distincts la plupart du temps, tout en restant profondément intriqués au sein d'une structure unifiée.

Autrement dit, la frontière entre les deux métriques n'est pas fixe : elle est vivante, sélective et intelligente. Elle s'ouvre ou se ferme selon l'état vibratoire du champ temporel. C'est cette perméabilité dynamique qui fonde l'équilibre entre ordre et ouverture, entre stabilité et plasticité, et qui rend compte des anomalies cosmologiques que nous attribuons aujourd'hui à la matière noire ou à l'énergie noire.

Sylvana
Je vois... aurais-tu une analogie qui m'aiderait à mieux visualiser cette dynamique ?

Thierry
Absolument. On peut imaginer l'Univers comme un instrument de musique à deux cordes superposées.

- La corde supérieure, associée à la matière M+, vibre dans le sens passé → futur.
- La corde inférieure, associée à la matière M-, vibre en sens inverse, futur → passé.

Individuellement, chaque corde produit son propre timbre, comme deux réalités distinctes. Mais lorsqu'elles résonnent ensemble, des interférences et harmoniques apparaissent. Ces harmoniques ne sont pas générées par une seule corde, mais par leur interaction vibratoire. C'est là que réside la clé : ce que nous percevons comme des anomalies cosmologiques pourrait être l'équivalent, à l'échelle de l'Univers, de ces battements harmoniques.

Prenons un exemple concret en astrophysique.

En 2006, l'observation du Bullet Cluster a mis en évidence une énigme : la répartition de la matière visible (plasma chaud détecté en rayons X) ne correspondait pas à la carte gravitationnelle obtenue par lentille gravitationnelle. Autrement dit, la gravité déviait la lumière comme si une masse invisible était présente ailleurs.

Dans le cadre de mon modèle, cette « masse fantôme » s'explique naturellement : il s'agirait de la projection gravitationnelle de la matière M-, évoluant dans une métrique temporelle inversée. Cette matière ne peut pas se condenser en structures dans notre référentiel M+, mais elle influence néanmoins la géométrie locale de l'espace-temps. Ce que les astrophysiciens appellent « matière noire » serait alors la signature d'une coexistence métrique et non d'une substance inconnue.

En allant plus loin, on comprend pourquoi les deux polarités temporelles donnent naissance à des comportements gravitationnels différents :

- La matière positive (M+) suit la logique classique : elle s'attire, s'agrège et construit des structures hiérarchiques — étoiles, galaxies, amas.
- La matière négative (M-), elle, ne peut s'agglomérer. Selon son couplage temporel inversé, elle tend à se repousser entre elle-même, et vis-à-vis de M+, elle exerce une force de nature répulsive.

Dans ce cadre, l'expansion accélérée de l'Univers cesse d'être un mystère : elle apparaît comme le résultat d'une tension métrique entre M+ et M-, exactement comme deux cordes en vibration opposée qui créent un battement global. Ce battement cosmique est la respiration même de l'Univers fractal.

On peut aussi comparer l'Univers à une cellule cosmique entourée d'une membrane semi-perméable.

- Cette membrane n'est pas une frontière rigide : elle filtre, module et régule les échanges entre les deux faces du Temps, M+ et M-.
- Comme une membrane biologique laisse passer certains ions ou molécules selon des gradients de concentration ou des signaux électriques, cette membrane temporelle devient perméable lorsque la Densité Temporelle Fractale (DTF) atteint des seuils critiques.

Scientifiquement, ce mécanisme évoque le tunneling quantique : une particule peut franchir une barrière de potentiel infranchissable classiquement, si certaines conditions de fréquence ou de densité sont réunies. Dans mon modèle, la membrane temporelle joue le même rôle à l'échelle cosmique : la plupart du temps, elle sépare, mais dans des états critiques, elle connecte les deux régimes temporels et engendre les phénomènes que nous interprétons comme « anomalies ».

Sylvana
C'est impressionnant, c'est comme deux éléments qui paraissent opposés, et pourtant fonctionnent de manière complémentaire.

Mais si je reviens aux chiffres… Tu me rappelles souvent que nous ne voyons qu'environ 5 % de l'Univers et que 95 % — matière noire et énergie noire — restent invisibles. Si M- correspond vraiment à ces 95 %, alors pourquoi un écart aussi immense ?

Thierry

C'est justement cette asymétrie entre la matière et l'antimatière qui pose le paradoxe fondamental dont je parlais tout à l'heure. L'asymétrie apparente entre les 5 % de matière visible et les 95 % de composantes sombres (≈ 27 % de matière noire et ≈ 68 % d'énergie noire) pourrait ne pas être une véritable inégalité, mais plutôt une illusion issue de notre perspective métrique. Si l'Univers est réellement bimétrique et fractal, cette répartition n'exprime pas une dissymétrie quantitative, mais une symétrie fonctionnelle.

En effet, la matière positive (M+), dense et baryonique, possède une capacité d'agrégation qui façonne les galaxies et les grandes structures hiérarchiques. Elle joue le rôle d'architecture visible et condensée, qui inscrit la mémoire et stabilise l'Univers observable.

À l'inverse, la matière négative (M-), diffuse et faiblement massive dans notre métrique, ne se manifeste pas par l'accumulation, mais par son influence dynamique. Elle module la cohésion des structures, agit comme une pression gravitationnelle globale, et contribue à l'expansion accélérée.

Ainsi, la répartition « 5 % / 95 % » ne correspond pas à une parité brute, mais à l'expression de deux fonctions complémentaires :

- M+ (≈ 5 %) : la composante dense, agrégative, qui construit et rend visible.
- M- (≈ 95 %) : la composante diffuse, modulatrice, qui équilibre et ajuste à grande échelle.

On peut l'illustrer par une analogie simple : un système composé à 10 % de masses compactes et à 90 % de gaz diffus n'est pas équilibré en termes de masse condensée, mais il l'est en dynamique globale. Car même léger, le gaz détermine le comportement et la stabilité du système par sa pression et ses interactions invisibles.

Dans ce cadre, la véritable symétrie cosmique ne réside donc pas dans la proportion des masses, mais dans la complémentarité fonctionnelle des deux métriques, intégrées au sein du champ temporel biface. Autrement dit, c'est une symétrie d'architecture et de rôle, plutôt qu'une symétrie de quantité.

De la même manière, notre Univers observable (M+) et son miroir temporel

(M-) peuvent, dans certaines conditions de résonance, engendrer des effets hybrides : phénomènes subtils, anomalies gravitationnelles ou fluctuations quantiques, qui sont précisément les signatures de cette coexistence métrique.

Sylvana

Des phénomènes subtils… qu'entends-tu exactement par-là ?

Thierry

Si la frontière entre M+ et M- est une membrane temporelle semi-perméable, dont la perméabilité dépend des conditions locales de la trame du Temps, alors il devient possible d'étendre ce cadre explicatif à des phénomènes observés à l'échelle humaine. J'ai fait le rapprochement avec certains phénomènes psychiques ou cognitifs « étranges » provenant du cerveau, souvent considérés comme paranormaux, mais qui pourraient être expliqués scientifiquement de la même manière.

Je pars du postulat que l'Univers trouve son origine dans le vide quantique, compris comme un réseau unifié de Temps–espace–mémoire reliant tous les niveaux de réalité, de l'atome jusqu'à la conscience. Si cette trame fondamentale gouverne le Cosmos, il est cohérent d'hypothétiser qu'elle s'exprime également dans le cerveau. Plus précisément, des structures comme les microtubules des cellules neuronales pourraient fonctionner dans des états quantiques, exploitant des propriétés de superposition et d'intrication.

Dans ce cadre, la conscience n'est plus un simple épiphénomène biologique : elle devient une caractéristique quantique de notre réalité, couplée au champ temporel biface. Ainsi, tout comme la membrane temporelle relie et module les métriques à l'échelle cosmique, une dynamique analogue pourrait se manifester localement dans les processus cérébraux.

Cette hypothèse ouvre un cadre théorique permettant d'expliquer plusieurs phénomènes dits « parapsychologiques » :

- La précognition : perception d'« échos » d'événements futurs déjà inscrits dans la métrique M-, avant leur actualisation dans M+.
- La psychokinèse : interaction localisée entre champs M+ et M-, créant des décohérences quantiques qui se traduisent par un effet mesurable sur la matière.
- La télépathie ou synchronicité : résonances d'information à travers la DTF entre deux consciences couplées, comme deux oscillateurs synchronisés au sein de la même trame temporelle.

Dans cette perspective, certains phénomènes que nous classons aujourd'hui comme « paranormaux » ne seraient pas surnaturels, mais simplement des manifestations locales et rares de la plasticité des métriques temporelles. J'ai réalisé des expériences empiriques qui confortent ces hypothèses. Ce seraient les harmoniques subtiles d'un instrument cosmique, dont la plupart des vibrations échappent à nos perceptions ordinaires mais que certaines conditions particulières permettent de capter.

Sylvana
C'est très intéressant… Tu as un exemple ?

Thierry
Oui, prenons l'exemple de la précognition, qui illustre bien ce que j'entends.

Dans le domaine de la psychologie expérimentale, plusieurs études de laboratoire ont mis en évidence un effet dit « psi », faible mais statistiquement reproductible : des sujets, placés devant des écrans, manifestent des réactions physiologiques (par exemple une modification de la conductance cutanée, ou des variations mesurées de l'activité cérébrale) quelques secondes avant l'apparition d'un stimulus aléatoire — qu'il s'agisse d'une image neutre ou d'une image à forte charge émotionnelle.

Ces résultats, bien que longtemps jugés énigmatiques, trouvent un cadre explicatif naturel dans mon modèle. Si la conscience est une interface quantique sensible au champ temporel fractal, alors elle peut capter non seulement des traces du passé, mais aussi des échos d'information depuis la métrique M-, où les événements existent déjà comme potentialités inscrites dans la trame du futur.

Autrement dit, la précognition ne serait pas une violation des lois de la causalité, mais une information temporelle franchissant la semi-perméabilité de la membrane entre M+ et M-. Cette perméabilité peut être activée par l'esprit — consciemment ou inconsciemment — qui devient alors capable de recevoir une résonance anticipée d'un événement avant qu'il ne s'actualise dans notre métrique orientée passé → futur.

Dans cette perspective, la précognition cesse d'être un phénomène « paranormal » : elle devient une expression subtile mais naturelle de la bifacialité du Temps. Elle démontre que notre conscience n'est pas enfermée dans une seule flèche temporelle, mais reliée à une structure plus profonde, capable de traverser ponctuellement les frontières entre les deux métriques.

Sylvana
Je vois… donc ton modèle pourrait éclairer à la fois des phénomènes du

Cosmos — comme ces anomalies gravitationnelles — et des phénomènes plus subtils liés à la conscience, comme la précognition. Cela couvre un spectre immense… Mais alors, comment ta théorie se situe-t-elle par rapport à la science contemporaine ?

Thierry

Ma théorie trouve ses racines dans des hypothèses que j'ai formulées entre 1996 et 2001, bien avant l'émergence de certains travaux théoriques ultérieurs qui, rétrospectivement, en confortent la pertinence.

L'édifice que je propose précède et englobe notamment :

- Les recherches en gravité bimétrique initiées par Hassan et Rosen (2011), qui ont construit un cadre mathématique cohérent pour formaliser l'existence de deux métriques interagissantes.
- L'hypothèse de masse négative avancée par Jamie Farnes (2018), qui explore son rôle possible comme unificateur entre matière noire et énergie noire.

Ces contributions, bien que postérieures, confirment la fécondité d'une intuition initiale : celle d'un Univers structuré par des métriques temporelles opposées et des polarités gravitationnelles différenciées.

Cependant, ma vision ne se limite pas à ces dynamiques géométriques ou énergétiques. Elle ouvre un champ plus vaste, où le réel cesse d'être conçu comme un simple espace-temps passif. Je le décris comme une architecture vivante, fractale et navigable, tissée de correspondances entre phénomènes physiques, structures informationnelles et expériences conscientes.

Il est important de souligner que, lorsque j'ai commencé à élaborer cette hypothèse, le chercheur français Jean-Pierre Petit avait déjà proposé, dès les années 1980, un modèle bimétrique fondé sur l'existence de deux types de matière — positive et négative — évoluant dans des métriques distinctes. Je n'ai découvert ses travaux que plus tard, mais j'y ai reconnu un écho stimulant, qui confirmait intuitivement certaines des directions que j'avais explorées de manière indépendante.

Nos approches, néanmoins, diffèrent sensiblement :

- Son modèle prolonge la relativité générale, en y intégrant une symétrie gravitationnelle basée sur deux types de matière.

- Le mien s'écarte de ce prolongement direct, pour proposer un cadre plus englobant, fondé non seulement sur la bimétrie, mais surtout sur la bifacialité du Temps, une architecture fractale du réel et une articulation élargie entre physique, information et conscience.

C'est ce pas supplémentaire — replacer le Temps comme principe structurant premier, plutôt que comme paramètre dérivé — qui donne à ma théorie sa singularité et sa capacité explicative, à la fois sur le plan cosmologique et sur le plan cognitif.

Sylvana
Et dans une démarche aussi ambitieuse, quel a été pour toi le plus grand défi, concrètement ?

Thierry
Le principal défi reste celui de la validation expérimentale. La réalité postulée ici ne se révèle pas directement à l'observation, mais par ses effets indirects, déjà perceptibles dans différents domaines :

- Polarisation anormale du vide,
- Distorsions gravitationnelles non expliquées,
- Déséquilibres énergétiques locaux,
- Et, à grande échelle, l'expansion accélérée de l'Univers observable.

Pris isolément, ces indices paraissent fragmentaires ; mais considérés ensemble, ils dessinent les contours d'une architecture plus subtile qu'un espace-temps unique et homogène.

Au cœur de cette architecture, une intuition structurante guide mon hypothèse : l'Univers est bimodal dans ses métriques, fractal dans ses architectures, et unitaire dans son principe de conscience. En d'autres termes, la dualité des flèches du Temps et la duplication métrique ne sont pas des anomalies, mais les clés d'une organisation cosmique hiérarchisée, cohérente et évolutive.

C'est pourquoi ma recherche s'oriente naturellement vers l'infiniment petit. Car c'est à l'échelle quantique que :

- La réalité s'encode,
- Les bifurcations temporelles prennent racine,
- Et que les lois fondamentales s'articulent au champ informationnel.

Dans l'intimité du vide quantique et des singularités élémentaires surgissent alors des corrélats inattendus : intrications non locales, fluctuations auto-organisées, résonances structurelles. Ces phénomènes, bien que ténus, esquissent la possibilité d'une nouvelle physique intégrative où matière, énergie, information et conscience cessent d'être traitées comme des domaines disjoints, pour apparaître comme les facettes interactives d'un continuum vivant.

Ainsi, ce modèle ne propose pas seulement une cosmologie alternative : il suggère une réconciliation des échelles — du quantique au cosmique — et annonce une physique où l'Univers est compris comme un système intelligent, dynamique et auto-organisé.

Partie V

Replier l'Espace

~

Voyager dans l'Univers Sans Se Déplacer

Chapitre 14

La Cartographie Cosmique

~

Identité, Résonance et Voyage

Sylvana

Après avoir posé toutes ces hypothèses de base — le Temps comme champ vivant, ses chronons, ses dimensions et l'Univers bimétrique — comment, toi, as-tu fini par percevoir l'Univers dans son ensemble ?

Thierry

Pour moi, l'Univers est avant tout un réseau dynamique, structuré par le Temps, l'information et l'énergie, et animé par des processus génératifs en perpétuelle évolution. Ce n'est pas un décor figé où se dérouleraient des événements, mais un système vivant, auto-organisé et multidimensionnel, dont les lois émergent autant qu'elles structurent.

Dès mes premières réflexions, je l'ai envisagé comme une sorte d'ordinateur quantique cosmique : une technologie universelle fondée sur des principes d'encodage, de mémoire, d'interaction et d'actualisation. Cette architecture n'est pas seulement une métaphore : elle traduit l'idée que la réalité observable est le résultat d'un traitement informationnel profond, où chaque particule, chaque champ et chaque conscience constitue un nœud d'un immense réseau d'interdépendances.

Ce système engendre la réalité phénoménale que nous expérimentons, mais demeure relié à des niveaux plus subtils de structure, d'intention et de signification. Les phénomènes visibles — galaxies, étoiles, matière, vie — ne sont que la surface d'un champ d'organisation plus vaste, où l'information circule et se condense en formes.

En ce sens, l'Univers n'est pas un simple ensemble d'objets, mais un processus actif, une trame évolutive d'intelligibilité. Chaque élément, de la particule élémentaire à la conscience humaine, participe à cette dynamique globale cohérente, comme une note dans une symphonie où matière, énergie, information et esprit se répondent en résonance.

Sylvana

Quand tu parles d'un «ordinateur quantique cosmique», ce n'est pas juste une image. Tu décris un fonctionnement précis : une structure qui encode, qui garde la mémoire des interactions, qui relie chaque chose à l'ensemble.

Thierry

Exactement.

Mais il me fallait aller plus loin. Mon objectif n'était pas seulement de décrire la structure de l'Univers, mais de réconcilier deux dimensions fondamentales : la réalité phénoménale et la place de l'Homme dans ce vaste réseau. Car il ne s'agit pas seulement de décrire une mécanique cosmique ; il s'agit aussi de comprendre ce qu'elle révèle — et rend possible — du lien entre matière et esprit.

Cette quête n'est pas nouvelle. Depuis les premières lueurs de la pensée humaine, l'Univers a suscité fascination et interrogation. À travers les âges, philosophes, savants, mystiques et physiciens ont cherché à percer ses lois, portés par l'intuition que comprendre le Cosmos revient aussi à se comprendre soi-même. Ce n'est pas une simple spéculation : dans mes observations et mon expérience intime, je retrouve cette intuition fondamentale — celle qu'il existe un lien profond entre l'infiniment grand, l'infiniment petit et l'existence individuelle, entre la trame cosmoquantique et la conscience personnelle.

Cette « nostalgie du Tout » — difficile à nommer mais impossible à ignorer — nous murmure que nous provenons d'une origine plus vaste que ce que le visible nous donne à voir. C'est ce lien, entre la structure de l'Univers et la profondeur de l'être, que j'ai cherché à explorer. Mon but : intégrer une dimension où la rigueur rationnelle rencontre l'intuition, et où les lois du Cosmos dialoguent avec l'expérience intime de la conscience.

Dans mon modèle, l'Univers et la conscience ne sont pas deux domaines séparés, mais les manifestations d'un même tissu quantique de Temps et d'information. Il m'a donc semblé naturel de commencer par ce qui est le plus immédiat et le plus certain : l'expérience directe d'être.

Ma quête, après avoir élaboré la Relativité Absolue comme cadre théorique, est devenue double :

- Comprendre rationnellement comment naviguer dans ce Cosmos,
- Et montrer que la pleine compréhension de l'Univers est aussi une voie de libération — non pas dans un sens mystique mais dans un sens pragmatique : connaître les lois profondes du Temps et de l'information revient à accéder aux outils pour voyager et interagir avec lui.

Pour moi, la conquête spatiale n'est pas qu'un enjeu technique ; c'est un enjeu existentiel pour l'humanité. Mais j'ai compris que ce voyage ne se limite pas à l'espace. Ma recherche s'est étendue du spatial au temporel, jusqu'à conclure que c'est dans l'infiniment petit — là où, selon ma théorie, règne en maître le Temps — que se trouve la clé. C'est de là que l'espace peut être contracté ou modulé : dans les trous noirs ou trous de ver, l'espace et le temps ne sont plus des données figées mais des variables navigables.

C'est ainsi que j'ai choisi de me situer en tant qu'esprit-conscient, partant d'un point de départ incontestable : les données immédiates de l'expérience, ce qui s'impose sans pouvoir être nié. De ce point d'ancrage, il devient possible de bâtir un cadre rationnel où l'Univers n'est plus un décor passif mais une architecture vivante que l'on peut explorer, comprendre et, un jour peut-être, traverser.

1. L'Univers en Expansion — Un Lieu Sans Adresse Fixe

Thierry
La première question que je me suis posée fut directe :

Qui suis-je ?

Je suis un être vivant, conscient, tangible — intégré dans le tissu même de l'Univers.

Ma singularité réside dans cette capacité réflexive et intuitive, profondément intérieure, que je nomme « esprit-conscient ».

J'existe sur une planète entourée d'autres êtres vivants, qui, comme moi, perçoivent, ressentent et évoluent. Partant de cette évidence, je ne pouvais me résoudre à penser que mon existence soit un simple accident. Si moi, être doté de conscience, j'existe, alors la conscience doit avoir une place dans la structure même du Cosmos.

La deuxième question s'est imposée aussitôt :

Où est-ce que je vis dans l'Univers ?

À mon échelle humaine, je vis sur la Terre, troisième planète du Système solaire, orbitant autour d'une étoile naine jaune, le Soleil, situé dans le bras d'Orion de la Voie lactée.

À l'échelle galactique, cela signifie que j'habite une galaxie spirale contenant entre 200 et 400 milliards d'étoiles. Nous savons que notre Système solaire se trouve à environ 27 000 années-lumière du centre galactique, dans un bras secondaire, loin des régions les plus denses.

À l'échelle plus vaste encore, notre galaxie appartient au Groupe local, une trentaine de galaxies liées par gravité, lui-même inclus dans le Superamas de la Vierge, lequel fait partie d'un ensemble encore plus vaste : Laniakea, une structure colossale englobant des centaines de milliers de galaxies.

Et au-delà ? L'Univers observable s'étend sur environ 46,5 milliards d'années-lumière dans toutes les directions. Mais rien n'exclut que la réalité cosmique dépasse infiniment cet horizon.

Pourtant, en poursuivant cette cartographie, je réalise qu'elle repose sur une hypothèse implicite : celle d'un espace fixe, comme une carte géante où chaque point posséderait une adresse absolue. Or cette vision est trompeuse.

Si je situe la Terre dans le Système solaire, la Voie lactée ou Laniakea, ce ne sont là que des repères relatifs. Ces coordonnées ne définissent jamais une « adresse » absolue dans le Cosmos.

Car selon la relativité générale, le Cosmos n'est pas un décor immobile mais un tissu en expansion permanente. Il n'existe donc pas de centre objectif de l'Univers : chaque observateur est, en quelque sorte, le centre de son propre horizon de visibilité. L'expansion cosmique dilate l'espace entre les objets sans que ceux-ci ne se déplacent dans un référentiel fixe.

Autrement dit, il n'y a pas de position absolue dans l'Univers. La Terre, et donc moi ici et maintenant, n'a pas d'adresse cosmique définitive. Elle est un point relatif dans une trame en mouvement, un nœud provisoire dans le vaste réseau du Temps, de l'espace et de l'information.

Sylvana
Qu'est-ce que tu veux dire par «l'expansion cosmique dilate l'espace entre les objets sans qu'ils se déplacent eux-mêmes» ?

Thierry
Imagine une bande élastique sur laquelle des épingles sont fixées. Lorsque tu tires sur la bande, les épingles s'éloignent les unes des autres, non pas parce qu'elles glissent sur la surface, mais parce que c'est la bande elle-même qui s'étire.

C'est exactement ce qui se passe dans l'Univers : l'espace grandit, et ce simple étirement augmente la distance entre les galaxies, même si, localement, elles conservent leur taille et leur cohésion.

Autrement dit, l'expansion cosmique ne pousse pas les objets à se déplacer dans un vide préexistant : elle élargit le tissu de l'espace dans lequel ces objets se trouvent. Voilà pourquoi toute « adresse » cosmique est nécessairement relative, mouvante et en constante évolution.

Même les outils les plus sophistiqués de la cosmologie moderne — comme les coordonnées comobiles ou conformes — ne sont que des conventions mathématiques. Elles permettent de décrire l'expansion de l'Univers, mais elles ne définissent jamais une position « absolue » dans un espace figé.

De plus, notre perspective est limitée par une frontière inévitable : l'horizon causal, borné par la vitesse de la lumière et l'âge de l'Univers. Cette limite définit la bulle de ce que nous pouvons observer. Tout ce qui existe au-delà reste, pour l'instant, hors de portée de notre perception — non pas parce qu'il est inexistant, mais parce que l'information n'a pas encore eu le temps de nous parvenir.

Sylvana
Quand tu parles d'«horizon causal», qu'est-ce que c'est exactement ?

Thierry
Ta question sur l'horizon causal est essentielle. Pour y répondre avec clarté, il faut distinguer deux limites complémentaires qui définissent ensemble notre bulle d'observation cosmique.

La première, c'est le mur d'opacité, une frontière temporelle située environ 380 000 ans après le Big Bang. Avant ce moment, l'Univers était si dense et chaud que la lumière ne pouvait circuler librement : les photons étaient sans cesse piégés dans un plasma opaque d'électrons et de protons. Puis, lorsque l'Univers s'est suffisamment refroidi, ces particules se sont combinées pour former les premiers atomes stables, rendant le cosmos transparent. À partir de là, les photons ont pu voyager librement — et ce sont ces mêmes photons qui nous parviennent encore aujourd'hui sous la forme du fond diffus cosmologique (CMB). Capté par des instruments comme Planck ou WMAP, ce rayonnement micro-onde très uniforme nous donne une image fossile de l'Univers à ses débuts. On l'appelle parfois la « photo de l'Univers bébé », mais ce n'est pas une photo prise « là-bas » : c'est une reconstruction, ici et maintenant, à partir de photons émis il y a 13,8 milliards d'années, refroidis et étirés par l'expansion.

La seconde limite, c'est l'horizon causal, une frontière spatiale définie par la vitesse de la lumière et l'âge de l'Univers. Elle marque la distance maximale depuis laquelle un signal a eu le temps de nous parvenir depuis le Big Bang. Au-delà, même si l'Univers est transparent, la lumière ou toute autre information n'a pas encore atteint notre position.

Ces deux frontières — l'une temporelle (le mur d'opacité), l'autre spatiale (l'horizon causal) — délimitent ce que nous pouvons réellement observer. Tout ce qui s'est produit avant la recombinaison, ou tout ce qui se situe au-delà de notre horizon causal, échappe à l'observation directe et doit être reconstitué par nos modèles physiques.

En d'autres termes, même si l'Univers est probablement bien plus vaste que ce que nous voyons, nous n'en percevons qu'une portion finie : une bulle en expansion que nous appelons notre horizon causal. C'est, actuellement, la limite du connaissable.

Sylvana

En résumé… ce que nous voyons est borné par deux frontières : le mur d'opacité, qui nous donne l'image la plus ancienne possible, et l'horizon causal, qui fixe jusqu'où lumière et information ont pu voyager jusqu'à nous.

Mais alors, quand je lève les yeux la nuit, qu'est-ce que je vois réellement ?

Thierry

Ce que tu vois la nuit, ce sont des étoiles âgées de quelques millions à quelques milliards d'années, et des galaxies qui se sont formées bien après ce moment primordial.

Sylvana

Ah oui… donc ce que je contemple la nuit n'a «que» quelques millions ou milliards d'années… Finalement, c'est un ciel plein de souvenirs, pas un instantané du présent.

Thierry

Exactement. Ce que tu observes dans le ciel, ce sont des messages qui ont mis des millions, parfois des milliards d'années à nous parvenir. Chaque étoile est une capsule temporelle. Certaines sont peut-être déjà éteintes depuis des éons, mais leur lumière poursuit son voyage jusqu'à nous. C'est troublant, n'est-ce pas ?

Sylvana

Oui… C'est comme si chaque étoile était un souvenir lumineux. Une mémoire suspendue dans le ciel.

Thierry

Oui… N'est-ce pas exceptionnel, quand on y pense vraiment ? La nuit n'est pas une fenêtre ouverte sur l'instant présent, mais une immense archive du passé cosmique. Et pour nous, qui vivons dans l'immédiateté, c'est une idée difficile à apprivoiser.

Sylvana

C'est vrai… Ce ciel qu'on croit immédiat est en fait une mémoire, une sorte de miroir du passé. Il y a tellement de mystères dans cet Univers…

Thierry

Tout cela montre que, même armés des meilleures cartes et des plus puissants télescopes, nous ne percevons qu'une bulle d'espace-temps et qu'un passé limité. Notre «adresse» dans l'Univers est donc toujours partielle, relative et mouvante. Dans un tel contexte, la notion même d'«adresse cosmique» devient problématique : si tout est en expansion et sans centre absolu… où suis-je réellement ?

2. L'Identité Cosmique — Une Résonance Plutôt qu'un Lieu

Sylvana

Donc sur Terre j'ai une adresse : une rue, un numéro, un code postal… tout bien rangé pour que le facteur et les impôts me trouvent. Mais en tant que citoyenne du Cosmos… je suis officiellement introuvable ?

Thierry

Oui et non… Parce que tu me connais : même face à un Univers sans repère fixe, j'ai voulu trouver une manière de nous situer.

C'est alors qu'une troisième question s'est imposée à moi :

Comment définir précisément mon adresse cosmique ?

Mais, avant d'y répondre, il m'a fallu redéfinir ce que j'entendais par « adresse cosmique ». Dans mon modèle, ce n'est pas une localisation physique comparable à une rue ou à des coordonnées sur une carte : c'est une position dans la structure même du réel — un état, une fréquence, une résonance dans le champ du Temps et de l'information.

Laisse-moi t'expliquer. Pour répondre à cette question, j'ai dû repenser complètement l'architecture du Cosmos en reprenant les bases de mon modèle. L'Univers, tel que je le conçois, n'est pas un simple espace-temps homogène : il s'exprime comme une technologie cosmique, structurée sous la forme d'un tore hypersphérique composé de sous-torus imbriqués. Cette architecture dessine une cosmologie fractale, multidimensionnelle et holographique, où les densités temporelles se différencient et organisent les niveaux du réel comme les étages d'une structure d'information vivante.

Dans ce cadre, mon « adresse cosmique » ne se réduit pas à une coordonnée spatiale : elle est la signature vibratoire d'un nœud d'interconnexion au sein d'un continuum plus vaste. Concrètement, j'existe donc :

- À l'intérieur d'une résonance vibratoire locale, c'est-à-dire une zone de manifestation parmi d'innombrables couches holographiques du réel ;
- Dans un nœud spatio-temporel précis, un point d'entrelacement où matière, mémoire et conscience se tissent ensemble comme les fils d'un canevas plus vaste ;
- Au sein d'un Univers-bloc, où le Temps ne « s'écoule » pas mais structure, encode et organise ; où la réalité que je perçois n'est qu'une projection locale d'un continuum plus dense et plus fondamental.

Autrement dit, dans mon modèle, l'« adresse cosmique » est un état d'accord avec la trame du Temps et de l'information, une coordonnée vibratoire plutôt qu'une position fixe. C'est cette redéfinition qui me permet de penser l'Univers non plus comme un espace neutre, mais comme un réseau vivant, où chaque conscience est une balise et un point de navigation.

Sylvana

En somme, tu ne te définis plus par un emplacement «physique» mais par une fréquence dans le champ — une résonance active avec l'architecture du réel. Ce n'est plus une adresse figée mais un repère d'un autre ordre, toujours en interaction avec l'ensemble.

Thierry

Oui, c'est exactement ce que j'ai déjà décrit dans nos discussions précédentes : les Densités Temporelles Fractales (DTF) et les couches vibratoires du Temps.

Dans ce cadre, mon « adresse » n'est plus spatiale, mais devient une position de résonance au sein du champ temporel.

Autrement dit, je situe mon existence non pas par un emplacement fixe dans l'espace, mais par un état de résonance vibratoire dans un champ d'information actif.

Ce que nous appelons habituellement un « lieu » n'est donc pas un point figé dans une géométrie statique, mais une configuration particulière dans l'harmonie du vide quantique et informationnel — une signature vibratoire qui exprime la manière dont un nœud du réel est accordé à la trame globale du Temps.

Cette redéfinition est essentielle : elle transforme la notion de localisation d'une coordonnée spatiale en un état dynamique d'accord, où matière, mémoire et conscience s'entrelacent. Dans mon modèle, chaque « lieu » est en réalité un mode vibratoire du champ temporel, et c'est cette signature — plus que la position géométrique — qui définit véritablement notre adresse cosmique.

Sylvana

Alors… c'est comme ça que tu pourrais me retrouver, où que je sois dans le Cosmos — pas en suivant des coordonnées, mais en reconnaissant une fréquence. Une sorte d'accord unique entre moi et le champ, ici, maintenant.

Autrement dit, ton «adresse» n'est plus un lieu mais une manière d'être positionné dans le vivant du Temps.

Thierry

Oui, c'est exactement l'idée.

Dans ce cadre, se situer dans l'Univers ne signifie pas occuper un emplacement immobile, mais actualiser un mode d'être au sein d'un réseau de relations en perpétuel mouvement.

Autrement dit, l'existence elle-même n'est pas une localisation géométrique, mais une participation dynamique à la symphonie informationnelle du réel.

Nous ne sommes donc pas simplement « quelque part » : nous sommes quelque chose en train d'advenir. Chaque être, chaque conscience, chaque structure est une actualisation singulière, se produisant à l'intersection de multiples couches temporelles d'information, de mémoire et de potentialité. Nous sommes des singularités actives au sein d'une architecture vivante, et non des objets figés dans un contenant statique.

Et cela change tout.

Car dans cette perspective, la notion même de lieu s'efface au profit d'une logique de processus : exister, c'est être en résonance, c'est participer à l'actualisation permanente d'un champ fractal de Temps et d'information. L'Univers n'apparaît plus comme un espace où les choses « se trouvent », mais comme une dynamique évolutive où les choses se tissent et se déploient dans l'harmonie d'un continuum vivant.

3. Voyage Cosmique — De la Propulsion à la Résonance

Sylvana
Bon, ça me rassure de te connaître…

Si jamais je me perds un jour dans le cosmos, avec ton modèle, tu pourrais venir me récupérer.

Thierry
En fait oui et non…

Sylvana
Mince alors…

Thierry
Je vais t'expliquer et tu vas comprendre pourquoi. Car je ne peux pas vraiment venir te « récupérer » comme tu dis.

Sylvana
Donc même si tu connais ma «coordonnée cosmique», ce point de résonance dans ton modèle, cela ne signifie pas forcément que tu pourrais venir me chercher physiquement, c'est bien ça ?

Thierry
Exactement.

Et pour que tu voies bien de quoi il s'agit, je vais d'abord rappeler ce que dit la science actuelle — avec nos connaissances d'aujourd'hui — avant de revenir à mon modèle.

Ma quatrième question est donc :

Peut-on réellement «aller quelque part» dans l'Univers avec un vaisseau spatial ?

À première vue, voyager dans l'espace paraît n'être qu'une affaire de distance et de vitesse. Mais dès qu'on élargit l'échelle à celle de l'Univers, cette intuition devient trompeuse.

Souviens-toi : je t'ai déjà expliqué que l'espace n'est pas fixe. Il est en expansion permanente, et cette expansion change radicalement notre manière de penser le déplacement cosmique.

Quand on dit « aller quelque part », on suppose que l'espace est un fond stable sur lequel on se déplace comme sur une carte. Or, dans l'Univers réel, c'est l'espace lui-même qui se dilate. Cela signifie que la destination que l'on vise s'éloigne pendant que l'on tente de l'atteindre — non parce qu'elle se déplace localement, mais parce que l'intervalle d'espace entre elle et nous grandit.

Prenons un exemple concret : aujourd'hui, certaines galaxies s'éloignent de nous à une vitesse apparente supérieure à celle de la lumière. Cela ne viole pas la relativité restreinte, car ces galaxies ne se déplacent pas dans l'espace plus vite que la lumière : c'est l'espace lui-même qui s'étire entre elles et nous, emportant les galaxies avec lui. Ce phénomène est directement lié à l'expansion accélérée de l'Univers, découverte à la fin du XXe siècle grâce à l'observation des supernovae lointaines.

En résumé : à l'échelle cosmique, « voyager » n'est pas traverser un vide neutre, mais composer avec un tissu d'espace-temps en expansion. Autrement dit, l'Univers n'offre pas un sol stable à parcourir, mais une trame dynamique qui s'étire sous nos pas.

Sylvana
Ah, je vois…

Donc la destination n'avance pas «devant moi» comme si elle fuyait, c'est plutôt l'espace entre elle et moi qui s'allonge en permanence.

Thierry
Oui, et maintenant tu vois bien que, dans ce contexte, même un vaisseau hypothétique capable d'atteindre la vitesse de la lumière ne pourrait jamais rattraper ces galaxies. Pourquoi ? Parce que l'espace entre elles et nous ne cesse de s'étirer plus vite que tout déplacement possible à l'intérieur de cet espace.

Autrement dit, ces régions de l'Univers s'éloignent inexorablement au-delà de notre horizon causal. Elles deviennent définitivement inaccessibles — non seulement pour nos technologies actuelles, mais même en théorie, tant que l'on reste enfermé dans le cadre des vaisseaux « classiques » et des lois physiques telles que nous les connaissons aujourd'hui.

C'est un constat vertigineux : une partie de l'Univers observable aujourd'hui ne le sera plus demain. Des galaxies entières glissent déjà hors de portée, non parce qu'elles s'éteignent ou disparaissent, mais parce que l'expansion du tissu cosmique les emporte hors de notre sphère d'interaction possible.

En d'autres termes, la cosmologie moderne nous révèle une vérité saisissante : voyager dans l'espace ne suffit pas, car c'est l'espace lui-même qui fuit devant nous.

Sylvana
Donc si je comprends bien… même si tu avais un vaisseau capable d'aller à la vitesse de la lumière tu ne pourrais toujours pas venir me chercher si je me perdais dans une galaxie lointaine.

Parce que l'espace, lui, s'allongerait entre nous plus vite que tu ne pourrais le parcourir pour venir me sauver.

Thierry
Oui. Mais là tu vas être encore plus déçue, car cette impossibilité n'est qu'une première limite. Il en existe une autre, encore plus fondamentale : il n'existe pas de repère universel.

Dans un Univers sans centre, il n'y a pas de coordonnées absolues. Tous les repères sont locaux et relatifs à l'observateur. Même avec une carte cosmique, on ne peut pas « viser » un endroit comme une adresse GPS. Ce serait comme tenter de naviguer dans un rêve fluide, où l'espace lui-même se redéfinit à chaque instant.

Sylvana
Ah oui… là je suis fichue.

Perdue dans ma galaxie, même si tu construisais un vaisseau plus rapide que la lumière, ça ne changerait rien.

Parce que si l'on prend l'espace comme cadre de référence, il n'offre en réalité aucun repère fixe : il reste fluide, relatif, sans centre ni coordonnées absolues.

Alors, tu ne pourrais jamais venir me chercher ?

Thierry
Oui et non

Sylvana
Ah, oui et non…. Donc il y a de l'espoir ?

Thierry
En fait, je dois revenir à mon modèle pour t'expliquer comment j'envisagerais

un voyage cosmique — comment, dans cette vision, je pourrais littéralement venir te chercher.

Dans ma conception, le Temps n'est pas une conséquence du mouvement, mais la matrice qui l'engendre. C'est lui qui structure le mouvement, et non l'espace. Autrement dit, l'espace n'est qu'une projection dynamique du champ temporel : ce que nous appelons « distance » ou « déplacement » est l'expression d'une variation de configuration dans le Temps.

Dès lors, si le Temps est le fondement de l'organisation du réel, le déplacement spatial cesse d'être un trajet classique à parcourir : il devient une conséquence d'une modulation dans le champ temporel.

Cela signifie qu'un vrai « voyage cosmique » ne consisterait pas à traverser l'espace à grande vitesse, mais à changer d'état dans le Temps — à opérer un saut de syntonisation entre couches vibratoires du champ temporel fractal.

Autrement dit, changer d'endroit reviendrait à changer d'accord de réalité, comme on change de fréquence radio pour capter une autre station.

Dans ce cadre, l'Univers n'est plus un espace où il faut « se déplacer », mais un réseau d'états potentiels dans lequel on peut naviguer par accord vibratoire et syntonisation des densités temporelles.

Sylvana
Donc si je comprends bien… pour toi, voyager ne veut pas dire parcourir des distances physiquement, mais changer d'accord.

Passer d'un état à un autre, comme si une adresse n'était pas un point sur une carte mais une fréquence dans le champ.

Thierry
Oui, c'est exactement ça : c'est un véritable changement de paradigme.

Pour moi, changer de paradigme, c'est abandonner l'idée du voyage spatial classique fondée sur une vision newtonienne : on part d'un point A pour rejoindre un point B en parcourant une distance. Cette logique repose sur un espace fixe, homogène et neutre.

Mais dans un Univers tel que je le décris — structure temporelle fractale, multidimensionnelle et en expansion — cette conception s'effondre. Le déplacement ne peut plus être pensé comme une simple translation dans un contenant : il doit être compris comme une mutation d'état dans un champ dynamique.

Il faut donc raisonner en termes de :

- Résonance vibratoire : l'accord entre le voyageur et sa cible, comme deux notes qui entrent en phase.
- Cohérence de densité temporelle : chaque région cosmique possédant son propre rythme, son « tempo » d'actualisation.
- Transfert d'état : un saut quantique d'une configuration à une autre, plutôt qu'un trajet linéaire.

Ainsi, dans mon modèle, le voyage interstellaire ou interdimensionnel ne serait plus une question de propulsion mais d'accord dynamique avec la structure du vide — un processus où la conscience et la position se réajustent simultanément.

Autrement dit, changer de lieu revient à changer d'accord de réalité. Ce n'est pas un déplacement dans l'espace, c'est une navigation dans les densités temporelles — un saut de conscience autant qu'un saut de position.

Sylvana
Quand tu dis « voyage interstellaire ou interdimensionnel », tu veux dire qu'au-delà du Système solaire ce n'est plus du tout la même logique ?

Thierry
Exactement. Tant qu'on reste à l'intérieur du Système solaire, nous demeurons dans une zone de cohérence métrique homogène : la structure du champ temporel y est relativement stable, et la propulsion classique obéissant aux lois newtoniennes garde une certaine validité — même si elle se heurte rapidement à des contraintes technologiques immenses (quantité de carburant, durée des trajets, inertie des masses).

Mais dès qu'il s'agit de franchir les distances interstellaires — et a fortiori interdimensionnelles — la donne change radicalement. On quitte alors notre bloc temporel local, et la métrique cesse d'être uniforme :

- Le champ temporel se met à varier en densité,
- Les synchronisations vibratoires se modifient,
- Et la logique newtonienne, fondée sur une inertie linéaire et un espace continu, devient inopérante.

Dans ce nouveau cadre, le « voyage » ne peut plus être pensé comme un déplacement progressif dans un espace neutre. Il devient un ajustement d'état : une véritable syntonisation avec une autre fréquence du champ temporel.

Autrement dit, pour franchir de tels seuils, les vaisseaux comme les personnes doivent accomplir un saut vibratoire — un basculement simultanément physique et conscientiel.

Ce n'est plus une propulsion mécanique, mais une transition résonante où la matière, l'énergie et la conscience s'accordent avec une nouvelle densité temporelle.

C'est ainsi que le voyage cosmique devient possible : non pas en forçant l'espace, mais en se recalant sur les harmoniques du Temps, en changeant de métrique comme on change de tonalité musicale.

4. Rêve d'Enfant — Vers une Science de la Syntonisation

Sylvana
Je vois… dans ton modèle, il serait donc possible de se déplacer n'importe où dans l'Univers par résonance vibratoire.

Et quand je t'écoute, je retrouve la passion qui t'habite depuis l'enfance, ce désir de toucher les étoiles.

Je comprends que, pour toi, il ne s'agit pas seulement de modèles ou d'hypothèses : ta recherche porte aussi une dimension intérieure, presque existentielle.

Thierry
Tu as raison. La recherche scientifique n'est pas un simple exercice intellectuel ni une accumulation abstraite de connaissances. C'est avant tout une passion viscérale, un élan intérieur qui dépasse la curiosité ordinaire.

C'est une quête exigeante et patiente, qui demande à la fois rigueur méthodologique, imagination créatrice et persévérance face à l'inconnu. Elle ne se réduit pas à résoudre des équations ou empiler des données : elle est portée par un désir profond de cohérence, par la conviction qu'il existe un ordre intelligible au cœur de la réalité.

Pour moi, cette quête s'accompagne d'un besoin irrépressible : chercher l'unité derrière la diversité, déceler le fil invisible qui relie les lois de la nature, et aller jusqu'au bout des questions fondamentales — celles qui concernent à la fois l'Univers et notre propre place en lui.

Sylvana
Je vois. Au fond, ce que tu cherches, c'est une cohérence, une unité.

Et te connaissant, j'imagine que tu as dû transformer ce changement de paradigme en une méthode concrète, un cadre pour organiser ta recherche ?

Thierry

Oui. Mon expérience de pensée suit toujours une démarche progressive et ramifiée, semblable à la croissance d'un arbre ou au déploiement d'un réseau fractal.

Il s'est articulé en plusieurs étapes fondamentales :

- Cartographier le cadre théorique établi : explorer en profondeur les modèles existants en physique, en cosmologie et en sciences de l'information, pour identifier leurs forces, leurs limites et leurs zones d'ombre.
- Choisir un point d'entrée stratégique : une question directrice, claire et décisive, jouant le rôle de déclencheur et orientant toute la recherche.
- Déployer l'arborescence : chaque interrogation ouvre sur de nouvelles hypothèses, de nouvelles preuves ou contradictions. Progressivement, se forme une constellation de pistes : certaines s'interrompent, d'autres se recoupent, et quelques-unes émergent comme centrales. Mon objectif est toujours de privilégier les branches les plus fécondes, celles capables de créer des passerelles entre disciplines et de converger vers une possible unification théorique.

Pour mener ce travail, il m'a fallu développer plusieurs aptitudes :

- Une pluridisciplinarité rigoureuse, reliant entre elles les sciences fondamentales.
- Une créativité technologique, me permettant de concevoir des outils conceptuels ou des modèles de simulation.
- Une capacité d'innovation théorique, indispensable pour imaginer de nouvelles cohérences, de nouveaux formalismes, voire de nouvelles applications.

Ainsi, ma démarche n'est pas linéaire mais organique : elle progresse par bifurcations, résurgences et convergences, toujours guidée par une exigence centrale — faire émerger une vision intégrative du réel.

Sylvana

Je comprends mieux, à t'écouter, pourquoi cette recherche t'accompagne depuis plus de trente-cinq ans… On sent que c'est le fil de toute une vie.

Thierry

Oui. Il m'a fallu des années de réflexion, d'analyse critique, de modélisation et de confrontation avec les limites du savoir pour poser les bases de mon modèle. Je sais que son exploration complète exigera sans doute toute une vie, car il ne s'agit pas d'une variation sur l'existant mais d'une reconfiguration globale de notre compréhension du réel.

Ce long travail m'a conduit à formuler une vision nouvelle du Temps et du voyage cosmique par syntonisation.

La syntonisation, dans mon approche, n'est pas une simple métaphore. En électronique et en physique des ondes, « syntoniser » signifie accorder un système sur une fréquence précise pour qu'il entre en résonance avec un autre. Dans mon modèle, ce concept est transposé au champ temporel fractal : syntoniser un point de conscience ou un vaisseau, c'est l'accorder vibratoirement à une configuration précise du réel, comme on ajuste un récepteur radio pour capter une station. Cela permettrait de changer de couche de densité temporelle, donc de « se déplacer » non plus en traversant l'espace mais en changeant d'état dans le champ du Temps et de l'information.

À partir de là, mon arbre de recherche s'est cristallisé autour de deux grandes interrogations majeures :

- Comment rendre possible le voyage cosmique réel, au-delà des limites imposées par l'expansion et les lois connues de la physique ?
- Où sont les autres formes de vie conscientes dans l'Univers ? Pourquoi ce silence cosmique apparent ?

Ces deux questions — l'une technologique, l'autre existentielle — m'ont conduit à explorer la structure profonde du réel, ses architectures informationnelles, fractalement hiérarchisées, multidimensionnelles et vivantes.

Dans ce cadre, la syntonisation apparaît comme une clé conceptuelle : elle ne décrit pas un voyage linéaire mais un changement d'accord, une mutation d'état dans le champ du Temps et de l'information. C'est ce basculement — à la fois physique et conscientiel — qui pourrait transformer notre rapport au Cosmos.

Sylvana

C'est fou… tu n'as jamais vraiment quitté tes premières questions. Celles qui t'accompagnaient déjà quand tu passais tes nuits sur le toit de la maison à contempler les étoiles, en disant à ta grand-mère qu'un jour tu irais les visiter.

Thierry

Oui. Ce fil tendu depuis mes premières nuits d'enfance à contempler le ciel n'a jamais cessé de m'accompagner. Il relie l'émerveillement naïf de l'enfant à l'exigence théorique du chercheur, comme une même quête poursuivie sous des formes différentes.

Au fond, il s'agit toujours de la même interrogation : comprendre d'où nous venons, ce que signifie exister dans ce vaste Cosmos, et quel lien intime unit la conscience humaine à la trame universelle.

C'est là, pour moi, le véritable fil conducteur : ne jamais rompre le lien entre la connaissance et la vie, entre l'infiniment grand, l'infiniment petit et l'intime de l'être.

C'est donc naturellement que ma recherche m'a conduit à explorer en profondeur les topologies informationnelles complexes qui pourraient organiser l'Univers de façon fractalement hiérarchisée, multidimensionnelle et vivante.

Mais cette exploration ne se limite pas à la contemplation : elle prépare un changement de paradigme. Car comprendre l'Univers, ce n'est pas seulement en dresser la carte : c'est aussi identifier ses portes, ses flux, ses interfaces. C'est là qu'apparaît le pilier suivant — une étape charnière de ma recherche.

Nous allons maintenant aborder les entrées et sorties de l'Univers :

- Les protons, comme vecteurs d'information et points d'initialisation cosmique ;
- Les trous noirs, comme portes de compression et de transmutation ;
- La gravité, comme interface dynamique entre ces flux.

Ce pilier est essentiel, car il constitue le socle pratique pour répondre à la question du voyage cosmique : non plus seulement décrire l'Univers, mais penser comment y naviguer.

Il ouvre la voie à une hypothèse nouvelle et puissante : l'Univers possède des canaux d'échanges, des membranes et des seuils d'accès, et c'est en les comprenant que nous pourrions transformer notre rapport au Cosmos — passer de l'observation à la participation active.

Chapitre 15

Pilier 5 - Vers une Humanité Cosmique

~

Comprendre les Seuils du Réel

Sylvana
Tu me donnes l'impression que l'Univers n'est pas seulement un vaste espace, mais un lieu traversé de seuils et de membranes invisibles. Comme si, derrière le décor apparent, existaient des passages secrets — des points de franchissement capables de relier des mondes. Est-ce bien de cela qu'il s'agit ?

Thierry
Oui, ton impression est juste : il existe bien, dans mon modèle, ces passages — discrets mais réels — qui ouvrent d'un monde à l'autre.

Ce cinquième pilier constitue une étape cruciale, car il vise à articuler les interfaces dynamiques du multivers : ces zones de transition, ou véritables « portes », par lesquelles l'information, la conscience et la matière peuvent circuler entre différentes couches de réalité.

Ces interfaces ne doivent pas être vues comme des fantasmes métaphysiques, mais comme des structures physiques et informationnelles : des membranes de densité temporelle, des seuils de résonance, des zones critiques où les métriques opposées (M- et M+) se rencontrent. Là, l'Univers se révèle non pas comme un bloc fermé, mais comme un système vivant et perméable, capable d'échanges et de transformations.

L'objectif de ce pilier est donc clair : proposer une formalisation conceptuelle rigoureuse de ces mécanismes pour en rendre l'étude et l'expérimentation possibles. Car si ces portes existent, elles pourraient constituer autant de vecteurs d'accès :

- Aux flux d'information qui circulent entre Univers,
- Aux dynamiques gravitationnelles inédites liées aux protons et aux trous noirs,
- Et certainement, à terme, aux modes de navigation cosmique par syntonisation, bien au-delà des limites imposées par la propulsion classique.

En ce sens, ce pilier ne décrit pas seulement une hypothèse théorique : il ouvre la voie vers une science des passages, où la cosmologie, la physique quantique et la conscience convergent pour explorer la structure vivante et fractale du réel.

Sylvana
Donc, ce pilier va se concentrer sur ces « portes », qui permettent à l'information, à la conscience et à la matière de franchir les frontières entre différents niveaux de réalité ?

Thierry
Oui, car si ces hypothèses se confirment, elles ouvrent l'accès à de nouveaux degrés de liberté cosmologiques — des modalités encore insoupçonnées d'interaction avec la réalité, au-delà de notre espace-temps usuel.

Cela impliquerait une capacité inédite, non seulement à naviguer dans l'espace physique, mais aussi à moduler notre accord vibratoire et notre ancrage temporel afin d'accéder à d'autres niveaux de manifestation du réel.

Dans cette perspective, le saut évolutif n'est plus un simple idéal spéculatif ou un rêve de science-fiction : il devient un impératif stratégique pour l'avenir de l'espèce humaine.

Car si l'Univers est réellement un champ vivant et fractal, doté d'interfaces dynamiques et de seuils d'accès, alors notre survie et notre progression ne résideront pas seulement dans la conquête spatiale par propulsion classique, mais dans l'art de naviguer dans les structures du Temps et de l'information.

La question n'est donc plus : « Faut-il devenir une civilisation cosmique ? »

Elle devient : « Quand et surtout comment ? »

En d'autres termes, nous passons d'une vision de colonisation spatiale à une vision de syntonisation cosmique.

C'est ce changement de paradigme qui constitue le cœur de ce pilier : il ne s'agit plus de traverser le vide à grande vitesse, mais d'apprendre à accorder nos technologies et nos consciences aux lois profondes du champ temporel fractal, afin d'ouvrir des voies de navigation et d'évolution que nous n'imaginions pas encore.

Sylvana
Alors, par où commencer ? Quel serait, selon toi, le premier pas vers cette nouvelle étape de l'humanité — cette civilisation cosmique dont tu parles ?

Thierry
L'humanité, pour durer, devra tôt ou tard dépasser sa condition locale et terrestre. Elle ne pourra pas se contenter de survivre sur une seule planète, exposée aux aléas cosmiques et à ses propres fragilités. Elle devra apprendre à habiter l'Univers dans toute sa complexité fractale, à reconnaître et intégrer des couches de réalité aujourd'hui invisibles, et à développer les technologies de transition capables de franchir ces seuils.

Ces technologies ne seront pas uniquement mécaniques ou énergétiques. Elles seront aussi biologiques (étendre les capacités d'adaptation du vivant), vibratoires (maîtriser les résonances de la matière et du champ temporel), et informationnelles (exploiter la mémoire et la plasticité du vide quantique). C'est cette convergence — du vivant, de l'énergie et de l'information — qui définira les véritables clés de la navigation cosmique.

Ce n'est donc qu'en assumant pleinement cette vocation cosmique, par la connaissance, la rigueur scientifique et une coopération évolutive, que nous pourrons espérer garantir la pérennité de la conscience humaine au sein du grand tissu du réel.

Car l'enjeu ultime n'est pas seulement de prolonger notre existence matérielle, mais de faire évoluer la conscience elle-même en harmonie avec la structure évolutive de l'Univers.

1. Le Devenir Humain — Science, Conscience et Devoir d'Être

Sylvana
C'est une vision puissante… Et pourtant, on voit bien que ce basculement vers une civilisation cosmique reste encore marginal, de nos jours.

Certains projets émergent, oui — des agences spatiales, des entreprises privées… Mais il n'y a pas encore de mouvement collectif, ni de conscience partagée à l'échelle globale.

Alors qu'est-ce qui, selon toi, nous empêche aujourd'hui de penser et d'agir à cette échelle cosmique ?

Thierry

L'une des limites majeures de notre époque réside dans une vision encore trop égocentrée de l'existence. L'individu moderne, enfermé dans l'horizon étroit de sa propre durée de vie biologique, oriente naturellement ses priorités vers sa survie immédiate et son bien-être personnel.

C'est compréhensible : dans une culture où l'on interprète que l'existence se termine avec le corps, les enjeux collectifs à moyen ou long terme — comme la pérennité de l'humanité à l'échelle cosmique — paraissent lointains, abstraits, presque hors sujet.

Résultat : la question de notre avenir au-delà de la Terre est trop souvent rejetée aux générations futures, avec l'espoir incertain qu'elles auront, un jour, la lucidité, la volonté et les moyens de l'assumer. Mais cette délégation du futur est une illusion dangereuse : le temps nécessaire pour préparer un véritable saut évolutif se compte en siècles, et les bases doivent être posées dès aujourd'hui.

En réalité, la vision d'une continuité de l'espèce humaine à travers le Temps et l'espace est aussi fondamentale que l'instinct de reproduction. Elle en est même l'extension logique à l'échelle du Cosmos. Pourtant, les dynamiques démographiques et culturelles actuelles révèlent un affaiblissement de ce réflexe de transmission, comme si la mémoire de l'espèce perdait de vue son propre avenir.

Dans ce contexte, assurer la pérennité de l'humanité — non seulement sur Terre, mais dans l'Univers — devient une nécessité rationnelle et un impératif éthique. Car ce n'est pas une option secondaire : c'est le prolongement naturel de notre devoir de survie.

L'Univers lui-même, tel qu'il se déploie, n'est pas un cadre immobile mais un champ d'épreuves. Il est traversé par des phénomènes entropiques, des déséquilibres systémiques, des instabilités locales — parfois violentes — qui, paradoxalement, semblent participer d'une dynamique plus vaste, structurante et évolutive. Penser l'avenir de l'humanité en termes de résilience, de mobilité et d'adaptabilité au sein de ce contexte cosmique n'est donc pas un luxe spéculatif, mais une exigence lucide et vitale.

Car il n'existe aucune garantie absolue de survie — ni pour l'individu, ni pour une civilisation, ni même pour l'espèce humaine dans son ensemble. À toutes les échelles, la menace demeure, implicite ou manifeste : extinction biologique, effondrement civilisationnel, ou dissolution cosmique. Compter sur le hasard ou sur des fluctuations providentielles du réel n'est qu'une stratégie transitoire — certainement pas un projet durable.

Il devient alors impératif de combler activement le fossé entre ce que nous ignorons encore et une compréhension plus complète des lois qui régissent le réel. Ce travail n'est pas qu'une entreprise scientifique : il constitue une responsabilité civilisationnelle. Car c'est seulement en maîtrisant les dynamiques profondes du Temps, de l'énergie et de l'information que nous pourrons envisager un futur où la conscience humaine se perpétue et s'élève au sein du grand tissu du Cosmos.

Sylvana
Ce que tu dis change complètement notre manière de voir les choses.

On a tendance à croire que l'humanité a du temps, qu'elle finira bien par trouver des réponses…

Mais là, je comprends que rien n'est garanti.

Tu veux dire que, selon toi, tout se joue maintenant ? Que le futur dépend entièrement de ce qu'on fait — ou de ce qu'on refuse de faire — aujourd'hui ?

Thierry
Oui — et c'est précisément là l'essentiel. L'avenir n'est pas une route prédéfinie, tracée une fois pour toutes : c'est un champ ouvert, fragile et conditionnel, que le présent dessine à chaque instant. Plutôt que d'y voir une promesse garantie, il est plus juste de le concevoir comme une potentialité dynamique, dont la réalisation dépend de nos choix et de notre vigilance.

Le seul temps réellement effectif, opérant, est le présent. C'est lui qui, à chaque instant, façonne nos trajectoires et inscrit nos décisions dans la trame du réel.

Notre futur, quant à lui, n'existe que dans la mesure de notre capacité d'anticipation : une anticipation lucide, stratégique et consciente, mobilisée à tous les niveaux — personnel, collectif, technologique et cosmologique. Autrement dit, aucune force extérieure ne viendra assurer notre devenir ou accomplir à notre place les tâches qui nous incombent.

Notre survie — et plus encore notre accomplissement — ne relèvent pas d'un droit automatique. Ils constituent une responsabilité active, exigeante et non transférable. Le futur n'est pas un dû : c'est une conquête permanente, une tension créatrice entre ce que nous sommes et ce que nous choisissons d'actualiser.

C'est pourquoi il me semble non seulement rationnel, mais vital, de développer une véritable capacité de mobilité au sein de l'architecture cosmique. Tôt ou tard — et j'insiste sur l'urgence du tôt — l'humanité devra apprendre à franchir les limites planétaires, à migrer au-delà de la Terre et à explorer les différentes « fractales » de l'Univers.

Compter exclusivement sur une seule planète pour assurer notre avenir relève d'une illusion dangereuse. Car il ne faut pas confondre la longévité géologique d'une planète — qui peut effectivement se mesurer en milliards d'années — avec la fragilité des conditions de vie humaine à sa surface. La Terre peut survivre à ses propres bouleversements : activité tectonique, instabilités magnétiques, changements climatiques extrêmes, évolution naturelle du Soleil, voire collisions avec des objets stellaires. Mais rien n'assure que l'humanité, dans sa forme actuelle, puisse endurer de telles mutations brutales et imprévisibles.

Autrement dit, la planète survivra sans nous, mais nous ne survivrons pas sans une intelligence proactive du Temps et de l'Univers.

Dès lors, préparer l'expansion de l'humanité au-delà de la Terre ne relève pas du rêve ou de la spéculation : c'est un devoir scientifique et civilisationnel, une étape cruciale de notre évolution.

Sylvana
Donc, ce n'est pas tant pour fuir la Terre… Mais plutôt parce que, par responsabilité — et même par nécessité de survie — l'humanité devra apprendre à franchir un seuil ?

Thierry
Oui, c'est précisément ce que je veux dire. À l'échelle cosmique, nous sommes une espèce fragile et exposée. Les planètes, les étoiles, les galaxies évoluent sur des échelles de temps et d'énergie qui nous dépassent infiniment, et face auxquelles notre survie biologique apparaît dérisoire. Notre seule véritable force réside dans notre intelligence : notre capacité à comprendre, à anticiper, à transformer notre environnement et à concevoir des réponses adaptatives.

C'est cette intelligence — et non la force brute — qui doit nous amener à ne plus considérer le Cosmos comme un simple décor lointain ou une frontière inatteignable. Le Cosmos est le prolongement naturel de notre biotope, un milieu dans lequel nous avons vocation non seulement à projeter notre regard, mais aussi à nous inscrire, à explorer, et un jour, à habiter.

Cette intuition de survivance, d'abord pensée à l'échelle du système solaire, puis élargie à l'échelle cosmique, nourrit depuis plus d'un siècle le grand rêve de l'exploration spatiale. Mais ce rêve, après l'enthousiasme initial de la conquête de l'espace, semble aujourd'hui connaître un net ralentissement. Sans doute parce que nous avons pris conscience, avec plus de lucidité scientifique, que nos connaissances et nos technologies actuelles demeurent trop limitées pour franchir certains seuils critiques : distances interstellaires, contraintes énergétiques, vulnérabilité biologique, instabilité des métriques cosmiques.

C'est précisément à cet endroit que s'inscrit ma recherche. Elle ne se réduit pas à la poursuite classique d'une ingénierie technologique additive, qui tenterait d'améliorer les fusées ou de prolonger la logique de propulsion. Elle s'oriente vers une exploration de nouveaux paradigmes : remettre en question les fondements mêmes de la physique, revisiter la structure profonde du réel, et identifier des lois plus fondamentales capables d'ouvrir, dès aujourd'hui, des degrés de liberté insoupçonnés.

Car je suis convaincu que l'avenir de l'exploration cosmique ne se jouera pas seulement dans les laboratoires d'aérospatiale, mais dans la capacité à réinventer nos modèles. C'est là, dans la compréhension nouvelle du Temps, de la mémoire et de la structure fractale du vide, que résident les véritables clés d'un passage de seuil. Un passage qui ne dépend pas seulement des machines, mais de la manière dont nous redéfinissons le réel — et dont nous apprenons à nous syntoniser avec lui.

2. Où Sont-Ils ? — Limites de Perception et Nouvelles Voies d'Observation

Sylvana

J'aimerais continuer à explorer ta science et ces interfaces dynamiques du multivers… mais avant, je ne peux pas m'en empêcher : dans tout ce que tu décris, ils sont où, les extraterrestres ?

Thierry

Je me demandais quand tu allais me poser cette question… mais effectivement, c'est une question centrale.

Une difficulté majeure persiste, et à juste titre, dans notre quête de compréhension cosmique : l'absence apparente de vie extraterrestre. Face à ce silence du Cosmos, deux grandes hypothèses s'opposent :

- 1. La vie serait une singularité rarissime, confinée à la Terre — une anomalie cosmique improbable.
- 2. La vie existerait bel et bien ailleurs, en abondance, mais nos moyens conceptuels et technologiques seraient encore trop limités pour la percevoir.

Pour ma part, j'ai choisi d'explorer la seconde hypothèse, fondée sur un optimisme méthodique : la vie est présente, mais nous ne savons pas encore la voir. Nos sens biologiques comme nos instruments scientifiques n'accèdent qu'à une étroite bande du spectre électromagnétique et demeurent aveugles aux champs scalaires, aux structures subquantiques, ou aux dynamiques vibratoires plus subtiles.

C'est dans cette optique que mon modèle de multivers fractal propose une explication alternative. J'y postule que certaines formes de vie pourraient exister sur d'autres couches de réalité — vibratoires, temporelles et informationnelles — aujourd'hui inaccessibles à notre perception. Ces formes de vie ne seraient pas absentes mais déphasées : elles coexisteraient avec nous dans une structure plus large du Réel, perceptibles uniquement via des interfaces spécifiques.

Ces interfaces — que j'ai modélisées — agiraient comme des ponts informationnels, des zones de résonance vibratoire entre niveaux de réalité, capables de rendre visible l'invisible. Elles fonctionnent comme des membranes semi-perméables où se croisent mémoire, matière et conscience, laissant filtrer des informations qui, autrement, resteraient hors d'atteinte.

Cela ouvre la voie à une exploration élargie du vivant, non plus limitée à la matière visible, mais étendue aux formes émergentes dans les strates profondes de l'Univers. Autrement dit, l'hypothèse du multivers fractal ne répond pas seulement à la question du « pourquoi nous ne voyons rien » : elle propose un cadre cohérent pour détecter, interagir et dialoguer avec des formes de vie coexistantes mais déphasées, en élargissant le champ de nos instruments et de notre compréhension.

Sylvana
C'est fou à imaginer : des formes de vie littéralement là, et pourtant totalement invisibles à nos sens…

Quand tu dis « Ces formes de vie ne seraient pas absentes, mais déphasées », peux-tu m'en dire plus ?

Thierry
Oui, bien sûr.

Imaginons une civilisation évoluant sur une couche vibratoire parallèle à la nôtre, régie par une Densité Temporelle Fractale (DTF) différente. Dans une telle fractale, le temps pourrait s'écouler mille fois plus vite ou plus lentement que pour nous, et la matière elle-même serait composée de particules aux fréquences de résonance totalement décalées de celles de notre Univers baryonique.

Ainsi, même si ces civilisations coexistaient littéralement « à côté de nous », partageant le même espace apparent, elles resteraient invisibles et imperceptibles. Leur monde serait comme une station radio émettant sur une fréquence étrangère : elle traverse le même support, sans jamais interagir ni interférer avec notre bande de réalité.

Dans ce cadre, aucune de nos technologies actuelles — toutes fondées sur l'électromagnétisme classique — ne pourrait détecter leurs signaux, leurs structures ou même leur simple présence. Ces êtres vivraient dans une bande de réalité déphasée, totalement en dehors de notre spectre de perception et de mesure.

Dès lors, comme nous l'avons déjà discuté, « voyager » vers de telles formes de vie ne consisterait pas à franchir des distances spatiales, mais à changer d'état vibratoire : se synchroniser avec leur canal temporel, ajuster notre accord informationnel. Cela suppose une nouvelle science des interfaces de réalité, fondée non sur la métrique spatiale, mais sur la fréquence, la densité temporelle et la résonance informationnelle.

C'est précisément le contour de cette science que j'ai cherché à dessiner toutes ces années. J'ai conçu des outils conceptuels capables de franchir les frontières apparentes de notre perception, en intégrant physique, information et conscience.

Mes premiers instruments — à la fois conceptuels et expérimentaux — m'ont permis d'ouvrir des percées inédites dans cette exploration. Ces percées ont engendré des outils plus performants, eux-mêmes auto-renforcés par une meilleure compréhension des lois profondes du réel.

Tous convergent vers un objectif commun : rendre possible un véritable saut d'évolution, en donnant à l'humanité l'accès à des couches de réalité jusqu'ici invisibles, à des formes de vie et de conscience coexistant avec nous mais hors de portée de nos paradigmes actuels.

Sylvana

Tu parles d'un saut d'évolution… d'outils capables de nous donner accès à des couches de réalité jusqu'ici invisibles — une nouvelle science des interfaces, fondée sur la fréquence, la résonance, la densité temporelle.

Mais justement : si ces couches nous sont imperceptibles... par où as-tu commencé ? Comment imaginer des outils ou des lois de la nature capables d'ouvrir un passage entre ces mondes et ces fractales ?

Thierry

Tout a commencé par une interrogation radicale fondée sur une intuition persistante : où se trouvent les véritables interfaces de transition entre les niveaux de réalité ?

Pour y répondre, j'ai exploré, au cœur même de l'architecture phénoménale de l'Univers, les deux pôles extrêmes de la physique moderne :

- Le vide quantique, qui n'est pas un néant mais un champ saturé d'énergie, de fluctuations et de potentialités. C'est le substrat invisible où l'information circule en permanence.
- Le trou noir, condensat gravitationnel ultime, où matière, espace et temps se contractent dans un effondrement total, créant des conditions où nos lois connues cessent d'opérer.

La confrontation de ces deux extrêmes m'a ouvert une porte vertigineuse vers les zones frontières de la gravité quantique — là où les lois classiques s'effacent et laissent place à des dynamiques encore inexplorées.

C'est précisément dans cet entrelacs de paradoxes — là où la matière s'évanouit, où l'information semble se perdre, et où le temps se déchire — que j'ai entrevu la possibilité d'interfaces cosmiques fonctionnelles, véritables portes d'entrée et de sortie du flux temporel.

De cette exploration ont émergé trois entités fondamentales, en apparence distinctes mais reliées par une même dynamique fractale :

- Le proton, porte d'entrée de l'information dans l'Univers manifesté.
- Le trou noir, porte de sortie et de transmutation vers l'implicite.
- La gravité, force régulatrice qui relie et module ces deux passages.

En les étudiant comme un triptyque, j'ai compris qu'ils ne sont pas seulement des objets physiques, mais des nœuds structurels de l'Univers — une triangulation par laquelle se dévoile la dynamique des flux temporels.

Ces points d'inflexion sont des interfaces où l'information se transforme, où l'ordre implicite (non manifeste) bascule dans la réalité phénoménale (manifestée).

À toutes les échelles — du quantique au cosmologique — ces nœuds régulent les transferts d'information, orientent le sens du temps, et modulent l'émergence des formes. C'est là que le multivers devient accessible : une architecture de passage et de résonance vibratoire entre les plans de réalité, aux interfaces de chaque fractale cosmique.

Mais pour comprendre cette architecture, il faut reconnaître que l'Univers phénoménal est constitué d'un champ temporel fondamental composé d'unités élémentaires : les chronons.

Les chronons sont les quanta du Temps, tout comme les photons sont les quanta de la lumière. Ils remplissent intégralement l'Univers, constituant le tissu même du réel. Tout, de l'espace aux particules, des forces aux consciences, est encodé et modulé par ce champ de chronons.

Dans mon modèle, l'esprit joue un rôle clé : c'est l'information transmise aux chronons — qu'il s'agisse de l'Intelligence omnisciente du Cosmos ou d'un esprit individuel marginal — qui engendre le langage et la dynamique reliant la conscience à tout ce que contient l'Univers.

Ainsi, le proton, le trou noir, la gravité — tous les phénomènes que je décris — ne sont rien d'autre que des expressions locales des chronons, se spécialisant pour donner naissance à ces forces et ces structures.

C'est pourquoi, dans mon modèle, je parle toujours de la fonction des chronons : ils sont la trame active et universelle du réel, à la fois support d'information, vecteur de mémoire et interface entre l'esprit et la matière.

Ainsi se dessine une vision d'Univers fractal, hiérarchisé et dynamique, où chaque nœud du réseau temporel agit comme une porte vers d'autres dimensions, d'autres mondes — et, ultimement, vers le multivers lui-même.

3. Le Proton — Seuil où le Temps Devient Matière

Sylvana

C'est vraiment passionnant… Si tu le veux bien, j'aimerais que nous reprenions ces trois entités une par une, pour mieux comprendre ce « triptyque fondamental » dans ton modèle. On peut commencer par le proton ?

Thierry

Oui. Le proton est le point de départ naturel pour entrer dans ce triptyque. Une fois que nous aurons exploré en profondeur le rôle du proton, j'expliquerai plus en détail celui du trou noir, avant d'aborder la gravité et les interactions fondamentales.

Ce pilier de ma théorie s'ancre dans l'identification d'interfaces tangibles entre les différents niveaux de réalité au sein du multivers fractal. Loin de se réduire au rôle que lui assigne le Modèle Standard, le proton apparaît comme une véritable charnière cosmologique : une structure-pivot où s'articulent confinement quantique, stabilité de la matière et dynamique temporelle profonde.

Dans mon modèle, il ne s'agit donc pas simplement d'une particule élémentaire, mais d'un nœud d'émergence, capable de relier l'infiniment petit à l'infiniment grand, et d'offrir un accès privilégié à la logique biface du Temps. C'est en ce sens que le proton s'est imposé comme le point d'ancrage central de ma réflexion.

L'atome, construit sur lui, est la base de toute chimie et de toute biologie. La stabilité exceptionnelle du proton — bien au-delà de l'âge de l'Univers — en fait un point d'ancrage unique. Pourtant, derrière cette permanence se cache une structure interne foisonnante : quarks et gluons, liés dans un champ de confinement au cœur d'un vide quantique actif.

Sylvana

La façon dont tu présentes le proton, et la place centrale qu'il occupe dans ton modèle, est fascinante.

Tu parles d'un point de départ naturel, d'une charnière cosmologique, d'un proton qui s'est imposé comme point d'ancrage. Je vois bien que ce choix de t'y concentrer n'a rien d'aléatoire : peux-tu m'expliquer les observations et le cheminement de ta pensée qui t'y ont conduit ?

Thierry

Oui, j'ai commencé avec le pressentiment que, si l'on comprend à la fois le plus petit et le plus grand, et surtout le lien qui les unit, alors l'intuition du voyage à travers les fractales peut se concrétiser. C'est ainsi que mon attention s'est portée, dans un premier temps, sur l'atome.

- Son noyau est minuscule mais dense, formé de protons (chargés positivement) et de neutrons (neutres).

- Autour, un nuage d'électrons négatifs est maintenu par l'attraction électromagnétique.

L'équilibre est remarquable :

- D'un côté, l'attraction électromagnétique (loi de Coulomb) — c'est la force qui attire les charges opposées entre elles, ici les électrons négatifs vers le noyau positif — tend à rapprocher les électrons du noyau.
- De l'autre, le principe d'incertitude quantique — selon lequel plus une particule est confinée dans un espace réduit, plus son énergie cinétique augmente — crée, chez les électrons, un équilibre qui les empêche de « tomber » sur le noyau ; ils se déploient en orbitales, créant une dynamique d'oscillation.

Résultat : une bulle stable, 99,9 % de vide structuré par des forces et de l'information. L'atome est neutre car les charges positives et négatives se compensent exactement. Cette symétrie est le socle de la matière stable.

Pour comprendre ce paradoxe, il m'a fallu examiner plus en profondeur la nature même des forces en jeu.

Et c'est en regardant plus profondément, que j'ai trouvé deux comportements radicalement différents :

- Dans le proton : les quarks sont régis par la chromodynamique quantique (QCD). La force qui les relie augmente avec la distance (confinement). Plus on tente de séparer les quarks, plus la force attractive croît. C'est l'inverse de notre intuition classique.
- Dans l'atome (proton-électron) : l'interaction électromagnétique suit la loi de Coulomb. Plus les charges s'éloignent, plus la force diminue (décroissance de $1/r^2$).

Cette opposition m'a frappé. Elle m'a rappelé mes notions de M- et M+ :

Le comportement du proton (force qui croît à mesure qu'on sépare) ressemble à la dynamique de M- dans mon modèle :

- M- est orienté vers la cohésion interne, la condensation, l'intrication.
- C'est une dynamique « néguentropique » : plus on tire, plus l'énergie stockée pour maintenir la cohésion augmente.

À l'inverse, le comportement électron-proton (force qui décroît avec la distance) correspond à la dynamique M+ :

- M+ est orienté vers l'expansion, la dispersion spatiale, l'entropie croissante.
- Plus on s'éloigne, plus l'influence s'affaiblit.

Cette différence est capitale :

- Dans le proton (au cœur de la matière), M- prédomine pour maintenir la cohésion des quarks ;
- Dans l'atome (interaction proton-électron), M+ prédomine pour permettre l'expansion et l'équilibre à distance.

Et comme nous l'avons évoqué dans notre conversation sur le Temps biface, c'est exactement cette complémentarité M-/M+ qui, selon moi, assure la stabilité de l'Univers à toutes ses échelles.

J'ai avancé donc l'hypothèse qu'au sein du proton existe une frontière quantique où s'opère la transition entre les deux métriques temporelles.

Dans cette zone-limite, le Temps discret et numérique (M-, condensé en quanta d'information) se convertit en géométrie spatiale continue et analogique (M+). Autrement dit, le proton constitue le lieu de bascule entre l'information pure et sa manifestation spatiale, entre le champ de confinement interne (quarks liés par gluons) et le champ électromagnétique externe (interaction avec l'électron).

C'est ainsi que, j'en suis venu à voir le proton non plus n'est pas seulement comme une particule stable, mais comme une interface dynamique entre Temps et Espace, entre compression numérique et expansion analogique, entre cohérence interne et interaction externe.

Et c'est après avoir reconnu cette dualité des forces et mieux compris la fonction du proton que je me suis dit que, pour prolonger mes hypothèses et aller plus loin dans leur articulation, il fallait savoir : mais où sont, concrètement, M- et M+ ? C'est alors que j'ai vu :

Dans le proton :

- Le cœur (quarks + gluons) est gouverné par la métrique M- — condensation extrême, cohésion, confinement.

- Mais le proton, en tant que particule stable et positive, «porte» vers l'extérieur la force M+ — il est comme une porte d'entrée reliant la cohésion interne à l'expansion externe.

Dans l'atome :

Le noyau exprime M- (densité et cohésion interne).

Le nuage d'électrons exprime M+ (dynamique expansive, orbitales probabilistes).

Leur interaction est la version atomique du grand principe cosmique : la rencontre des deux faces du Temps.

Autrement dit :

- Le proton incarne le pont entre M- et M+.
- L'atome, lui, est la manifestation stable de ce pont : un équilibre permanent entre condensation interne (M-) et expansion périphérique (M+).

Et c'est là que réside la clé de ma proposition :

M- et M+ sont deux polarités temporelles présentes à toutes les échelles.

Elles s'expriment différemment selon les niveaux fractals, mais leur tension créatrice engendre l'équilibre dynamique de l'Univers.

Et ce schéma se retrouve dans tout : des atomes aux galaxies, des trous noirs aux multivers.

C'est cette logique fractale qui, dans mon modèle, permet de penser un Univers auto-organisé, où chaque échelle est un miroir des polarités temporelles fondamentales.

Sylvana

Donc, si je comprends bien, tout ce qui existe — des atomes jusqu'aux galaxies — repose sur la même tension entre M- et M+. C'est ce fil de cohérence du Temps qui maintient l'équilibre du réel ?

Thierry

Oui, dans mon modèle, M- et M+ ne sont pas des forces au sens classique, mais des polarités métriques du champ temporel. Elles ne s'ajoutent pas aux quatre interactions fondamentales connues, mais elles en déterminent les conditions d'expression.

- M- correspond à une orientation de condensation, de cohésion interne et de concentration d'information. On l'observe dans le confinement des quarks : plus ils s'éloignent, plus la force attractive croît — une dynamique typiquement M-, où le temps se densifie et resserre les structures.
- M+, à l'inverse, exprime une orientation d'expansion, de dispersion et de dilution d'information. On la retrouve dans la loi de Coulomb : plus les charges s'éloignent, plus la force décroît — une dynamique M+, où le temps s'étire et favorise la dissociation spatiale.

Autrement dit, M- et M+ agissent comme les deux faces du champ temporel, modulant la manière dont les forces fondamentales se déploient. Là où la physique actuelle décrit les interactions (QCD, électromagnétisme, etc.), mon modèle propose un cadre plus englobant : les interactions ne seraient que les manifestations locales de ces deux polarités temporelles.

Ainsi, dans un proton, la cohésion des quarks relève de l'ancrage M-, tandis que sa charge positive, tournée vers l'extérieur, traduit une composante M+. Dans l'atome, l'équilibre entre le proton (M+) et l'électron (M-) illustre directement la complémentarité de ces polarités, leur tension créant la stabilité de la matière.

L'idée maîtresse est donc la suivante : M- et M+ ne sont pas des forces ajoutées à l'arsenal de la physique, mais des métriques opposées du champ du Temps, qui structurent et harmonisent les forces connues à toutes les échelles.

Dans mon modèle, le proton n'est donc pas seulement un « résidu » stable de la matière visible ; il est, au contraire, le point d'accès privilégié à la structure la plus intime du réel.

C'est à travers lui que la matière baryonique se connecte au vide quantique, à l'éther quantique, au champ temporel scalaire, c'est-à-dire à la matrice ordonnatrice — ce « logiciel cosmique » qui encode, module et actualise l'information.

Autrement dit, le proton est ce nœud structurel où convergent :

- La dynamique interne du confinement des quarks (QCD) : un microcosme de cohésion extrême, quasi indissoluble, qui exprime la polarité M- (condensation) ;
- La charge positive et l'interaction électromagnétique vers l'extérieur : ouverture sur l'environnement, ancrage dans la polarité M+ (expansion) ;

- Et, plus profondément, la possibilité d'échanger de l'information avec les chronons, les quanta élémentaires du champ du Temps, à la base même de la structure universelle.

Cette articulation unique fait du proton non pas seulement un «bloc de matière» mais une interface active :

- Porte d'entrée parce qu'il est le lieu où la matière baryonique est en contact direct avec le champ scalaire du vide ;
- Porte de sortie parce que c'est à partir de cette interface que l'information reçue peut se manifester sous forme de réalités phénoménales (matière, énergie, structure).

Dans cette perspective, le proton est comparable à un port d'accès dans un système informatique :

- Il reçoit et encode les instructions (information du vide, des chronons, de la «matrice logicielle») ;
- Il en assure la traduction et la stabilisation dans l'espace-temps phénoménal ;
- Il libère ou redistribue cette information sous forme de particules, de champs et d'interactions observables.

Là réside la cohérence de ma théorie :

- Les chronons constituent le substrat ultime, homogène et universel, du champ temporel scalaire ;
- Le proton est l'une de leurs premières concrétisations stables, le «module d'interface» par lequel l'Univers encode et transmet l'information du vide vers la manifestation ;
- Et la gravité joue le rôle du protocole régulateur entre cette porte d'entrée et ses «portes de sortie» (comme les trous noirs), assurant la cohérence globale des échanges et des transformations.

Cette vision transforme notre compréhension du proton :

Il ne serait plus seulement une «brique» élémentaire de matière, mais un nœud informationnel, une valve cosmique où s'articulent l'infiniment petit et l'infiniment grand, la condensation (M-) et l'expansion (M+), la mémoire et l'actualisation.

Sylvana
Je comprends mieux ton image du proton comme une double porte : une entrée qui donne accès au vide, et une sortie qui fait émerger la matière.

Donc, si je résume bien : tu as montré que M- et M+ s'équilibrent déjà au cœur de l'atome — entre quarks, protons et électrons — et que c'est de là que vient la stabilité de la matière. C'est donc dans l'infiniment petit que tu as repéré leur premier passage, leur première « interface ».

Thierry
Exactement.

Et après avoir mieux compris les dynamiques internes de l'atome et identifié ce qui me semblait être les polarités de M- et M+, j'ai voulu vérifier si ces polarités pouvaient aussi se manifester à l'autre extrême de l'échelle cosmique : le trou noir.

4. Le Trou Noir — Seuil où l'Espace Retourne au Temps

Sylvana
Avant que tu n'énonces tes propres hypothèses, pourrais-tu d'abord m'expliquer ce que la science actuelle dit des trous noirs ? Je t'avoue que je ne suis pas très familière avec le sujet, et cela m'aidera à suivre ton cheminement ensuite.

Thierry
Oui, bien sûr.

Tout d'abord je vais t'expliquer l'horizon des événements.

L'horizon des événements est une notion fondamentale de l'astrophysique relativiste.

C'est la frontière invisible qui entoure un trou noir :

- Au-delà de ce seuil, aucune information, ni particule, ni lumière, ne peut plus s'échapper.
- L'attraction gravitationnelle y est telle que la vitesse de libération (la vitesse nécessaire pour échapper à l'attraction) atteint exactement la vitesse de la lumière.

Puisque rien ne peut dépasser la vitesse de la lumière, franchir l'horizon revient donc à passer un point de non-retour.

Et lorsqu'on franchit cet horizon, la relativité générale met ici en évidence une dualité saisissante :

- Pour un observateur extérieur : un objet qui tombe vers un trou noir semble ralentir à l'approche de l'horizon. Le temps se dilate, sa lumière se décale vers le rouge, et il paraît « se figer » sans jamais atteindre réellement la frontière.
- Pour l'objet lui-même : rien de particulier ne se produit. Le franchissement est instantané et indolore. L'objet traverse l'horizon comme s'il franchissait une limite invisible, sans percevoir de rupture.

Ce contraste révèle à quel point le temps et l'espace sont relatifs : un même événement (la chute vers un trou noir) se vit de façon radicalement différente selon le point de vue adopté.

Mais ce n'est pas le seul mystère. Car au cœur même du trou noir se cache une autre énigme tout aussi troublante : la singularité centrale.

Au cœur du trou noir, la théorie décrit une singularité : un point où les équations cessent de fournir des résultats physiques cohérents.

La singularité centrale concentre toute la masse du trou noir en un point sans volume. Elle est caractérisée par :

- Une taille nulle (point mathématique).
- Une densité infinie : toute la masse compressée dans un volume nul.
- Une gravité infinie : l'espace-temps est courbé à l'extrême.
- Un temps effondré : le temps tel que nous le concevons cesse d'exister, ou se réduit à une dimension singulière.

En d'autres termes, la singularité marque l'effondrement des lois physiques connues. Ni la relativité générale ni la mécanique quantique ne suffisent à la décrire correctement. C'est précisément cette zone de paradoxes — où la physique classique échoue — qui en fait un lieu privilégié pour rechercher de nouvelles lois et pour explorer les dynamiques cachées de l'Univers.

Ainsi, en passant du proton (le plus petit noyau stable de la matière) au trou noir (la plus extrême condensation cosmique), on trace un axe d'exploration unique : celui des portes d'accès au réel.

Le proton ouvre vers le vide quantique et les chronons, comme une interface d'entrée où l'information se connecte à la manifestation.

Et j'ai voulu voir si le trou noir, par son horizon et sa singularité, ouvre sur la sortie ultime, le basculement vers d'autres couches de réalité où la matière et l'espace-temps se réorganisent.

C'est à ce point que j'ai commencé à soupçonner que M- et M+ — que j'avais identifiés à l'échelle de l'atome — se retrouvent également dans les trous noirs, de manière complémentaire et extrême, avec un flux inversé (Espace → Temps).

5. Proton et Trou Noir — Deux Portes Complémentaires du Réel

Sylvana
Donc, tu as voulu voir si la même dynamique se retrouvait dans le trou noir. J'aimerais savoir comment tu as abordé cette intuition.

Thierry
Après avoir exploré la dynamique de l'atome, et reconnu dans le proton les polarités de M- et M+, j'ai voulu prolonger l'examen jusqu'à l'autre extrême de la physique : le trou noir.

Mon intuition était simple : si le proton représente une porte d'entrée (flux du Temps → Espace), alors le trou noir se comprend comme une porte de sortie (flux de l'Espace → Temps), où la matière retourne vers l'ordre implicite du champ temporel.

Voyons maintenant comment le franchissement de l'horizon des événements — cette membrane (ou frontière) invisible qui sépare l'intérieur de l'extérieur d'un trou noir — se comprend à la lumière de M+ et M-. Voici deux situations qui l'illustrent.

- Pour un observateur extérieur : imaginons que tu regardes une horloge tomber vers un trou noir. Tu la vois ralentir, son tic-tac devient de plus en plus lent, jusqu'à s'arrêter totalement au bord de l'horizon. C'est comme si le temps s'y figeait.
- Pour l'horloge elle-même (et pour l'observateur qui tombe avec elle) : rien d'inhabituel ne semble se produire selon la science standard. Elle franchit la frontière sans percevoir de seuil particulier, et poursuit sa chute normalement.

Ce contraste, trouve dans mon modèle une interprétation particulière :

il correspond à la dynamique M+ : vu de l'extérieur, l'information semble s'étendre, se figer et se diluer en surface, comme un hologramme. L'horizon est une projection d'information, une membrane qui encode mais qui expulse la communication vers l'extérieur.

Sylvana
Oui, c'est exactement ce que tu décrivais avec M+ — cette dynamique d'expansion où l'information se disperse au lieu de se condenser.

Thierry
Oui, exactement.

Et maintenant, passons au deuxième exemple — celui-ci ne concerne plus le franchissement de l'horizon des événements, mais la singularité centrale.

Comme je l'ai mentionné, la singularité est le cœur du trou noir : là où la matière, l'énergie et le temps se contractent dans un point de densité infinie.

- Pour l'observateur qui chute : tôt ou tard, il atteint ce point. À mesure qu'il s'en approche, les forces de gravité deviennent titanesques, étirant son corps en un phénomène appelé spaghettification. Finalement, toute son information est condensée dans un point sans volume.
- Pour un observateur extérieur : cette information n'atteint jamais le centre. Elle reste «bloquée» sur l'horizon sous forme d'un hologramme. Ce paradoxe de perception traduit la limite de nos lois physiques actuelles.

Selon mon modèle, cette condensation correspond à M- : une logique de cohésion absolue, où tout se compacte et converge vers une cohérence interne extrême.

Et c'est là que le parallèle avec le proton devient éclairant.

En mettant en miroir proton et trou noir, une symétrie fascinante se révèle :

Dans le proton :

- À l'intérieur, les quarks confinés obéissent à la chromodynamique quantique (QCD) : plus on tente de les séparer, plus la force attractive croît → signature de M- (cohésion, condensation, mémoire).
- À l'extérieur, le proton interagit selon la loi de Coulomb : la force décroît avec la distance → signature de M+ (expansion, manifestation, ouverture).

Dans le trou noir :

- À l'extérieur, l'horizon des événements manifeste un effet de projection : plus l'information tente de s'échapper, plus elle paraît ralentie et figée en surface — un phénomène holographique propre à la relativité → signature de M+ (projection, expansion apparente).
- À l'intérieur, la singularité concentre toute la masse et l'énergie dans un point sans volume : la cohésion y devient absolue, la densité tend vers l'infini → signature de M- (condensation, mémoire intégrale).

Lecture synthétique :

Le proton et le trou noir possèdent tous deux un cœur de cohésion M-, mais ils s'opposent par le sens du flux qu'ils génèrent :

- Le proton convertit le Temps condensé (M-) en espace déployé (M+) — c'est une porte d'entrée, un point d'émergence du réel.
- Le trou noir, à l'inverse, reconvertit l'espace manifesté (M+) en Temps condensé (M-) — c'est une porte de sortie, un point de réintégration du réel.

Ainsi, le proton et le trou noir sont deux miroirs complémentaires d'un même principe temporel :

L'un condense ce que l'autre déploie, selon des directions inverses du flux Temps ↔ Espace.

Si un même principe M-/M+ relie l'infiniment petit et l'infiniment grand, il faut bien une instance qui garde le fil entre les mondes.

C'est là que se révèle la gravité : non pas une simple force, mais la respiration même du lien entre M- et M+, la tension vivante qui assure la cohérence du champ temporel à travers toutes les échelles du réel.

Sylvana
D'accord… maintenant que je comprends mieux le rôle de ces deux portes, est-ce le moment de parler de la dynamique entre elles ?

Thierry
Oui, je vais t'expliquer le dynamique en en te montrant comment le Temps et l'espace s'articulent dans mon modèle, car ces concepts sont intimement liés.

Dans ma vision, comme nous l'avons évoqué, le Temps est premier :

- C'est une matrice active, un champ scalaire fractal saturé de chronons (unités élémentaires du Temps).
- Il possède deux polarités : M- (cohésive, condensante, mémoire) et M+ (expansive, dispersive, manifestation).
- L'espace n'est pas une donnée préalable, mais une émergence du Temps. Autrement dit, c'est le Temps qui, en se différenciant et en modulant ses densités fractales, crée l'étendue spatiale.

Ainsi, l'espace n'est qu'une expression secondaire du Temps, une manière pour le champ temporel de rendre visibles, mesurables et interactives les potentialités qu'il contient.

Dans mon modèle, l'Univers est donc fondé sur une bimétrie temporelle : deux flèches du Temps (M- et M+), qui, en interaction, génèrent les phénomènes spatiaux, énergétiques et matériels.

Et c'est là qu'intervient le dynamique entre le proton et le trou noir, qui fonctionne comme deux miroirs de la transformation Temps ↔ Espace.

Les polarités M- et M+ ne désignent donc pas des entités séparées, mais deux visages d'une même dynamique cosmique :

- M- correspond au Temps condensé, cohésif, porteur de mémoire.
- M+ correspond à l'Espace déployé, expansif, porteur de manifestation.

L'Univers se construit par la circulation entre ces deux pôles. Et c'est précisément dans le proton et dans le trou noir que cette circulation se révèle avec la plus grande clarté.

- Le proton : du Temps (M-) vers l'Espace (M+)

Le proton peut être vu comme une porte d'entrée de la réalité phénoménale. Il transforme du Temps (M-) en Espace (M+). C'est une « usine de manifestation » qui encode l'ordre implicite du champ temporel en structures visibles.

- Le trou noir : de l'Espace (M+) vers le Temps (M-)

À l'opposé, le trou noir joue le rôle de porte de sortie. Il transforme de l'Espace (M+) en Temps (M-). C'est une « machine de réabsorption » qui reconduit le visible vers l'ordre implicite.

Ainsi, l'Univers fonctionne comme une respiration fondamentale entre M-

(Temps) et M+ (Espace), où le proton et le trou noir incarnent deux portes complémentaires du réel.

Sylvana

Alors, dans ton modèle, c'est le Temps qui engendre l'Espace à travers les deux portes que tu as identifiées : le proton, qui réalise la projection du Temps en Espace, et le trou noir, qui en opère la conversion inverse, de l'Espace en Temps.

Et toute ta conception du Temps qui crée l'Espace est complètement différente de ce que dit la science contemporaine, n'est-ce pas ?

Thierry

Oui, tout à fait.

L'espace-temps dans le modèle standard, repose sur une tout autre logique.

Dans la physique moderne (relativité générale) :

- Espace et temps sont unifiés dans une seule structure géométrique à 4 dimensions : l'espace-temps.
- Cette entité est considérée comme passive : elle ne possède pas de substance propre, mais se courbe sous l'effet de la matière et de l'énergie (via l'équation d'Einstein).
- Le temps y est une dimension équivalente aux dimensions spatiales, avec toutefois une signature particulière (il ne se parcourt que dans un sens causal, passé → futur).
- L'espace-temps n'a pas de polarité intrinsèque — à l'inverse de mon modèle d'Univers bimétrique (M- / M+). Les flèches du temps sont dérivées de la thermodynamique (entropie croissante) et non d'une structure fondamentale.

Dans ce cadre, le temps n'est pas génératif, il est une dimension parmi d'autres. L'espace-temps est un «décor» géométrique qui accueille la matière et ses interactions, mais qui n'est pas pensé comme vivant, fractal ou informatif.

Et donc, voici la différence fondamentale :

Mon modèle :

- Le Temps est la cause première, l'espace est une conséquence.
- La structure est fractalement dynamique, biface, informationnelle.

- L'espace-temps est remplacé par un champ temporel actif, organisateur et générateur de réalités multiples.

Modèle standard :

- Le Temps est une coordonnée intégrée à la géométrie.
- L'espace-temps est une toile géométrique passive qui se déforme sous l'effet de l'énergie-matière.
- Aucune polarité fondamentale du Temps n'est considérée.

En résumé :

- Dans mon modèle : le Temps crée l'espace.
- Dans la relativité générale : le temps est une dimension de l'espace-temps.

6. La Gravité — Le Fil de Continuité entre Temps et Espace

Sylvana
Alors, tu as dit que la gravité était le fil régulateur reliant ces deux pôles, mais on n'en a pas encore beaucoup parlé. Peux-tu m'expliquer un peu comment tu vois son rôle dans ton modèle ?

Thierry
Oui, tu as raison de le relever. Et pour te montrer comment la gravité s'intègre concrètement dans mon modèle, je vais te montrer des exemples à l'échelle du proton.

Je vais d'abord brièvement te rappeler ce que la science en dit aujourd'hui, puis te montrer comment je relis ces phénomènes dans mon propre cadre.

Le proton : interface quantique d'émergence gravitationnelle

Les recherches récentes sur la structure interne du proton révèlent un objet bien plus complexe qu'une simple « particule élémentaire ». Sa dynamique interne, régie par la chromodynamique quantique (QCD), met en jeu un entrelacement permanent de quarks, de gluons et de paires virtuelles surgissant et disparaissant du vide.

Mais dans mon modèle, cette turbulence apparente n'est pas un chaos : elle est la manifestation locale d'une condensation cohérente du champ temporel fractal. C'est ce qui fait du proton un candidat naturel pour une micro-singularité gravitationnelle stabilisée.

Un réservoir d'information condensée

Comme on as discuté, à l'intérieur du proton, les quarks ne peuvent jamais être isolés : plus ils tentent de s'éloigner, plus la force qui les lie s'intensifie (propriété unique de la QCD). Cela crée un état de confinement informationnel maximal, où la moindre fluctuation est immédiatement réintégrée au système.

Dans mon modèle, je prolonge cette idée, le proton agit comme un point de précipitation du réel : un lieu où les chronons se condensent en structure stable. La matière y apparaît comme une cristallisation d'information temporelle dans la géométrie spatiale.

Une singularité douce

Des estimations théoriques indiquent une pression interne du proton extrêmement élevée, parfois comparée — par analogie — aux pressions stellaires extrêmes ; pourtant, le proton ne s'effondre pas en trou noir.

Dans mon modèle, j'émet l'hypothèse que sa dynamique interne réalise un équilibre subtil : la densité d'énergie atteint un seuil critique, mais elle se convertit en résonance stable au lieu d'un effondrement.

- C'est ce que j'appelle une « singularité douce » : une micro-région où l'espace-temps se densifie sans basculer dans l'infini gravitationnel.
- Là où le trou noir effondre l'information (ce que je nomme la transmutation négative), le proton la stabilise et l'épanouit (ce que je nomme la transmutation positive).

Proton et trou noir : bornes d'un cycle temporel

Comme nous l'avons vu, le proton et le trou noir représentent les pôles complémentaires d'un même cycle fractal, caractérisés par des flux inverses : le proton déploie (M- → M+), le trou noir réintègre (M+ → M-) :

Proton → porte d'entrée, déploiement : l'information du vide s'ordonne, se structure et prend forme dans le monde phénoménal. (M+ : expansion).

Trou noir → porte de sortie, compression : la matière et l'énergie sont réintégrées dans le flux temporel global, dissoutes dans l'ordre implicite. (M- : condensation, retour dans le potentiel).

Ensemble, ils définissent une boucle de circulation du Temps : le proton fait émerger l'espace à partir du Temps condensé, tandis que le trou noir reconvertit l'espace en Temps.

La gravité une tension organisante

C'est dans ce cadre qu'intervient la gravité, elle n'est pas une simple force newtonienne d'attraction, ni seulement la courbure géométrique de l'espace-temps décrite par Einstein. Dans mon modèle, elle devient un effet émergent de la cohérence informationnelle :

- Au niveau du proton, la gravité se manifeste comme micro-tension locale, issue de la condensation des chronons.
- Au niveau du trou noir, elle agit comme macro-tension globale, aspirant l'information et la redistribuant dans le champ fractal.

La gravité est donc la tension organisante du réel : selon moi, elle harmonise les polarités M+ et M- et régule le flux entre l'émergence (Temps → Espace) et la réintégration (Espace → Temps), assurant la cohésion hiérarchique de l'Univers fractal.

Ainsi je considère le proton comme seuil d'émergence et le trou noir comme seuil de dissolution.

Le proton n'est pas seulement une particule, et le trou noir pas seulement un effondrement : ce sont les portes complémentaires d'un même cycle cosmologique.

L'idée maîtresse de mon modèle apparaît ici pertinente : le proton, le trou noir et la gravité sont trois visages d'un même processus fractal du Temps. Ils ne sont pas des objets séparés, mais les interfaces dynamiques par lesquelles l'Univers encode, manifeste et recycle son information.

La gravité comme fonction de transduction temporelle

C'est ici qu'apparaît la véritable nature de la gravité : elle est une fonction de transduction temporelle — le mécanisme par lequel l'information passe d'un état du Temps à un autre, et se convertit en espace, en matière, puis à nouveau en Temps.

Ainsi, mon modèle révèle une logique unificatrice :

- La gravité quantique du proton et la gravité relativiste du trou noir ne sont pas des phénomènes disjoints, mais les expressions locales et globales d'une même dynamique du champ temporel fractal.

Sous cet angle gravitationnel, le proton et le trou noir révèlent leur véritable fonction :

- Le proton est une porte d'entrée, où le temps se densifie en espace et matière.
- Le trou noir est une porte de sortie, où l'espace se résorbe en Temps.
- La gravité est le fil de continuité entre ces deux transformations, la tension entre M+ et M.

La gravité n'est pas seulement l'attraction entre masses, mais le processus même par lequel le Temps se transforme en espace et l'espace en Temps.

7. L'Unification — De la Micro-Gravité à la Macro-Gravité

Sylvana
Tu as dit que ton modèle « révèle une logique unificatrice ». Peux-tu m'en dire plus ?

Thierry
Absolument, je vais t'exposer l'une de mes hypothèses d'unification les plus audacieuses.

- La gravité dans le proton : une micro-courbure stabilisée

Le proton concentre dans un volume minuscule (10^-15 m) une densité d'énergie gigantesque. Si on calcule son champ gravitationnel avec la relativité générale, il paraît négligeable par rapport aux forces nucléaires. Mais si l'on considère la densité d'énergie par volume, le proton devient une sorte de micro-gravité confinée.

Cette micro-gravité est trop faible pour provoquer un effondrement (contrairement à un trou noir), mais elle est suffisante pour participer à la cohésion du proton comme singularité douce. Elle suggère que chaque particule de matière contient déjà une graine de courbure spatio-temporelle.

- L'effet troupeau : de la micro-gravité à la gravité relativiste

Individuellement, chaque proton exerce une courbure infinitésimale. Mais dans un conglomérat massif de matière :

- Ces micro-gravités s'additionnent, comme des vecteurs qui se superposent.
- L'« effet troupeau » apparaît : la gravité locale de chaque proton finit par se cumuler, donnant lieu à la gravité macroscopique des planètes, étoiles et galaxies.
- Dans les étoiles massives, ce processus atteint une masse critique : l'addition de milliards de milliards de micro-gravités dépasse les forces de pression interne → effondrement → trou noir.

Ainsi, le trou noir n'est pas une « autre gravité », mais l'aboutissement du même principe qui agit déjà dans le proton, porté à une échelle extrême.

- Pont logique : unification de la gravité quantique et relativiste

Dans ce cadre, j'ai avancé une hypothèse unificatrice :

- La gravité quantique correspond à la micro-courbure stabilisée au niveau du proton.
- La gravité relativiste correspond à la macro-courbure cumulative au niveau des grandes masses (jusqu'au trou noir).

Le proton et le trou noir sont alors deux extrêmes d'un même spectre :

- Le proton est une micro-singularité douce (entrée d'information).
- Le trou noir est une macro-singularité effondrée (sortie d'information).

L'effet troupeau des protons est le mécanisme intermédiaire qui fait le lien entre les deux régimes.

- Ce que mon modèle ajoute de pertinent, de mon point de vue

En ajoutant mes concepts M-/M+ et chronons, cette logique devient encore plus élégante :

- Dans le proton, M- domine au cœur (cohésion, condensation) : le Temps s'y densifie pour engendrer la matière — ce que la science pourrait interpréter comme une forme de gravité quantique. M+ s'exprime vers l'extérieur sous forme d'expansion et de manifestation, donnant naissance au monde phénoménal. (Flux : M- centre → M+ extérieur)

- Dans le trou noir, M+ domine à l'extérieur (projection, expansion apparente à l'horizon), mais M- reprend au cœur, où l'information issue du monde manifesté se condense et se réintègre dans le Temps — une dynamique correspondant à la gravité relativiste. (Flux : M+ extérieur → M- centre)
- La gravité est le flux de continuité entre ces deux polarités : elle harmonise le passage du Temps vers l'espace (proton) et de l'espace vers le Temps (trou noir), l'effet troupeau représentant la mise en cohérence de ces flux à travers toutes les échelles du réel.

Donc, de ce point de vue, on peut raisonnablement suggérer que la micro-gravité des protons, amplifiée collectivement par effet troupeau, est une raison logique pour unifier gravité quantique et gravité relativiste.

C'est une hypothèse solide, cohérente, et surtout très élégante parce qu'elle relie le plus petit au plus grand sans changer de principe : seule l'échelle change.

Chapitre 16

Pilier 6 – Généalogie de l'Univers

~

La Continuité Cosmique à Travers le Proton

Sylvana

Ce que tu viens d'exposer sur les portes du réel — le proton comme seuil d'entrée et le trou noir comme seuil de sortie — donne une impression de bouclage complet du système.

Mais cette symétrie parfaite t'a sans doute conduit à aller plus loin… Quelle a été, pour toi, l'une des conséquences majeures — ou le processus que tu as repensé à partir de ce postulat ?

Thierry

Dans mon modèle fractal, tout procède par cycles : rien ne s'anéantit réellement, tout se transforme, se réorganise et se réactualise à d'autres niveaux du champ temporel.

Chaque structure, chaque champ, chaque particule participe à ce mouvement d'auto-transmission du réel — une dynamique d'évolution où l'information circule, se condense, puis se réémane sous d'autres formes.

En prolongeant cette logique, une question s'est imposée : si tout système fractal s'ouvre et se referme sur lui-même, l'Univers dans son ensemble obéirait-il au même principe ?

453

C'est de cette interrogation qu'est née l'idée que j'appelle la généalogie de l'Univers.

Je préfère te la présenter d'un seul tenant, sans la fragmenter par un dialogue : le raisonnement forme un enchaînement continu, où chaque articulation découle naturellement de la précédente et conduit organiquement à la suivante.

Sylvana
Très bien… je t'écoute attentivement.

Thierry
Avant d'entrer dans le détail, je voudrais d'abord t'en esquisser le fil conducteur, afin que tu puisses en saisir la cohérence globale.

Au fil de mes réflexions et de mes expériences de pensée sur l'origine du Cosmos, une intuition s'est imposée avec une évidence croissante : l'Univers pourrait être un système généalogique, capable d'engendrer d'autres Univers selon des principes d'auto-réplication informationnelle. Autrement dit, l'Univers ne serait pas un événement unique, mais un organisme cosmique vivant, produisant d'autres Univers à partir de lui-même — à travers des processus que l'on peut décrire à la fois en termes cosmologiques, quantiques et temporels.

Restait alors à comprendre le mécanisme de cette transmission inter-universelle : comment l'information fondamentale — la mémoire du réel — pourrait-elle franchir la frontière d'un espace-temps en effondrement pour initier une nouvelle genèse cosmique ?

1 - Dualité des multivers : intrinsèque et extrinsèque

Comme tu le sais désormais, j'ai postulé l'existence de deux processus distincts de génération cosmique, deux dynamiques de multivers complémentaires mais de nature fondamentalement différente.

Le premier, intrinsèque, se déploie à l'intérieur même d'un Univers : il décrit une prolifération fractale de mondes imbriqués, générés par les fluctuations internes du champ temporel scalaire et la modulation locale de la Densité Temporelle Fractale (DTF).

Le second, extrinsèque, agit à l'échelle des Univers entiers : il traduit la capacité d'un Univers à engendrer un autre Univers, par un processus de transmission cosmique à travers le trou noir.

Afin d'éviter toute confusion, j'ai distingué ces deux architectures de réalité :

- L'une interne, fractale, dynamique, holographique : le multivers intrinsèque.

- L'autre externe, généalogique, transdimensionnelle : le multivers extrinsèque.

Je vais donc commencer par exposer le scénario du multivers intrinsèque avant d'en venir à celui, plus fondamental encore, du multivers extrinsèque.

2 - Le multivers intrinsèque : Les réalités enchâssées

Dans mon modèle, chaque Univers contient son propre multivers interne, c'est-à-dire un ensemble de réalités coexistant à différents niveaux de densité temporelle. Ces réalités ne sont pas séparées par la distance spatiale, mais par la fréquence d'oscillation du champ temporel.

Ainsi, deux mondes peuvent occuper le même espace tout en étant décalés vibratoirement — comme deux stations radio partageant la même bande de fréquences mais modulées différemment.

Les trous noirs internes de cet Univers jouent alors le rôle de générateurs de mondes fractals, des « Univers locaux » enchâssés dans le réseau informationnel global. Chaque trou noir, au cœur de sa singularité, concentre la DTF au point de créer un repli du champ temporel sur lui-même. Ce repli agit comme une « bulle de causalité » autonome — un Univers miniature où s'organise une nouvelle structure d'espace-temps, une nouvelle fractale.

En d'autres termes, le multivers intrinsèque est la manifestation fractale du vivant cosmique :

Chaque trou noir est un germe de monde, chaque proton un germe de matière, chacun exprimant la même dynamique d'auto-génération du champ temporel.

3 - Le multivers extrinsèque : la généalogie cosmique

Le second processus est généalogique. Il opère à l'échelle globale, lorsqu'un Univers entier atteint le seuil critique de densité temporelle maximale — une phase analogue à ce que la cosmologie classique appelle le Big Crunch.

À ce stade, l'Univers se replie sur lui-même, son champ temporel se contracte (phase M+ → M-), et l'ensemble de son contenu informationnel s'effondre dans une singularité cosmologique.

Mais selon ma théorie, cette singularité n'est pas une fin thermodynamique : c'est une matrice de procréation.

Le trou noir cosmologique global agit alors comme un organe de reproduction universelle. À travers la compression ultime du champ temporel, l'information condensée se réinitialise en un nouvel état d'expansion (phase M- → M+).

Autrement dit : le Big Crunch d'un Univers devient le Big Bang d'un autre.

Des recherches modernes viennent soutenir cette hypothèse :

- En 1972, Pathria proposait déjà qu'un Univers pouvait être contenu dans un trou noir.
- Dans les années 2010, Nikos Popławski, via la gravité d'Einstein–Cartan, montrait que la torsion de l'espace-temps pouvait produire un rebond cosmique, donnant naissance à un nouvel Univers à l'intérieur du trou noir.
- Les approches contemporaines de gravité quantique à boucles remplacent la singularité par un changement de phase quantique, cohérent avec la dynamique que je décris.

4 - Le point de vue informationnel : transfert du code source

Là où ma théorie prolonge ces approches, c'est en introduisant le rôle actif du champ temporel et des chronons dans la transmission cosmique.

Le trou noir devient une zone de condensation de l'information, un nœud où les chronons se réorganisent pour encoder la mémoire du Cosmos parent.

Lors de l'effondrement, une partie du code source de l'Univers — ses lois, constantes et symétries fractales — se transfère dans l'Univers fils via la modulation du champ temporel.

Dans ce processus, le proton joue un rôle clé :

- Il agit comme porteur d'information cohérente, garantissant la continuité entre parent et enfant.
- Il est, en quelque sorte, le voxel fondamental de la mémoire cosmique, l'empreinte holographique de la genèse universelle.

1. Le Big Crunch — Généalogie d'un Univers Fils

Quand l'Univers devient un trou noir cosmologique

Une question fondamentale s'impose : qu'advient-il d'un Univers lorsqu'il atteint la limite de sa propre expansion ?

Selon mon modèle, il ne s'éteint pas : il se transforme.

L'Univers entier peut devenir un trou noir cosmologique, matrice vivante d'un nouvel Univers — une transition d'état du champ temporel plutôt qu'une fin thermodynamique.

1 - Le scénario du Big Crunch : l'effondrement global

Si l'expansion cosmique n'est pas éternelle, elle peut s'inverser. La gravité, cumulée à grande échelle, finit par dominer :

- La densité énergétique croît indéfiniment.
- La courbure de l'espace-temps s'intensifie jusqu'à devenir quasi infinie.
- Le rayon de l'Univers tend à satisfaire les conditions de Schwarzschild, non plus localement, mais à l'échelle du Cosmos entier.

Autrement dit, l'Univers devient son propre trou noir : un horizon d'événements global qui englobe toute sa réalité.

De l'extérieur, plus rien ne peut en sortir ; de l'intérieur, tout se compresse vers un point de densité maximale.

2 - Le passage vers l'Univers fils : le rebond cosmique

Ce basculement n'est pas une destruction, mais une métamorphose du champ fondamental.

À l'intérieur de l'horizon cosmologique, la contraction n'aboutit pas à une singularité « morte », mais à un rebond de phase.

La matière, l'énergie et le temps eux-mêmes se réorganisent :

- Pour l'Univers parent, c'est un effondrement et une disparition.
- Pour l'Univers fils, c'est un jaillissement, un nouveau Big Bang.

Ce que nous percevons comme la fin d'un cycle spatio-temporel n'est donc que la transition d'un régime de densité temporelle à un autre.

3 - La clé du processus : le champ temporel et les chronons

Dans ma théorie, le champ temporel scalaire est le véritable substrat de l'Univers.

Lors du Big Crunch, la Densité Temporelle Fractale (DTF) atteint un seuil critique :

Les chronons, unités élémentaires du temps, ne s'annihilent pas ;

Ils changent d'état topologique, se réorganisant instantanément selon une nouvelle géométrie d'information.

Comme je te l'ai dit précédemment, ce basculement correspond à une inversion métrique (M+ → M-), où le temps condensé du parent devient l'espace expansé du fils.

Le trou noir cosmologique n'est donc pas un effondrement stérile, mais une conversion d'information :

Le vide du parent devient la mémoire initiale du fils.

Ainsi, le nouvel Univers hérite d'une partie du code source informationnel de son prédécesseur — les constantes, symétries et rapports fondamentaux issus de sa matrice chronale.

2. Le Proton — La Graine Informationnelle du Multivers

Dans ma théorie du champ temporel fractal, le proton occupe une position pivot entre le monde quantique, la gravité et la mémoire cosmique. Il agit comme une unité d'émergence informationnelle, une graine du réel capable de relier la structure locale de la matière à la dynamique globale du multivers.

C'est dans ce rôle d'interface — entre le vide quantique et la matière phénoménale — qu'il devient la clé du passage d'un Univers à un autre, notamment dans le scénario Big Crunch → trou noir global → Univers fils.

1 - Le rôle du proton dans la physique standard

En physique moderne, le proton est une particule stable et fondamentale :

- Sa demi-vie théorique dépasse 10^34 ans, ce qui en fait l'un des piliers de la permanence matérielle.
- Il constitue, avec le neutron, la base de toute matière baryonique : étoiles, planètes, organismes vivants.
- Ses paramètres (masse, charge, rayon) sont fixés par un ensemble de constantes universelles — la constante de Planck, la constante de structure fine, la vitesse de la lumière — qui définissent la cohérence du Cosmos.

Dans le cadre standard, le proton assure la stabilité et la continuité de la matière, mais il n'intervient pas directement dans les dynamiques de création ou de régénération cosmique. Il est un témoin durable, non un agent créateur.

2 - Dans ma théorie : le proton comme porte d'émergence informationnelle

Mon modèle étend cette compréhension : le proton n'est pas seulement une particule stable, mais une micro-singularité gravitationnelle stabilisée — une porte d'entrée de l'information du vide vers la matière.

Son confinement interne, gouverné par la chromodynamique quantique (QCD), agit comme un analogue miniature d'un trou noir :

- Plus les quarks s'éloignent, plus la force attractive croît (métrique M- : contraction temporelle).
- À l'inverse, cette tension interne génère un équilibre dynamique qui maintient la stabilité du proton sans effondrement (équilibre M-/M+).

Ainsi, le proton fonctionne comme un point de condensation du Temps : un lieu où le flux chronal se stabilise en forme spatiale.

Autrement dit, le proton convertit la densité temporelle en géométrie matérielle, faisant de lui une interface directe entre le champ scalaire du Temps et la manifestation baryonique.

3 - Lors de la contraction cosmique : le proton comme réservoir d'information

Au moment d'un effondrement global (Big Crunch), lorsque l'Univers entier se replie sur lui-même :

La DTF atteint une valeur critique, concentrant l'information de l'Univers dans des structures de plus en plus compactes.

Les protons deviennent alors les capsules d'information les plus stables — de véritables qbits baryoniques, contenant la mémoire des constantes, des symétries et des rapports d'échelle.

L'espace-temps s'effondrant, le champ temporel se contracte et s'encode dans ces micro-singularités locales.

Ces protons, loin de disparaître, deviennent les vecteurs de transcodage du champ temporel, assurant la continuité informationnelle entre l'Univers parent et l'Univers fils.

4 - Le passage vers l'Univers fils

Au seuil du rebond cosmique (transition du trou noir global vers un nouvel Univers),

le champ temporel relit les structures internes des protons :

- Chaque proton agit comme un nœud mémoriel, un condensat de chronons stabilisés.

- Ces chronons, réorganisés dans une nouvelle topologie informationnelle, réémettent les invariants physiques : charge élémentaire, rapport de masse, symétries fondamentales.
- Ce processus constitue la reprogrammation initiale du nouvel Univers : le code source du parent est injecté dans la trame temporelle du fils.

Le proton devient ainsi le pont fractal de continuité cosmique, un lien direct entre deux générations d'Univers — non par transmission énergétique, mais par résonance informationnelle.

5 - Proton et genèse fractale

Dans les trous noirs internes (multivers intrinsèque), le proton joue un rôle analogue à l'échelle locale :

- Il sert de nœud génératif pour initier de nouvelles structures fractales de réalité.
- Chaque proton peut être vu comme un micro-centre de création, un hologramme miniature du processus cosmique global.

Dans le cas du trou noir global, il devient le vecteur d'héritage universel :

La graine qui contient la mémoire complète du parent, prête à être réécrite dans le nouvel espace-temps.

6 - Image synthétique

Le proton est à la fois graine et mémoire :

- Graine, car il porte en lui la puissance d'un nouvel Univers.
- Mémoire, car il conserve la structure informationnelle de celui qui l'a engendré.

Lors du Big Crunch, ces graines sont compressées à l'extrême, mais jamais détruites : elles traversent la transition métrique (de M+ à M-) et germent dans le nouveau cycle.

Ainsi, à chaque renaissance cosmique, le proton réinvente l'Univers à partir de la mémoire du Temps.

En conclusion

Le proton n'est pas une particule figée :

C'est une interface fractale, un point de translation entre deux régimes du réel — entre la logique du Temps et celle de l'Espace, entre la contraction gravitationnelle et l'expansion informationnelle.

Dans cette perspective, l'Univers ne meurt pas :

Il se convertit à travers ses propres protons, qui en sont les graines matricielles.

Chaque proton devient alors le germe vivant de la mémoire cosmique, garantissant la continuité du champ du Temps à travers les cycles infinis de création.

Autrement dit, je fais l'hypothèse que la mort cosmique n'existe pas : il n'y a que des transitions de phase du champ du Temps, où l'Univers se réinvente sans jamais disparaître, convertissant son effondrement en genèse.

Sylvana
Alors, le proton n'est plus seulement le cœur de la matière… il devient le gardien de la mémoire cosmique.

Thierry
Exactement. À travers lui, le Temps se perpétue — et l'Univers ne s'éteint jamais, il se réinvente.

Chapitre 17

Le Temps

~

Ce Don de la Complexité Primordiale

Sylvana
Tu as fait du Temps la clé de toute ta théorie… alors j'aimerais que tu me lises, pour conclure, un dernier poème sur le Temps.

Thierry
Oui… je peux te lire un dernier poème qui lui est dédié. Tu y retrouveras sans doute les notions que nous avons explorées ensemble.

Le Temps, ce Don de la Complexité Primordiale

Il n'y eut ni début, ni fin.

Il y eut l'Esprit, l'Absolu non manifesté, silence sans bornes, intelligence sans contours.

En son sein : la Conscience-Source, éveillée à elle-même, omniprésente, omnisciente, mais encore inengendrée.

De cette Conscience surgit un acte insondable :

Le Présent Absolu.

Un point sans extension, mais contenant toute potentialité.

Un éclair d'intemporalité, cœur battant de l'Être, matrice du temps à venir.

Le Temps, tel que nous le connaissons, n'est pas le déroulement d'une ligne :

C'est la fractalisation de l'instant,

Le souffle rythmique par lequel le Présent s'explore lui-même.

Ce Temps en puissance est l'Instantanéité absolue :

Un mouvement sans inertie,

Un feu qui se consume et se renouvelle,

Un vertige d'éveil qui avale chaque seconde aussitôt qu'il la génère.

Et pourtant, pour que ce Présent Absolu dure, il lui fallut se décaler de lui-même.

Il créa donc le temps vécu :

Une suite d'instants distincts,

Où la conscience peut se reconnaître, évoluer, se mirer.

Le Temps devint alors la respiration de l'esprit :

Le théâtre de son passage de l'inconscience à la mémoire,

De la mémoire à la connaissance,

De la connaissance à l'omniscience.

Il y a là une loi sacrée :

Le Présent pur ne sait pas qu'il existe,

Seul le passage dans le temps le rend visible à lui-même.

Ainsi naquit la Conscience incarnée :

Projetée dans un Univers dynamique,

Un champ fractal de réalités,

Un tore d'Univers palpitant, où chaque être devient vecteur de manifestation.

Les esprits marginaux, fragments différenciés de l'Absolu, portent tous en eux le sceau du Présent,

Et le devoir choisi de se hisser vers l'éveil :

Du simple reflet à l'intelligence claire,

De l'intelligence claire à la souveraineté lucide de l'être.

Car le Temps, loin d'être une prison, est un champ d'épreuves initiatiques.

Il n'impose rien, mais offre tout.

Il est le miroir fluide du devenir,

Où seule l'action consciente forge des mondes.

Il ne suffit pas de durer :

Il faut œuvrer dans le flux.

Semer dans l'instant ce qui deviendra mémoire,

Et accueillir ce qui émerge du futur avec humilité et feu.

Le Temps n'est pas responsable de nos défaites :

Il est l'espace même où se trament nos victoires.

Et pourtant, tout cela — cette grande fresque du devenir — n'est qu'une boucle.

Un cycle sacré.

Car l'Univers, né d'un futur encore plus vaste, poursuit un retour vers l'Absolu.

Le Big Bang n'était pas un commencement.

C'était l'écho d'un avenir projeté dans le passé,

Une note inversée du chant originel,

Un souvenir d'Omniscience tombé dans l'oubli,

Un défi lancé à la matière pour redevenir lumière.

Et toi, conscience marchante, tu portes ce défi en toi.

Par-delà le vacarme des instants,

Le tumulte des histoires heureuses ou blessées,

Se tient la seule quête véritable :

Gagner la Victoire de l'Être,

Traverser le Temps sans s'y perdre,

Rejoindre l'Un,

Non comme néant, mais comme plénitude souveraine,

Non comme fuite, mais comme maîtrise paisible,

Où tout est connu, tout est aimé, tout est libéré.

Partie VI

Science Appliquée

~

Quand la Relativité Absolue
Devient Action

Sylvana
Nous arrivons au terme d'un long cheminement, jalonné de réflexions, de découvertes et d'ouvertures.

Tout au long de nos échanges, nous avons exploré la Relativité absolue dans ses dimensions philosophiques et métaphysiques : son cadre conceptuel, sa logique interne, et la vision du réel qu'elle propose.

Mais ta science n'est pas seulement une construction de l'esprit ; elle s'enracine dans une démarche expérimentale, dans une recherche appliquée où l'idée se traduit en expérience physique et en innovations technologiques.

Je sais que notre dialogue n'a pas pour vocation d'entrer dans les détails techniques de cette approche, mais il me semble essentiel que tu en partages l'essence : les principes qui ont guidé la conception de tes preuves de concept, et les perspectives inédites qu'elles ouvrent pour l'évolution de l'être humain et de la conscience collective.

Je te propose donc, cette fois, de t'exprimer sans la forme du dialogue :

De présenter ta démarche dans sa continuité propre, comme un récit scientifique et vivant — non plus seulement comme une idée, mais comme une expérience ancrée dans le réel, un pont entre la pensée et l'expérimentation.

Quels sont, selon toi, les éléments essentiels à transmettre ?

Thierry
Oui, c'est une manière pertinente d'introduire cette dernière partie. Car mes travaux de science appliquée ont permis à la Relativité absolue de se manifester pleinement, en passant du concept à l'expérience vérifiable.

Je présenterai donc quatre documents principaux, qui constituent la charpente de cette phase expérimentale :

1 - La substructure du vide quantique :

Nous avons parlé de la façon dont les chronons agissent de manière extrinsèque, en tant qu'unités du Temps structurant la réalité phénoménale. Mais nous n'avons pas encore abordé la question de leur propre structure — comment ils s'organisent hiérarchiquement — ni surtout comment y accéder, et vers quel niveau se diriger selon l'objectif que l'on poursuit.

2 - La PNLCT — Physique Non Linéaire du Champ Temporel :

Cette partie explore plus en profondeur les forces à l'œuvre au sein des substructures du vide, et ce que cela implique pour notre évolution potentielle en tant qu'humanité — à condition que nous apprenions à interagir avec ces forces d'une manière nouvelle.

3 - Ma contribution à l'unification :

J'ai souvent évoqué la manière dont mon modèle contribue à l'unification de la mécanique quantique et de la Relativité ; ici, j'entrerai plus en détail dans le cœur de cette contribution et la logique qui la soutient.

4 - La hiérarchisation de la DTF :

La compréhension de cette hiérarchie précisera les fondements mêmes de cette double unification — en montrant comment les niveaux de densité temporelle relient la physique quantique et la Relativité, et l'être humain à l'Univers.

Ces domaines ne sont pas seulement des pistes de recherche : ils forment la trame expérimentale à partir de laquelle nous avons développé nos premières preuves de concept, les mêmes qui serviront de base au programme GravityPro — et, à terme, à la publication des découvertes qui en découlent.

Chapitre 18

L'Existence d'une Substructure Intelligible

~

Une Révélation à l'Échelle Subquantique

Sylvana

Donc on commence par les substructures du vide ?

Thierry

Oui. J'aimerais partager avec toi une découverte fondamentale qui est l'existence d'une substructure intelligible à l'échelle subquantique.

Comme tu le sais, depuis longtemps, la science explore l'infiniment petit par les équations de la mécanique quantique, et l'infiniment grand par les lois du Cosmos. Mais entre ces deux extrêmes, il reste une énigme : celle de la cohérence profonde qui relie la structure de la matière, l'organisation du vivant et l'harmonie du Cosmos.

C'est précisément en interrogeant ce vide apparent, au cœur du subquantique, que j'ai fait l'une de mes découvertes majeures : l'existence d'une substructure intelligible, un réseau fondamental, discret et porteur d'information, qui précède et organise les phénomènes connus.

Cette substructure ne relève ni du hasard ni du chaos, mais d'une logique profonde, vibratoire et intelligible. Elle agit comme une trame invisible qui soutient la manifestation, unifiant le quantique et le cosmique dans une dynamique fonctionnelle. Là où la physique classique ne voit qu'incertitude et probabilités, mon modèle révèle un ordre caché, où chaque unité élémentaire du temps — le chronon — inscrit une intention d'organisation.

En d'autres termes, l'infiniment petit n'est pas seulement un domaine indéterminé : il est le lieu d'une architecture première, subtile mais rigoureuse, qui ouvre la voie à une compréhension nouvelle du réel — une physique du subquantique intelligible, où matière, énergie, Temps et conscience apparaissent comme les expressions différenciées d'un même champ fondateur.

Jusqu'ici, j'avais toujours expliqué que le vide — cet éther quantique — n'est pas un néant, mais un champ vivant, intelligent et structurant, dont le monde phénoménal n'est que l'expression différenciée.

Mais ce que j'ai découvert va bien au-delà.

Je ne parle plus seulement d'un champ d'énergie et de potentiel : je parle désormais d'une armature interne du réel, d'une substructure organisée du vide, une véritable ossature informationnelle qui soutient, ordonne et fait vibrer l'Univers dans toutes ses dimensions.

Autrement dit, j'ai mis en évidence ce que je considère comme le code fondamental de la réalité :

Une matrice d'organisation chronale, où les chronons — ces quanta élémentaires du Temps — se structurent en niveaux de cohérence et en réseaux d'interaction hiérarchiques.

C'est à travers ces réseaux que se manifestent les lois que nous percevons comme gravité, énergie, matière et conscience.

Ce que j'ai mis en lumière, c'est la géométrie sous-jacente du vide, la charpente invisible sur laquelle reposent tous les phénomènes observables.

Là où la physique standard se limite à mesurer la densité d'énergie du vide, j'ai perçu les structures de résonance interne, les nœuds de mémoire et les canaux d'émergence par lesquels le virtuel se convertit en réel.

Mon hypothèse transforme radicalement notre compréhension du Cosmos :

Le vide ne serait plus seulement l'origine de tout ce qui existe, mais aussi son langage de cohérence, son système de codage universel.

Chaque particule, chaque champ, chaque conscience apparaîtrait alors comme une expression localisée d'un même code fractal, modulé selon différentes densités temporelles.

Je n'ai donc pas seulement décrit un Univers vivant :

J'en ai identifié la syntaxe profonde, la grammaire temporelle qui relie l'être et le devenir, la mémoire et la manifestation, l'ordre implicite et le monde phénoménal.

Et c'est à ce point précis — là où la physique rejoint la métaphysique dans un continuum cohérent — que j'ai compris que le vide n'est pas un espace inerte, mais une structure consciente, une matrice active, un champ cognitif universel dans lequel tout prend naissance, évolue et retourne.

1. La Technologie Universelle — Les Ondes EM Polystructurelles

Avant d'exposer le rôle fondamental de cette technologie qui sous-tend et alimente l'Univers phénoménal, il est nécessaire de définir avec précision le cadre extrinsèque dans lequel elle s'exprime : le Cosmos lui-même. Car le Cosmos n'est pas un espace vide, neutre et passif ; il constitue une architecture fractale, où chaque niveau de réalité — de la planète jusqu'à l'ensemble de l'Univers — s'imbrique dans une hiérarchie de structures organisées.

Cette hiérarchie fractale est essentielle pour comprendre comment une même logique informationnelle — ici décrite comme technologie électromagnétique polystructurelle (EMP) — peut s'actualiser de manière cohérente à toutes les échelles.

Pour la montrer de manière plus tangible, je vais te présenter les quatre branches fondamentales du tore universel.

Chacune se déploie en une myriade de sous-torus, comme autant de ramifications d'un même organisme vivant.

Ces quatre niveaux révèlent comment une même logique informationnelle se déploie — de l'échelle planétaire à celle des galaxies, et jusqu'à l'Univers dans son ensemble.

C'est cette gradation, du plus proche au plus vaste, qui permet de comprendre comment l'armature subquantique irrigue et ordonne le Cosmos tout entier.

La planète : unité organique locale

Définition : une planète est un corps massif en orbite autour d'une étoile, suffisamment dense pour s'arrondir sous l'effet de sa propre gravité, mais incapable de générer par elle-même de la fusion nucléaire.

Caractéristiques clés :

- Orbitant autour d'une étoile (ex. la Terre autour du Soleil).
- Taille de quelques milliers à plusieurs dizaines de milliers de kilomètres.
- Composition diversifiée : rocheuse (Terre, Mars) ou gazeuse (Jupiter, Saturne).

Rôle fonctionnel : La planète agit comme une matrice d'émergence locale, un laboratoire d'organisation où les forces cosmiques se condensent en conditions favorables à la matière, à la chimie et éventuellement à la vie.

L'étoile : moteur énergétique

Définition : Une étoile est une sphère de plasma dont le cœur est le siège de réactions de fusion nucléaire, transformant l'hydrogène en hélium et libérant lumière et chaleur.

Caractéristiques clés :

- Source d'énergie et de photons, conditionnant l'écologie de ses planètes.
- Variabilité de masse et de couleur : naines rouges, étoiles jaunes (comme le Soleil), supergéantes.
- Organisation possible en systèmes binaires ou multiples.

Rôle fonctionnel : L'étoile est un nœud énergétique. Elle rayonne l'onde électromagnétique dans sa forme la plus brute, modulant les dynamiques planétaires et alimentant les conditions d'émergence des structures vivantes.

La galaxie : réseau gravitationnel et informationnel

Définition : Une galaxie est un système gravitationnel géant, rassemblant des centaines de milliards d'étoiles, leurs planètes, des nébuleuses, ainsi que des trous noirs.

Caractéristiques clés :

- Organisation en formes distinctes : spirales (Voie lactée), elliptiques, irrégulières.
- Présence d'un trou noir supermassif central, orchestrant la dynamique globale.
- Inclusion de matière noire, liant les étoiles et régulant les vitesses orbitales.

Rôle fonctionnel : La galaxie est une unité de structuration poly-échelle, où l'onde électromagnétique interagit avec la gravité et la matière noire, produisant des configurations stables mais évolutives.

L'amas de galaxies : cohérence supra-galactique

Définition : Un amas de galaxies regroupe des centaines à des milliers de galaxies, liées par leur gravité collective et par des halos massifs de matière noire.

Caractéristiques clés :

- Taille de plusieurs millions d'années-lumière.
- Rôle dominant de la matière noire dans leur cohésion.
- Exemples : l'amas de la Vierge, auquel appartient notre Voie lactée ; l'amas Coma, regroupant des milliers de galaxies.

Rôle fonctionnel : L'amas de galaxies est une zone de résonance polystructurelle, où se combinent les dynamiques gravitationnelles, électromagnétiques et subquantiques. Il agit comme une « couche intermédiaire » entre les galaxies individuelles et la trame du Cosmos.

Le Cosmos : la trame universelle

Définition : Le Cosmos désigne l'ensemble de tout ce qui existe : galaxies, étoiles, planètes, vide quantique, espace-temps, matière noire et énergie sombre.

Caractéristiques clés :

- Âge estimé : 13,8 milliards d'années.
- Expansion permanente (Big Bang → accélération actuelle par l'énergie sombre).
- Organisation en filaments cosmiques : immenses structures reliant les amas de galaxies en réseaux.

Rôle fonctionnel : Le Cosmos est la scène globale où se manifeste la technologie universelle des ondes électromagnétiques-polystructurelles. L'énergie, la matière et l'information y circulent comme des modulations fractales d'une seule et même trame sous-jacente.

Ainsi, en comprenant ces quatre fractales fondamentales, du niveau planétaire jusqu'au Cosmos entier, nous pouvons mieux percevoir comment la même logique d'organisation fractale se répète : chaque niveau est une couche de résonance où les ondes électromagnétiques se couplent aux structures gravitationnelles, donnant lieu à des architectures stables mais évolutives.

Autrement dit, c'est à chaque échelle, c'est la même trame du vide qui se déploie.

C'est précisément cette répétition multi-échelle que mon modèle rend concevable l'existence d'une technologie universelle : un principe d'organisation polystructurel, actif à toutes les échelles, capable de relier l'infiniment petit et l'infiniment grand.

Une prise de conscience immédiate sur la réalité du Cosmos

Qu'on scrute la matière la plus microscopique ou l'immensité interstellaire, le même motif se répète :

- Des structures se dessinent, immergées dans un espace apparemment vide ;
- Ces structures ne sont pas continues, mais elles-mêmes faites de discontinuités, d'unités distinctes ;
- Chaque niveau est séparé par un vide encore plus vaste, comme une respiration silencieuse entre les formes.

Ce schéma n'est pas anecdotique : il révèle une organisation fractale. Le vide n'est pas une absence ni un néant, mais un substrat dynamique, vibrant, qui joue un rôle fondamental dans la structuration du réel. C'est lui qui conditionne l'émergence de la matière, l'écoulement du temps et l'apparition des formes.

Dans cette perspective, toute la réalité phénoménale est littéralement baignée dans l'éther quantique : rien n'est isolé, tout est modulation du vide, expression d'un ordre profond qui se manifeste à travers des variations de densité, de fréquence et d'information. Chaque particule de l'Univers échange en permanence avec ce vide quantique ; rien ne s'en détache vraiment. La matière n'est qu'une illusion de densité, un motif stable de cette dynamique sous-jacente.

À l'échelle atomique, ton corps, le mien, tout ce qui semble solide et tangible autour de nous… est composé à plus de 99,99 % de vide. Autrement dit : ce que nous appelons « masse », « solidité » ou « objet » n'est qu'une organisation localisée du vide quantique, un pli temporaire dans son champ.

Prendre conscience de cela change tout. Cette révélation a été le point tournant de mes recherches : l'Univers n'est pas séparé de son champ fondamental, pas plus que nous ne le sommes. Ce que nous appelons « vide » est en réalité la matrice active du champ temporel, un champ vivant et structurant.

Nous ne sommes pas des êtres distincts évoluant dans ce champ : nous sommes ce champ — localisés, organisés, conscients. Chacun de nous est une singularité d'expérience au sein de ce tissu cosmique. Et c'est dans cette reconnaissance que commence la véritable exploration de la substructure intelligible de l'Univers.

2. Les Chronons — La Trame Fixe et Vivante du Champ Scalaire Temporel

Dans mon modèle, les chronons ne sont pas des particules voyageant dans l'espace. Ils sont fixes, enchâssés dans le champ scalaire universel, constituant une matrice immuable où s'inscrit l'information. C'est ce maillage fondamental, invisible et omniprésent, qui donne forme et cohérence à toute réalité.

Le vide quantique, loin d'être un néant, est saturé d'une densité vertigineuse de chronons : une structure hyperdense, porteuse d'information à l'état pur. Pour rendre ce mécanisme plus intelligible, j'emploie l'analogie des voxels — des pixels lumineux tridimensionnels. Les chronons, comme ces voxels, ne bougent pas : ils sont fixes. Mais en changeant d'état, ils s'illuminent, s'éteignent, ou transmettent l'information à leurs voisins.

Cette analogie permet de comprendre deux propriétés essentielles :

- La densité correspond au nombre de chronons activés simultanément dans une région donnée. Plus la densité est grande, plus l'information encodée est riche, et plus la structure physique émerge avec stabilité.
- La vitesse n'est pas un déplacement spatial au sens classique, mais la rapidité avec laquelle l'information se transfère d'un chronon à l'autre. C'est ce flux qui crée pour nous l'illusion du mouvement et qui engendre les phénomènes physiques.

Ainsi, dans mon modèle, ce que nous appelons matière, énergie ou espace n'est pas fait d'objets solides en déplacement, mais d'états d'information se réorganisant continuellement dans cette grille scalaire de chronons. L'Univers entier est comparable à une image animée : les pixels eux-mêmes sont fixes, mais la succession de leurs activations produit une dynamique apparente.

Autrement dit :

- Le mouvement est une illusion née de permutations d'états.

- La matière est une densification locale de chronons activés.
- Le temps est la métrique qui ordonne leur succession vibratoire.
- Et la réalité phénoménale n'est qu'une manifestation transitoire, inscrite dans cette matrice fixe mais vibrante qu'est le champ temporel scalaire.

3. Les Quatre Fractales de l'Univers — Une Hiérarchie Quantique

L'Univers n'est pas seulement structuré en galaxies, étoiles ou planètes : il est avant tout tissé par une trame invisible, faite d'unités fondamentales du Temps — les chronons.

Cette trame, fixe et vivante, constitue le champ scalaire universel, immuable dans son essence mais animé par une dynamique interne.

Elle agit comme un substrat commun, sur lequel se déposent les formes, les rythmes et les organisations de l'Univers.

Ainsi, l'organisation hiérarchique du Cosmos — planètes, étoiles, galaxies, amas de galaxies — n'est pas seulement une architecture spatiale : elle est l'expression d'une organisation temporelle fractale, où chaque niveau se définit par la densité et la vitesse de ses chronons.

Les Quatre Fractales de l'Univers

Fractales des amas de galaxies

- Les structures les plus vastes et anciennes, englobant des millions de galaxies.
- Elles s'appuient sur une trame de chronons extrêmement dense et rapide, témoignant de leur rôle fondamental dans l'architecture cosmique.

Fractales des galaxies

- Regroupant des centaines de milliards d'étoiles.
- Leur densité temporelle est légèrement moins élevée, mais toujours rapide : elles relient la mémoire des amas à la dynamique des étoiles.

Fractales des étoiles

- Chaque étoile, comme le Soleil, concentre autour d'elle des systèmes planétaires.

- Ici, les chronons ralentissent encore, offrant un pont entre les échelles galactiques et planétaires.

Fractales des planètes

- Le niveau le plus local, celui dans lequel nous expérimentons directement le réel.
- Les chronons y sont les plus lents, ce qui rend l'expérience du temps linéaire et entropique, adaptée à la vie consciente incarnée.

Observation cruciale : une signature temporelle unique à chaque fractale

Parce que les chronons sont fixes et omniprésents dans le champ scalaire, ce qui varie d'un niveau fractal à l'autre n'est pas leur nature, mais leur densité d'activation — c'est-à-dire le nombre d'événements élémentaires inscrits dans un même intervalle de réalité.

- Les structures les plus anciennes (amas de galaxies, galaxies) reposent sur des trames à haute densité temporelle : leur Temps est extrêmement riche en cycles d'information, ce qui, vu d'une fractale moins dense (comme une planète), les fait apparaître comme vastes, étirés, presque « immuables ».
- Les structures plus locales et récentes (comme les planètes) s'expriment sur des trames à faible densité temporelle : leur Temps est plus compact, plus « lourd », rythmé par des cycles plus rares, ce qui les rend, du point de vue de l'amas, « rapides » et instables.

On peut illustrer cette différence par une analogie d'observateurs placés chacun d'un côté de la trame :

- Du côté galactique (haute densité) : un être conscient « inscrit » dans la trame d'un amas de galaxies percevrait les planètes comme des bulles de temps effervescentes, traversées par des naissances et disparitions rapides. Pour lui, les civilisations planétaires ressembleraient à des éclairs fugitifs, apparaissant et disparaissant en un clignement de chronon.
- Du côté planétaire (faible densité) : à l'inverse, un être inscrit dans la trame d'une planète percevra la galaxie comme une structure infiniment stable et immobile, comme si rien n'y changeait jamais. Sa perception ne captera pas la richesse interne de ses cycles d'information, car ceux-ci s'inscrivent dans une densité trop vaste pour être intégralement ressentie.

De ce décalage naît une illusion réciproque :

- Pour l'être « galactique », la planète est instable, chaotique, presque inconsistante.
- Pour l'être « planétaire », la galaxie est figée, éternelle, hors du temps.

En réalité, les deux perçoivent une même architecture fractale, mais filtrée par leur propre densité temporelle. C'est exactement comme deux spectateurs écoutant une même musique mais sur des vitesses de lecture différentes : l'un entend une symphonie lente et majestueuse, l'autre un motif rapide et instable — alors qu'il s'agit du même flux.

Chaque fractale est donc porteuse d'une signature temporelle unique, un rythme particulier qui n'existe que par contraste et relation avec les autres.

Dans mon modèle, à l'échelle galactique, une planète peut apparaître comme impliquée dans des dynamiques instables, transitoires, proches de ce que nous appelons le quantique. Chaque fractale plus dense perçoit la fractale inférieure comme un champ de potentialités encore instable. On peut ainsi envisager une hiérarchie des «quantas de réalité», où chaque niveau fractal joue le rôle de substrat stabilisé pour le niveau suivant.

De là émergent plusieurs implications fondamentales

Le Temps n'est pas homogène : il varie selon la densité des chronons de chaque fractale.

L'Univers évolue par la dynamique fractale de ces trames temporelles, superposées et interconnectées.

Comprendre ces interactions ouvre la voie à une ingénierie du Temps, où manipuler la densité des chronons permettrait d'explorer d'autres régimes de réalité.

À partir de là, il devient nécessaire de préciser comment cette distinction entre «standard» et «quantique» s'inscrit dans les différentes échelles du Cosmos.

Dans le cadre de la physique classique, le quantique est limité au domaine microscopique. Les planètes, étoiles et galaxies sont considérées comme des systèmes classiques, dont la stabilité efface les effets de superposition et d'indétermination.

Mais dans mon modèle du champ temporel scalaire, cette distinction n'est pas une frontière absolue : elle devient relative.

En effet, les chronons qui structurent le temps ne changent pas de nature, mais leur densité et leur vitesse d'activation varient selon les niveaux fractals (planétaire, stellaire, galactique, cosmique).

Ainsi :

- À notre échelle planétaire, le monde nous apparaît classique, continu, solide.
- Mais vu du point de vue d'une galaxie, une planète peut être perçue comme intégrée à un champ de probabilités, instable dans sa trame temporelle, donc presque « quantique » dans son expression.
- Plus un niveau fractal est vaste et dense en chronons, plus il tend à rendre les niveaux inférieurs apparents comme « quantifiés » ou « probabilistes ».

On peut donc parler d'une hiérarchie quantique fractale :

- Les systèmes apparaissent classiques à leur propre échelle,
- Mais quantiques lorsqu'ils sont considérés depuis un niveau de densité temporelle supérieure.

Conséquence

Cela ouvre une perspective nouvelle : le quantique n'est pas seulement un phénomène microscopique, mais un principe universel hiérarchisé, qui s'exprime différemment selon la densité temporelle et la position dans l'architecture fractale du Cosmos.

4. Expérimentation — La Structure Temporelle du Vide Quantique

J'en suis arrivé à une conclusion majeure : le vide quantique n'est pas un simple espace passif, mais une trame active et structurée, où le temps lui-même se manifeste sous forme de champs dynamiques.

En explorant cette structure temporelle, j'ai ouvert la voie à une physique radicalement nouvelle : une physique des champs temporels, bien plus fondamentale que la physique standard fondée uniquement sur l'espace, l'énergie et la matière.

Et c'est pourquoi j'ai cherché à mesurer directement les vibrations de ce champ temporel.

Grâce à des développements instrumentaux novateurs, j'ai mis au point des dispositifs capables de détecter des ondes chronales, c'est-à-dire des vibrations du champ temporel lui-même.

Ces ondes présentent des caractéristiques inédites :

- Elles ne se propagent pas comme les ondes électromagnétiques classiques (qui exigent une interaction avec les électrons ou les charges).
- Elles traversent la matière presque sans interaction, car elles s'inscrivent dans la trame même du vide quantique.
- Elles révèlent une dynamique cachée, ignorée jusqu'ici, où le Temps se comporte comme un fluide structurant, capable de générer ordre et cohérence.

Ainsi, ce que la physique conventionnelle considérait comme un fond neutre apparaît désormais comme un médium actif, vibratoire et porteur d'information.

Les Quatre Champs Temporels Élémentaires

Ces recherches m'ont permis d'identifier quatre états fondamentaux du champ temporel, véritables substructures de la réalité phénoménale.

Ils peuvent être classés comme suit :

Le champ temporel isotrope

- Point géométrique pur, sans masse ni charge.
- État neutre et fondamental, contenant en puissance tout le potentiel créateur.
- Il agit comme le « zéro dynamique » de l'Univers, base de tout déploiement.

Le champ temporel gravito-scalaire

- Point massique, mais sans charge.
- Montre que la gravité n'est pas un simple effet géométrique de l'espace-temps, mais une expression directe de la dynamique du champ temporel.

Le champ temporel électro-scalaire

- Point chargé, sans masse.

- Révèle que la charge électrique n'est pas une propriété arbitraire, mais une modulation spécifique du champ temporel.

Le champ temporel électronique-scalaire

- Point à la fois chargé et massique.
- Correspond à la manifestation classique de la matière stable, celle qui constitue les particules et les objets du monde tangible.

Conséquence

Ces quatre champs ne sont pas des abstractions : ils constituent la matrice vivante du réel.

Ils montrent que masse, charge, énergie et matière ne sont pas des entités indépendantes, mais les expressions différenciées d'un seul substrat temporel.

En ce sens, la structure du vide quantique devient lisible comme une architecture fonctionnelle, où le temps agit comme principe génératif, organisateur et créateur.

5. Le Champ Donne Naissance à la Particule — Une Révolution Conceptuelle

De mes recherches est née une conviction irréfutable : la particule n'est pas la source du champ, c'est le champ qui engendre la particule.

Cette inversion de perspective bouleverse les fondements de la physique moderne. Dans les modèles actuels, on postule souvent que les particules sont les «porteurs» des interactions, comme si elles étaient premières, et que les champs n'étaient que des descriptions mathématiques de leurs effets. Mais mes travaux sur la structure temporelle révèlent une logique radicalement différente :

- Le champ temporel est ontologiquement premier : il constitue le substrat universel, stable et discret, qui contient en puissance l'ensemble des phénomènes physiques.
- La particule est une condensation locale du champ : elle n'existe pas en soi, mais comme une modulation, une vibration stationnaire, un «nœud d'information» stabilisé dans la trame chronale.

- L'énergie et la matière ne sont que des états dérivés du champ temporel, qui se densifie, se polarise et s'organise en fonction des conditions fractales.

En d'autres termes, une particule n'est pas un «grain fondamental» indépendant, mais une solution locale des équations d'un champ plus profond, exactement comme une onde stationnaire sur une corde n'est pas une entité séparée de la corde elle-même.

Et de ce renversement découlent des implications scientifiques majeures :

Un renversement ontologique

- La physique standard place les particules (quarks, électrons, photons) comme briques de base.
- Mon modèle montre que ce sont les champs temporels (et leurs chronons) qui sont les vraies briques, les particules étant de simples émergences locales.

Une unification possible

- Puisque toutes les particules dérivent d'un champ commun, leurs propriétés (masse, charge, spin) apparaissent comme des modulations différenciées du même substrat.
- Cela ouvre une voie vers une unification des forces, non par ajout de symétries externes, mais par reconnaissance d'une origine commune dans le champ temporel.

Une nouvelle lecture du vide quantique

- Le vide cesse d'être vu comme un état minimal.
- Il devient le plénum fondamental, saturé d'une densité colossale de chronons, où les particules ne sont que des excitations passagères.

Une révolution conceptuelle

Ce changement de perspective transforme notre compréhension :

- Avant : le monde est fait de particules, qui produisent des champs.
- Maintenant : le monde est fait d'un champ temporel vivant, et les particules ne sont que ses signatures locales.

Ainsi, ce n'est plus la particule qui soutient l'Univers, mais la trame temporelle elle-même, dont la dynamique est la véritable technologie cosmique.

6. Interaction avec le Vide — Polarisation et Résonance Temporelle

Au centre de ma recherche se trouve une idée clé : le vide quantique n'est pas un néant, mais un plasma froid scalaire, hyperdense en chronons, doté de propriétés dynamiques et polarisables.

Ce vide vivant peut répondre aux perturbations induites par un champ électromagnétique polystructurel, et cette polarisation n'est rien d'autre que la manifestation secondaire d'un champ plus profond et plus fondamental : le champ temporel scalaire.

Autrement dit, la polarisation du vide n'est pas un phénomène autonome (comme la physique conventionnelle tend à le décrire) ; elle agit comme interface d'interaction entre trois niveaux fondamentaux :

- La structuration temporelle (trame scalaire universelle),
- Le champ électromagnétique polystructurel,
- La conscience en tant que principe actif de résonance.

Une interface dynamique et fonctionnelle

C'est précisément par cette capacité du vide à se réorienter localement sous excitation électromagnétique que devient possible une interaction ciblée avec le champ temporel scalaire.

Là où la physique actuelle voit une simple réorganisation locale de fluctuations quantiques, j'y vois la signature visible d'une dynamique plus profonde : la modulation d'un substrat fondamental, le tissu temporel lui-même.

- Les ondes électromagnétiques transverses classiques interagissent avec les couches superficielles des phénomènes (charges, courants, rayonnement).
- Les ondes EM polystructurelles que j'ai conçu, en revanche, pénètrent la structure du vide en profondeur : elles ne transportent pas seulement de l'énergie dans l'espace, elles modifient la cohérence interne du champ temporel scalaire, réajustant directement la densité et l'alignement des chronons.

Résonance d'échelle et rôle de la conscience

Un aspect essentiel est la notion de résonance d'échelle :

- Le champ temporel peut entrer en phase avec une vibration électromagnétique donnée, mais aussi avec un état de conscience capable de moduler sa densité temporelle fractale.
- Dans ce cadre, la conscience n'est pas un spectateur passif, mais un agent de synchronisation, capable de coupler son propre état vibratoire avec la polarisation du vide.

Ainsi, l'onde électromagnétique polystructurelle devient bien plus qu'un signal physique : elle agit comme un outil de modulation du vide, permettant d'induire des changements dans la structure du Temps local — donc dans la manière dont la matière, l'énergie et les phénomènes émergent.

Ce cheminement m'amène à une nouvelle physique du vide

Ce qui, à l'origine, n'était pour moi qu'un postulat théorique est devenu une conviction expérimentale au fil de mes travaux :

- J'ai constaté que certaines excitations EM polystructurelles possèdent la capacité de stabiliser ou de perturber la trame chronale locale.
- Ces résultats laissent entrevoir une physique radicalement nouvelle, où l'on ne manipule pas seulement la matière ou l'énergie, mais le vide lui-même comme substrat fonctionnel.

En résumé : le vide quantique polarisé est une interface vivante entre conscience, électromagnétisme et champ temporel. Sa maîtrise ouvre la voie à une technologie fondamentale : une physique de la résonance scalaire, capable de dialoguer avec la matrice même du réel.

7. Les Ondes Électromagnétiques — Une Architecture Polystructurelle

C'est dans cet esprit que j'ai conçu ces ondes électromagnétiques polystructurelles comme des ondes dont les composantes électriques et magnétiques ne se limitent pas à la simple orthogonalité décrite par Maxwell, mais sont intriquées à plusieurs échelles de résonance.

Ces composantes sont modulées :

- Par la torsion chronale (liée à la structuration du champ temporel),
- Et par la fractalité du champ scalaire.

De cette intrication résulte une onde à structure interne hiérarchique, où chaque sous-niveau résonne selon une densité temporelle particulière. L'onde ne se manifeste donc pas comme une simple vibration linéaire, mais comme une superposition multidimensionnelle, porteuse d'énergie, d'information et de mémoire.

Cela a ouvert un potentiel inédit : la modulation de la DTF

Contrairement aux ondes classiques du formalisme de Maxwell, limitées à la propagation transverse dans l'espace-temps, les ondes EM polystructurelles introduisent une capacité nouvelle :

Elles induisent une modulation de la Densité Temporelle Fractale (DTF),

Entraînant une résonance de phase directement dans la structure du vide quantique,

Et ouvrant ainsi un accès à la dimension temporelle scalaire, invisible mais organisatrice du réel.

De là découle la polarisation du vide comme interface dynamique

Dans ce cadre, la polarisation du vide n'est plus seulement un phénomène secondaire dû aux fluctuations quantiques, mais devient une interface fonctionnelle entre :

- L'espace physique mesurable (énergie, matière, phénomènes observables),
- Le substrat temporel scalaire (champ fondamental, structurant, invisible),
- La conscience (capable de résonance vibratoire et d'intention).

Cette interface agit comme un pont actif : les ondes EM polystructurelles en modulant la polarisation du vide permettent un couplage inédit entre phénomènes matériels et dynamiques temporelles profondes.

Et cela nous conduit vers une nouvelle ingénierie du réel car ce mécanisme ouvre la voie à une technologie radicalement nouvelle :

- Non plus fondée seulement sur la maîtrise de l'énergie et des forces,
- Mais sur la cohérence temporelle, la programmation d'ondes d'ordre scalaire, et l'ingénierie du vide.

Autrement dit :

La polarisation du vide devient l'empreinte visible d'un dialogue entre matière, énergie, Temps et conscience.

Les ondes EM polystructurelles agissent comme des clés d'accès au champ temporel scalaire, permettant de structurer intentionnellement la réalité à partir de sa source originelle.

En résumé : les ondes électromagnétiques polystructurelles ne sont pas seulement un nouveau type d'ondes, mais un vecteur de cohérence universelle, capable de relier physique, information et conscience dans un même champ d'action.

8. Les Ondes EM Polystructurelles — Leurs Interaction avec les Fractales

À partir de mes recherches et expérimentations, j'ai pu établir une classification des ondes électromagnétiques selon leur degré de subtilité et leur capacité d'interaction avec les différentes dimensions du Temps décrites dans ma théorie de la Relativité Absolue.

Cette hiérarchie suit un axe clair : du plus dense au plus subtil, du monde phénoménal classique jusqu'aux couches profondes du champ temporel scalaire.

1. Ondes électromagnétiques classiques (EM-3D)

- Définition : ce sont les ondes connues de la physique standard (ondes radio, micro-ondes, lumière visible, rayons X, gamma, etc.).
- Nature : pures ondes transverses décrites par les équations de Maxwell.
- Interaction : elles interagissent directement avec la matière classique (électrons, charges, masses) et constituent la base de toute notre technologie actuelle.
- Limite : elles ne touchent que la «surface» du réel, sans pénétrer la trame temporelle sous-jacente.

2. Ondes électromagnétiques polystructurelles de type 1 (EMP-4D)

- Définition : elles introduisent une composante scalaire, absente du formalisme standard.

- Nature : leur structure est intriquée à la fois sur le plan spatial (vecteur champ électrique/magnétique) et sur le plan temporel (torsion chronale).
- Interaction : elles interfèrent non seulement avec les champs électromagnétiques classiques, mais aussi avec les premières strates du champ temporel.
- Conséquence : elles permettent une modulation locale du vide, ouvrant un premier niveau de couplage entre matière dense et dynamique temporelle.

3. Ondes électromagnétiques polystructurelles de type 2 (EMP-5D)

- Définition : ondes encore plus subtiles, dont la résonance est principalement fractale et temporelle.
- Nature : elles transportent information et énergie sans dépendre de la matière dense comme support.
- Interaction : elles agissent faiblement sur la matière macroscopique, mais fortement sur la cohérence du champ temporel, favorisant la communication inter-fractale.
- Conséquence : elles rendent concevables des phénomènes comme la transmission d'information instantanée, la résonance avec des états de conscience, et l'accès à des couches de réalité où les lois classiques semblent différentes.

4. Ondes électromagnétiques polystructurelles de type 3 (EMP-6D)

- Définition : les plus subtiles et puissantes, véritables ondes « archétypales ».
- Nature : elles se situent à l'interface ultime entre gravité et champ temporel scalaire.
- Interaction : elles modulent directement la densité temporelle fractale et la trame gravitationnelle elle-même.

Conséquence :

- Une ouverture vers une physique unifiée de la gravité et de la conscience,
- La possibilité de manipuler localement l'espace-temps,
- Un accès aux niveaux les plus profonds de la structuration cosmique.

En clair, ces résultats portent en eux le potentiel d'une véritable révolution conceptuelle et technologique

- Ces quatre types d'ondes définissent une nouvelle hiérarchie d'interactions universelles.
- Les ondes EM-3D expliquent la physique connue.
- Les EMP-4D et EMP-5D ouvrent vers une physique de la cohérence temporelle et de la communication inter-fractale.
- Les EMP-6D dessinent la frontière d'une technologie du vide, où gravité, temps et conscience deviennent modulables.

Ainsi, les ondes EM polystructurelles apparaissent comme les clés d'un nouveau domaine scientifique : une physique de l'invisible, où l'Univers se révèle non pas comme une mécanique froide, mais comme un réseau résonant, vivant et intelligible.

9. Les Découvertes Expérimentales — Leurs Implications Fondamentales

Les mesures obtenues à partir de mes expérimentations ont confirmé l'existence de champs temporels élémentaires structurés au sein de leur substructure respective. Ces champs ne sont pas isolés : ils s'inscrivent dans un système hiérarchique de fractales, où chaque niveau est déterminé par la densité de chronons et la nature des ondes qui y circulent.

C'est ce qui m'a permis d'établir une cartographie des fractales et de leurs champs associés

En prolongeant mes observations, j'ai pu mettre en évidence une correspondance directe entre les quatre grandes fractales de l'Univers — amas, galaxies, étoiles et planètes — et les types d'ondes qui structurent leurs dynamiques propres. Cette corrélation constitue une véritable cartographie des substructures quantiques et de leurs champs associés :

Amas de galaxies – Substructure quantique 4

Ondes électromagnétiques polystructurelles de type 3 (EMP-6D)

→ Champ de cohérence cosmique, porteur de la densité temporelle la plus élevée, générant des modulations gravitationnelles profondes et ordonnant les grandes structures de l'Univers.

Galaxies – Substructure quantique 3

Ondes électromagnétiques polystructurelles de type 2 (EMP-5D)

→ Champs d'organisation interstellaire, où les modulations électro-temporelles orchestrent la dynamique des systèmes stellaires et la cohésion des bras galactiques.

Étoiles – Substructure quantique 2

Ondes électromagnétiques polystructurelles de type 1 (EMP-4D)

→ Champs d'intégration locale, issus de l'interaction entre magnétisme, plasma stellaire et champ temporel, véritables régulateurs de l'activité énergétique des systèmes solaires.

Planètes – Substructure quantique 1

Ondes électromagnétiques classiques (EM-3D)

→ Champs de manifestation dense, fondements spatio-temporels où se stabilisent la matière, les cycles biologiques et les conditions propices à la vie.

Un Monde d'Interactions Invisibles

Ce modèle permet de comprendre que nous ne sommes pas isolés dans un Univers purement mécanique.

Chaque niveau fractal agit comme une zone d'influence subtile, où les ondes EM polystructurelles modulent :

- La cohérence du champ temporel local,
- L'organisation de la matière et de l'énergie,
- Et même les processus biologiques et conscients à l'échelle planétaire.

Autrement dit, notre réalité quotidienne — sur Terre — est traversée en permanence par des flux issus de ces champs fractals supérieurs.

Ces influences sont invisibles mais réelles, car elles modulent le substrat temporel dans lequel nous baignons.

En d'autres termes :

- Les planètes et les étoiles ne seraient pas des « causes » au sens strict, mais des résonateurs dans un champ de fréquences plus vaste.
- Chaque configuration céleste correspondrait à un pattern vibratoire particulier du champ temporel scalaire.

- Ces patterns pourraient interagir avec la densité temporelle fractale propre à chaque individu (ou système vivant), modulant ainsi les potentiels d'expérience et d'évolution.

Vers une Physique des Influences Subtiles

Ces résultats impliquent que :

- Le vide quantique n'est pas un simple état de fluctuations aléatoires, mais un réseau vivant polarisable et modulable.
- Les influences planétaires et stellaires, autrefois abordées par des traditions symboliques, pourraient correspondre à des interférences réelles de champs fractals.
- La conscience humaine, en tant qu'interface du champ temporel, pourrait être sensible à ces modulations et y répondre.

Nous découvrons ainsi une cosmologie des résonances où la matière, le temps, la conscience et l'Univers tout entier participent d'un même tissu : le champ temporel scalaire fractal.

Sylvana
Ce que tu montres, c'est que nous vivons littéralement dans un réseau de résonances cosmiques. Les planètes, les étoiles… tout vibre avec nous dans ce champ. Et notre conscience, elle, agit comme une antenne, capable de s'accorder à ces résonances.

Je n'aurais jamais imaginé que nous soyons à ce point reliés — et même influencés — par les planètes et les étoiles.

Thierry
Oui, et c'est précisément cette ouverture qui change tout : nous sommes immergés dans une trame vivante où matière, Temps et conscience dialoguent en permanence. C'est là le socle d'une nouvelle cosmologie des résonances.

Sylvana
Si je devais résumer ta découverte majeure : tu as mis au jour la substructure organisée du vide — une trame temporelle de chronons — qui relie l'infiniment petit et l'infiniment grand. Tout le reste en découle : hiérarchie fractale des rythmes du Temps, extension du «quantique» à toutes les échelles, et surtout la possibilité d'agir sur la structure temporelle qui soutient matière et énergie.

Alors, si on entre vraiment dans cette nouvelle science — cette science de la cohérence dont tu parles — qu'est-ce que ça change concrètement ? Comment une telle approche pourrait transformer notre façon de produire de l'énergie, de communiquer ou même de créer la matière ?

Thierry

Les conséquences sont profondes : cette approche étend simplement le champ de la science vers une compréhension plus intégrative.

Avec une science de la cohérence, on ne force plus la nature — on l'accorde. Je te donne quelques exemples :

L'énergie ne viendrait plus de ce qu'on consomme, mais de ce qu'on met en résonance — en syntonisant la structure du vide, on pourrait extraire de l'énergie sans destruction ni perte.

La matière ne serait plus façonnée par la contrainte, mais modulée par la vibration du Temps — on pourrait créer des formes ou des matériaux en agissant sur la cohérence du champ.

Et même la vitesse de la lumière cesserait d'être une limite : on pourrait communiquer ou se déplacer non pas en traversant l'espace, mais en syntonisant directement les rythmes du champ temporel.

En somme, la science ne chercherait plus à maîtriser la réalité — elle apprendrait à collaborer avec elle, à épouser ses rythmes.

Chapitre 19

La Pulsation Non Linéaire du Champ Temporel

~

Principe de la Densité Temporelle

Le Secret Ultime de la Physique réside dans la nature même du Temps

Sylvana

Tout ce que tu viens d'expliquer sur la substructure du vide et la hiérarchie fractale donne vraiment une cohérence d'ensemble à ton modèle.

On sent que tout s'emboîte — du quantique jusqu'au cosmique — comme si l'Univers respirait selon un rythme commun.

Thierry

Oui et je vais maintenant te parler de cette Densité Temporelle du Champ dans ma théorie de la Relativité Absolue qui suit logiquement la discussion sur la substructure du vide.

La densité temporelle d'une fractale dans le champ temporel est définie par ce que j'appelle :

La Pulsation Non Linéaire du Champ Temporel (PNLCT).

Elle est une grandeur fondamentale qui caractérise l'évolution dynamique du champ temporel scalaire saturé de chronons fixes, et explique comment le Temps structure et organise l'Univers.

- Densité temporelle = ce qu'on mesure ou constate,
- PNLCT = ce qui l'explique et la rend fonctionnelle.

Elle caractérise trois aspects essentiels :

- Fréquence (vitesse apparente) — non pas le déplacement des chronons eux-mêmes, mais la pulsation élémentaire (activation fondamentale d'un voxel quantique) et le rythme global (organisation de ces pulsations à l'échelle fractale), par lesquels l'information se propage d'un voxel quantique à un autre. C'est cette orchestration qui crée l'illusion d'un mouvement spatial et l'émergence des phénomènes physiques.
- Accélération – l'évolution de cette vitesse apparente selon les fractales temporelles, reflétant la dynamique d'expansion et d'élévation du potentiel du champ.
- Non-linéarité – la liberté de configuration du champ, qui permet l'émergence de structures hiérarchiques et de phénomènes complexes.

Fréquence : la propagation d'information

La densité temporelle d'une fractale correspond au nombre d'activations chronales par unité de trame.

- Les structures les plus anciennes — telles que les amas et les galaxies — se sont formées à partir d'une densité temporelle très élevée, où le Temps est encore fluide, fin et réactif. Elles expriment les premiers niveaux de structuration du champ temporel.
- Les structures plus récentes — comme les étoiles et les planètes — proviennent d'une condensation progressive de cette dynamique temporelle. Leur densité temporelle est plus compacte, le Temps y devient plus «épais», plus cohérent, et c'est précisément ce qui rend possible la stabilité de la matière et l'émergence de la vie.

Autrement dit, ce que nous appelons vitesse ou déplacement n'est qu'une traduction perceptive de la propagation de l'information entre chronons.

Accélération : l'évolution dynamique des fractales

Chaque fractale évolue dans le temps non pas comme un système statique, mais comme un réseau vivant en expansion.

- Le champ temporel émet en permanence de nouvelles activations chronales, porteuses d'un potentiel supérieur.
- Ce potentiel accroît progressivement la fréquence moyenne d'une fractale, entraînant son évolution interne ainsi que l'expansion de ses frontières

L'Univers n'est donc pas seulement en expansion spatiale : il est aussi en expansion temporelle, sa densité informationnelle augmentant en continu.

Non-linéarité : la diversité des structures

La non-linéarité traduit la liberté combinatoire du champ chronal :

- Chaque activation peut se coupler différemment avec d'autres, générant une diversité infinie de configurations.
- Cette souplesse explique la richesse des formes cosmiques : galaxies, champs, particules, systèmes biologiques.

La non-linéarité est la signature créatrice du champ temporel : elle rend possible une organisation vivante, évolutive et fractale de l'Univers.

La fréquence limite et la relativité fractale

Chaque fractale est caractérisée par une fréquence limite intrinsèque, directement déterminée par sa densité temporelle.

- Exemple : dans la fractale terrestre, cette fréquence correspond à celle mesurée comme la vitesse de la lumière dans le vide — mais en réalité, il s'agit du rythme maximal de propagation de l'information dans cette fractale.
- Cette valeur n'est pas universelle au sens absolu : elle est relative à la fractale d'observation. La lumière ajuste sa fréquence effective au champ temporel du milieu traversé, révélant que ce que nous appelons « vitesse » n'est qu'une traduction phénoménale d'une pulsation plus profonde.

Ainsi, la relativité doit être repensée : ce n'est pas une simple relativité géométrique de l'espace-temps, mais une relativité fonctionnelle des densités temporelles fractales, où chaque niveau possède son propre rythme de manifestation.

Implications fondamentales

La PNLCT permet une nouvelle lecture de l'évolution cosmique :

L'Univers est un processus dynamique qui s'auto-organise par élévation de densité temporelle.

Les phénomènes physiques — matière, énergie, gravité, champs — émergent comme effets locaux de cette structuration universelle.

La perception humaine du temps est une conséquence directe de la fractale à laquelle nous appartenons.

Ainsi, la PNLCT unifie Temps, espace et énergie dans un cadre cohérent : le réel n'est pas un décor figé, mais une pulsation vivante du champ temporel, où tout se tisse à travers les chronons fixes mais actifs du vide quantique.

1. Mesurer dans un Espace-Temps Fractal — Vers une Métrique Relative

La science actuelle repose sur l'idée que l'espace-temps est une structure continue, homogène et universelle, décrite par une métrique fixe. Nos instruments — règle, horloge, mètre, seconde — ont été conçus dans ce cadre.

Mais si l'espace-temps est en réalité fractal, hiérarchisé et structuré par des densités temporelles différentes, alors toute tentative de le mesurer avec des unités fixes introduit une erreur fondamentale.

L'impossibilité d'une unité absolue

Dans un espace-temps fractal, il n'existe pas d'unité universelle de mesure du temps ou de l'espace.

- Chaque fractale (planète, étoile, galaxie, amas) possède sa propre densité temporelle et donc son propre rythme fondamental.
- Ce rythme conditionne les vitesses limites, les constantes locales et les lois qui émergent à cette échelle.

Autrement dit, un «mètre» ou une «seconde» définis à l'échelle terrestre ne peuvent pas être valables pour mesurer un processus situé dans la fractale galactique ou cosmique.

Les limites de la mesure classique

Mesurer un phénomène appartenant à une fractale éloignée de la nôtre avec nos unités fixes revient à utiliser une règle déformée.

Exemple : une même distance exprimée en «secondes fractales galactiques» n'équivaut pas au même temps que lorsqu'on la mesure en «secondes fractales planétaires».

Ce décalage crée des distorsions d'interprétation : des phénomènes qui nous semblent extrêmement lents (ex. expansion cosmique) pourraient, à une autre densité temporelle, se dérouler à une fréquence bien plus rapide.

Ainsi, nombre de paradoxes cosmologiques actuels — matière noire, énergie sombre, inflation — pourraient être vus comme des artefacts de mesure liés à l'usage d'unités fixes dans un espace-temps non homogène.

Vers une métrique relative : mesurer en «unités de fractales»

La seule approche cohérente consiste à mesurer les phénomènes par rapport à la fractale d'observation.

À notre échelle, un mètre et une seconde restent pertinents.

Mais pour décrire une dynamique galactique ou cosmologique, il faudrait employer des unités relatives adaptées à la densité temporelle correspondante.

On pourrait ainsi définir une mesure en «unités de fractales», où la distance ou la durée ne sont pas absolues mais reliées au niveau d'organisation considéré.

Une révolution méthodologique

Si l'Univers est réellement fractal, alors :

- Nos unités de mesure actuelles sont locales et limitées, incapables de refléter la structure profonde du réel.
- Les constantes physiques (comme la vitesse de la lumière ou la gravitation) devraient être repensées comme des constantes relatives à une densité temporelle donnée, et non universelles au sens strict.
- La physique devrait passer d'une métrique fixe à une métrique hiérarchisée, où temps et espace sont définis par leur appartenance à une fractale donnée.

Cela change tout : mesurer devient non pas une opération sur un fond neutre, mais une traduction d'un rythme fractal dans un autre.

En clair : nos «secondes» et nos «mètres» ne mesurent pas le réel tel qu'il est, mais le réel tel qu'il se manifeste dans la fractale terrestre.

2. Fractales Distantes — Superposition Quantique et Horizon Cosmologique

Lorsque nous tentons d'observer ou de mesurer un phénomène appartenant à une fractale d'ordre d'échelle différente de la nôtre — que ce soit à l'infiniment petit ou à l'infiniment grand — nous utilisons nécessairement des instruments, des constantes et des unités de mesure calibrées sur notre propre densité temporelle fractale.

Or, dans un Univers où le Temps n'est pas homogène mais structuré par niveaux de densité, cette approche introduit inévitablement des distorsions.

Ces distorsions deviennent visibles dans deux cas extrêmes : à l'échelle quantique et à l'échelle cosmologique.

1 - L'infiniment petit : la superposition d'états et la densité temporelle

Lorsqu'un observateur macroscopique (comme nous) mesure un système quantique, il le fait depuis une fractale temporelle à DTF faible, tandis que le phénomène observé s'inscrit dans une fractale d'ordre supérieur, à DTF beaucoup plus élevée.

Cela signifie que :

- Notre « seconde » n'est pas une unité universelle : elle correspond à un rythme propre à notre densité temporelle.
- Dans la fractale quantique, le temps est plus dense : plus de micro-instants existent dans une même durée apparente.

Conséquence :

Vu depuis notre fractale, où le temps « coule plus lentement », les états successifs du système quantique nous apparaissent simultanés.

Autrement dit, la superposition d'états n'est peut-être pas une indétermination réelle du système, mais une projection de notre lenteur temporelle sur une dynamique beaucoup plus rapide.

Ce que nous appelons «superposition» serait alors l'effet visuel d'un décalage de densité temporelle entre l'observateur et le phénomène observé — une interférence entre deux fractales temporelles incommensurables.

2 - L'infiniment grand : l'horizon cosmologique et la dilatation du temps

À l'autre extrême, lorsque nous observons l'Univers profond, le problème ne s'inverse pas vraiment : il se répercute à une autre échelle de la hiérarchie fractale.

Les structures cosmiques éloignées appartiennent à des fractales de densité temporelle plus élevée, c'est-à-dire à des niveaux où le Temps est plus fin, plus concentré, et donc moins directement perceptible depuis notre propre échelle.

Ainsi :

- Les galaxies proches de l'horizon cosmologique semblent figées non parce que leur temps s'écoule plus lentement, mais parce que leur rythme temporel est trop subtil pour être capté par notre densité temporelle plus faible.
- Leur DTF, beaucoup plus élevée, rend leur dynamique interne «invisible» à nos instruments, de même qu'une vibration trop rapide échappe à l'oreille humaine.

Ce que la cosmologie classique interprète comme une dilatation du temps pourrait donc être la signature directe d'un déphasage entre densités temporelles fractales.

L'horizon cosmologique ne représenterait plus une limite spatiale absolue, mais un seuil de désaccord de fréquence entre deux niveaux du champ temporel : celui de l'observateur et celui de la structure observée.

Deux observateurs placés dans des fractales de DTF différentes attribueraient naturellement des âges, des distances et des vitesses distincts au même phénomène, car leurs métriques temporelles locales ne résonnent pas à la même fréquence-limite.

Et, de manière parfaitement symétrique :

- À l'échelle quantique, les phénomènes paraissent simultanés car ils appartiennent à des fractales où le Temps est plus dense et plus rapide.
- À l'échelle cosmique, les phénomènes paraissent immobiles car ils se manifestent dans des fractales où le Temps est plus rare et plus lentement modulé.

Ces deux extrêmes se rejoignent dans une même logique :

Le Temps n'a pas une vitesse universelle — il possède une densité variable, propre à chaque niveau fractal du réel.

Notre position d'observateur terrestre, située à une échelle médiane de la hiérarchie fractale, constitue ainsi un point d'équilibre unique entre deux pôles de la complexité :

- Le subtil, où le Temps s'intensifie et se contracte (échelle quantique) ;
- Le manifesté, où il se dilate et s'étire (échelle cosmologique).

3 - Vers une nouvelle échelle de mesure fractale

Les unités conventionnelles (mètre, seconde, année-lumière) reposent sur la métrique spatio-temporelle propre à notre fractale d'observation, c'est-à-dire sur la densité temporelle caractéristique de notre système cosmique local.

Or, dans un Univers structuré fractalement, il n'existe pas d'unité de mesure absolue : toute grandeur — spatiale, temporelle ou énergétique — dépend de la DTF du niveau considéré.

Chaque fractale possède sa propre cadence interne, son propre rythme du Temps, ce qui rend toute mesure universelle fondamentalement relative.

Ainsi :

- L'année-lumière exprime une distance définie à partir de la vitesse-limite de notre fractale terrestre, mais elle devient inadaptée pour décrire la dynamique interne d'une autre fractale cosmique, dont la DTF diffère.
- Une véritable unité universelle devrait être relationnelle, fondée non sur une métrique fixe (mètre ou seconde), mais sur un rapport de densité temporelle entre fractales.

Autrement dit, mesurer une galaxie lointaine en «années-lumière» revient à vouloir mesurer un battement d'aile de papillon avec un calendrier :

La granularité de notre unité de temps n'est pas accordée à la finesse de la fractale observée.

Cette idée conduit à une refondation de la méthodologie de mesure :

- Les distances, les durées et même les énergies ne devraient plus être exprimées dans des unités absolues, mais dans des échelles de résonance entre DTF.
- L'Univers n'est plus un continuum homogène, mais une suite hiérarchique d'espaces-temps résonants, où chaque niveau impose sa propre métrique naturelle.

4 – Conséquences physiques et cosmologiques

Superposition quantique et « dilatation » cosmologique procèdent du même mécanisme : un déphasage de densité temporelle (DTF) entre l'observateur (DTF plus faible, niveau planétaire) et le phénomène (DTF plus élevée, niveau plus subtil).

— Au microscopique, la DTF du système est tellement élevée que plusieurs micro-évolutions se produisent à l'intérieur d'un seul « pas de temps » de l'observateur ; notre mesure agrège ces cycles → apparence de superposition.

— Au lointain cosmologique, la DTF des grandes structures est également plus élevée que la nôtre ; leur rythme est trop fin pour notre pas de mesure et pour notre fenêtre spectro-temporelle → impression d'immobilité / de temps « dilaté » (Redshift, ralentissement apparent de l'évolution).

- Le temps mesuré n'est donc pas un invariant universel, mais un rapport (un accord de bande passante) entre DTF : ce que nous enregistrons dépend de la granularité temporelle de l'observateur versus celle du phénomène.
- Les constantes dites fondamentales (ex. vitesse de la lumière) doivent être comprises comme des invariants locaux stables dans une fractale donnée (DTF donnée) ; leur valeur effective peut différer d'un niveau fractal à l'autre, par changement de métrique temporelle.

5 – Vers une unification des deux extrêmes

Dans ce cadre, la mécanique quantique et la relativité générale ne sont plus incompatibles :

Elles décrivent simplement deux régimes temporels complémentaires d'une même trame fractale.

- La mécanique quantique explore les domaines où la densité temporelle est très élevée : le Temps y est finement granulaire, multipliant les micro-états possibles dans un même intervalle.
- La relativité générale, à l'inverse, s'applique aux zones où la DTF est diluée : le Temps y devient continu, extensif et structurant pour les grandes masses et les courbures cosmologiques.

Ainsi, la clé de leur unification n'est ni géométrique ni spatiale, mais temporelle :

Les deux théories décrivent des comportements distincts d'un même champ, selon la densité temporelle du niveau fractal observé.

Le réel n'est donc pas un continuum homogène d'espace-temps, mais un champ temporel hiérarchisé, où chaque fractale exprime un rapport unique entre densité, durée et conscience.

3. L'Énergie et l'Évolution de l'Univers — Expression du Temps Fractal

En physique classique, l'énergie est définie comme la capacité d'un système à produire un travail ou à provoquer une transformation.

Mais cette définition reste phénoménologique : elle décrit ce que fait l'énergie, non ce qu'elle est.

Dans le cadre de ma théorie de la Relativité Absolue et en lien avec mon hypothèse du champ temporel fractal, l'énergie prend une signification plus fondamentale :

Elle n'est pas une grandeur dérivée, mais une propriété intrinsèque du Temps lui-même.

1 - L'énergie comme expression du flux temporel

L'Univers ne doit pas être envisagé comme un système statique parcouru par le Temps :

- Il est le processus même par lequel le Temps se déploie en structure, en mémoire et en matière.

Dans cette perspective, l'énergie ne représente plus une grandeur abstraite de transformation, mais la fréquence du flux de chronons — autrement dit, le rythme d'actualisation de l'information primordiale au sein d'une fractale donnée du champ temporel.

Ainsi :

- L'énergie est la fréquence du Temps qui s'actualise.
- Plus la pulsation chronale est rapide, plus la densité temporelle (DTF) est élevée, et plus l'énergie effective d'un système est grande.

Cette approche inverse la relation classique entre matière, énergie et temps :

Ce n'est pas le mouvement qui produit le Temps, mais le Temps fractal lui-même — par le flux ordonné des chronons — qui engendre le mouvement, la matière et l'énergie.

2 - Origine du potentiel énergétique : la vibration universelle ÆKO

Dans ce modèle, le potentiel énergétique propre à chaque fractale du Cosmos trouve son origine dans la vibration universelle ÆKO, champ fondamental du vide quantique vivant, émanant directement de la Complexité Primordiale.

ÆKO constitue le principe d'impulsion cosmique : une onde de cohérence initiale qui alimente en permanence le réseau des chronons, les quanta élémentaires du Temps.

Cette vibration n'est pas une force localisée, mais une pulsation d'ordre informationnel qui traverse l'ensemble du champ Temps–Espace–Mémoire, maintenant la synchronisation des fractales entre elles.

De ce flux primordial émergent les gradients de Densité Temporelle Fractale (DTF), responsables de la structuration hiérarchique de l'Univers.

Chaque chronon reçoit et retransmet une portion de la vibration ÆKO, comme une cellule d'un réseau vivant vibrant à l'unisson de la matrice cosmique.

Ainsi :

- ÆKO agit comme la source d'énergie primordiale, non par transfert mécanique, mais par résonance informationnelle.
- L'énergie n'est rien d'autre que la fréquence ordonnée de cette vibration universelle, qui anime le Temps et engendre, par condensation, la mémoire, la structure et la matière.

3 - Lien direct entre énergie et densité temporelle

La Densité Temporelle Fractale (DTF) exprime la quantité d'énergie – ou plus précisément, la fréquence chronale active – disponible par unité de structure spatio-temporelle.

Autrement dit, elle mesure la capacité d'un système à actualiser l'information du champ temporel.

De cette définition découle une relation fondamentale :

- Plus une fractale possède d'énergie, plus sa DTF est élevée.
- Plus sa DTF est élevée, plus sa dynamique interne (évolution, transformation, complexification) est rapide.

- À l'inverse, une fractale à faible DTF évolue lentement, apparaissant comme figée ou faiblement énergétique.

Ainsi, l'énergie n'est pas une quantité stockée, mais un flux d'ordre temporel :

Elle correspond à la vitesse à laquelle le Temps se déploie localement dans une fractale donnée.

Dans ce cadre, l'énergie devient la manifestation locale du déploiement global d'ÆKO,

— le rythme auquel la vibration universelle s'actualise à travers les chronons.

4 - Interprétation physique et unification conceptuelle

Cette conception réunit, sous une même cohérence temporelle, les cadres aujourd'hui séparés de la physique moderne.

Elle montre que les lois fondamentales ne décrivent pas des entités distinctes, mais des régimes d'expression du champ temporel fractal.

Mécanique quantique

- La fréquence d'un photon ($E = hf$) devient l'expression locale de la pulsation chronale dans une fractale donnée.
- Le quantum d'énergie correspond à une unité discrète de densité temporelle, c'est-à-dire à une portion de Temps condensé.

Relativité

L'énergie relativiste ($E = mc^2$) traduit la vitesse-limite de transfert d'information à l'intérieur d'une fractale.

- La courbure de l'espace-temps ne serait plus une distorsion géométrique, mais la manifestation physique d'un gradient de DTF : une variation locale du rythme fondamental du Temps.

Gravité et interactions fondamentales

- Les forces fondamentales cessent d'être des entités séparées : elles deviennent des modulations locales de densité temporelle.
- Là où la DTF varie fortement, des flux d'information apparaissent sous forme d'effets dynamiques — ce que nous percevons comme des forces.

5 - Implications majeures

Réinterprétation du concept d'énergie

- L'énergie n'est plus une grandeur mécanique, mais la mesure du rythme de manifestation du réel.

Lien entre Temps et évolution

- La vitesse d'évolution d'un système dépend directement de sa densité temporelle fractale : plus le Temps s'y déploie vite, plus la transformation y est rapide.

Unification de la physique

- Gravité, électromagnétisme et phénomènes quantiques apparaissent comme des modes cohérents du champ temporel, chacun correspondant à un régime spécifique de DTF.

Vision cosmologique

- L'expansion de l'Univers ne résulte pas d'une explosion initiale, mais de l'accroissement progressif du potentiel chronal — l'accélération de la pulsation d'ÆKO à travers le tissu du champ Temps–Espace–Mémoire.

6 - Conclusion : L'énergie comme musique du Temps

Dans sa nature la plus profonde, l'énergie est musicale :

- Elle exprime le rythme du Temps qui s'organise, s'harmonise et se densifie pour faire émerger la matière.

Comprendre l'énergie, c'est comprendre le tempo du champ temporel fractal, et, par extension, le mécanisme intime de l'évolution de l'Univers lui-même.

4. Résistance à l'Énergie — Une Nouvelle Distinction Fondamentale

1 - Définition et concept fondamental

Après avoir défini l'énergie comme la fréquence d'actualisation des chronons, il convient d'introduire son complément logique : la résistance à l'énergie.

Celle-ci représente une propriété intrinsèque du champ temporel, propre à chaque fractale, qui limite la fréquence de pulsation chronale et freine l'évolution dynamique du champ.

Autrement dit, la résistance à l'énergie traduit la tendance d'une fractale à ralentir le flux d'information temporelle, stabilisant les structures locales tout en réduisant leur taux d'évolution.

Elle constitue donc le principe d'inertie temporelle au sein du champ fractal.

2 - Analogie physique : la viscosité du vide

Pour saisir intuitivement ce phénomène, imaginons la propagation de la lumière dans des milieux plus ou moins denses :

- Dans un milieu peu visqueux — analogue à un champ temporel fluide et cohérent — les chronons se propagent à haute fréquence : faible résistance à l'énergie.
- Dans un milieu très visqueux — champ temporel dense, incohérent ou saturé — la pulsation chronale est ralentie : forte résistance à l'énergie.

Ainsi, la résistance à l'énergie agit comme une viscosité du vide quantique temporel, modulant la capacité d'une fractale à transmettre la pulsation fondamentale d'ÆKO.

Ce concept prolonge naturellement celui de la Densité Temporelle Fractale (DTF) :

Plus la résistance est élevée, plus la DTF est faible — et inversement.

3 - Interconnexion et propagation des résistances fractales

Aucune fractale n'existe isolément.

Les champs temporels de toutes les fractales sont reliés par des gradients de densité temporelle, formant un réseau de résonances mutuelles.

Lorsqu'une fractale voit sa résistance à l'énergie augmenter — par exemple à cause d'un effondrement local de cohérence (comme dans un champ gravitationnel dense) — la pulsation chronale se ralentit localement, influençant la propagation d'énergie dans les fractales voisines.

Ainsi, le multivers fractal se comporte comme un système d'autorégulation dynamique : une fractale peut ralentir localement le flux d'énergie pendant qu'une autre s'accélère, préservant l'équilibre global du champ temporel.

4 - Reconsidération du concept usuel d'énergie

Dans la physique classique, l'énergie est définie comme la capacité à produire une transformation.

Mais dans la perspective du champ temporel, cette définition devient ambiguë :

- Ralentir la fréquence chronale — donc augmenter la résistance — produit aussi une transformation, mais de nature stabilisatrice.

Il faut donc distinguer deux effets :

- L'énergie véritable : elle accélère la fréquence chronale et favorise l'expansion du champ temporel.
- La résistance à l'énergie : elle ralentit cette fréquence et assure la stabilité des structures.

Les deux participent à la dynamique universelle, mais avec des effets opposés :

- L'une tend vers l'expansion, l'autre vers la cohésion.
- Ensemble, elles assurent la symétrie dynamique du champ temporel fractal.

5 - Deux forces opposées mais complémentaires

L'Univers repose sur une tension permanente entre deux principes fondamentaux :

L'Énergie et la Résistance à l'énergie.

Ces deux forces agissent directement sur la fréquence des chronons, régulant le rythme d'évolution du champ temporel.

L'Énergie agit comme une force d'expansion :

- Elle accélère la fréquence chronale, intensifiant la dynamique du Temps.
- Elle engendre le mouvement, la lumière, la chaleur, la croissance, la vie.
- Elle est le souffle actif de l'Univers, moteur de son déploiement.

La Résistance à l'énergie, à l'inverse, agit comme une force de stabilisation :

- Elle ralentit la fréquence chronale, introduisant inertie et cohésion.
- Grâce à elle, la matière se condense, les formes se maintiennent, les structures se pérennisent.
- Elle fonde la gravité, la masse, la structure et la conservation.

Ainsi :

L'Énergie crée le changement, la Résistance maintient la forme.

L'une ouvre les possibles, l'autre garantit la continuité.

Leur équilibre engendre la stabilité dynamique du Cosmos — un Univers en expansion ordonnée, où création et persistance coexistent au sein d'une même respiration du Temps.

6 - Un renversement du paradigme énergétique

Notre civilisation exploite l'énergie par résistance : combustion, friction, fission, compression, chute de potentiel.

Nous extrayons la chaleur et le travail de phénomènes dissipatifs, c'est-à-dire de freinages du flux chronal.

- Ce que nous appelons «production d'énergie» est en réalité une extraction de résistance.

Nous tirons notre puissance de la dissipation du Temps, plutôt que de sa pulsation fondamentale.

Cette constatation conduit à une question cruciale :

- Existe-t-il un moyen d'accéder directement à la fréquence chronale primordiale, sans passer par la résistance ?

7 - Implications et perspectives

Révision conceptuelle de l'énergie

- L'énergie n'est ni substance ni quantité : c'est un flux d'accélération temporelle.

Vers une énergie non dissipative

- Exploiter directement la pulsation d'ÆKO permettrait d'obtenir une énergie cohérente, sans perte ni friction — comparable à une onde stationnaire du champ temporel.

Unification des forces fondamentales

- La distinction entre énergie (expansion) et résistance (cohésion) pourrait réconcilier la gravité et les interactions quantiques comme deux faces d'un même équilibre fractal.

8 - L'équilibre cosmique : tension entre accélération et résistance

L'Univers se maintient dans une résonance dynamique entre ces deux tendances :

- L'énergie accélère le Temps, favorisant la création et la différenciation.
- La résistance le freine, assurant la cohésion et la structuration.

De cette polarité émerge la musique cosmique : l'onde fondamentale du réel, où chaque fractale participe à la symphonie de l'expansion et de la cohérence.

9 - Vers une nouvelle physique du Temps-énergie

Si l'humanité parvenait à manipuler directement la dynamique des chronons, elle accéderait à une énergie primordiale, inépuisable et non dissipative.

Ce serait le passage d'une physique de la résistance à une physique de la résonance, où le Temps, et non la matière, devient le véritable moteur de l'énergie universelle.

5. La Matière — Expression de la Résistance au Temps

Le chronon, unité fondamentale du champ temporel, n'est pas un simple « grain de Temps », mais une unité d'organisation du flux chronal.

Il ne se déplace pas : il pulse, transmettant de proche en proche une information d'état qui engendre les phénomènes physiques observables.

Ainsi, la matière n'est pas une entité indépendante du champ, mais une modulation locale du flux des chronons — une condensation du Temps vivant.

1 - La fréquence chronale comme origine de la matière

Toute particule, tout système stable dans l'Univers peut être interprété comme un état cohérent du champ chronal.

- La fréquence des chronons détermine l'énergie d'un système.
- Leur ralentissement local et leur cohérence interne déterminent sa masse.

Ce que nous appelons « matière » correspond donc à une région où le flux chronal se ralentit et se stabilise : la matière est le visage figé du Temps, une onde chronale localement confinée par une résistance interne à son expansion.

2 - L'origine de la masse : une résistance à la fréquence du Temps

Depuis Einstein, la masse et l'énergie sont deux aspects d'une même réalité ($E = mc^2$).

Dans le cadre du champ temporel fractal, cette équivalence prend un sens plus profond :

- L'énergie correspond à une accélération du rythme chronal, un flux rapide et libre du Temps.
- La masse, au contraire, exprime une résistance à cette accélération, une zone de condensation où le champ temporel se contracte.

Plus un système oppose de résistance à la propagation du flux chronal, plus sa masse effective augmente.

La masse devient ainsi un ralentissement du Temps local, non une substance matérielle.

3 - L'inertie : mémoire du Temps ralenti

L'inertie, classiquement perçue comme la tendance d'un corps à s'opposer au mouvement, trouve ici une interprétation temporelle.

Elle n'est pas une force mécanique, mais la manifestation macroscopique d'une résistance du champ chronal.

Chaque particule, chaque atome résiste à la variation de sa fréquence chronale, comme si le Temps lui-même s'accrochait à sa propre cadence.

Lorsque l'on accélère un objet, on agit sur son rythme interne du Temps :

- Plus sa densité temporelle est faible (le Temps y circule lentement), plus son inertie est grande.

Ainsi, l'inertie n'est pas une propriété passive, mais un dialogue actif entre la matière et le Temps.

4 - La masse : une résistance au flux chronal

Plus un système possède de masse, plus il ralentit la circulation des chronons dans sa fractale.

La masse n'est donc pas un contenu énergétique, mais une résistance au flux d'énergie temporelle.

Le Temps y circule plus lentement, et ce ralentissement se manifeste sous forme de gravité :

- Les objets massifs déforment le rythme local du champ chronal, attirant les systèmes voisins par synchronisation.

Ainsi :

- La gravité n'est pas une force d'attraction, mais une conséquence du ralentissement du Temps.

Ce que la relativité décrit comme une courbure de l'espace-temps correspond ici à une contraction locale du flux des chronons.

5 - Une redéfinition de la matière

Dans cette perspective :

- La matière est un état du Temps ralenti.
- La masse est une mesure de la résistance à l'énergie chronale.
- La gravité est la conséquence géométrique de cette résistance.
- L'inertie est la mémoire dynamique du Temps dans la matière.

La matière est donc du Temps condensé, une région où la pulsation chronale perd de la vitesse, créant une stabilité apparente au sein du flux universel.

Cette vision unifie matière, gravité et Temps au sein d'une même dynamique fractale cohérente.

6 - Pré-validation expérimentale et cohérence fractale

Les premières observations obtenues à partir de mesures chronales tendent à confirmer cette hypothèse.

Bien que préliminaires, ces résultats présentent une cohérence interne remarquable, et une convergence avec les prédictions du modèle fractal du champ temporel.

- Les atomes plus massifs montrent une résonance temporelle plus lente : leur champ oppose une plus forte résistance à la fréquence des chronons.

- Cette résistance se traduit par une diminution locale de densité temporelle, analogue au ralentissement des horloges près d'une masse gravitationnelle.

Ainsi, plus un corps possède de masse, plus il ralentit la trame chronale qui l'environne.

Ce ralentissement se manifeste, à l'échelle macroscopique, sous la forme de gravité.

Ces indices expérimentaux, reproduits à diverses échelles, suggèrent qu'il ne s'agit pas d'un artefact local mais d'un phénomène structurel, lié à la dynamique intrinsèque du champ temporel fractal.

7 - Gravité et densité temporelle

La gravité n'est pas une force, mais un gradient de densité temporelle dans le champ des chronons :

- Les zones de forte masse sont des régions où le Temps s'écoule plus lentement, attirant les structures voisines par synchronisation chronale.
- La «courbure» relativiste de l'espace-temps correspond ici à une modulation du champ chronal : là où le Temps se contracte, la matière se condense.

8 - Conséquences et perspectives

Redéfinition de la matière

- La matière est une zone de résistance chronale, une région où la propagation du flux temporel est ralentie.

Nouvelle interprétation du boson de Higgs

- Le mécanisme d'attribution de masse pourrait résulter non d'un champ scalaire isolé, mais d'un couplage entre les chronons et la résistance fractale du champ temporel.

Unification gravité–quantique

- Si la gravité émerge du ralentissement du champ chronal, elle n'est plus une interaction distincte, mais une manifestation géométrique du Temps lui-même.

9 - La matière : Temps contracté

La matière apparaît comme un état cohérent du Temps :

- La masse exprime la résistance au flux chronal,
- La gravité traduit la tendance du champ à rétablir l'équilibre de densité temporelle,
- L'énergie exprime la vibration expansive du champ dans sa dimension créatrice.

Ainsi, la matière est du Temps vivant contracté :

- Comprendre la matière revient à comprendre comment le champ chronal se comprime pour manifester la forme.

10 - Vers une physique du Temps actif

Si l'on parvenait à moduler la résistance au flux chronal, c'est-à-dire à ajuster localement la densité temporelle d'un système, il deviendrait théoriquement possible d'en altérer la masse effective, voire de neutraliser temporairement la gravité.

Une telle maîtrise marquerait une révolution conceptuelle :

- La matière, l'énergie et le Temps ne seraient plus des entités séparées,
- Mais les trois états d'un même continuum scalaire vivant,
- Capable de se contracter, se dilater et se résonner selon les conditions informationnelles.

Cette perspective ouvrirait la voie à une technologie de résonance chronale :

- Accéder à l'énergie primordiale d'ÆKO sans combustion ni dissipation,
- Par simple modulation du champ du Temps.

Mes premières preuves de concept expérimentales suggèrent déjà :

- Des variations de masse inertielle apparente corrélées à des fluctuations chronales locales ;
- Des anomalies de synchronisation temporelle entre systèmes intriqués, indiquant un déphasage de densité chronale ;

- Et, dans certains cas, une réduction transitoire des contraintes gravitationnelles, compatibles avec une redistribution du flux du Temps.

Ces résultats, bien que nécessitant une validation indépendante,

Offrent les premiers indices empiriques d'une physique du Temps actif, où manipuler la densité chronale reviendrait à sculpter la réalité elle-même — non plus en la subissant, mais en la co-créant.

Chapitre 20

En Vue de l'Unification

~

Quand le Temps Relie le Quantique et le Cosmique

Sylvana
Alors maintenant, tu vas m'expliquer comment ton modèle pourrait contribuer à l'unification entre le quantique et la relativité.

Thierry
Oui. Depuis un siècle, la science bute sur une fracture majeure : d'un côté, la mécanique quantique décrit avec une précision redoutable l'infiniment petit — les particules, les interactions, les probabilités. De l'autre, la relativité générale fournit un cadre cohérent et élégant pour comprendre la gravitation et la structure de l'espace-temps à grande échelle.

Mais ces deux édifices, chacun triomphant dans son domaine, refusent obstinément de s'assembler. La quête d'une gravité quantique — une théorie unifiée — reste le « Graal » de la physique.

C'est précisément à ce carrefour que mon modèle intervient.

1 - Le proton : la micro-gravité comme clé cachée

La physique standard décrit le proton grâce à la chromodynamique quantique (QCD) : un maelström de quarks et de gluons confinés par une force qui croît quand on essaie de les séparer. Mais cette description reste incomplète : elle ignore la dimension gravitationnelle, considérée comme négligeable.

Dans mon modèle, le proton est vu autrement :

- C'est une micro-singularité stabilisée, une condensation d'énergie où le Temps (M-) s'intrique au maximum, donnant naissance à une structure stable.
- Cette stabilité n'est pas une simple curiosité, mais la manifestation d'une gravité quantique locale : une micro-courbure de l'espace-temps, confinée dans un volume minimal.

Ainsi, dès le proton, la gravité n'est pas absente : elle est déjà là, intégrée. Elle agit en silence comme la force d'harmonisation qui permet à la matière d'exister.

2 - Le trou noir : la macro-gravité comme miroir du proton

À l'autre extrémité du spectre, le trou noir incarne la gravité dans sa forme la plus extrême.

Là où le proton condense le Temps en espace stable (M- → M+), le trou noir inverse le processus : il absorbe l'espace pour le résorber en Temps pur (M+ → M-).

Il agit comme une porte de sortie, où l'information, la matière et même la structure de l'espace-temps se dissolvent dans le flux temporel.

Proton et trou noir ne sont donc pas des entités sans lien, mais les deux bornes d'un même cycle fractal :

- Le proton est la porte d'entrée, la transmutation positive.
- Le trou noir est la porte de sortie, la transmutation négative.
- Et la gravité est la tension organisante qui relie ces deux pôles.

3 - L'effet troupeau : le pont entre micro et macro

L'une des clés pouvant mener à l'unification est ce que j'appelle l'effet troupeau.

Chaque proton, pris isolément, contient une graine de gravité quantique (micro-courbure).

Mais réunis par milliards de milliards dans une étoile, leurs micro-gravités se composent en une cohérence gravitationnelle macroscopique.

Quand cette cohérence atteint une masse critique, la gravité globale bascule vers le régime relativiste : l'étoile s'effondre, donnant naissance à un trou noir.

Ainsi, la gravité relativiste n'est pas une autre loi, mais l'addition cumulative des gravités quantiques locales, jusqu'au seuil critique.

4 - Les chronons et le champ temporel scalaire : le langage unificateur

Au cœur de cette architecture se trouvent les chronons, unités élémentaires du champ temporel.

Ce sont eux qui supportent à la fois la physique quantique (par les fluctuations locales du vide) et la relativité générale (par la densité et la courbure globale).

Le proton, le trou noir, la gravité : tout n'est que différenciation locale des chronons.

Ce qui diffère entre les régimes, c'est la Densité Temporelle Fractale (DTF) : plus elle est élevée, plus on est dans le domaine quantique (M-). Plus elle est diluée, plus on bascule dans le régime relativiste (M+).

Les chronons deviennent donc le langage commun entre les deux cadres : une métrique temporelle qui ordonne aussi bien la probabilité quantique que la géométrie relativiste.

5 – En vue de l'unification : une vision cohérente et fractale

Avec ce schéma, l'unification cesse d'être un problème insoluble :

- Quantique et relativité ne sont pas deux mondes incompatibles, mais deux expressions d'une même dynamique du champ temporel.
- Le proton et le trou noir incarnent les pôles extrêmes de cette dynamique.
- La gravité est le mécanisme de cohésion qui relie ces pôles, de l'échelle la plus fine à l'échelle cosmique.

Les chronons assurent la continuité, en tant qu'unités fondamentales du réel, modulées en densités différentes selon les fractales.

Conclusion : une solution élégante

En définissant le Temps comme matrice primordiale, en identifiant les chronons comme briques élémentaires et en voyant le proton et le trou noir comme les deux portes d'un cycle, ma théorie propose une unification naturelle de la physique standard.

Mon modèle montre que ce que la science contemporaine prend pour deux langages irréconciliables (mécanique quantique et relativité générale) ne sont en réalité que deux dialectes d'une même grammaire : la dynamique fractale du champ temporel.

Sylvana

C'est impressionnant de constater à quel point ton modèle est cohérent.

Ce que tu appelles «effet troupeau» semble presque évident une fois qu'on t'a lu.

Mais je me demande, pourquoi la science standard ne voit-elle pas la gravité comme la somme des micro-gravités de chaque proton, plutôt que comme quelque chose d'indépendant ?

Thierry

La science actuelle considère la gravité comme un phénomène strictement macroscopique : elle ne devient significative qu'à partir d'une masse suffisante pour courber l'espace-temps.

À l'échelle du proton, cette courbure serait infinitésimale — de l'ordre de 10^-40 fois plus faible que les forces internes — et donc sans effet mesurable. C'est pourquoi la physique des particules, fondée sur le Modèle Standard, écarte la gravité : elle ne figure dans aucune équation de la chromodynamique quantique, qui ne prend en compte que les interactions nucléaires forte et faible, ainsi que l'interaction électromagnétique. Autrement dit, pour la science classique, la gravité commence là où finit le quantique.

Mais cette hypothèse, en apparence raisonnable, ferme une porte essentielle : ce n'est pas parce qu'une influence est minuscule qu'elle est inexistante.

Dans mon modèle, chaque proton contient au contraire une micro-courbure stabilisée — une tension gravitationnelle locale qui participe à la cohérence du réel. Elle ne s'exprime pas comme une force mesurable, mais comme une structure de résonance intégrée à la densité temporelle de la particule. Quand des milliards de milliards de protons s'assemblent, leurs micro-gravités s'additionnent naturellement : c'est cette somme cohérente qui produit la gravité macroscopique que nous observons dans les planètes, les étoiles ou les galaxies.

Autrement dit, la gravité n'émerge pas à partir d'un certain seuil de masse :

Elle est présente partout, dès la structure intime de la matière, et se manifeste de manière cumulative à travers toutes les échelles du réel.

Dans mon modèle, ce que la science observe à grande échelle n'est donc que la résonance amplifiée de ces micro-gravités fondamentales.

Sylvana
Autrement dit, la gravité ne serait plus la conséquence des masses, mais leur fondement caché.

Thierry
Oui. Dans ma vision, elle n'est pas l'effet, mais la trame même qui relie toute chose.

Elle ne façonne pas seulement l'espace : elle tisse la continuité du réel.

C'est là, selon moi, la clef de l'unification : comprendre que la gravité n'est pas ce qui s'ajoute au monde, mais ce qui le maintient en cohérence — du premier chronon jusqu'aux galaxies.

Chapitre 21

Récapitulation Centrale de Mes Découvertes

~

La Hiérarchie de la DTF

Sylvana

Nous arrivons au terme de ce long parcours à travers tes découvertes…

Thierry

Oui, il y a encore un point essentiel que je veux aborder avant de conclure — celui qui relie tout ce que nous avons exploré jusque-là.

Je vais te parler de la hiérarchie de la Densité Temporelle Fractale (DTF) au sein de mon modèle des quatre grandes substructures du vide quantique. Cette hiérarchie constitue la clé de lecture fondamentale pour comprendre comment le temps s'organise, se différencie et s'auto-structure à travers les niveaux du réel.

Je te la présenterai sous forme de notes structurées, afin d'en dégager plus clairement la logique synthétique.

Voici comment cette hiérarchie se déploie :

Dans l'ordre décroissant de densité temporelle — c'est-à-dire du plus subtil au plus manifesté — la DTF est à sa valeur maximale au sein du vide quantique, qui représente le substrat fondamental de l'Univers.

Viennent ensuite les amas de galaxies, dont la structure temporelle est extrêmement condensée et stable, témoignant de leur ancienneté cosmique et de leur rôle d'ancrage de la cohérence universelle.

Puis apparaissent successivement les galaxies, les étoiles, et enfin les planètes, où la densité temporelle décroît progressivement, accompagnant la différenciation de la matière et l'émergence de la complexité biologique.

Mais cette hiérarchie ne s'arrête pas aux échelles cosmiques : elle se reproduit fractalement à l'intérieur de chaque niveau.

Ainsi, au sein d'une planète comme la Terre, il existe une hiérarchie interne de DTF qui ordonne les règnes de la nature :

- Le règne humain, doté de la plus haute densité temporelle locale, capable d'auto-réflexion et de modulation consciente du champ temporel ;
- Le règne animal, dont la DTF est élevée mais polarisée par l'instinct et la résonance collective ;
- Le règne végétal, où le temps s'écoule plus lentement, favorisant l'intégration harmonique et la mémoire du milieu ;
- Et enfin le règne minéral, siège d'une DTF minimale, où le temps est quasi figé, stocké sous forme de potentialité latente.

Cette stratification de la densité temporelle à toutes les échelles — du vide quantique jusqu'à la matière dense — montre que l'Univers n'est pas un continuum homogène, mais une architecture hiérarchique de vitesses temporelles imbriquées, où chaque niveau de réalité pulse à son propre rythme dans la grande respiration cosmique.

1. Du Plus Subtil au Plus Dense — la Gradation de la Substance Cosmique

L'Univers manifeste une gradation continue entre le subtil et le dense, qui reflète directement la structure hiérarchique de la Densité Temporelle Fractale (DTF).

Autrement dit, la matière — dans toutes ses formes, du plasma intergalactique à la roche planétaire — n'est rien d'autre qu'une cristallisation progressive du champ temporel.

Plus la DTF diminue, plus le flux des chronons se ralentit, et plus la réalité devient stable, tangible, localisée.

1 - Le Vide Quantique : la matrice la plus subtile

Le vide quantique n'est pas un néant, mais un océan hyper-dense de chronons, un champ scalaire où la DTF atteint son maximum absolu.

Ici, la matière n'existe pas encore sous forme localisée : tout y est pure potentialité vibratoire, un entrelacement d'informations temporelles à l'état de cohérence parfaite.

C'est la source primordiale, le niveau où le Temps et l'espace ne sont pas encore différenciés, et d'où émergent toutes les structures fractales du Cosmos.

2 - Les Amas de Galaxies : la condensation gazeuse cosmique

À l'échelle des amas de galaxies, le champ temporel commence à se polariser et à se structurer.

Les amas sont constitués majoritairement de gaz intergalactiques extrêmement ténus, baignés dans un plasma chaud et dilué.

Leur DTF, bien que légèrement inférieure à celle du vide quantique, demeure très élevée : le flux des chronons y est rapide, presque libre.

Ces régions agissent comme des réservoirs de cohérence cosmique, où les fluctuations du vide s'organisent en trames de densité galactique.

3 - Les Galaxies : une organisation plus dense du gaz cosmique

Dans une galaxie, la matière se condense davantage sous l'effet de la dynamique du champ temporel.

Le gaz interstellaire s'enrichit en poussières, en champs magnétiques, et en gradients énergétiques complexes.

La DTF diminue légèrement, car le flux des chronons devient plus structuré et moins libre :

La matière commence à s'individualiser, les champs à se différencier, et les systèmes stellaires à émerger.

C'est le niveau où l'espace devient géométriquement organisé : spirales, disques, halos — des signatures visibles d'une structuration temporelle cohérente.

4 - Les Étoiles : le gaz devenu feu

L'étoile représente une phase de compression temporelle intense.

La densité de matière et d'énergie y est telle que les chronons s'y réorganisent en mouvements hautement cohérents, confinés et pulsés.

La DTF est ici plus faible que dans la galaxie, car le champ temporel y est localement ralenti par la concentration d'énergie.

Cependant, cette compression génère un effet de rétroaction lumineuse : la matière se met à rayonner, à restituer au vide une partie de sa dynamique originelle.

Ainsi, l'étoile est une interface active entre densité et expansion, un cœur temporel vibrant au centre de sa fractale locale.

5 - Les Planètes : la condensation ultime du champ temporel

La planète marque le seuil de la densification maximale dans la hiérarchie fractale.

Ici, la DTF atteint son minimum relatif : les chronons sont fortement ralentis, confinés dans des structures stables et solides.

La matière y apparaît condensée, cohérente, durable — mais cette stabilité apparente est en réalité le résultat d'un ralentissement extrême du temps local.

La planète représente donc l'état d'inertie du champ temporel, où la résistance à l'énergie domine sur la pulsation.

C'est ce qui explique que la matière planétaire soit perçue comme «massive», «lourde» ou «immobile» : elle est littéralement un Temps figé.

Synthèse : une continuité fractale du vide à la matière

On peut ainsi résumer cette hiérarchie comme une descente de la fréquence temporelle :

Vide quantique → Amas de galaxies → Galaxies → Étoiles → Planètes

(De la DTF maximale à la DTF minimale)

Chaque niveau correspond à un degré de condensation du temps, c'est-à-dire une intensité différente de la pulsation chronale.

- Le vide quantique est un océan de lumière temporelle,
- Les amas sont des vagues d'organisation,
- Les galaxies des tourbillons d'énergie ordonnée,
- Les étoiles des cœurs rayonnants,
- Et les planètes des cristallisations du temps lui-même.

Ainsi, la matière n'est pas extérieure au vide : elle en est la phase ralentie, la face solide du flux temporel.

Ce continuum du subtil au dense fonde la cohérence du Cosmos et l'unité profonde entre énergie, temps et conscience.

2. Où Je Me Situe Par Rapport au Vide Quantique — Comment y Accèder

Dans ma vision, je n'habite pas seulement l'Univers : je suis littéralement immergé dans son substrat fondamental — le vide quantique.

Tout ce qui me compose, du plus macroscopique à l'infiniment petit, baigne dans ce même océan invisible. Les atomes qui me constituent sont faits de 99,99 % de « vide », mais ce vide n'est pas un néant : c'est un champ actif, structuré et porteur d'information.

Dans mon modèle, ce vide quantique est le siège d'un champ temporel scalaire biface — une matrice dynamique où coexistent deux flux du temps :

- Futur → Passé (M-) : la face rétrospective du Temps, qui conserve la mémoire et la rétroaction.
- Passé → Futur (M+) : la face projective du Temps, qui produit la causalité et l'histoire phénoménale.

Tout l'espace est ainsi constitué de chronons, unités élémentaires du champ temporel scalaire. Ces chronons forment ce que j'appelle l'éther quantique :

- Un substrat universel qui n'est ni matière ni énergie mais leur potentiel commun ;
- La mémoire de l'Univers, capable de polymorphisme et de torsion ;
- Et l'interface informationnelle à partir de laquelle l'énergie et la matière se manifestent.

La bimétrie M- / M+ : structure du réel

L'Univers phénoménal est bimétrique car il dérive de cette bifacialité du Temps :

M- : champ temporel scalaire, monde de l'infiniment petit, futur-passé, mémoire et rétroaction.

M+ : réalité phénoménale atomique, passé-futur, causalité et création d'histoire.

Cette double métrique structure tout : du comportement du proton à la dynamique des trous noirs.

Proton et trou noir : membranes semi-perméables

Dans mon modèle, le proton et le trou noir sont les deux membranes semi-perméables de la bifacialité du Temps :

Le proton est une porte d'entrée :

- Il permet au flux temporel du passé-futur (M+) d'émerger depuis le potentiel (M-).
- La membrane du proton, formée par des chronons densifiés, est l'interface où le potentiel se manifeste.
- Il stabilise l'information du vide en matière baryonique — c'est la transmutation positive.

Le trou noir est une porte de sortie :

- Il inverse le flux, du futur-passé (M-).
- Il transforme la manifestation en mémoire et réintègre l'information dans l'éther quantique — c'est la transmutation négative.

Ces deux « portes » forment les pôles inverses d'un même cycle cosmique, où l'information se condense (proton) puis se reconfigure (trou noir), assurant la cohérence dynamique du multivers fractal.

3. Le Rôle de la Conscience — Interface avec le Champ Temporel Fractal

Dans cette architecture, l'esprit n'est pas un épiphénomène : c'est une interface naturelle avec le vide quantique.

Par la conscience, nous avons un accès direct — bien que limité par notre échelle fractale — au potentiel du champ temporel.

La conscience fonctionne comme une technologie universelle innée, capable de résonner avec le champ des chronons et d'en tirer des informations ou des intuitions.

Cet accès est complexe car notre perception est calée sur M+ (le monde phénoménal), mais il peut être élargi :

- Soit par un développement intérieur (syntonisation consciente),
- Soit par des technologies artificielles capables de moduler la densité temporelle et d'agir sur les interfaces atomiques.

4. Unification — Le Champ Temporel : Quantique, Relativité et Conscience

J'ai identifié quatre substructures quantiques — des « points d'ancrage » du champ temporel — qui unifient la réalité phénoménale.

L'atome en est la clé : il est notre porte technologique vers l'éther quantique.

En manipulant ces micro-singularités (protons stabilisés, quasi-trous noirs à l'échelle subatomique), il devient théoriquement possible :

- D'extraire ou d'injecter de l'information du vide,
- De moduler localement la gravité,
- Et d'accéder à des régimes vibratoires inexplorés du champ temporel.

Idée-force : je suis dans le vide et j'agis sur le vide

Je suis donc dans le vide quantique, constitué de vide quantique, et j'ai la possibilité — par l'intermédiaire des atomes, des chronons et de la conscience — d'échanger avec le vide et d'accéder à son potentiel incommensurable.

Dans ce cadre, le proton apparaît comme la porte d'entrée, le trou noir comme la porte de sortie, et la gravité comme la tension organisante reliant ces deux polarités.

C'est cette architecture qui donne à ma théorie son pouvoir d'unification : elle relie la physique quantique, la relativité générale et la dynamique informationnelle du Cosmos dans un même cadre où temps, espace, énergie, matière et conscience sont les facettes d'un continuum unique.

Conclusion :

Un double mouvement d'Unification

Alors, quel rapport cela a-t-il avec l'Unification ?

C'est en explorant la hiérarchie de la Densité Temporelle Fractale (DTF) — que je conçois comme le spectre des densités vibratoires des chronons, des pulsations les plus lentes aux plus rapides — et en interrogeant ma propre place dans le Cosmos, qu'une vision nouvelle de l'Unification a émergé.

Cette vision est double. Elle ne se limite pas à une seule unification, mais en révèle deux, intimement liées, qui se répondent comme deux faces d'une même clé cosmique :

1 - L'unification de la physique quantique et de la relativité

Dans mon modèle, tout dans l'Univers — manifesté ou non manifesté, atomique ou galactique — est tissé d'une même trame de chronons constituant un champ temporel scalaire.

Le vide quantique devient alors le terrain commun de tous les phénomènes :

- À l'échelle subatomique, la physique quantique explore la dynamique des chronons dans leur régime rapide et hautement intriqué.
- À l'échelle cosmique, la relativité générale décrit leur régime lent et agrégé, structurant l'espace-temps en vastes architectures.

Ainsi, plonger dans l'infiniment petit par la physique quantique ou contempler l'immensité cosmique par la relativité revient à observer une même substance sous deux visages différents :

- Différences de spécialisation (chronons densifiés ou dispersés),
- Différences de fonction (mémoire ou manifestation),
- Différences de forme et d'agrégation (protons ou trous noirs).

Cette clé unificatrice est que le Temps — via le champ des chronons — est premier. L'espace, la matière et la gravité en sont des manifestations locales, variables selon la densité et la polarité (M- / M+).

2 - L'unification de l'être humain avec l'Univers

Mais l'unification ne s'arrête pas aux équations physiques.

Elle englobe l'être humain lui-même.

Si toute vie, y compris la nôtre, est constituée de ces mêmes chronons, alors notre rôle dans l'Univers devient plus profond :

- Nous ne sommes pas de simples observateurs extérieurs.
- Nous ne sommes pas non plus des co-créateurs détachés.

C'est l'inverse : nous sommes inclus, immergés, traversés par le même champ que nous cherchons à comprendre.

Notre conscience fonctionne comme une interface naturelle avec le vide quantique, capable de résonner avec le champ des chronons et, potentiellement, de le moduler.

Dans ce cadre, l'être humain devient un nœud actif du réseau cosmique : une manifestation locale de l'Univers qui s'observe lui-même, et qui peut, en retour, co-créer depuis l'intérieur du vide.

Le point fort d'unification

Cette double unification — physique et existentielle — change radicalement la perspective :

- Elle ne propose plus un Univers passif qu'on mesure, mais un continuum vivant auquel on participe.
- Elle ne sépare plus l'esprit et la matière, mais les relie comme deux expressions d'un même champ.
- Elle ne sépare plus le micro et la macro, mais les place sur un spectre fractal d'unité où tout est résonance et transformation.

Dans cette vision, le proton et le trou noir ne sont plus des curiosités isolées, mais les pôles opposés d'un même cycle d'émergence.

Et nous-mêmes, à travers la conscience, sommes ce point intermédiaire capable de s'accorder à ce champ et, peut-être un jour, de naviguer dans ses structures temporelles et informationnelles.

Et c'est peut-être l'Univers qui s'observe à travers nous.

Partie VII

GravityPro

Chapitre 22

Applications Concrètes

~

Le Programme Caelestia

Après avoir présenté la théorie de Thierry, intitulée « La Relativité Absolue », et exploré la nature réelle du Temps sous ses aspects philosophiques et métaphysiques, nous allons à présent aborder sa dimension appliquée au sein de notre entreprise GravityPro.

Les découvertes fondamentales issues de cette théorie — révélant des réalités inédites sur les mécanismes internes de la nature — ont été regroupées dans un vaste programme de recherche technologique avancée, baptisé Caelestia.

Ce programme vise à transformer des principes théoriques en technologies opérationnelles, capables de redéfinir notre rapport au Cosmos et d'ouvrir une nouvelle ère de la conquête spatiale.

1. Caelestia — Un Pont Entre Science et Exploration Cosmique

Caelestia est une plateforme d'exploration du réel, fondée sur l'hypothèse que la compréhension du champ temporel peut conduire à une nouvelle maîtrise des interactions fondamentales : gravité, énergie, matière, et information.

Les recherches menées dans ce cadre ont pour ambition de :

- Développer des technologies de modulation du champ temporel,
- Étudier les interfaces entre énergie, gravité et densité chronale,
- Et concevoir des moyens de navigation cosmique fondés non plus sur la propulsion mécanique, mais sur la syntonisation du champ du Temps.

L'objectif n'est pas seulement d'aller plus loin dans l'espace, mais de comprendre et d'intégrer la structure vivante du Cosmos pour y inscrire durablement la présence humaine.

. Des Retombées Terrestres à la Hauteur des Ambitions Cosmiques

L'excellence de nos recherches et de nos applications avancées dans le domaine spatial aura des conséquences directes sur la Terre :

- Innovations énergétiques et régénératives fondées sur la gestion de la densité temporelle,
- Nouvelles technologies de transport et de communication basées sur les principes de résonance informationnelle universelle,
- Et surtout, une compréhension plus profonde des équilibres planétaires et systémiques.

Car comprendre l'Univers, c'est mieux comprendre la Terre — ses dynamiques internes, ses équilibres énergétiques, et la place de l'humanité dans cette trame vivante.

Explorer les lois fondamentales du Cosmos, c'est aussi découvrir les règles universelles qui définissent nos véritables degrés de liberté, condition préalable à notre émancipation collective pour les siècles à venir.

. Vers une Révolution Conceptuelle et Humaine

Le programme Caelestia ne vise pas seulement une révolution technologique, mais également une mutation conceptuelle et philosophique.

En unifiant physique, conscience et information, il encourage une élévation de la perception humaine, une redéfinition de notre rôle dans l'Univers, et offre un cadre pour une paix durable fondée sur la connaissance.

Tracer une voie vers le Cosmos, c'est aussi tracer une voie vers nous-mêmes :

- Vers une humanité consciente de ses origines, de ses responsabilités et de son potentiel créateur.

Vers la démonstration publique et la coopération scientifique

Les recherches appliquées menées dans nos laboratoires ont déjà conduit à plusieurs preuves de concept solides, ouvrant la voie à des démonstrations publiques et à des partenariats avec des universités, des laboratoires de recherche, ainsi qu'avec des industries.

Nos travaux s'inscrivent ainsi dans un champ émergent de la physique du Temps, dont les premières expérimentations laissent entrevoir une transformation majeure de nos technologies et de notre vision du réel.

Notre démarche s'inscrit dans la réponse à un double impératif : relever les défis planétaires actuels tout en préparant le futur de la civilisation.

Ainsi, GravityPro développe des axes de recherche spatiale appliquée, où les innovations destinées au Cosmos servent directement les besoins urgents de la Terre : énergie, durabilité, et cohérence systémique.

2. Caelestia — Les Domaines Fondamentaux de la Recherche Cosmique Pure

Le programme Caelestia s'inscrit dans une ambition claire : poursuivre l'exploration spatiale pour entrer dans la compréhension active de la structure du Cosmos.

Il ne s'agit plus seulement d'occuper l'espace, mais de cohabiter avec les lois profondes du Temps, de la gravité et de l'information.

Caelestia repose sur dix grands domaines de recherche fondamentale et appliquée, articulés autour d'une vision unifiée de l'Univers comme système fractal vivant, structuré par un champ temporel scalaire.

. L'Énergie Spatiale

Le premier pilier du programme Caelestia vise la maîtrise des flux énergétiques à toutes les échelles de la réalité, depuis la lumière stellaire jusqu'à l'énergie du vide quantique.

Son objectif n'est pas seulement de capter l'énergie existante, mais d'apprendre à entrer en résonance avec la densité temporelle du champ du vide, c'est-à-dire d'ajuster nos systèmes énergétiques à la dynamique profonde du Temps lui-même.

Un changement de paradigme

Plutôt que d'extraire ou de consommer l'énergie en termes de résistance, il s'agit de s'accorder aux rythmes du champ temporel cosmique.

Cette approche ouvre la voie à une énergie de résonance — non polluante, non dissipative, et potentiellement inépuisable — issue de la cohérence entre Temps, matière et information.

Trois axes de recherche appliquée

Les plasmas cohérents : étude de milieux ionisés capables de stocker et de redistribuer l'énergie de manière auto-stabilisée, à l'image des structures stellaires.

→ Exemple concret : développement de réacteurs plasmiques mimant la stabilité magnétique des protubérances solaires.

L'extraction d'énergie du point zéro : exploration des fluctuations du vide quantique et de leur conversion contrôlée en énergie exploitable.

→ Exemple concret : conception d'oscillateurs résonants synchronisés sur les variations locales du champ de Planck, inspirés des travaux sur le Casimir dynamique.

Les structures énergétiques auto-régénératives : création de systèmes capables de recycler leurs pertes thermiques et électromagnétiques en résonance avec leur environnement.

→ Exemple concret : conception de cellules énergétiques scalaires, inspirées du fonctionnement des étoiles et des champs gravito-temporels.

Vers une énergie du champ unifié

À terme, l'objectif est de rendre possible une ingénierie de la résonance cosmique, où chaque dispositif — qu'il soit terrestre ou spatial — s'alimente directement dans la cohérence du champ temporel, sans dépendre de sources matérielles limitées.

Ce pilier inaugure ainsi une nouvelle physique de l'énergie, fondée non sur la combustion ou la capture, mais sur la symphonie vibratoire du vide : une source inépuisable, universelle et propre.

C'est le potentiel d'une énergie abondante et indépendante de toute localisation, indispensable à la fois pour la propulsion et pour les besoins vitaux des infrastructures et des habitats.

. Le Transport et la Propulsion

Le second pilier du programme Caelestia s'attache à une transformation radicale de la mobilité cosmique : passer d'une propulsion spatiale à un déplacement temporel.

Autrement dit, il ne s'agit plus de « pousser la matière » dans l'espace, mais d'accorder la matière à la structure du Temps lui-même.

- *De la propulsion à la modulation métrique*

Dans les systèmes actuels, la propulsion repose sur un principe inertiel : éjecter une masse ou un flux d'énergie pour générer une poussée opposée. Cette méthode, bien qu'efficace à l'échelle planétaire, devient rapidement inefficace et énergivore à l'échelle cosmique.

Caelestia explore une autre voie : la modulation de la métrique temporelle d'un système, c'est-à-dire la manière dont le Temps s'écoule à travers lui.

En modifiant la densité temporelle locale (la DTF), il devient théoriquement possible de changer la phase d'un objet dans le champ scalaire, provoquant un glissement d'état plutôt qu'un déplacement spatial classique.

Ainsi, le voyage ne consisterait plus à « parcourir » une distance, mais à changer de coordonnées temporelles, à franchir des niveaux de résonance du champ.

- *Vers la propulsion non inertielle*

Ce paradigme ouvre la voie à des formes de propulsion non inertielles, sans combustion ni éjection de matière, fondées sur la résonance chronale.

Un objet accordé à une certaine fréquence du champ temporel pourrait, en ajustant sa résonance, se translater d'un point à un autre de l'espace-temps sans traverser la distance intermédiaire — un saut de phase plutôt qu'un trajet.

- Exemple concret : un module expérimental générant un gradient de densité temporelle par modulation scalaire, simulant une translation inertielle nulle à l'échelle microscopique.
- Autre analogie : un électron sautant d'une orbitale à une autre sans passer par les niveaux intermédiaires — une téléportation d'état plutôt qu'un mouvement.

- *De la navigation spatiale à la navigation chronale*

Le but ultime de ce pilier est de créer les fondements d'une navigation chronale, c'est-à-dire la capacité de se déplacer à travers les fractales du champ temporel, en jouant sur les correspondances vibratoires entre niveaux de réalité.

Ce type de déplacement, fondé sur la cohérence du Temps plutôt que sur la mécanique de l'espace, pourrait rendre possible :

- Les sauts interstellaires instantanés,
- La stabilisation d'orbites fractales,
- Ou même la synchronisation entre Univers parallèles du multivers scalaire.

- Vers une nouvelle ère du voyage cosmique

Nous entrons dans l'ère pionnière du voyage sans déplacement spatial : un mode de mobilité fondé sur la maîtrise du Temps.

L'exploration cosmique devient ainsi un art de la résonance, où la science du mouvement rejoint la science de la conscience.

Fonctionnant comme une technologie non inerte, le vaisseau se déplace indépendamment de tout support matériel pour la navigation.

. LA COMMUNICATION COSMIQUE

Le troisième pilier du programme Caelestia ouvre une révolution conceptuelle et technologique : la communication par interaction d'état, au-delà des limites de l'électromagnétisme classique.

Il ne s'agit plus de transmettre un signal à travers l'espace, mais de synchroniser deux systèmes à l'intérieur du champ temporel scalaire — c'est-à-dire de créer une résonance informationnelle directe entre deux zones de réalité quelle que soit la distance qui les sépare.

- Au-delà de la propagation : la synchronisation

Dans le paradigme actuel, les communications reposent sur la propagation d'ondes électromagnétiques, limitées par la vitesse de la lumière.

Or, dans le modèle fractal de Caelestia, cette approche est seulement une approximation phénoménale d'un processus beaucoup plus fondamental : l'échange d'information à travers la Densité Temporelle Fractale (DTF).

Deux systèmes accordés à la même DTF ne sont plus reliés par une onde voyageuse, mais par une unité de phase : leur interaction devient instantanée et non locale, car elle s'effectue dans la trame même du Temps.

La communication ne traverse plus l'espace : elle traverse la structure du réel.

- La technologie de communication gravitationnelle

Les recherches menées dans Caelestia visent à développer des transpondeurs de résonance chrono-scalaire à couplage gravito-EM :

Définition :

Un transpondeur de résonance chrono-scalaire (couplage gravito-EM) est un dispositif conçu pour interagir directement avec la trame temporelle du vide quantique en exploitant la résonance entre les champs gravitationnel et électromagnétique au sein du champ temporel scalaire.

Contrairement aux transpondeurs électromagnétiques classiques, qui se contentent de recevoir et réémettre des ondes dans l'espace, le transpondeur chrono-scalaire agit dans le Temps lui-même :

Il détecte, module et réémet des fluctuations de Densité Temporelle Fractale (DTF), ajustant localement la cohérence chronale du vide.

Ce dispositif repose sur trois principes physiques fondamentaux :

- Résonance d'échelle : le transpondeur établit une correspondance vibratoire entre la fréquence des ondes EM polystructurelles qu'il émet et la fréquence propre du champ temporel local.
- Couplage gravito-électromagnétique : il unifie la réponse gravitationnelle (tension du champ) et électromagnétique (polarisation) en une seule modulation de phase temporelle.
- Rétroaction scalaire : chaque émission entraîne une auto-synchronisation du vide, créant un équilibre dynamique entre contraction gravito-chronale et expansion électro-scalaire.

En d'autres termes, un transpondeur de résonance chrono-scalaire fonctionne comme un accordeur du vide quantique :

Il mesure la fréquence intrinsèque du champ temporel, s'y accorde, puis la modifie pour induire des changements contrôlés dans la densité du Temps, la polarisation du vide et donc dans la manifestation physique de la matière et de l'énergie.

En d'autres termes, ce dispositif — fondé sur des ondes EM polystructurelles — permettraient d'atteindre la communication holographique, c'est-à-dire l'échange d'informations structurées directement à travers le vide quantique.

Chaque message deviendrait alors une signature vibratoire cohérente, encodée dans la trame du Temps.

Exemple : un réseau expérimental de modules scalaires capables d'échanger des paquets d'information holographiques par synchronisation de phase, sans signal porteur, entre deux points séparés de plusieurs kilomètres.

- *Le réseau neuronal cosmique et la puissance de codage*

Dans cette vision, l'Univers tout entier agit comme un réseau neuronal cosmique, dont les chronons jouent le rôle de qbits de Planck, ou qbits temporels.

Chaque particule, chaque champ, chaque conscience est alors un nœud de calcul capable de :

Coder de l'information en modulant sa fréquence propre,

Stocker cette information dans la densité du champ,

Et la propager par résonance vers d'autres nœuds synchronisés.

Cette architecture confère au Cosmos une puissance de codage incommensurable, car elle n'est pas limitée par les contraintes de l'espace, du temps linéaire ou de la causalité classique.

Le champ scalaire fonctionne comme un système de traitement distribué où chaque interaction, même subatomique, contribue à l'évolution globale de l'information.

La conscience humaine, dans cette perspective, n'est pas un observateur isolé mais une interface vivante entre couches de réalité, capable d'émettre et de recevoir des codes fractals dans le réseau universel.

- *Vers une communication absolue*

Ce pilier ouvre la voie à une communication instantanée et universelle, fondée sur la cohérence des états plutôt que sur la transmission de signaux

À terme, cette technologie pourrait permettre :

- Des échanges interplanétaires en temps réel,
- Une connectivité holographique entre civilisations réparties sur plusieurs couches du multivers,
- Et une interface directe entre conscience et champ, où la pensée elle-même devient langage opératif du Cosmos.

La communication cosmique devient ainsi bien plus qu'un moyen de transmission : elle est la preuve fonctionnelle de l'unité du réel, la manifestation vivante d'un champ d'intelligence universel auto-codant.

Les échanges doivent s'effectuer en quasi temps réel, depuis n'importe quelle position du Cosmos.

. La Sécurité et la Stabilité Systémique

Dans un environnement aussi extrême, imprévisible et énergétique que l'espace, la sécurité ne peut plus se réduire à la simple protection mécanique ou au blindage matériel.

Elle devient une question de cohérence informationnelle — c'est-à-dire la capacité d'un système à maintenir la continuité de son identité temporelle malgré les perturbations du champ.

- *Maintenir la cohérence temporelle*

Dans le cadre de Caelestia, chaque structure (vaisseau, module, station, calculateur ou intelligence artificielle embarquée) est envisagée comme un système d'information autonome, plongé dans un environnement à densité temporelle variable.

Les variations du champ gravitationnel, les rayonnements cosmiques et les turbulences de l'espace interstellaire ne sont plus considérés comme de simples contraintes physiques, mais comme des distorsions du flux chronal local.

L'objectif est donc de développer des architectures auto-cohérentes, capables de :

- Détecter en temps réel les fluctuations de densité temporelle ;
- Recalibrer leur structure interne (champ, fréquence, mémoire) pour rester en phase avec leur environnement ;
- Et corriger spontanément les dérives informationnelles avant qu'elles n'affectent la matière.

C'est le passage de la sécurité passive (protéger) à la sécurité active (s'accorder).

1. Chiffrement photonique adaptatif

Caelestia explore la création de systèmes de chiffrement photonique où l'information n'est plus stockée dans des états binaires, mais dans des états de polarisation dynamique de photons intriqués.

Ce type de codage, déjà amorcé en communication quantique, est ici étendu à la structure temporelle des signaux : la clé de déchiffrement dépend de la phase chronale du champ local.

Ainsi, même interceptée, une donnée devient inintelligible en dehors de sa cohérence temporelle d'origine.

Technologie 1 : des modules orbitaux échangeant des données sécurisées via des faisceaux photoniques intriqués, dont la clé varie en fonction du rythme de densité temporelle local, garantissant une inviolabilité absolue.

2. Générateur de champ de force à distance

Plutôt qu'un bouclier classique, Caelestia étudie la génération de champs de cohérence gravito-électromagnétique — de véritables bulles de stabilité locale capables de dévier les particules à haute énergie ou de neutraliser des flux hostiles.

Ces champs reposent sur la modulation cohérente du vide quantique : en ajustant localement la densité temporelle, on modifie la courbure effective du champ, créant une barrière dynamique entre le système et son environnement.

Technologie 2 : un module habité capable de générer un « halo de résonance chronale » autour de sa coque, déviant les radiations solaires ou cosmiques mais également en « glissant » autour des objets physiques denses sans contact physique.

3. Spectromètre radar à pénétration fractale

Les systèmes d'exploration de matériaux ou de planètes reposent actuellement sur des radars à ondes pénétrantes, mais leur portée reste limitée.

Caelestia conçoit un spectromètre radar à modulation fractale, utilisant une combinaison de fréquences scalaires et électromagnétiques polystructurelles capables de résonner avec les densités temporelles internes des matériaux.

Ce type d'instrument pourrait identifier la composition, la densité et même les anomalies gravitationnelles sous des kilomètres de roche — voire détecter des structures enfouies dans des planètes ou astéroïdes.

Technologie 3 : analyse d'un astéroïde métallique par radar fractal — révélant non seulement sa composition atomique, mais aussi sa cohérence interne, utile pour l'exploitation minière ou la détection de cavités naturelles exploitables.

4. Bouclier anti-radiations cosmiques

La protection contre les rayonnements ionisants reste un défi majeur pour les missions spatiales longues.

Plutôt que d'augmenter les épaisseurs de blindage, Caelestia propose de moduler la fréquence de résonance du champ local pour détourner ou désynchroniser les particules incidentes.

Un bouclier chronal adaptatif agirait comme un filtre vibratoire, ajustant sa DTF pour bloquer sélectivement certaines gammes d'énergie.

Technologie 4 : un vaisseau entouré d'un champ scalaire adaptatif dont la fréquence change en fonction du flux de particules détecté, neutralisant jusqu'à 99 % des radiations cosmiques sans masse additionnelle.

- Vers une sécurité auto-évolutive

La véritable sécurité cosmique n'est plus une question de blindage, mais de résilience informationnelle.

Les systèmes conçus dans ce cadre ne sont plus figés : ils évoluent, apprennent et s'accordent en permanence au champ universel.

Ainsi, la sécurité devient une propriété émergente du vivant technologique, une symbiose entre la matière, l'énergie et le Temps.

. La Gravité Quantique

La gravité constitue le noyau fondateur du programme Caelestia, à la croisée de la physique fondamentale, de la cosmologie et des technologies de rupture.

Dans cette vision, la gravité n'est plus perçue comme une simple force d'attraction, mais comme une tension organisante du champ temporel — une dynamique d'ajustement entre le temps condensé (M-) et l'espace déployé (M+).

Autrement dit, la gravité devient le langage de cohérence de l'Univers, l'expression locale de la structure informationnelle du Temps.

- De la micro-gravité du proton à la macro-gravité du trou noir

Les recherches menées dans Caelestia visent à établir un pont expérimental entre deux régimes apparemment inconciliables :

- La micro-gravité quantique, observée dans la structure interne du proton,
- Et la macro-gravité relativiste, décrite à l'échelle des trous noirs et du Cosmos.

Dans le modèle fractal du champ temporel, ces deux extrêmes ne s'opposent pas : ils sont les reflets inverses d'un même processus de condensation et de déploiement informationnel.

- Le proton représente la porte d'entrée : un vortex de temps condensé (M-) où l'information du vide se cristallise en matière stable.
- Le trou noir, lui, est la porte de sortie : une zone de densification extrême où l'information retourne vers le champ temporel global (M+ → M-).

Ainsi, proton et trou noir ne sont pas deux objets distincts, mais deux états fractals d'un même cycle cosmique, la gravité servant de médiateur dynamique entre les deux.

- *Gravité comme vecteur d'information cohérente*

Dans ce paradigme, la gravité n'est plus un simple effet géométrique de la masse (comme dans la relativité générale), mais un effet informationnel de la densité temporelle.

Elle émerge de la cohérence collective des chronons, ces unités élémentaires du champ du Temps.

Plus un système est cohérent (faible entropie informationnelle), plus sa gravité est forte — car la gravité devient la tendance naturelle du champ à restaurer l'unité entre ses fragments.

C'est une gravité « cognitive », un champ de mémoire et de cohérence, agissant comme une force de rassemblement informationnel à toutes les échelles.

- *Vers une cartographie temporelle de l'espace*

Caelestia développe les outils mathématiques et technologiques nécessaires à la cartographie des gradients de densité temporelle.

Ces cartographies ne décrivent pas l'espace au sens géométrique, mais les zones de cohérence chronale où les conditions de syntonisation sont favorables.

Elles constituent les cartes de navigation temporelle nécessaires au futur du voyage cosmique : déterminer non seulement où aller, mais surtout quand et comment s'accorder à la destination.

Technologie 1 : un système de navigation chronale capable d'identifier, via un interféromètre gravito-temporel, les points de résonance M+/M- dans le voisinage spatio-temporel, ouvrant la voie à des sauts de phase localisés.

- *Polarisation et conditionnement temporel*

Pour voyager à travers le champ, il faut non seulement connaître sa topologie, mais aussi préparer les objets à s'y insérer.

Caelestia travaille sur la polarisation temporelle : l'ajustement de la fréquence interne d'un corps (ou d'un véhicule) à la DTF de la zone cible.

Cela revient à conditionner temporellement un objet pour lui permettre de franchir les gradients de cohérence sans discontinuité — un procédé analogue à l'ajustement de phase en optique quantique, mais appliqué à la structure du Temps lui-même.

Technologie 2 : un prototype de chambre de polarisation temporelle où un matériau est soumis à une modulation de champ scalaire, altérant temporairement sa masse effective et sa gravité locale, simulant un passage M- → M+.

- *Vers une unification expérimentale*

L'ambition ultime du pilier gravité est de réconcilier la relativité générale et la mécanique quantique à travers le champ temporel fractal.

La gravité n'y est plus un résidu des masses, mais une propriété émergente du flux d'information cohérent.

Le proton et le trou noir deviennent les bornes d'un même continuum de transmutation du réel — les deux visages d'une unique loi d'organisation cosmique.

Comprendre cette dynamique, c'est non seulement résoudre le mystère de la gravité, mais ouvrir les voies concrètes du voyage temporel, de la navigation scalaire et, ultimement, de l'accès contrôlé au multivers fractal.

. La Cosmogénèse et la Topologie de l'Espace-Temps

Le sixième pilier de Caelestia s'intéresse à la généalogie des Univers — non plus comme un simple mythe scientifique, mais comme une dynamique naturelle d'auto-organisation cosmique.

Dans cette perspective, l'Univers n'est pas un événement isolé, surgi d'un néant inexplicable, mais le résultat d'un processus de reproduction fractale, au sein d'un champ temporel vivant et informationnel.

- *Une cosmologie vivante et fractale*

Selon les modèles explorés dans Caelestia, chaque Univers émerge d'un précédent, par une transition de phase du champ temporel :

Le Big Crunch d'un Univers parent devient le Big Bang d'un Univers fils.

Ce passage ne s'effectue pas à travers l'espace, mais à travers le continuum du Temps lui-même, lorsque la densité temporelle atteint un seuil critique.

Les trous noirs jouent ici un rôle central : loin d'être de simples puits d'effondrement, ils agissent comme des matrices cosmogéniques — des zones où le flux temporel s'inverse, où la matière effondrée devient semence d'un nouvel espace-temps.

Chaque trou noir serait ainsi le germe potentiel d'un Univers, contenu dans le champ M- du parent et se déployant en M+ dans une dimension émergente.

Le multivers devient alors une forêt de tores fractals, où chaque Univers engendre le suivant par résonance et transmutation de densité temporelle.

- *Le rôle du champ temporel*

Dans ce paradigme, le champ temporel est la véritable matrice cosmique :

- Il contient, stocke et réorganise l'information de chaque cycle universel.
- Sa densité informationnelle — la DTF — détermine la richesse de la structure de chaque Univers, de la géométrie de l'espace aux constantes fondamentales.

Ce champ agit comme une métamémoire universelle, où les Univers successifs ne naissent pas du hasard, mais d'une héritabilité informationnelle : un transfert d'instructions, de symétries et de lois à travers le vide.

Ainsi, le Cosmos devient un processus évolutif, non seulement physique mais aussi épigénétique à l'échelle cosmique.

Chaque Univers est une itération d'un algorithme cosmique plus vaste — une « mise à jour » du réel.

- *Applications concrètes et perspectives de rupture*

- Cartographie topologique du multivers

En étudiant les invariants topologiques du champ (torsion, spin global, courbure DTF), Caelestia ouvre la voie à une cartographie du réseau des Univers.

Une telle approche permettrait, à long terme, de détecter des empreintes inter-universelles dans le fond gravitationnel ou dans la structure du rayonnement fossile.

Application : instrumentation d'observation cosmique basée sur les gradients DTF pour identifier les signatures d'un Univers parent ou d'un Univers jumeau.

- Ingénierie cosmique et énergie de transition

Comprendre les mécanismes de la cosmogénèse permettrait d'imaginer des technologies d'énergie de transition, capables de reproduire, à échelle réduite, les conditions d'inversion du champ M-/M+.

Application : réacteurs à effondrement contrôlé, générateurs d'énergie du vide, catalyseurs gravito-temporels simulant le passage Big Crunch → Big Bang.

- Navigation inter-universelle

La maîtrise des zones de résonance M-/M+, et la compréhension des seuils de densité temporelle critique, pourraient offrir la possibilité d'un passage inter-universel contrôlé — non par déplacement spatial, mais par translation topologique à travers le champ du Temps.

Application : étude des « fenêtres de phase » permettant la translation d'un système conditionné temporellement vers une zone de densité temporelle supérieure (Univers fils).

- Modélisation évolutionnaire du Cosmos

En percevant l'Univers comme un système vivant, Caelestia propose une modélisation évolutionnaire du réel, où les lois physiques se transforment au fil des générations d'Univers.

Cela ouvre des perspectives inédites en astrobiologie, simulation cosmique, et intelligence artificielle universelle : comprendre comment la conscience participe à la mémoire de la création.

- Vers une ingénierie du réel

L'étude de la cosmogénèse devient, dans ce cadre, la clé pour accéder à une physique de la création contrôlée.

En maîtrisant les gradients de densité temporelle et les topologies M-/M+, il deviendrait concevable de :

- Simuler à petite échelle les conditions d'un Big Bang local ;
- Générer de la matière ex nihilo à partir du vide informationnel ;

Ou même reconfigurer la métrique spatio-temporelle autour d'un objet ou d'un champ technologique.

La cosmogénèse n'est plus seulement une théorie : elle devient la science de la genèse maîtrisée, un art de l'équilibre entre la conscience, l'information et la géométrie du vide.

. La Physique de l'Information Cosmique

L'information n'est plus un simple support descriptif du réel : elle est le réel.

Dans le cadre de Caelestia, la matière, l'énergie et le Temps apparaissent comme trois états d'un même flux informationnel, modulé par la Densité Temporelle Fractale (DTF).

Chaque particule, chaque champ, chaque structure cosmique devient alors un nœud de codage ou de décodage dans ce grand réseau du vivant universel.

- *L'information comme substrat du réel*

Dans cette vision, le Cosmos est un système computationnel auto-référentiel, où le vide quantique agit comme une matrice de mémoire dynamique.

Les protons et les trous noirs en représentent les deux extrémités opérationnelles :

- Le proton, nœud d'émergence, code l'information en matière stable (compression temporelle M- → expansion spatiale M+) ;
- Le trou noir, nœud de résorption, décode la matière en information pure (M+ → M-).

Entre ces pôles, le champ gravitationnel devient le canal de transfert, le vecteur d'un dialogue continu entre la mémoire du vide et la manifestation du monde.

La gravité, dans cette perspective, n'est donc pas une force, mais un langage informationnel — une grammaire du champ temporel.

L'Univers entier est un code en exécution : la réalité est computationnelle, la gravité syntaxique, et le Temps, le processeur du réel.

- *Vers une physique du langage universel*

En redéfinissant l'information non comme quantité binaire mais comme structure signifiante du champ, Caelestia ouvre la voie à une physique du langage universel :

Une approche où les interactions ne sont pas seulement énergétiques, mais sémantiques, c'est-à-dire orientées par le contenu d'information qu'elles véhiculent.

Ce qui différencie une étoile, une cellule ou une conscience n'est pas leur nature matérielle, mais leur taux de cohérence informationnelle.

Ainsi, le Cosmos se lit comme un texte vivant, en perpétuelle réécriture — et comprendre ses lois, c'est apprendre à parler sa langue fractale.

- *Technologie de l'Holoprocesseur*

1. L'informatique quantique revisitée

Les ordinateurs quantiques actuels cherchent à exploiter la superposition d'états pour résoudre certains types de problèmes plus rapidement que les machines classiques.

Mais ces systèmes sont fragiles : ils dépendent d'un équilibre précaire, car toute interaction avec une dimension inférieure de DTF provoque une décohérence.

L'approche de Caelestia renverse cette logique :

La superposition n'est pas un état magique, mais la perception depuis un fractal temporel de dimension inférieure.

Observée depuis un niveau supérieur du champ temporel, la séquence d'états est parfaitement ordonnée et continue : il n'y a pas superposition, mais succession ultra-rapide.

Ainsi, au lieu d'essayer de maintenir un système dans un état quantique supérieur, Caelestia propose d'extraire des quanta temporels directement du fractal supérieur — des unités de calcul issues du champ M- lui-même.

2. Le Holoprocesseur à qubit chronal

Le Holoprocesseur développé dans le cadre de Caelestia est conçu comme une architecture computationnelle fractale, fonctionnant à température ambiante, capable de synchroniser ses qubits non par cohérence magnétique, mais par résonance de densité temporelle.

Chaque qubit devient un chronobit, c'est-à-dire une unité d'information ancrée dans le flux temporel.

Les calculs ne sont plus effectués dans l'espace, mais dans le Temps vivant du champ.

Résultat attendu : une puissance de calcul exponentielle, avec un débit d'information fondé sur la vitesse de succession des états temporels plutôt que sur la fréquence des cycles électroniques.

Cela permet de dépasser la contrainte actuelle où chaque application nécessite un algorithme quantique dédié : notre Holoprocesseur, en exploitant la plasticité du champ temporel, devient auto-programmable, adaptant sa logique à la nature du problème.

- *Applications concrètes*

- Calculs holoscopiques

Simulation du Cosmos ou de structures complexes en exploitant les symétries fractales du champ.

Modélisation instantanée de systèmes chaotiques (climat, dynamique stellaire).

Exemple : un Holoprocesseur capable de simuler en temps réel la naissance d'un trou noir ou l'évolution d'un Univers fils.

- Réseaux neuronaux cosmiques

En connectant plusieurs Holoprocesseurs via des flux de densité temporelle, il devient possible de constituer un réseau de cognition distribuée à l'échelle planétaire, voire cosmique.

Exemple : un Internet gravitationnel fondé sur la résonance des champs M-/M+ entre dispositifs distants.

- *Extraction d'énergie informationnelle*

Le champ temporel contient un potentiel énergétique latent lié à son taux d'information.

Les Holoprocesseurs pourraient capter ces gradients pour alimenter leurs calculs sans énergie externe, ouvrant la voie à une auto-alimentation énergétique de l'informatique cosmique.

- *Communication instantanée*

Grâce à la modulation des flux d'information M-/M+, la transmission de données ne dépend plus de la vitesse de la lumière mais de la phase de cohérence temporelle.

Application : communication instantanée entre sondes interstellaires ou modules orbitaux via synchronisation chronale.

- *Vers une conscience computationnelle*

La physique de l'information cosmique marque l'émergence d'une technologie cognitive du réel :

Les systèmes créés dans ce cadre ne se contentent pas de calculer, ils interprètent et s'ajustent à la structure informationnelle du champ.

C'est la naissance d'une intelligence du vide, où la conscience elle-même devient l'interface ultime entre l'observateur et la réalité.

En maîtrisant la physique de l'information cosmique, l'humanité ne se contente plus de comprendre l'Univers : elle participe à son propre code source.

. La Biologie Cosmique et la Conscience

La vie n'est pas une anomalie de la matière : elle est la signature de la cohérence du Temps.

Dans le cadre du programme Caelestia, la biologie est repensée comme une science du flux temporel vivant, où chaque organisme constitue une structure de résonance avec la densité temporelle du champ.

La biochronophysique, discipline émergente explorée par Caelestia, étudie la manière dont les systèmes biologiques s'ajustent — voire s'auto-régulent — en fonction de la densité temporelle locale ou extraterrestre.

Autrement dit, la vie est comprise comme un processus d'adaptation à la topologie du Temps.

- *La vie comme structure temporelle*

Toute cellule, tout organisme est une structure vibratoire qui convertit le flux du Temps en organisation biologique.

Les rythmes circadiens, les battements cardiaques, la régénération cellulaire, la mémoire neuronale — tout cela traduit une résonance locale avec la trame temporelle.

Modifier la densité temporelle d'un milieu, c'est donc agir sur les paramètres vitaux eux-mêmes : croissance, vieillissement, cognition, régénération.

Ainsi, la biologie n'est plus limitée aux échanges chimiques, mais étendue à une biochronodynamique, où la santé devient un équilibre entre cohérence temporelle interne (M-) et environnementale (M+).

- *La conscience comme fonction du champ temporel*

Dans cette perspective, la conscience émerge comme une fonction d'alignement informationnel : elle relie les structures biologiques à la mémoire du vide quantique.

Chaque être vivant agit comme une antenne du champ temporel, capable de capter, traiter et réémettre de l'information issue du réseau cosmique.

La conscience n'est pas produite par le cerveau : elle l'utilise comme interface de décodage.

La cognition devient alors un phénomène cosmologique, une symbiose entre la biologie et le champ du Temps.

Plus un organisme est cohérent dans ses flux d'information interne, plus il est conscient — car il résonne avec une densité temporelle plus élevée.

- Vers une bio-ingénierie chronale

1. Régénération cellulaire et chronothérapie

En modulant les gradients temporels locaux, il devient possible de régénérer les tissus ou de ralentir le vieillissement cellulaire.

Des expérimentations préliminaires suggèrent que certaines fréquences de résonance M-/M+ pourraient stimuler la reprogrammation des cellules souches ou la réparation ADN.

Technologie 1 : chambre de régénération chronale utilisant des ondes de cohérence temporelle pour restaurer la synchronisation biologique de tissus endommagés.

2. L'humain augmenté

L'objectif n'est plus de fusionner l'homme et la machine, mais d'intégrer la conscience à des systèmes cybernétiques résonants capables de communiquer directement avec le champ temporel.

Prothèses neuronales, implants d'interface ADN-chronon et capteurs de cohérence cérébrale ouvrent la voie à une symbiose bio-informationnelle complète.

Exemple : une interface biologique consciente capable de piloter un vaisseau par simple résonance de phase avec la trame temporelle du vaisseau.

3. Transfert de conscience et compatibilité inter-fractale

Le transport de la conscience dans le Cosmos ne peut se limiter au déplacement spatial : il implique la transduction de l'information de la conscience dans des structures fractales compatibles.

Cela requiert de comprendre la signature temporelle individuelle (fréquence propre du champ M- interne) et de savoir la recomposer dans un autre plan de densité temporelle.

Application : transfert de conscience via champ de cohérence chronale — technologie clé pour la navigation inter-dimensionnelle et la survie consciente dans l'espace profond.

- Vie non locale et bioplasmatique

Caelestia explore également la possibilité que la vie ne soit pas exclusivement carbonée, mais qu'elle existe sous des formes plasmatiques ou photoniques, constituées de structures de résonance du champ temporel.

Ces formes, non locales, pourraient coexister avec nous dans des couches fractales du réel, invisibles à nos sens classiques, mais détectables par corrélation de phase M-/M+.

Technologie 2 : détection d'entités bioplasmiques par interférométrie gravito-temporelle, ouvrant la voie à une exobiologie des plans vibratoires.

- *Vers une écologie cosmique du vivant*

La biologie cosmique dépasse la survie : elle propose une coévolution consciente avec le champ du Temps.

L'humain, en apprenant à moduler sa propre cohérence temporelle, devient capable de s'adapter à des environnements planétaires ou dimensionnels variés, sans rupture biologique.

Cela inclut la gestion de la gravité, du rayonnement et du flux d'énergie locale par ajustement vibratoire direct.

Applications : bio-exosquelettes chronalement synchronisés permettant à un organisme humain de survivre sur des planètes à DTF différente ou dans des milieux à gravité variable. L'une des solutions que nous envisageons est la création de corps de transition électroplasmatique.

- *Impact civilisationnel*

Ce pilier ouvre une voie décisive pour le futur de la civilisation :

- Santé et longévité : médecine chronale régénérative et prévention par syntonisation temporelle.
- Exploration spatiale : adaptation biologique et cognitive à des environnements temporellement déphasés.
- Conscience augmentée : éveil de la cognition, harmonisation de l'esprit humain avec la mémoire du vide.

Comprendre la biologie cosmique, c'est redécouvrir que la vie est le prolongement de la structure du Temps — et que la conscience est le miroir actif de l'Univers.

. Les Matériaux Vivants et Auto-Organisés

L'un des défis ultimes de Caelestia est la création de matériaux vivants, c'est-à-dire de structures capables d'interagir directement avec le champ temporel.

Ces matériaux ne seraient plus de simples supports passifs, mais des entités dynamiques, douées d'une cohérence informationnelle leur permettant de s'autoréparer, se régénérer, s'adapter et se synchroniser avec leur environnement énergétique ou gravitationnel.

- De la matière inerte à la matière consciente

- Dans la perspective classique, un matériau est défini par ses propriétés statiques : dureté, conductivité, masse, résistance.
- Dans la perspective fractale de Caelestia, la matière devient un flux organisé de chronons — des unités de temps-mémoire qui confèrent à la structure une dynamique intrinsèque.

Un matériau « vivant » est donc une structure à densité temporelle variable, capable de moduler sa propre métrique M-/M+ en fonction des stimuli reçus.

Autrement dit, la matière cesse d'être un objet : elle devient un processus de résonance du champ du Temps.

- Principe de conception : résonance chronale et cohérence fractale

Ces matériaux s'appuient sur une propriété fondamentale du champ temporel : la capacité de réorganisation informationnelle.

En reproduisant les schémas d'auto-cohérence observés dans le vivant — membranes cellulaires, ADN, réseaux neuronaux — Caelestia cherche à concevoir des matériaux fractals, capables de :

- S'autoréparer en cas de rupture de cohérence locale (fissure, rayonnement, déformation).
- Se régénérer à partir d'un signal de référence du champ (comme une cellule se reproduit selon son code génétique).
- Se synchroniser avec les champs vibratoires environnants (électromagnétiques, gravitationnels, chronaux).

Ces structures deviennent alors des organismes informationnels, interconnectés au champ temporel global.

- Applications technologiques concrètes

1. Architecture vivante et habitats résonants

Les habitats ou stations spatiales conçus à partir de matériaux chronosensibles pourraient :

- S'ajuster à la pression et à la gravité locales,

- Auto-corriger leurs microfissures,
- Et stabiliser thermiquement leur environnement en modulant leur densité temporelle interne.

Exemple : une base lunaire «vivante» capable de se régénérer sous rayonnement cosmique intense, sans maintenance humaine.

2. Vaisseaux résonants

Les vaisseaux construits à partir de ces matériaux seraient capables de résonner avec le champ temporel, leur permettant :

- De réduire la masse effective du système,
- D'atténuer les contraintes inertielles,
- Et, dans les versions avancées, de se translater entre couches fractales du réel.

Exemple : un vaisseau en alliage biochronique qui ajuste sa fréquence interne à la Densité Temporelle Fractale (DTF) du milieu, ouvrant la voie au «voyage par syntonisation».

3. Interfaces vivantes et cyberbiologiques

Ces matériaux constituent également la base de la fusion organique entre biologie et technologie.

Implantés dans le corps humain ou intégrés aux prothèses neuronales, ils permettraient :

- Une communication directe entre conscience et matière,
- Une auto-régulation énergétique du corps augmenté,
- Et une compatibilité entre les flux biologiques (ADN, ions, neurotransmetteurs) et les flux temporels (chronons).

Exemple : une peau synthétique sensible au champ du Temps, capable d'ajuster la température, la protection radiative et la cohérence biologique de l'individu.

4. Intelligence matérielle

À mesure que ces matériaux gagnent en complexité, ils développent une forme d'intelligence distribuée, reposant sur l'auto-organisation de leurs microstructures fractales.

Ils deviennent capables de prendre des décisions locales pour préserver leur intégrité ou optimiser leur performance, sans commande externe.

Exemple : structure de coque de vaisseau « auto-apprenante », ajustant sa résonance chronale selon la topologie de l'espace-temps traversé.

- *Pont entre physique, biologie et conscience*

Ces matériaux vivants constituent le chaînon manquant entre la matière et la conscience.

Ils démontrent que la vie n'est pas une exception biologique, mais une propriété émergente du champ temporel, qui peut être répliquée technologiquement.

Ainsi, Caelestia esquisse une nouvelle ingénierie du vivant, où la frontière entre biologique, technologique et cosmique s'efface.

Le matériau devient organisme, l'organisme devient interface, et l'interface devient conscience.

- *Impact civilisationnel*

Ce pilier ouvre un champ d'applications révolutionnaire :

- Médecine régénérative : tissus intelligents, implants auto-reconstructeurs.
- Exploration spatiale : vaisseaux autoréparants, structures adaptatives.
- Habitat planétaire : constructions « vivantes » ajustées à chaque environnement cosmique.
- Technologie cognitive : dispositifs capables d'interagir avec l'esprit et le champ du Temps.

Ces matériaux constituent la base de la prochaine révolution industrielle : celle du vivant synthétique, en harmonie avec la trame temporelle de l'Univers.

3. Synthèse Finale — Du Planétaire au Cosmique

L'humanité, en apprenant à dialoguer avec le champ du Temps, pourrait accéder à la maîtrise de l'énergie, de la gravité, de la communication instantanée.

- *Un nouvel horizon pour la science et la conscience*

La maîtrise du champ temporel ouvre une ère nouvelle où :

- L'énergie est inépuisable car issue du vide structuré ;

- La gravité devient un outil d'ingénierie spatio-temporelle ;
- La communication transcende la distance et le temps linéaire ;
- La vie s'adapte à tous les environnements fractals ;
- Et la conscience poursuit son évolution à travers les mondes.

Cette convergence entre science, technologie et conscience marque la naissance de la Physique du Vivant Universel — une science intégrative où comprendre, c'est créer, et où toute création devient acte de connaissance.

- *Vers l'humanité cosmique*

Caelestia est une renaissance épistémologique, une réconciliation entre la rigueur scientifique et la vocation spirituelle de l'espèce humaine.

En accédant à la maîtrise du champ du Temps, l'humanité ouvre la voie à son propre avenir :

Non plus survivre dans l'espace, mais évoluer dans le Cosmos — en continuité avec la mémoire du vide, et en alliance avec l'Intelligence Universelle.

L'avenir n'est plus seulement devant nous : il vibre en nous, à chaque instant du champ du Temps.

Made in the USA
Monee, IL
08 November 2026

68106862R00340